数据库原理与设计

（Oracle版）

李月军 ◎ 编著

清华大学出版社
北 京

内 容 简 介

本书是一部关于现代数据库系统基本原理、技术和方法的教科书。全书共分为四篇。第一篇介绍数据库基础知识，主要内容包括数据库系统的基本原理、关系数据库标准语言SQL、数据库编程、关系模型的基本理论；第二篇介绍数据库管理与保护，主要内容包括数据库的安全性、事务与并发控制、故障恢复；第三篇介绍数据库系统设计，主要内容包括使用实体-联系模型进行数据建模、关系模型规范化设计理论、数据库设计；第四篇给出了一个具体的数据库系统开发案例。

本书以数据库系统的核心——数据库管理系统——的出现背景为线索，引出数据库的相关概念及数据库的整个框架体系，理顺了数据库原理、应用与设计之间的有机联系。本书突出理论产生的背景和根源，强化理论与应用开发的结合，重视知识的实用。

本书逻辑性、系统性、实践性和实用性强，可作为计算机各专业及信息类、电子类、会计类等专业数据库相关课程的教材，同时也可以供数据库应用系统开发设计人员、工程技术人员、数据库系统工程师考证人员、自学考试人员等参阅。

图书在版编目(CIP)数据

数据库原理与设计：Oracle版/李月军编著．—北京：清华大学出版社，2023.7
ISBN 978-7-302-63322-8

Ⅰ．①数…　Ⅱ．①李…　Ⅲ．①关系数据库系统－高等学校－教材　Ⅳ．①TP311.132.3

中国国家版本馆CIP数据核字(2023)第060511号

责任编辑：刘向威
封面设计：文　静
责任校对：李建庄
责任印制：杨　艳

出版发行：清华大学出版社
网　　址：http://www.tup.com.cn，http://www.wqbook.com
地　　址：北京清华大学学研大厦A座　　**邮　　编**：100084
社 总 机：010-83470000　　**邮　　购**：010-62786544
投稿与读者服务：010-62776969，c-service@tup.tsinghua.edu.cn
质量反馈：010-62772015，zhiliang@tup.tsinghua.edu.cn
课件下载：http://www.tup.com.cn，010-83470236
印 装 者：三河市人民印务有限公司
经　　销：全国新华书店
开　　本：185mm×260mm　　**印　　张**：21.25　　**字　　数**：516千字
版　　次：2023年7月第1版　　**印　　次**：2023年7月第1次印刷
印　　数：1～1500
定　　价：69.00元

产品编号：097186-01

前　言

数据库课程不仅是大学计算机各专业的必修主干课程，也是信息、电子等其他专业的必修课程。随着社会对基于计算机网络和数据库技术的信息管理系统、应用系统等方面人才需求量的增加，各类人员对数据库理论与技术的学习需求也在不断增加。于是，编写一本具有系统性、先进性和实用性，同时又能较好地适应不同层面需求的数据库教材无疑是必要的。

学习数据库课程，首先要掌握数据库系统的基本原理知识；其次要了解数据库系统在应用中所面临的问题，并能够分析问题发生的场景及产生的原因，理解并掌握理论上所给出的解决方法；最后必须能够在具体的数据库管理系统上实现解决问题的具体操作，完成从理论知识到实践应用的转化。Oracle是当前应用最广泛的关系数据库产品之一，其市场占有率为50%左右。本书以Oracle 19c for Windows 10为实践平台，将原理内容与Oracle具体语句有机整合，打破了纯理论的枯燥教学，有利于读者在掌握理论知识的同时提高解决问题的动手能力。

目前开发的计算机应用系统，大部分都需要数据库管理系统的后台支持，而且系统后期的使用、维护和管理也需要大量的相关人员。所以，对于致力于从事计算机开发的读者来说，考取国家级的数据库证书是很有必要的。对此，本书融入了全国计算机技术与软件专业技术资格(水平)考试中的中级数据库工程师考试内容，帮助读者了解考试的题目、题型及解题思路。

本书缩减了传统数据库系统的部分内容，突出数据库理论与实践紧密结合的特点，结合应用案例及软件环境讲解，突出能力训练。

本书知识结构框架分为四篇，共计11章，内容如下：

第一篇——数据库基础知识，包括第1～4章，主要介绍数据库系统的基本原理、关系数据库标准语言SQL、数据库编程和关系模型的基本理论。

第二篇——数据库管理与保护，包括第5～7章，介绍数据库的安全性、事务与并发控制、故障恢复。

第三篇——数据库系统设计，包括第8～10章，主要介绍使用实体-联系模型进行数据建模、关系模型规范化设计理论、数据库设计。

第四篇——数据库系统开发案例，包括第11章，用一个实际的应用系统开发实例，详细展示其中的精髓。遵循本章的设计、构建和开发步骤，可完成从理论到实践的跨越。

此外，本书还附有4个附录，分别如下：

附录A——Oracle实验指导，通过8个具有代表性的具体实验，详细介绍了Oracle的使用方法，帮助读者加强、巩固对数据库技术理论和应用的掌握。

附录B——习题参考答案，为本书各章习题的配套参考答案。

附录C——Oracle 19c 数据库的安装和卸载，介绍如何下载、安装和卸载 Oracle 19c。

附录D——全国计算机技术与软件专业技术资格(水平)考试，帮助读者了解考试题型、考试内容、考题难度等。

本书每章除基本知识外，还有适量的习题，以加强读者对知识点的掌握。教师讲授时可根据专业、课时等情况对内容适当取舍，带有 ** 的章节内容是取舍的首选对象。

本书可作为本科相关专业数据库课程的配套教材，也可供数据库应用系统开发设计人员、工程技术人员、国家数据库系统工程师考证人员、自学考试人员等参阅。

本书由湛江科技学院李月军编著。为了便于教学，本书配有电子课件、微课教学视频、教学大纲、教案、实验指导、设计性实验题目参考答案等教学资源，可从清华大学出版社网站下载。

鉴于作者水平有限，书中难免存在疏漏和错误，敬请读者及专家指教。

李月军

2023年3月

目 录

第一篇 数据库基础知识

第二篇 数据库管理与保护

第三篇 数据库系统设计

第四篇 数据库系统开发案例

第一篇　数据库基础知识

第 1 章　数据库系统的基本原理

第 2 章　关系数据库标准语言 SQL

第 3 章　数据库编程

第 4 章　关系模型的基本理论

第1章 数据库系统的基本原理

在当今信息社会,无论是组织、单位还是个人的成功,都比以往任何时候更加依赖于有效地获取、管理和使用关于其业务的准确、及时与完整信息的能力。数据库系统无疑是当前提供这种能力的最先进、最有效的基本工具。如今,它的使用日益广泛,日益深入到需要管理信息的任何领域、部门和个人。

对于一个国家来说,数据库的建设规模、数据库信息量的大小和使用频度已成为衡量这个国家信息化程度的重要标志。因此,数据库课程不仅是计算机科学与技术专业、软件工程专业、信息管理专业的重要课程,也是许多非计算机专业的选修课程。

本章介绍数据库技术的基本概念,总的要求是了解数据库管理技术的发展阶段、数据模型的概念、数据库管理系统的功能及组成、数据库系统的组成与全局结构等。

1.1 数据库系统概述

1.1.1 数据库系统的应用

信息资源是企业和公司的重要财富和资源,一个满足各企业和公司要求的、行之有效的信息系统是一个企业和公司生存发展的重要前提。因此,作为信息系统核心和基础的数据库技术也得到了越来越广泛的应用,下面是一些具有代表性的应用。

- 电信业:用于存储客户的通话记录,产生每月的账单,维护预付电话卡的余额和存储通信网络的信息。
- 银行业:用于存储客户的信息、账户、贷款以及银行的交易记录。
- 金融业:用于存储股票、债券等金融票据的持有、出售和买入的信息;也可用于存储实时的市场数据,以便客户能够进行联机交易,公司能够进行自动交易。
- 销售业:用于存储客户、产品及购买信息。
- 联机的零售商:用于存储客户、产品和购买信息,以及实时的订单跟踪、推荐品清单的生成和实时的产品评估。
- 大学:用于存储学生、课程注册、成绩、教师及行政人员的相关信息。
- 航空业:用于存储订票和航班的信息。航空业是最先以地理分布的方式使用数据库的行业之一。

- 人力资源：用于存储员工、工资、所得税和津贴信息以及产生工资单。
- 制造业：用于管理供应链，跟踪工厂中产品的生产情况、仓库和商店中产品的详细清单以及产品的订单。

正如以上所列举的，数据库已经成为当今几乎所有企业不可缺少的组成部分了。

现在，很多机构已经将数据库的访问提至 Web 界面，提供大量的在线服务和信息。比如，当你通过一家在线书店浏览一本书时，其实你正在访问的是存储在某个数据库中的数据；当你确认了一个网上订单时，你的订单也就保存在了某个数据库中。此外，你访问网络的数据也可能会存储在一个数据库中。

因此，尽管用户界面隐藏了访问数据库的细节，大多数人甚至没有意识到他们正在和一个数据库打交道，然而访问数据库已经成为当今几乎每个人生活中不可缺少的组成部分。

也可以从另一个角度来评判数据库系统的重要性。像 Oracle 这样的数据库系统厂商是世界上最大的软件公司之一，并且在微软和 IBM 等具有多样化产品的公司中，数据库系统也是其产品线的一个重要组成部分。

1.1.2 数据库系统的概念

简要地说，一个数据库系统就是一个相关的数据集和一个管理这个数据集的程序集及其他相关软件与硬件等组成的集合体。其中数据集包含了特定应用环境的相关信息，称为数据库；程序集称为数据库管理系统，它提供了一个接收、存储和处理数据库数据的环境。

数据库系统的总目标就是使用户能有效而方便地管理与使用数据库的数据。

数据、数据库、数据库管理系统和数据库系统是与数据库技术密切相关的 4 个基本概念。

1. 数据

数据(data)是数据库存储的基本对象，是描述现实世界中各种具体事物或抽象概念的、可存储的并具有明确意义的符号记录。

具体事物是指有形且看得见的实物，如学生、教师等；抽象概念则是指无形且看不见的虚物，如课程、合同等。

在日常生活中，人们可以直接用语言来描述事物。比如，可以这样来描述某校计算机系一位同学的基本情况：王晓海同学，男，1990 年 10 月 2 日生，2011 年入学。在计算机中常常描述如下：

(王晓海，男，1990/10/02，计算机系，2011)

即把学生的姓名、性别、出生日期、所在系、入学时间等组织在一起，组成一个记录。这里的学生记录就是描述学生的数据。记录是数据库系统表示和存储数据的一种格式。

2. 数据库

简单地说，数据库(DataBase，DB)就是相互关联的数据集合。严格地说，数据库是长期存储在计算机内的、有组织的、可共享的大量数据的集合。数据库中的数据按一定的数据模型组织、描述和存储，具有较小的冗余度、较高的数据独立性和易扩展性。

比如与学生有关的信息，包括学生的个人基本信息、选修的课程信息及相关课程的成绩信息等。学生的个人基本信息包括学号、姓名、性别等；课程信息包括课号、课程名、学分、

讲课教师等；学生和课程之间是通过选课信息进行关联的，选课信息包括学号、课号、成绩等。

现在，假设要编写应用程序来访问每个学生的学号、姓名、选修课程的名称及该课程的成绩信息，则需要：

（1）为了便于应用程序的使用和对这三类数据的管理，可以将这三类数据存储到一个数据库中。这体现了数据库就是数据集合的说法。

（2）学生信息中包含学号，而选课信息中也包含学号，即一个人的学号在计算机中存储了至少两次，也就是所说的数据冗余，但这种冗余是不可避免的。因为学生和选课数据之间只能通过学生的学号才能建立起关联，这样应用程序或用户才能同时访问这两类数据，从而得到正确的结果信息。所以数据库应具有较小的冗余度，但不能杜绝数据冗余。

（3）大部分情况下，软件开发中的前台应用程序开发和后台数据库开发是同时进行的，数据独立性保证了开发人员编写的应用程序不会因为数据库的改变而修改，数据库也不会因为应用程序的改变而修改，加快了软件开发的进度。

（4）数据库应用系统在开发和使用过程中会有新的业务逻辑加入，新增数据不会使数据库的结构变动太大，这就要求数据库具有易扩展性。

3. 数据库管理系统

数据库管理系统（DataBase Management System，DBMS）是数据库系统的核心部分，是位于用户与操作系统（Operating System，OS）之间的一层数据库管理软件。它为用户或应用程序提供访问数据库的方法，包括数据库的定义、建立、查询、更新及各种数据控制等。

它的主要功能包括以下几方面。

1）数据定义功能

DBMS 提供数据定义语言（Data Definition Language，DDL），用户通过它可以方便地在数据库中定义数据对象（包括表、视图、索引、存储过程等）和数据的完整性约束等。

比如，下面的 DDL 语句执行的结果就是创建了一个数据对象 student 表：

```
CREATE TABLE student (
 stu_id CHAR(5),
 name VARCHAR2(10),
 gender CHAR(2),
 dept VARCHAR2(10));
```

存储在数据库中的数据值必须满足某些一致性约束条件。例如，只允许学生的 gender 值取男或女，除了这两个值以外不能再接受其他数据值。DDL 语言提供了指定这种约束的工具，每当数据库被更新时，数据库系统都会检查这些约束，实现对数据的完整性约束。数据的完整性约束主要有实体完整性、参照完整性和用户定义的完整性。

2）数据操纵功能

DBMS 提供数据操纵语言（Data Manipulation Language，DML），用户可以通过它对数据库的数据进行增加、删除、修改和查询操作，简称为"增、删、改、查"，对应于 SQL 语言的 4 个命令，即 INSERT、DELETE、UPDATE 和 SELECT。实际应用中 SELECT 语句的使用频率最高。

比如，下面是一个 SQL 查询的例子，通过它可找出所有计算机系学生的名字：

```
SELECT name
FROM student
WHERE dept = 'computer';
```

执行本查询的结果显示的是一个表,表中只包含一列(name 列)和若干行,每一行都是 dept 值为 computer 的一个学生的名字。

3) 数据控制功能

DBMS 提供了数据控制语言(Data Control Language,DCL),用户可以通过它完成对用户访问数据权限的授予和撤销,即安全性控制;解决多用户对数据库的并发使用所产生的事务处理问题,即并发控制;数据库的转储、恢复功能;数据库的性能监视、分析等功能。

比如,下面是用 SQL 语言实现的为用户 xs001 授予查询 student 表的权限语句:

```
GRANT SELECT ON student TO xs001;
```

4) 数据组织、存储和管理功能

DBMS 要分类组织、存储和管理各种数据,如用户数据、数据的存取路径等;确定以何种存取方式存储数据,以何种存取方法来提高存取效率。在数据库设计时,这些都由具体的 DBMS 自动实现,使用者一般不用进行设置。

4. 数据库系统

数据库系统(DataBase System,DBS)是指在计算机系统中引入数据库后的系统,一般由数据库、数据库管理系统、应用系统和数据库管理员(DataBase Administrator,DBA)构成。

在一般不引起混淆的情况下常常把数据库系统简称为数据库。

数据库系统的结构如图 1-1 所示。数据库系统在整个计算机系统中的地位如图 1-2 所示。

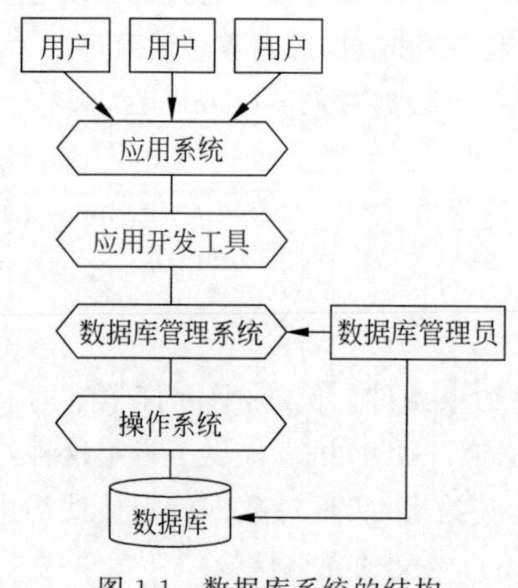

图 1-1 数据库系统的结构

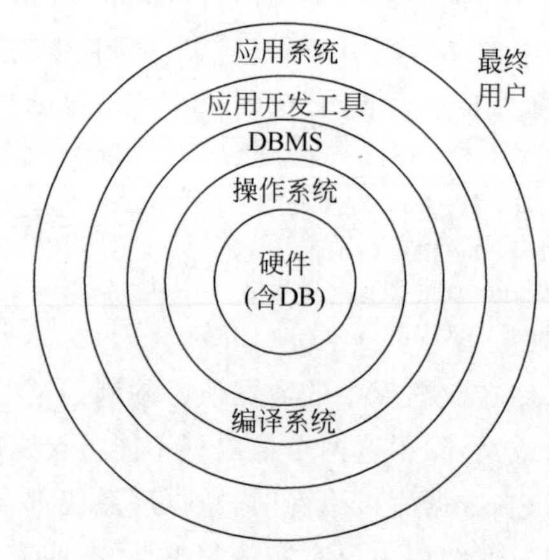

图 1-2 数据库系统在计算机系统中的地位

5. 数据库应用系统

数据库应用系统(DataBase Application System,DBAS)主要是指实现业务逻辑的应用程序。该系统必须为用户提供一个友好的、人性化的、用于操作数据的图形用户界面(Graphical User Interface,GUI),通过数据库语言或相应的数据访问接口,存取数据库中的数据。如图书管理应用系统、铁路订票应用系统、证券交易应用系统等。

1.1.3　数据管理技术的发展阶段

数据库管理技术的发展与计算机的外存储器、系统软件及计算机的应用范围有着密切的联系。数据管理技术的发展经历了人工管理、文件管理系统、数据库系统和高级数据库系统 4 个阶段。

1. 人工管理阶段

在人工管理阶段，计算机主要用于科学计算。当时的外存储器只有磁带、卡片和纸带等，没有磁盘等直接存储设备。软件只有汇编语言，没有操作系统和数据管理方面的软件。数据处理的方式基本上是批处理。

人工管理数据具有以下特点：

(1) 数据不保存。由于当时计算机主要用于科学计算，一般不需要将数据进行长期保存，只是在计算某一问题时才将数据输入，用完后立即撤走。

(2) 数据不具有独立性。数据需要由应用程序自己设计、定义和管理，应用程序中要规定数据的逻辑结构和设计物理结构(包括存储结构、存取方法、I/O 方式等)。数据的逻辑结构或物理结构一旦发生变化，则必须对应用程序做相应的修改，程序员的负担很重。

(3) 数据不共享。数据是面向程序的，即一组数据只对应于一个程序。当多个程序访问某些相同的数据时，必须各自在自身程序中分别定义这些数据，所以程序与程序间存在大量的冗余数据。

(4) 只有程序的概念，没有文件的概念。

2. 文件管理系统阶段

在文件管理系统阶段，计算机不仅用于科学计算，还用于信息管理。外存储器已有磁盘、磁鼓等直接存取的存储设备，所以数据可以长期保存。软件方面有了操作系统，而操作系统中的文件系统是专门对外存数据进行管理的软件。数据处理的方式不仅有批处理，而且能够联机实时处理。

在这个阶段，数据记录被存储在多个不同的文件中，程序开发人员需要编写不同的应用程序，将记录从不同的文件中提取出来进行访问，或者将记录加入相应的文件中。

比如，一个银行的某个部门要保存所有客户及储蓄账户的信息，首先要将这些信息保存在操作系统的文件中；其次，为了能让用户对信息进行操作，系统程序员需要根据银行的需求编写应用程序，如创建新账户的程序、查询账户余额的程序、处理账户存/取款的程序。

随着业务的增长，新的应用程序和数据文件被加入系统中。例如，一个储蓄银行决定开设信用卡业务，那么银行就要建立新的文件来永久保存该银行所有信用卡账户的信息(而有些信息卡用户也是原有的储蓄用户，导致该用户的基础信息被重复存储)，进而就有可能需要编写新的应用程序来处理在储蓄账户中不曾遇到的问题，如透支。因此，随着时间的推移，越来越多的文件和应用程序就会加入系统中。

在文件管理系统阶段，存储组织信息的主要弊端如下：

(1) 数据的冗余和不一致，即相同的信息可能在多个文件中重复存储。例如，某个客户的地址和电话号码可能既在储蓄账户文件中存储，又在信用卡账户文件中存储。这种冗余不仅导致存储开销增大，还可能导致数据的不一致性，即同一数据的不同副本值不相同。例如,某个客户的地址更改可能在储蓄账户文件中已经完成,但在系统其他包含该数据的文件中没有完成。

(2) 数据独立性差。文件系统中的文件是为某一特定应用服务的,文件的逻辑结构对该应用程序来说是优化的,因此要想对现有的数据再增加一些新的应用会很困难,系统不易扩充。

例如,假设银行经理要求数据处理部门将居住在某个特定邮编地区的客户姓名列表给他,而系统中只有一个产生所有客户列表的应用程序,这时数据处理部门可以有两种方法:一是取得所有客户的列表并手工提取所要信息,二是让系统程序员编写相应的应用程序。这两种方法都不太令人满意。假设过几天,经理又要求给出该列表中账户余额多于100万元的客户名单,那么数据处理部门仍然面临着前面那两种选择。

如果数据的逻辑结构改变了,则必须修改应用程序中文件结构的定义。如果应用程序改变了(如采用了其他高级语言编写),则也会引起文件数据结构的改变。因此数据与程序之间仍缺乏独立性。

(3) 数据孤立。由于数据分散在不同文件中,这些文件又可能具有不同的格式,编写新应用程序检索多个文件中的数据是很困难的。

3. 数据库系统阶段

由于计算机管理对象的规模越来越大,应用范围越来越广泛,数据量急剧增长,对数据共享的要求也越来越强烈,而文件管理系统已经不能再满足应用的需求。于是,为了解决多用户、多应用共享数据的需求,使数据为尽可能多的应用服务,数据库技术便应运而生,出现了统一管理数据的专门软件系统——数据库管理系统。

用数据库系统来管理数据比文件系统具有明显的优点,下面给出数据库系统的特点。

1) 数据结构化

数据库系统中实现了整体数据的结构化,即不仅要考虑某个应用的数据结构,还要考虑整个组织的数据结构,而且数据之间是具有联系的。

例如,一个学校的信息系统不仅要考虑教务处的学生学籍管理、选课管理,还要考虑学生处的学生人事管理、后勤处的学生宿舍管理,同时还要考虑人事处的教员人事管理、招生办的招生就业管理等。所以,学生数据的组织不仅面向如教务处的一个学生选课的应用,而应该面向各个与学生有关的部门的应用。

2) 数据的共享性高,冗余度低,易扩充

数据库系统是从整体角度来看待和描述数据的,数据可以被多个用户、多个应用共享使用。数据共享可以大大减少数据冗余,节约存储空间,避免数据间的不一致性问题。

由于数据面向整个系统,是有结构的数据,不仅可以被多个应用共享使用,而且容易增加新的应用,从而使得数据库系统弹性大,容易扩充,能适应各种用户的要求。

3) 数据独立性高

数据独立性是数据库领域中的一个常用术语和重要概念。数据独立性是指应用程序与数据库的数据结构之间相互独立,包括物理独立性和逻辑独立性。

物理独立性是指当数据的物理结构改变时,尽量不影响整体逻辑结构及应用程序,这样就认为数据库达到了物理数据独立性。

逻辑独立性是指当整体数据逻辑结构改变时,尽量不影响应用程序,这样就认为数据库

达到了逻辑独立性。

数据与程序的独立把数据的定义从程序中分离出来，加上存取数据的方法又由 DBMS 负责提供，从而简化了应用程序的编制，大大减少了应用程序的维护和修改。

4）数据由 DBMS 统一管理和控制

数据库中数据的共享使得 DBMS 必须提供以下的数据控制功能：

(1) 数据的完整性检查。

数据的完整性指数据的正确性、有效性和相容性。完整性检查将数据控制在有效的范围内，或保证数据之间满足一定的关系。

例如，学生各科成绩的值要求只能取大于或等于 0 和小于或等于 100 的值；再如某个同学退学后，应将其记录从学生信息表中删除，还应保证在其他存有该学生相关信息的表中也完成删除操作，比如删除选课信息表中该同学所有选课的信息记录。

(2) 并发控制。

当多个用户同时更新数据时，可能会发生相互干扰而得到错误的结果或使得数据库的完整性遭到破坏，因此必须对多用户的并发操作加以控制和协调。

例如，假设银行某账户中有 1000 元，甲和乙两个客户几乎同时从该账户中取款，分别取走 100 元和 200 元，这样的并发执行就可能使账户处于一种错误的或者不一致的状态。并发执行过程如表 1-1 所示。

表 1-1　并发执行过程

执行时间	甲　客　户	账户余额	乙　客　户
t_0 时刻		1000 元	
t_1 时刻	读取账户余额 1000 元		
t_2 时刻			读取账户余额 1000 元
t_3 时刻	取走 100 元		
t_4 时刻			取走 200 元
t_5 时刻	更改账户余额	900 元	
t_6 时刻		800 元	更改账户余额

最终账户余额是 800 元，这个结果是错误的，正确的值是 700 元。为了消除这种情况发生的可能性，在多个不同的应用程序访问同一数据时，必须对这些程序事先进行协调和控制，即并发控制。

(3) 数据的安全性保护。

数据库的安全性是指保护数据，防止不合法的使用造成数据的泄露和破坏。每个用户只能按规定对某些数据以某些方式进行使用和处理。

例如，学生在查看成绩时，只能在系统中查看自己的成绩，并不能查看其他同学的成绩；再如学生只能查看成绩，而教师能在系统中录入和修改学生的成绩。

(4) 数据库的恢复。

计算机系统的硬件故障、软件故障、操作员的失误以及故意的破坏也会影响数据库中数据的正确性，甚至造成数据库部分或全部数据的丢失。DBMS 提供了数据的备份和恢复功能，可将数据库从错误状态恢复到某一已知的正确状态。

下面通过表1-2给出3个阶段的特点及其比较的总结。

表1-2　数据管理技术3个阶段的特点及其比较

比较项目		人工管理阶段	文件管理系统阶段	数据库系统阶段
背景	应用背景	科学计算	科学计算、管理	大规模管理
	硬件背景	无直接存取存储设备	磁盘、磁鼓	大容量磁盘
	软件背景	没有操作系统	有文件系统	有数据库管理系统
	处理方式	批处理	联机实时处理、批处理	联机实时处理、分布处理、批处理
特点	数据的管理者	用户(程序员)	文件系统	数据库管理系统
	数据面向的对象	某一应用程序	某一应用	现实世界
	数据的共享程度	无共享,冗余度极大	共享性差,冗余度大	共享性高,冗余度小
	数据的独立性	不独立,完全依赖于程序	独立性差	具有高度的物理独立性和逻辑独立性
	数据的结构化	无结构	记录内有结构,整体无结构	整体结构化,用数据模型描述
	数据控制能力	应用程序自己控制	应用程序自己控制	由数据库管理系统提供数据安全性、完整性、并发控制和恢复能力

1.1.4　数据库系统的用户

一个企业或公司的数据库系统建设涉及许多人员。可以将这些人员分为两类,即数据库用户和数据库管理员。

1. 数据库管理员

数据库管理员是支持数据库系统的专业技术人员,可对系统进行集中控制。DBA的具体职责包括:

1)参与数据库的设计

DBA必须参加数据库设计的全过程,与用户、应用程序员、系统分析员密切合作,完成数据库设计。DBA需要参与数据库中存储哪些信息、采用哪种存储结构和存取策略的决定。

2)定义数据的安全性要求和完整性约束条件

DBA的重要职责是保证数据库的安全性和完整性。DBA可以通过为不同用户授予不同的存取权限,限制他们对数据库的访问;对数据添加一些约束条件,保证数据的完整性。

3)日常维护

(1)定期备份数据库,或者在磁带上,或者在远程服务器上,防止像洪水之类的自然灾难发生时导致的数据丢失。

(2)监视数据库的运行,并确保数据库的性能不因一些用户提交了花费时间较多的任务而导致的性能下降。

(3)确保正常运转时所需的空余磁盘空间,并且在需要时升级磁盘空间。

4)数据库的改进和重组、重构

DBA还负责在系统运行期间监视系统的空间利用率、处理效率等性能指标,对运行情

况进行记录、统计分析，依靠工作实践并根据实际应用环境，不断改进数据库设计。

在数据库运行过程中，大量数据不断插入、删除、修改，时间一长，会影响系统性能。因此，DBA 要定期对数据库进行重组，以提高系统的性能。

当用户的需求增加和改变时，DBA 还要对数据库进行较大的改造，包括修改部分设计，即数据库的重构。

2. 数据库用户

根据工作性质及人员的技能，可将数据库用户分为 4 类，分别是最终用户、专业用户、系统分析员和数据库设计人员、应用程序员。

1）最终用户

最终用户是现实系统中的业务人员，是数据库系统的主要用户。他们通过激活事先已经开发好的应用程序与系统进行交互。

例如，用户想通过网上银行查看账户余额，就会访问一个用来输入其账号和密码的界面；位于 Web 服务器上的应用程序就根据账号取出账户的余额，并将这个信息反馈给用户。

2）专业用户

专业用户包括工程师、科学家、经济学家等具有较高科学技术背景的人员。这类用户一般都比较熟悉数据库管理系统的各种功能，能够直接使用数据库语言访问数据库，甚至能够基于数据库管理系统的 API（Application Programming Interface，应用程序接口）编写自己的应用程序。

3）系统分析员和数据库设计人员

系统分析员负责应用系统的需求分析和规范说明，要和用户及数据库管理员相配合，确定系统的软硬件配置，并参与数据库系统的概要设计。

数据库设计人员负责调研现行系统，与业务人员交流，分析用户的数据需求与功能需求，为每个用户建立一个适于业务需要的外部视图，然后合并所有的外部视图，形成一个完整的、全局性的数据模式，并利用数据库语言将其定义到 DBMS 中，建立起数据库。在很多情况下，数据库设计人员就由数据库管理员担任。

4）应用程序员

应用程序员是编写应用程序的计算机专业人员，负责编写并调试支持所有用户业务的应用程序代码，加载数据库中的数据，运行应用程序。

1.2　数据模型

模型是对现实世界的抽象。在数据库技术中，我们用数据模型的概念来描述数据库的结构和语义，对现实世界的数据进行抽象。从现实世界的信息到数据库存储的数据以及用户使用的数据是一个逐步抽象的过程。

1.2.1　数据抽象的过程

美国国家标准化协会（American National Standards Institute，ANSI）根据数据抽象的级别定义了 4 种模型，即概念模型、逻辑模型、外部模型、内部模型。概念模型是表达用户需求观点的数据库全局逻辑结构的模型；逻辑模型是表达计算机实现观点的数据库全局逻辑结构的模型；外部模型是表达用户使用观点的数据库局部逻辑结构的模型；内部模型是表达数据库物理结构的模型。这4种模型之间的相互关系如图1-3所示。

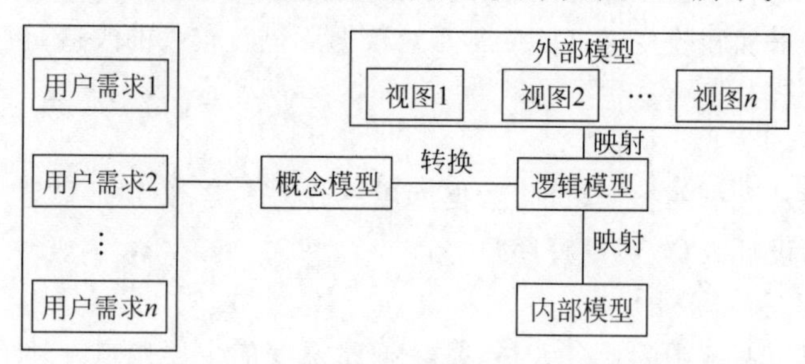

图1-3　4种模型之间的关系

数据抽象的过程即是数据库设计的过程,具体的步骤如下：

(1) 根据用户需求设计数据库的概念模型,这是一个“综合”的过程。

(2) 根据转换规则,把概念模型转换成数据库的逻辑模型,这是一个“转换”的过程。

(3) 根据用户的业务特点,设计不同的外部模型供应用程序使用。也就是说,应用程序使用的是数据库外部模型中的各个视图。

(4) 数据库实现时,要根据逻辑模型设计其内部模型。

下面对这4种模型分别进行简要的解释。

1. 概念模型

概念模型在这4种模型中的抽象级别最高,其特点如下：

(1) 概念模型表达了数据库的整体逻辑结构,它是企业管理人员对整个企业组织的全面概述。

(2) 概念模型从用户需求的观点出发对数据进行建模。

(3) 概念模型独立于硬件和软件。硬件独立意味着概念模型不依赖于硬件设备,软件独立意味着该模型不依赖于实现时的DBMS软件。因此硬件或软件的变化都不会影响数据库的概念模型设计。

(4) 概念模型是数据库设计人员与用户之间进行交流的工具。

现在采用的概念模型主要是实体-联系模型,即E-R模型。E-R模型主要用E-R图来表示。

实体是现实世界或客观世界中可以相互区别的对象,这种对象可以是具体的,也可以是抽象的。例如,具体的实体包括某某学生(张三、李四)、某某老师(刘老师、李老师)、某所高校(清华大学、吉林大学)等；而抽象的实体包括某门课程(数据库、计算机网络)、某个合同等。

联系是两个或多个实体间的关联。两个实体之间的联系可以分为如下3种：

(1) 一对一联系(1∶1)。例如在学校里面,一个班级只有一个班长,而一个班长只在一个班级中任职,则班级和班长之间具有一对一联系。

(2) 一对多联系(1∶n)。例如一个班级中有若干名学生,而每个学生只属于一个班级,则班级和学生之间具有一对多联系。

(3) 多对多联系(m∶n)。例如一门课程同时有若干名学生选修,而一个学生可以同时

选修多门课程，则课程和学生之间具有多对多联系。

2. 逻辑模型

在选定 DBMS 软件后，就要将概念模型按照选定的 DBMS 的特点转换成逻辑模型。

逻辑模型具有下列特点：

(1) 逻辑模型表达了数据库的整体逻辑结构，它是设计人员对整个企业组织数据库的全面概述。

(2) 逻辑模型从数据库实现的观点出发对数据进行建模。

(3) 逻辑模型硬件独立，但软件依赖。

(4) 逻辑模型是数据库设计人员与应用程序员之间进行交流的工具。

逻辑模型有层次模型、网状模型和关系模型 3 种。层次模型的数据结构是树状结构，网状模型的数据结构是有向图，关系模型采用二维表格存储数据。现在使用的关系数据库管理系统(Relational DataBase Management System，RDBMS)均采用关系数据模型。

3. 外部模型

在应用系统中，常常根据业务的特点将其划分成若干业务单位。在实际使用时，可以为不同的业务单位设计不同的外部模型。

外部模型具有如下特点：

(1) 外部模型是逻辑模型的一个逻辑子集。

(2) 外部模型硬件独立，软件依赖。

(3) 外部模型反映了用户使用数据库的观点。

从整个系统考察，外部模型具有下列特点。

(1) 简化了用户的使用。外部模型是针对应用需要的数据而设计的，无关的数据则不必放入，这样用户就能比较简便地使用数据库。

(2) 有助于数据库的安全性保护。用户不能看的数据不放入外部模型，这样就提高了系统的安全性。

(3) 外部模型是对概念模型的支持。如果用户使用外部模型得心应手，那么说明当初根据用户需求综合成的概念模型是正确的、完善的。

4. 内部模型

内部模型又称为物理模型，是数据库最底层的抽象，它描述了数据在磁盘上的存储方式、存取设备和存取方法。内部模型是与硬件和软件紧密相连的。但随着计算机软硬件性能的大幅度提升，并且目前占有绝对优势的关系模型以逻辑级为目标，因而可以不必考虑内部级的设计细节，由系统自动实现。

1.2.2　关系模型

1970 年，美国 IBM 公司 San Jose 研究室的研究员 E. F. Codd 首次提出了数据库系统的关系模型。Codd 给出了逻辑数据库结构的标准，且在关系数学定义的基础之上提出了一种数据库操作语言。这种语言能够非过程化地、强有力而简单地表示数据操作。

1. 数据模型的三要素

数据模型是数据库系统的核心和基础，它是严格定义的一组概念的集合。这些概念精确地描述了系统的静态特性、动态特性和完整性约束条件。因此数据模型通常由数据结构、数据操作和数据的完整性约束条件三部分组成。

1）数据结构

数据结构用于描述数据库的组成对象以及对象之间的联系。在数据库系统中，常见的数据模型有层次模型、网状模型和关系模型，关系模型是当前占统治地位的数据模型。

数据结构是所描述的对象类型的集合，是对系统静态特性的描述。

2）数据操作

数据操作是指对数据库表中记录的值允许执行的操作集合，包括操作及有关的操作规则。

数据库对数据的操作主要有增、删、改、查 4 种操作。数据模型必须定义这些操作的确切含义、操作符号、操作规则以及实现操作的语言。

数据操作是对系统动态特性的描述。

3）数据的完整性约束条件

数据的完整性约束条件是一组完整性规则。完整性规则是给定的数据模型中数据及其联系所具有的制约和依存规则，用以限定符合数据模型的数据库状态以及状态的变化，以保证数据的正确、有效、相容。

在关系模型中，任何关系都必须满足实体完整性和参照完整性。

例如，在储蓄银行中，任何两个账户不能有相同的账号，这就是实体完整性约束条件。再如，账户关系中各账号对应的分行名称必须在分行关系中存在，这就是参照完整性约束条件。

此外，数据模型还应该提供数据语义约束的条件，即用户定义的完整性约束条件。比如，每个账户的余额值必须大于或等于 0 元。

2. 关系数据模型的数据结构

关系模型是建立在严格的数据概念基础之上的，这里我们只简单地进行介绍，会在后续章节中详细讲述。下面以表 1-3 所示的学生基本信息表为例，介绍关系模型中的一些术语。

表 1-3　学生基本信息表

学　号	姓　名	性　别	出生日期	专　业
1040101	孙海涛	男	20-2 月-1990	计算机科学与技术
1040102	王丽影	女	10-9 月-1989	计算机科学与技术
1050101	李　晨	男	21-5 月-1991	信息管理
1050102	赵玉刚	男	04-11 月-1990	信息管理
…	…	…	…	…

1）关系（relation）

一个关系就是一张规范的二维表，表 1-3 所示的学生基本信息表就是一个关系。一个规范化的关系必须满足的最基本的一条就是，关系的每一列不可再分，即不允许表中还有表。例如，表 1-4 就不是一个关系。

表 1-4　非规范化关系示例

学　号	姓　名	性　别	出生日期	成　绩		
				英语	数学	语文
1040101	孙海涛	男	20-2 月-1990	90	80	85
1040102	王丽影	女	10-9 月-1989	79	91	82

续表

学　号	姓　名	性　别	出生日期	成　绩		
				英语	数学	语文
1050101	李　晨	男	21-5 月-1991	73	95	65
1050102	赵玉刚	男	04-11 月-1990	86	85	76
…	…	…	…	…	…	…

2）元组(tuple)

表中的一行即一个元组。注意：表中第 1 行不是一个元组。

3）属性(attribute)

表中的一列即一个属性，每个属性都有一个属性名。如表 1-3 共有 5 个属性，即学号、姓名、性别、出生日期和专业。

4）码(key)

码也称为关键码或关键字。如果表中的某个属性或者属性的组合能唯一地确定一个元组，那么这个属性或者属性的组合就称为码。一个关系中可以有多个码。如表 1-3 中的学号可以唯一地确定一个学生，它就成为该关系的一个码。再如，假设学生中有重名的同学且重名的同学性别都不同，则姓名和性别一起也可以唯一地确定一个学生，那么姓名和性别一起就可以作为该关系的一个码。

5）关系模式

对关系的描述，一般表示为：

关系名(属性 1,属性 2,属性 3,…,属性 n)

例如，表 1-3 的关系可描述为：

学生基本信息表(学号,姓名,性别,出生日期,专业)

3. 关系数据模型的操作与完整性约束

关系数据模型的操作主要包括查询、插入、删除和更新数据。这些操作必须满足关系的完整性约束条件。关系的完整性约束条件包括三大类：实体完整性、参照完整性和用户定义的完整性。这三类完整性将在后续章节进行介绍。

1.3 数据库体系结构

数据库系统的设计目标是允许用户有逻辑地处理数据，而不涉及数据在计算机内部的存储，在数据组织和用户应用之间提供某种程度的独立性。

1.3.1 数据库系统的三级结构

数据库技术中采用分级的方法，将数据库的结构划分成多个层次。1975 年，美国 ANSI/SPARC 报告提出了三级划分法，如图 1-4 所示。

图 1-5 是三级结构的一个实例。

数据库系统划分为 3 个抽象级：用户级、概念级、物理级。

1. 用户级数据库

用户级对应于外模式，是最接近用户的一级，是用户看到和使用的数据库，又称为用户

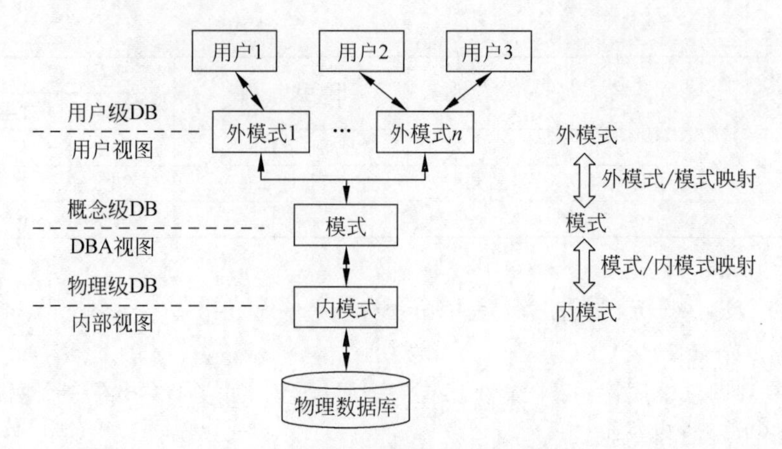

图 1-4 数据库系统结构的三级结构

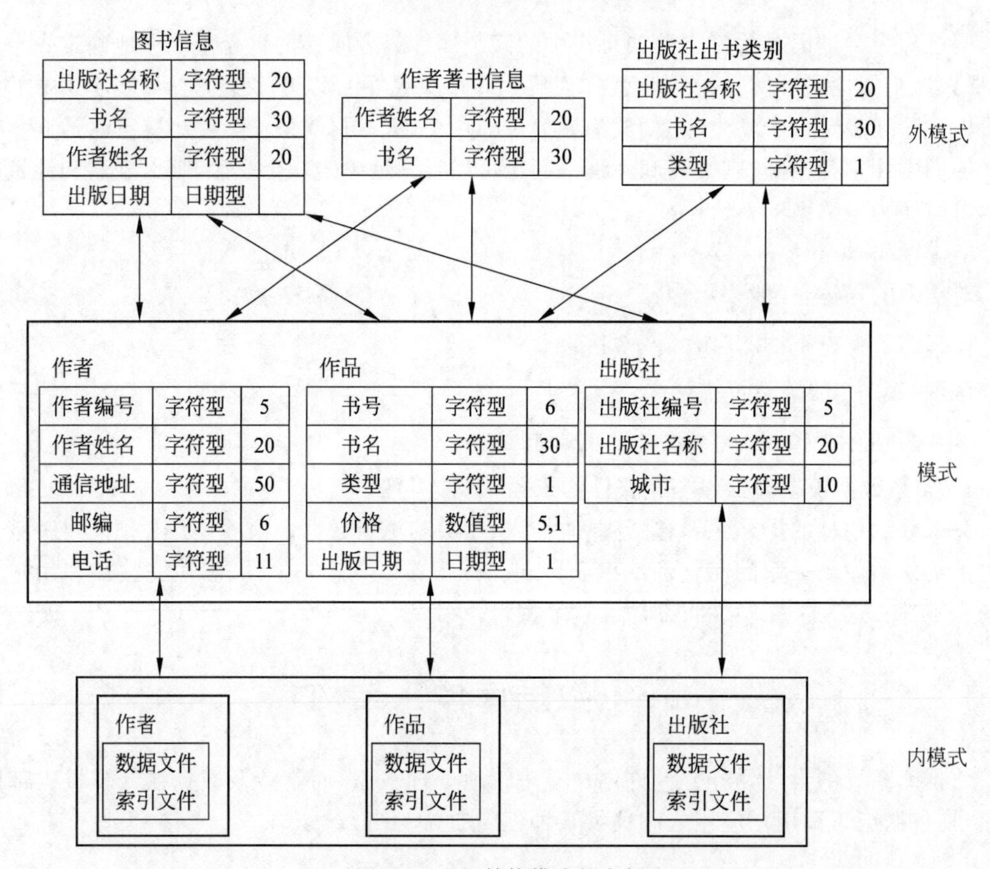

图 1-5 三级结构模式的实例

视图。用户级数据库主要由外部记录组成,不同的用户视图可以互相重叠。用户的所有操作都是针对用户视图进行的。

2. 概念级数据库

概念级数据库对应于概念模式,介于用户级和物理级之间,是数据库管理员看到和使用的数据库,又称 DBA 视图。概念级模式把用户视图有机地结合成一个整体,综合平衡考虑所有用户的要求,实现数据的一致性,最大限度地降低数据冗余,准确地反映数据间的联系。

3. 物理级数据库

物理级数据库对应于内模式,是数据库的底层表示。它描述数据的实际存储组织,又称内部视图。物理级数据库由内部记录组成。物理级数据库并不是真正的物理存储,而是最接近于物理存储的一级。

1.3.2 数据库系统的三级模式

数据库系统包括三级模式,即模式、外模式和内模式。

1. 模式

模式又称为概念模式或逻辑模式,是数据库中全体数据逻辑结构和特征的描述,是所有用户的公共数据视图。一个数据库只能有一个模式。

定义模式时不仅要定义数据的逻辑结构(如数据记录的数据项构成及数据项的名字、类型、取值范围等),而且还要定义数据之间的联系以及与数据有关的安全性、完整性要求。

2. 外模式

外模式又称为子模式或用户模式,是数据库用户(包括程序员和最终用户)能够看到和使用的局部数据的逻辑结构和特征的描述,是数据库用户的数据视图,是与某一应用有关的数据的逻辑表示。一个数据库可以有多个外模式。

外模式主要描述组成用户视图的各个记录的组成、相互关系、数据项的特征、数据的安全性和完整性约束条件。

3. 内模式

内模式又称为存储模式或物理模式,是数据物理结构和存储方式的描述,是数据在数据库内部的表示方式。一个数据库只能有一个内模式。

内模式定义的是存储记录的类型、存储域的表示、存储记录的物理顺序、索引和存储路径等数据的存储组织。

1.3.3 数据库系统的二级映射与数据独立性

数据库系统的数据独立性高,主要是通过数据库系统三级模式间的二级映射来实现的。

1. 数据库系统的二级映射

数据库系统的二级映射是外模式/模式映射和模式/内模式映射。

数据库系统三个抽象级间通过二级映射进行相互转换,使得数据库抽象的三级模式形成一个统一的整体。

2. 数据独立性

数据独立性是指应用程序与数据间的独立性,主要包括物理独立性和逻辑独立性两种。

1)物理独立性

物理独立性是指用户的应用程序与存储在磁盘上的数据库中的数据是独立的。物理独立性是通过模式/内模式映射来实现的。

当数据库的存储结构发生改变时,由DBA对模式/内模式映射做相应的改变,可以使模式保持不变,从而应用程序也不必改变,保证了数据与程序的物理独立性。

2）逻辑独立性

逻辑独立性是指用户的应用程序与逻辑结构是相互独立的。逻辑独立性是通过外模式/模式映射来实现的。

当模式改变(例如增加了新的关系或新的属性、改变了属性的数据类型等)时，由 DBA 对各个外模式/模式映射做相应的改变，可以使外模式保持不变。应用程序是依据数据的外模式编写的，从而应用程序也不必修改，保证了数据与程序的逻辑独立性。

1.4 非关系型数据库 NoSQL **

NoSQL 指的是非关系型数据库，有时也被认为是 Not Only SQL 的简写，是对不同于传统的关系数据库的数据库管理系统的统称。

1.4.1 NoSQL 概述

随着互联网 Web 2.0 网站的兴起，传统的关系数据库在应付 Web 2.0 网站，特别是超大规模和高并发的 SNS(Social Networking Service，社交网络服务)类型的 Web 2.0 纯动态网站时已经显得力不从心，暴露了很多难以克服的问题，举例如下。

(1) 对数据库高并发读/写的需求。Web 2.0 网站对数据库的并发负载要求非常高，往往要达到每秒上万次读/写请求。关系数据库应付每秒上万次 SQL(Structured Query Language，结构化查询语言)查询还勉强顶得住，但是应付每秒上万次 SQL 写数据请求，硬盘 I/O 就无法承受了。普通的 SNS 网站往往存在对高并发写请求的需求。

(2) 对海量数据高效率存储和访问的需求。大型的 SNS 网站每天会产生海量的用户动态信息。以 Facebook 为例，每天要处理 27 亿次 Like 按钮点击、2 亿张图片上传和 500 TB 数据接收。对于关系数据库来说，在包含上亿条记录的表里进行 SQL 查询，效率是极其低下乃至不可忍受的。

(3) 对数据库高可扩展性和高可用性的需求。在基于 Web 的架构当中，数据库是最难进行横向扩展的。当一个应用系统的用户和访问量与日俱增时，数据库却没有办法像 Web 服务器和 App 服务器那样简单地通过添加更多的硬件和服务节点来扩展性能和负载能力。对于很多需要提供 24 小时不间断服务的网站来说，对数据库系统进行升级和扩展是非常痛苦的事情，往往需要停机维护和数据迁移。为什么数据库不能通过不断地添加服务器节点来实现扩展呢?

关系数据库在越来越多的应用场景下已经显得不那么合适了。为了解决这类问题，非关系型数据库应运而生。NoSQL 是非关系型数据存储的广义定义，它打破了长久以来关系数据库与事务 ACID(Atomicity，Consistency，Isolation，Durability，不可分割性、一致性、隔离性、持久性)理论大一统的局面。NoSQL 数据存储不需要固定的表结构，通常也不存在连接操作，在大数据存取上具备关系数据库无法比拟的性能优势。

当今的应用体系结构需要数据存储在横向伸缩性上能够满足需求，而 NoSQL 存储就是为了实现这个需求。Google 的 BigTable 与 Amazon 的 Dynamo 是非常成功的商业 NoSQL 实现。一些开源的 NoSQL 体系，如 Facebook 的 Cassandra、Apache 的 HBase，也得到了广泛认同。

1.4.2 NoSQL 相关理论

1. CAP 理论

CAP 理论是 NoSQL 数据库的基石。CAP 理论指的是在一个分布式系统中，Consistency（一致性）、Availability（可用性）、Partition tolerance（分区容忍性）三者不可兼得。

一致性意味着系统在执行了某些操作后仍处在一个一致的状态，这点在分布式系统中尤其明显。比如某用户在一处对共享的数据进行了修改，那么所有有权使用这些数据的用户都可以看到这一改变。简言之，就是所有的节点在同一时刻有相同的数据。

可用性指对数据的所有操作都应有成功的返回。当集群中一部分节点发生故障后，集群整体还应能够响应客户端的读/写请求。简言之，就是任何请求不管成功或失败都有响应。

分区容忍性这一概念的前提是在网络发生故障的时候。在网络连接上，一些节点出现故障，使得原本连通的网络变成了一块一块的分区。若允许系统继续工作，那么就是分区可容忍的。

一个分布式系统无法同时满足一致性、可用性、分区容忍性三个特点，最多只能实现其中两点。而由于当前的网络硬件肯定会出现延迟、丢包等问题，分区容忍性是我们必须实现的。所以我们只能在一致性和可用性之间进行权衡，没有 NoSQL 系统能同时保证这三点。

2. BASE 理论

在关系数据库系统中，事务的 ACID 属性保证了数据库中数据的强一致性，而 NoSQL 系统通常注重性能和扩展性，而非事务机制。BASE 理论给出了关系数据库强一致性引起的可用性降低的解决方案。

BASE 是 Basically Available（基本可用）、Soft state（软状态）和 Eventually consistent（最终一致性）三个短语的简写，是对 CAP 理论中一致性和可用性权衡的结果，其核心思想是虽然无法做到强一致性，但每个应用都可以根据自身的业务特点，采用适当的方式使系统达到最终一致性。

基本可用是指分布式系统在出现不可预知故障的时候，允许损失部分可用性，举例如下。

（1）响应时间上的损失。正常情况下，一个在线搜索引擎需要在 0.5s 之内返回给用户相应的查询结果。但由于出现故障，查询结果的响应时间增加了 1～2s。

（2）系统功能上的损失。正常情况下，在一个电子商务网站上进行购物的时候，消费者几乎能够顺利完成每一笔订单。但是在一些节日大促销购物高峰的时候，由于消费者的购物行为激增，为了保护购物系统的稳定性，部分消费者可能会被引导到一个降级页面。

软状态指允许系统中的数据存在中间状态，并认为该中间状态的存在不会影响系统的整体可用性，即允许系统在不同节点的数据副本之间进行数据同步的过程中存在延时。

最终一致性强调的是所有数据副本在经过一段时间的同步之后，最终都能够达到一个一致的状态。因此，最终一致性的本质是需要系统保证最终数据能够达到一致，而不需要实时保证系统数据的强一致性。

总的来说，BASE 理论面向的是大型的、高可用的、可扩展的分布式系统，和传统的事务 ACID 特性是相反的，它完全不同于 ACID 的强一致性模型，而是通过牺牲强一致性来获得可用性，并允许数据在一段时间内是不一致的，但最终达到一致状态。但是，在实际的分布式场景中，不同的业务单元和组件对数据一致性的要求是不同的，因此在具体的分布式系统架构设计过程中，ACID 特性和 BASE 理论往往又会结合在一起。

具体地说，如果选择了 CP(一致性和分区容忍性)，那么就要考虑 ACID 理论；如果选择了 AP(可用性和分区容忍性)，那么就要考虑 BASE 理论，这是很多 NoSQL 系统的选择；如果选择了 CA(一致性和可用性)，如 Google 的 BigTable，那么在网络发生分区时，将不能进行完整的操作。

1.4.3 NoSQL 的数据存储模型

NoSQL 系统支持的数据存储模型通常分为 Key-Value 存储模型、列族存储模型、文档存储模型和图存储模型 4 种类型。

1. Key-Value 存储模型

Key-Value 存储模型即键值存储模型，是最简单也是最方便使用的数据模型。每个 Key 对应一个 Value。Value 可以是任意类型的数据值，它支持按照 Key 来存储和提取 Value。Value 是无结构的二进制码或纯字符串，通常需要在应用层去解析相应的结构。键值存储模型数据库的主要特点是具有极高的并发读/写性能。

键值存储模型数据库主要有 Amazon 的 Dynamo、Redis、Memcached、Project Voldemort、Tokyo Tyrant 等，比较常用的键值存储模型数据库是 Memcached 和 Redis。

2. 文档存储模型

在传统的数据库中，数据被分割成离散的数据段，而文档存储则是以文档为存储信息的基本单位。文档存储一般用类似 JSON(Java Script Object Notation，JS 对象简谱)的格式存储，存储的内容是文档型的。这样也就有机会对某些字段建立索引，实现关系数据库的某些功能。

在文档存储中，文档可以很长，很复杂，无结构，可以是任意结构的字段，并且数据具有物理和逻辑上的独立性，这就和具有高度结构化的表存储(关系数据库的主要存储结构)有很大的不同，而最大的不同则在于它不提供对参照完整性和分布事务的支持；不过，它们之间也并不排斥，可以进行数据的交换。

现在一些主流的文档存储模型数据库有 Bagender、CouchDB、Lotus Notes、MongoDB、OrientDB、SimpleDB、Terrastore 等，比较常用的文档存储数据库是 MongoDB。

3. 图存储模型

图存储模型记为 $G(V,E)$，V 为节点的集合，每个节点具有若干属性；E 为边的集合，也可以具有若干属性。该模型支持图形结构的各种基本算法，可以直观地表达和展示数据之间的联系。

如果图的节点众多，关系复杂，属性很多，那么传统的关系数据库将要建很多大型的表，并且表的很多列可能是空的，在查询时还极有可能进行多重 SQL 语句的嵌套。采用图存储模型就会很优越，基于图的很多高效的算法可以大幅提高效率。

目前常见的图存储模型数据库有 AllegroGraph、DEX、Neo4j、FlockDB，比较成熟的是 Twitter 的 FlockDB。

4. 列族存储模型

列族存储模型按列存储，每一行数据的各项被存储在不同的列中，这些列的集合称为列族。每一列的每一个数据项都包含一个时间戳属性，以便保存同一个数据项的多个版本。

Google 为在 PC 集群上运行的可伸缩计算基础设施设计建造了三个关键部分。第一个关键的基本设施是 Google File System(GFS，谷歌文件系统)，这是一个高可用的文件系统，提供了一个全局的命名空间。它通过复制机器的文件数据来达到高可用性，并因此免受传统文件系统无法避免的许多失败的影响，如电源、内存和网络端口等系统要素的失败。第二个基础设施是名为 Map-Reduce 的计算框架，它与 GFS 紧密协作，协助处理收集到的海量数据。第三个基础设施就是 BigTable，它是传统数据库的替代。BigTable 通过一些主键来组织海量数据，并实现高效的查询。

Hypertable 是一个开源、高性能、可伸缩的数据库，是 BigTable 的一个开源实现，它采用与 Google 的 BigTable 相似的模型。

HBase 即 Hadoop Database，是一个高可靠性、高性能、面向列、可伸缩的分布式存储系统，利用 HBase 技术可在廉价 PC 服务器上搭建起大规模结构化存储集群。

HBase 同 Hypertable 一样，是 Google BigTable 的开源实现，类似于 Google BigTable 利用 GFS 作为其文件存储系统，HBase 利用 HDFS(Hadoop Distributed File System，Hadoop 分布式文件系统)作为其文件存储系统；Google 运行 MapReduce 来处理 BigTable 中的海量数据，HBase 同样利用 Hadoop MapReduce 来处理 HBase 中的海量数据；Google BigTable 利用 Chubby 作为协同服务，HBase 利用 Zookeeper 作为对应的协同服务。

1.5 小　　结

本章概述了数据库的应用领域和相关的基本概念，介绍了数据管理技术发展的 3 个阶段，详细阐述了每个阶段的优缺点，说明了数据库系统的优点，同时也介绍了数据库系统的组成，使读者了解数据库系统不仅是一个计算机系统，而且也是一个人机系统，人的作用特别是 DBA 的作用尤为重要。

数据模型是数据库系统的核心和基础。本章介绍了数据的抽象过程，将数据抽象为概念模型、逻辑模型、外部模型和内部模型 4 种。概念模型也称为信息模型，用于信息世界的建模。E-R 模型是这类模型的典型代表，E-R 方法简单、清晰，应用十分广泛。同时本章介绍了组成数据模型的 3 个要素，即数据结构、数据操作、数据的完整性约束条件。

数据模型的发展经历了层次模型、网状模型和关系模型等阶段。由于层次数据库和网状数据库已逐步被关系数据库取代，因此层次模型和网状模型在本书中不予讲解。本章初步介绍了关系模型的相关概念，后面对关系模型会进一步详细讲解。

数据库系统三级模式和二级映射的体系结构保证了数据库系统具有较高的逻辑独立性和物理独立性。

因为本章出现了一些新的术语，所以在学习本章时应把注意力放在掌握基本概念和基础知识方面，为进一步学习以后的章节打好基础。

习 题 一

一、选择题

1. 在DBS中,DBMS和OS之间的关系是(　　)。

A. 并发运行　B. 相互调用　C. OS调用DBMS　D. DBMS调用OS

2. 在数据库方式下,信息处理中占据中心位置的是(　　)。

A. 磁盘　B. 程序　C. 数据　D. 内存

3. 在DBS中,逻辑数据与物理数据之间可以差别很大,实现两者之间转换工作的是(　　)。

A. 应用程序　B. 操作系统　C. DBMS　D. I/O设备

4. DB的三级模式结构是对(　　)抽象的三个级别。

A. 存储器　B. 数据　C. 程序　D. 外存

5. DB的三级模式结构中最接近外部存储器的是(　　)。

A. 子模式　B. 外模式　C. 概念模式　D. 内模式

6. DBS具有"数据独立性"特点的原因是DBS(　　)。

A. 采用磁盘作为外存　B. 采用三级模式结构

C. 使用OS来访问数据　D. 用宿主语言编写应用程序

7. 在DBS中,"数据独立性"和"数据联系"这两个概念之间的联系是(　　)。

A. 没有必然的联系　B. 同时成立或不成立

C. 前者蕴含后者　D. 后者蕴含前者

8. 数据独立性是指(　　)。

A. 数据之间相互独立

B. 应用程序与DB的结构之间相互独立

C. 数据的逻辑结构与物理结构相互独立

D. 数据与磁盘之间相互独立

9. 用户使用DML语句对数据进行操作,实际上操作的是(　　)。

A. 数据库的记录　B. 内模式的内部记录

C. 外模式的外部记录　D. 数据库的内部记录值

10. 对DB中数据的操作分成两大类:(　　)。

A. 查询和更新　B. 检索和修改

C. 查询和修改　D. 插入和修改

11. 数据库是存储在一起的相关数据的集合,能为各种用户共享,且(　　)。

A. 消除了数据冗余　B. 降低了数据的冗余度

C. 具有不相容性　D. 由用户进行数据导航

12. 数据库管理系统是(　　)。

A. 采用了数据库技术的计算机系统

B. 包括数据库、硬件、软件和DBA的系统

C. 位于用户与操作系统之间的一层数据管理软件

D. 包含操作系统在内的数据管理软件系统

13. DBS体系结构按照ANSI/SPARC报告分为(①);在DBS中,DBMS的首要目标是提高(②);对于DBS,负责定义DB结构以及安全授权等工作的是(③)。

① A. 外模式、概念模式和内模式　　B. DB、DBMS和DBS
C. 模型、模式和视图　　D. 层次模型、网状模型和关系模型

② A. 数据存取的可靠性　　B. 应用程序员的软件生产效率
C. 数据存取的时间效率　　D. 数据存取的空间效率

③ A. 应用程序员　　B. 终端用户
C. 数据库管理员　　D. 系统设计员

14. DBS由DB、( )和硬件等组成,DBS是在( )的基础上发展起来的。

A. 操作系统　　B. 文件系统　　C. 编译系统　　D. 应用程序系统
E. 数据库管理系统

15. DBS的数据独立性是指(①),DBMS的功能之一是(②),DBA的职责之一是(②)。

① A. 不会因为数据的数值变化而影响应用程序
B. 不会因为系统的数据存储结构与数据逻辑结构的变化而影响应用程序
C. 不会因为存取策略的变化而影响存储结构
D. 不会因为某些存储结构的变化而影响其他的存储结构

② A. 编制与数据库有关的应用程序　　B. 规定存取权
C. 查询优化　　D. 设计实现数据库语言
E. 确定数据库的数据模型

二、填空题

1. 数据库技术是在________的基础上发展起来的,而且DBMS本身要在________的支持下才能工作。

2. 在DBS中,逻辑数据与物理数据之间可以差别很大。数据管理软件的功能之一就是要在这两者之间进行________。

3. 对现实世界进行第一层抽象的模型,称为________模型;对现实世界进行第二层抽象的模型,称为________模型。

4. 在DB的三级模式结构中,数据按________的描述给用户,按________的描述存储在磁盘中,而________提供了连接这两级的相对稳定的中间观点,并使得两级中的任何一级的改变都不受另一级的牵制。

三、简答题

1. 概念模型、逻辑模型、外部模型和内部模型各具有哪些特点?
2. 试叙述DB的三级模式结构中每一概念的要点,并指出其联系。
3. 在用户访问数据库数据的过程中,DBMS起着什么作用?
4. 试述概念模式在数据库结构中的重要地位。
5. 试述什么是数据的逻辑独立性和物理独立性。

第2章　关系数据库标准语言SQL

SQL是一种在关系数据库中定义和操纵数据的标准语言，是用户与数据库之间进行交流的接口。SQL现已被大多数关系数据库管理系统采用。

2.1　SQL介绍

SQL对关系模型数据库理论的发展和商用RDBMS的研制、使用和推广等，都起着极其重要的作用。

1986年，ANSI和国际标准化组织(International Organization for Standardization, ISO)发布了SQL标准——SQL 86。1989年，ANSI发布了增强完整性特征的SQL 89标准。随后，ISO对标准进行了大量的修改和扩充，在1992年发布了SQL 2标准，实现了对远程数据库访问的支持。1999年，ISO发布了SQL 3标准，包括对象数据库、开放数据库互联等内容。接下来是SQL 2003标准，SQL Server 2005和Oracle 10g都支持此标准。接下来是SQL 2006标准、SQL 2008标准、SQL 2011标准。最新的版本是SQL 2016，它的主要新特性包括识别行模式，支持JSON对象、多态表函数等。

SQL成为国际标准后，各种类型的计算机和数据库系统都采用SQL作为其存取语言和标准接口，从而使数据库世界有可能链接为一个统一的整体。这个前景具有十分重大的意义。

2.1.1　SQL数据库的体系结构

SQL支持关系数据库三级模式、二级映射的结构，如图2-1所示。二级映射保证了数据库的数据独立性。

使用SQL的关系数据库具有如下特点。

(1) SQL用户可以是应用程序，也可以是终端用户。SQL可以被嵌入在宿主语言的程序(如Java、Python、C#等)中使用，也可以作为独立的用户接口在DBMS环境下由用户直接使用。

(2) SQL用户可以用SQL对基本表和视图进行查询。

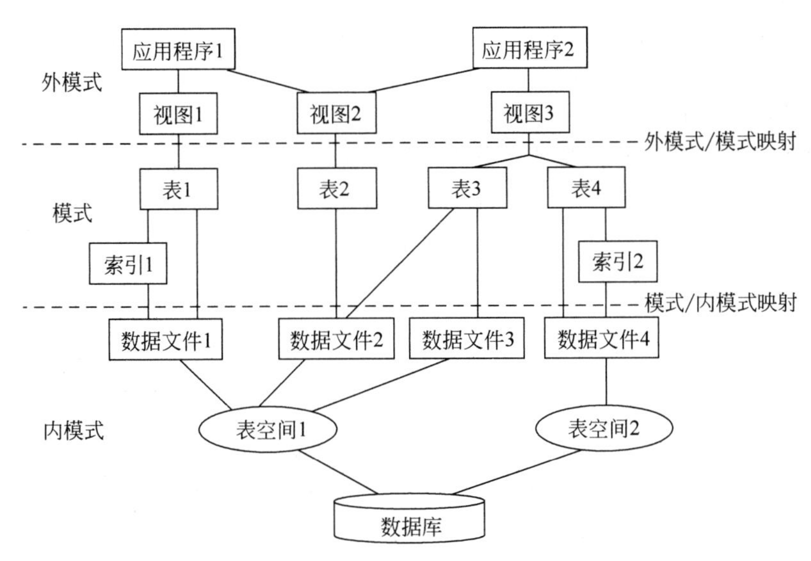

图 2-1 SQL 数据库的体系结构

(3) 一个视图是从若干基本表或其他视图上导出的表。数据库中只存放该视图的定义,而不存放该视图所对应的数据,这些数据仍然存放在导出该视图的基本表中。因此可以说视图是一个虚表。

(4) 一个或一些基本表对应于一个数据文件。一个基本表也可以存放在若干数据文件中。一个数据文件对应于存储设备上的一个存储文件。

(5) 一个基本表可以带若干索引。索引也存放在数据文件中。

(6) 一个表空间可以由若干数据文件组成,一个表空间只属于一个数据库。

(7) 一个数据库可以有一个或多个表空间,一个表空间可以由多个数据文件组成。

在 Oracle 数据库中,模式对应于整个数据库中的表、索引等,外模式对应于某个用户的表、视图等,它们都被称为“方案对象”。内模式对应于存储结构,如逻辑存储结构(表空间、区、段、块等)、物理存储结构(数据文件、重做日志文件、配置文件等)。在定义模式的时候往往可以指定它的内模式,如将表创建在哪个表空间、存储管理的参数是什么等。三级模式的设计是数据库设计的重要任务。

2.1.2 SQL 的特点

SQL 是一种综合的、通用的、功能极强的同时又简洁易学的语言。SQL 集数据定义、数据查询、数据操纵和数据控制于一体,主要特点如下。

1. 综合统一

SQL 风格统一,可以独立完成数据库生命周期中的全部活动,包括创建数据库、定义关系模式、录入数据、删除数据、更新数据、数据库重构、数据库安全控制等一系列操作。这就为数据库应用系统的开发提供了良好的环境。

2. 高度非过程化

用 SQL 进行数据操作,用户只需提出“做什么”,而不需要指明“怎么做”。因此用户无须了解和解释存取路径等过程化的内容。存取路径和 SQL 的操作等过程化的内容由系统自动完成。这不但大幅减轻了用户在程序实现上的负担,而且有利于提高数据的独立性。

3. 面向集合的操作方式

SQL采用集合的操作方式,不仅一次查找的结果可以是若干记录的集合,而且一次插入、删除、更新等操作的对象也可以是若干记录的集合。

4. 同一种语法结构提供两种使用方式

SQL既是独立式语言,又是嵌入式语言。作为独立式语言,用户可以在终端键盘上直接键入SQL命令,对数据库进行操作;作为嵌入式语言,SQL可以被嵌入到宿主语言(如Python、Java、C#)程序中,供编程使用。在这两种不同的使用方式下,SQL的语法结构基本上是一致的。

这种以统一的语法结构提供两种不同使用方式的方法,为用户提供了极大的灵活性和方便性。

5. 语言简洁,易学易用

SQL是一种结构化的查询语言,它的结构、语法、词汇等本质上都是精确的、典型的英语的结构、语法和词汇,这样就使得用户不需要任何编程经验就可以读懂它、使用它,容易学习,容易使用。SQL的核心功能只使用了几个动词,如表2-1所示。

表2-1 SQL语言的主要动词

SQL功能	动 词
数据定义	CREATE、DROP、ALTER
数据操纵	SELECT、UPDATE、INSERT、DELETE
数据控制	COMMIT、ROLLBACK、GRANT、REVOKE

2.1.3 SQL的组成

SQL由以下3部分组成。

1. 数据定义语言(DDL)

DDL用来定义、修改、删除数据库中的各种对象,包括创建、修改、删除或者重命名模式对象(CREATE、ALTER、DROP、RENAME)的语句,以及删除表中所有行但不删除表(TRUNCATE)的语句等。

2. 数据操纵语言(DML)

DML用来查询、插入、修改、删除数据库中的数据,包含用于查询数据(SELECT)、添加新行数据(INSERT)、修改现有行数据(UPDATE)、删除现有行数据(DELETE)的语句等。

3. 数据控制语言(DCL)

DCL用于事务控制、并发控制、完整性和安全性控制等。事务控制用于把一组DML语句组合起来形成一个事务并进行控制。通过事务语句可以把对数据所做的修改保存起来(COMMIT)或者回滚这些修改(ROLLBACK)。应在事务中设置一个保存点(SAVEPOINT),以便用于可能出现的回溯操作;通过管理权限(GRANT、REVOKE)等语句完成安全性控制以及通过锁定一个数据库表(LOCKTABLE)限制用户对数据的访问等操作实现并发控制。

2.2 数据表的定义

SQL的数据定义功能包括对数据表、视图和索引等的定义。本节介绍在Oracle 19c中如何创建、修改、删除基本表。

2.2.1 Oracle 数据类型

数据库中的基本表由表结构(表中第一行)和多行记录组成。表的定义就是创建表的结构,表结构由多列字段组成,而每个字段在定义时必须指明字段的数据类型。

Oracle 提供了多种数据类型,取值范围越大的数据类型,所需要的存储空间也就越大,因此要根据实际需求为字段选择适当的数据类型。合适的数据类型可以有效地节省数据库存储空间,提升数据的计算性能,节省数据的检索时间。

Oracle 支持的数据类型主要有字符型、数值型、日期型、LOB(Large Object,大对象)类型等,这里我们主要介绍常用的几种类型。

1. 字符类型

常用的字符类型有 CHAR 和 VARCHAR2 类型。

CHAR 用于描述定长的字符串。如果实际值不够定义的长度,系统将以空格填充。其说明格式为:CHAR(L),其中 L 为字符串长度。L 的缺省值为 1,最大为 2 KB。

VARCHAR2 用于描述变长的字符串,其说明格式为:VARCHAR2(L),其中 L 为字符串长度,没有缺省值,最大为 4 KB。VARCHAR2 的存储长度取决于字符串的实际长度,而不是定义的长度。

字符串值必须用单引号括起来,如' abc'、'女'。

2. 数值类型

NUMBER 可以用来表示所有的数值数据。其说明格式为:NUMBER(p,s),其中 p 表示所有有效数字的位数,s 表示数值数据中小数点后的数字位数。p、s 在定义时可以省略,如 NUMBER(5)、NUMBER 等。

3. 日期类型

DATE 用来保存固定长度的日期数据,其说明格式为:DATE。

日期值必须使用单引号括起来,格式为'DD-MM 月-YYYY',如'20-5 月-2023'。注意:不要将 5 月写成 05 月。

4. LOB 类型

BLOB 用于保存二进制大对象,通常用来保存图像和文档等二进制数据。

CLOB 用于保存字符型大对象。VARCHAR2 数据类型最多只能保存 4000 个字符。如果要保存的字符串数据超过此范围,应使用 CLOB 数据类型。

2.2.2 以 SQL Plus 命令行方式登录数据库

(1) 选择“开始”→Oracle OraDB19Home1→SQL Plus 命令,打开 SQL Plus 窗口。

(2) 根据提示输入用户名、口令,连接系统默认的数据库 orcl。笔者在安装 Oracle 19c 时设置的口令为 root。图 2-2 为以 SYS 用户身份登录数据库,并以 SYSDBA 身份进行连接。

(3) 出现命令提示符“SQL >”时,表明已经成功登录 Oracle 服务器,可以开始对数据库进行操作。

2.2.3 基本表的定义、删除和修改

表是数据库存储数据的基本单元。从用户角度来看,表中存储数据的逻辑结构是一张

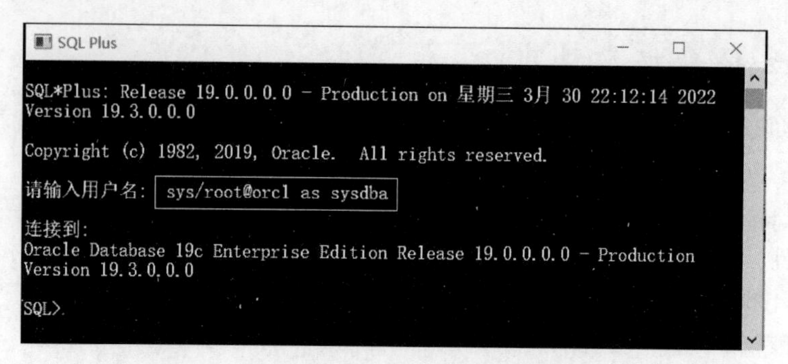

图 2-2 以 SQL Plus 方式启动、连接数据库

二维表，即表由行、列两部分组成。通常称表中的一行为一条记录，称表中的一列为一个字段。

1. 创建表

创建表实际上就是在数据库中定义表的结构。表的结构主要包括表与列的名称、列的数据类型以及建立在表或列上的约束，约束将在后面有关的章节中详细介绍。

创建表的语句是 CREATE TABLE，其格式如下：

```
CREATE TABLE 表名(
  列名 数据类型[(长度[,小数位])] [NOT NULL|NULL] [DEFAULT 默认值]
  [, … ]
);
```

说明：(1) 语句中的[]表示该项为可选项。在写具体命令时，[]不能写。

(2) NULL 表示空值，即不确定的值。空值不同于 0、空白或长度为 0 的字符串。如果要求某列必须有值，在定义该列时要设置为 NOT NULL。默认为 NULL。

(3) DEFAULT 选项的作用是为指定列设置默认值。即如果用户不给该列输入值，系统将自动给该列赋值。

【例 2-1】 创建 product 表。

```
SQL> CREATE TABLE product(
 2  p_code NUMBER(6),
 3  p_name VARCHAR2(10),
 4  p_price NUMBER(5,2)
 5  );
表已创建。
```

【例 2-2】 创建 ord 表，并将 ordno 列设置为不能取空值，ordate 列设置默认值为当前系统日期。

```
SQL> CREATE TABLE ord(
 2  ordno NUMBER(8) NOT NULL,
 3  p_code NUMBER(6),
 4  s_code NUMBER(6),
 5  ordate DATE DEFAULT SYSDATE,
 6  price NUMBER(8,2)
 7  );
表已创建。
```

2. 查看表的结构

表创建完成后，可以使用 DESCRIBE/DESC 语句显示表的结构，查看表中的字段名、字段数据类型以及是否为空值信息。

查看表结构的语句是 DESCRIBE/DESC，其格式如下：

```
DESCRIBE 表名;
```

或者可简写如下：

```
DESC 表名;
```

【例 2-3】 查看 product 表的表结构信息。

```
SQL > DESC product;
```

语句执行结果为：

```
名称        是否为空?    类型
--------  --------  ------------
P_CODE                NUMBER(6)
P_NAME                VARCHAR2(10)
P_PRICE               NUMBER(5,2)
```

3. 修改表的结构

在基本表建立并使用一段时间后，可以根据实际需要对基本表的结构进行修改，如增加新的列、删除原有的列或修改已有列的名称、数据类型等。

1）在表中增加一个新列

在表中增加一个新列的语句格式如下：

```
ALTER TABLE 表名
ADD 列名 数据类型[(长度[,小数位])] [DEFAULT 默认值];
```

注意：一条 ALTER TABLE…ADD 语句只能为表增加一个新列。如果要增加多个新列，则需使用多条 ALTER TABLE…ADD 语句。

【例 2-4】 为 product 表增加一个新列 addr，数据类型为 VARCHAR2(50)。

```
SQL > ALTER TABLE product
  2   ADD addr VARCHAR2(50);
表已更改。
SQL > DESC product;
```

语句执行结果为：

```
名称        是否为空?    类型
--------  --------  ------------
P_CODE                NUMBER(6)
P_NAME                VARCHAR2(10)
P_PRICE               NUMBER(5,2)
ADDR                  VARCHAR2(50)
```

2）修改表中已有列的数据类型

修改表中已有列数据类型的语句格式如下：

```
ALTER TABLE 表名
MODIFY 列名 数据类型[(长度[,小数位])] [DEFAULT 默认值];
```

注意：一条 ALTER TABLE…MODIFY 语句只能修改表中的一列。如果要修改多列，则需使用多条 ALTER TABLE…MODIFY 语句。

【例 2-5】 对 product 表中的 addr 列进行修改，数据类型不变，长度改为 60，默认值为"广东省佛山市"。

```
SQL > ALTER TABLE product
  2  MODIFY addr VARCHAR2(60) DEFAULT '广东省佛山市';
表已更改。
SQL > DESC product;
```

语句执行结果为：

```
名称        是否为空?    类型
---------  ---------  -------------
P_CODE                  NUMBER(6)
P_NAME                  VARCHAR2(10)
P_PRICE                 NUMBER(5,2)
ADDR                    VARCHAR2(60)
```

3）修改表中已有列的名称

修改表中已有列数据类型的语句格式如下：

```
ALTER TABLE 表名
RENAME COLUMN 列名 TO 新列名;
```

注意：一条 ALTER TABLE…RENAME COLUMN 语句只能修改表中的一列。如果要修改多列，则需使用多条 ALTER TABLE…RENAME COLUMN 语句。

【例 2-6】 将 product 表中的 addr 列改名为 address，数据类型保持不变。

```
SQL > ALTER TABLE product
 2 RENAME COLUMN addr TO address;
表已更改。
SQL > DESC product;
```

语句执行结果为：

```
名称        是否为空?    类型
---------  ---------  ------------
P_CODE                  NUMBER(6)
P_NAME                  VARCHAR2(10)
P_PRICE                 NUMBER(5,2)
ADDRESS                 VARCHAR2(60)
```

4）从表中删除一列

从表中删除一列的语句格式如下：

```
ALTER TABLE 表名
DROP COLUMN 列名;
```

注意：使用以上的 ALTER TABLE…DROP COLUMN 语句，一次只能删除一列，而且被删除的列无法恢复。

【例 2-7】 删除 product 表中的 address 列。

```
SQL > ALTER TABLE product
 2 DROP COLUMN address;
```

```
ALTER TABLE product
*
第 1 行出现错误:
ORA - 12988: 无法删除属于 SYS 的表中的列。
```

说明：只能删除普通用户连接数据库后所创建的表中的列，普通用户的创建请参看第5章。读者也可通过下面的操作过程进一步理解。

```
##以系统管理员身份连接到数据库后,创建公共用户 c##u1(c##表示 u1 为公共用户),密码为 123
SQL> CREATE USER c##u1 IDENTIFIED BY 123;
用户已创建。
##为用户 c##u1 授予连接数据库和对表或视图操作的资源权限
SQL> GRANT CONNECT,RESOURCE TO c##u1;
授权成功。
##以用户 c##u1 连接到数据库 orcl。
SQL> CONN c##u1/123@orcl;
已连接。
##创建表 test 后删除表中的列
SQL> CREATE TABLE test(
  2   id int,
  3   name varchar2(5)
  4   );
表已创建。
SQL> ALTER TABLE test
  2   DROP COLUMN name;
表已更改。
SQL> DESC test;
名称        是否为空?    类型
--------    --------    -----------
ID                       NUMBER(38)
```

4. 删除表

删除表就是将数据库中已存在的表从数据库中删除。因此，在进行删除操作前，最好对表中的数据进行备份，以免造成无法挽回的后果。

可以使用 DROP TABLE 语句删除一个表，其语句的格式为：

```
DROP TABLE 表名;
```

【例 2-8】　删除例 2-2 创建的 ord 表。

```
SQL> CONN sys/root@orcl as SYSDBA;
SQL> DROP TABLE ord;
表已删除。
```

2.3　数据的维护

数据维护是指使用 INSERT、DELETE、UPDATE 语句来插入、删除、更新数据库表中记录行的数据，由数据操作语言(DML)实现，它们是数据库的主要功能之一。

2.3.1　插入数据

对于数据库而言，当创建表之后，应该首先插入数据，然后才能查询、更新、删除数据，保证数据的实时性和准确性。

当往一个表中添加一行新的数据时，需要使用 DML 中的 INSERT 语句。该语句的基本语法格式如下：

```
INSERT INTO 表名[ (列名 1[,列名 2… ]) ]
    VALUES (值 1[,值 2… ]);
```

说明：

(1) 插入数据时，列的个数、数据类型、顺序必须要和提供的数据列的个数、数据类型、顺序保持一致或匹配。

(2) 如果省略了表名后列的列名表，即表示要为所有列插入数据，则必须根据表结构定义中的顺序为所有的列提供数据，否则会出错。

(3) 使用 INSERT 语句一次只能向表中插入一行数据。

【例 2-9】 为 product 表插入一条记录，值依次为(1,'啤酒',8)。

```
SQL > DESC product;
```

语句执行结果为：

```
名称          是否为空?    类型
---------  ---------  --------------
P_CODE                 NUMBER(6)
P_NAME                 VARCHAR2(10)
P_PRICE                NUMBER(5,2)
SQL > INSERT INTO product
  2  VALUES(1,'啤酒',8);
已创建 1 行.
SQL > SELECT * FROM product;
```

语句执行结果为：

```
P_CODE       P_NAME       P_PRICE
---------  ---------  --------
1            啤酒         8
```

【例 2-10】 为 product 表插入一条记录，p_code 为 2，p_name 为'可乐'，单价 p_price 的值没有确定。

```
SQL > INSERT INTO product(p_code,p_name)
 2  VALUES(2,'可乐');
已创建 1 行。
```

或

```
SQL > INSERT INTO product
 2  VALUES(2,'可乐',NULL);
已创建 1 行。
```

2.3.2 更新数据

若表中的数据出现错误或已经过时，则需要更新数据。使用 DML 中的 UPDATE 语句更新表中已经存在的数据。

UPDATE 语句的基本语法格式如下：

```
UPDATE 表名 SET 列名 = 值[,列名 = 值, … ]
 [WHERE 条件];
```

说明：如果不用 WHERE 子句限定要更新的数据行，则会更新表中所有记录行对应的列值。

【例 2-11】 更新 product 表中 p_code 为 2 的 p_price 为 5。

```
SQL> UPDATE product SET p_price = 5
 2 WHERE p_code = 2;

已更新 1 行。
```

【例 2-12】 修改 product 表中 p_code 为 1 的 p_name 为香烟，p_price 为空。

```
SQL> UPDATE product SET p_name = '香烟', p_price = NULL
 2 WHERE p_code = 1;
已更新 1 行。
SQL> SELECT * FROM product;
```

语句执行结果为：

```
    P_CODE    P_NAME    P_PRICE
--------  --------  --------
        1     香烟
        2     可乐        5
```

【例 2-13】 将 product 表中所有商品的价格上调 10 元。

```
SQL> UPDATE product SET p_price = p_price + 10;
已更新 2 行。
SQL> SELECT * FROM product;
```

语句执行结果为：

```
    P_CODE    P_NAME    P_PRICE
--------  --------  --------
        1     香烟
        2     可乐        15
```

说明：对空值 NULL 进行的任何运算，结果仍为 NULL。

2.3.3 删除数据

不正确的、过时的数据应该删除。使用 DML 中的 DELETE 语句可删除表中已经存在的数据。

DELETE 语句的基本语法格式如下：

```
DELETE FROM 表名
 [WHERE 条件];
```

说明：(1) DELETE 是按行删除数据，不是删除行中某些列的数据。

(2) 如果不用 WHERE 子句限定要删除的数据行，则会删除整个表的数据行。删除表中所有数据行，也可用截断表的语句实现，其格式为：TRUNCATE TABLE 表名;。TRUNCATE TABLE 语句删除所有记录的速度要快一些。

【例 2-14】 删除 product 表中 p_code 为 2 的 p_price 的值。

```
SQL> UPDATE product SET p_price = NULL
  2  WHERE p_code = 2;
已更新 1 行。
```

【例 2-15】 删除 product 表中 p_code 为 2 的行记录。

```
SQL> DELETE FROM product
  2  WHERE p_code = 2;
已删除 1 行。
```

【例 2-16】 删除 product 表所有的行记录。

```
SQL> DELETE FROM product;
已删除 1 行。
```

或使用截断表语句,代码如下:

```
SQL> TRUNCATE TABLE product;
表被截断。
```

2.4 数据查询

查询数据是数据库的核心操作,是使用频率最高的操作。SQL 使用 SELECT 语句进行数据库的查询,该语句具有灵活的使用方式和丰富的功能。

2.4.1 查询案例所用表的介绍

1. dept 表(部门表)

dept 表的结构如下所示:

```
SQL> DESC dept;
```

语句执行结果为:

```
名称          是否为空?    类型
---------  --------  -------------
DEPTNO        NOT NULL     NUMBER(2)
DNAME                      VARCHAR2(14)
LOC                        VARCHAR2(13)
```

dept 表的内容如下所示:

```
SQL> SELECT * FROM dept;
    DEPTNO     DNAME            LOC
---------  ------------  ------------
        10     ACCOUNTING       NEW YORK
        20     RESEARCH         DALLAS
        30     SALES            CHICAGO
        40     OPERATIONS       BOSTON
```

2. emp 表(员工表)

emp 表的结构如下所示:

```
SQL> DESC emp;
```

语句执行结果为：

```
名称          是否为空?       类型
-------  -----------  ------------
EMPNO         NOT NULL        NUMBER(4)
ENAME                         VARCHAR2(10)
JOB                           VARCHAR2(9)
MGR                           NUMBER(4)
HIREDATE                      DATE
SAL                           NUMBER(7,2)
COMM                          NUMBER(7,2)
DEPTNO                        NUMBER(2)
```

emp 表的内容如下所示：

```
SQL> SELECT * FROM emp;
EMPNO ENAME    JOB        MGR   HIREDATE          SAL    COMM   DEPTNO
----  ------  -------   -----  --------------  -----  -----  -------
7369  SMITH    CLERK      7902  17-12月-1980      800            20
7499  ALLEN    SALESMAN   7698  20-2月-1981       1600   300     30
7521  WARD     SALESMAN   7698  22-2月-1981       1250   500     30
7566  JONES    MANAGER    7839  02-4月-1981       2975           20
7654  MARTIN   SALESMAN   7698  28-9月-1981       1250   1400    30
7698  BLAKE    MANAGER    7839  01-5月-1981       2850           30
7782  CLARK    MANAGER    7839  09-6月-1981       2450           10
7788  SCOTT    ANALYST    7566  19-4月-1987       3000           20
7839  KING     PRESIDENT        17-11月-1981      5000           10
7844  TURNER   SALESMAN   7698  08-9月-1981       1500           30
7876  ADAMS    CLERK      7788  23-5月-1987       1100           20
7900  JAMES    CLERK      7698  03-12月-1981      950            30
7902  FORD     ANALYST    7566  03-12月-1981      3000           20
7934  MILLER   CLERK      7782  23-1月-1982       1300           10
```

3. salgrade 表(工资等级表)

salgrade 表的结构如下所示：

```
SQL> DESC salgrade;
```

语句执行结果为：

```
名称              是否为空?     类型
---------  ---------  ---------
GRADE                           NUMBER
LOSAL                           NUMBER
HISAL                           NUMBER
```

salgrade 表的内容如下所示：

```
SQL> SELECT * FROM salgrade;
    GRADE     LOSAL     HISAL
--------  -------  ------
        1     700       1200
        2     1201      1400
        3     1401      2000
        4     2001      3000
        5     3001      9999
```

2.4.2 基本查询语句

Oracle 查询数据的基本语句是 SELECT 语句。SELECT 语句既可以完成简单的单表查询,也可以完成复杂的连接查询和嵌套查询。

SELECT 语句基本的语法如下:

```
SELECT * | 列名 | 列表达式[, 列名 | 列表达式 , …]
FROM 表名或视图名[, 表名或视图名 , …]
[ WHERE 条件表达式 ]
[ GROUP BY 分组列名 1][, 分组列名 2, …]]
[ HAVING 条件表达式 ] ]
[ ORDER BY 排序列名 1 [ ASC| DESC [, 排序列名 2 [ ASC| DESC ]], … ];
```

整条语句的执行过程如下。

(1) 读取 FROM 子句中的表或视图的数据。

(2) 从表或视图中选择满足 WHERE 子句中条件表达式的行记录。

(3) 对选择出的行数据按照 GROUP BY 子句中指定列的值进行分组,通过 HAVING 子句提取满足条件表达式的组数据。

(4) 按 SELECT 子句中给出的列名或列表达式求值输出。

(5) ORDER BY 子句对输出的记录进行排序,按 ASC 升序排列或 DESC 降序排序。

2.4.3 单表查询

单表查询是指从一张表中查询所需的数据。

1. SELECT 子句的规定

SELECT 子句用于描述输出值的列名或表达式,其形式如下:

```
SELECT [ ALL | DISTINCT] * | 列名 | 列表达式[, 列名 | 列表达式 , …]
```

说明:(1) DISTINCT 选项表示输出无重复结果的记录;ALL 选项是默认的,表示输出所有记录,包括重复记录。

(2) * 表示选取表中所有的字段。

1) 查询所有列

【例 2-17】 查询 dept 表的全部数据。

```
SQL> SELECT * FROM dept;
```

语句执行结果为:

```
    DEPTNO DNAME          LOC
---------- -------------- -------------
        10 ACCOUNTING     NEW YORK
        20 RESEARCH       DALLAS
        30 SALES          CHICAGO
        40 OPERATIONS     BOSTON
```

2) 查询指定的列

【例 2-18】 查询 dept 表的部门编号 deptno 和部门名称 dname 的信息。

```
SQL> SELECT deptno, dname FROM dept;
```

语句执行结果为：

```
    DEPTNO    DNAME
---------- ----------
        10    ACCOUNTING
        20    RESEARCH
        30    SALES
        40    OPERATIONS
```

3）去掉重复行

【例 2-19】 查询员工表 emp 中各部门的职务信息。

```
SQL> SELECT deptno, job FROM emp;
```

语句执行结果为：

```
    DEPTNO    JOB
---------- ----------
        10    CLERK
        10    MANAGER
        10    PRESIDENT
        20    ANALYST
        20    ANALYST
        20    CLERK
        20    CLERK
        20    MANAGER
        30    CLERK
        30    MANAGER
        30    SALESMAN
        30    SALESMAN
        30    SALESMAN
        30    SALESMAN
```

上面的查询结果中有重复行的值出现，这是我们所不希望的，所以可以更改如下：

```
SQL> SELECT DISTINCT deptno, job FROM emp;
```

语句执行结果为：

```
    DEPTNO    JOB
---------- ----------
        10    CLERK
        10    MANAGER
        10    PRESIDENT
        20    ANALYST
        20    CLERK
        20    MANAGER
        30    CLERK
        30    MANAGER
        30    SALESMAN
```

2. 列起别名的操作

显示选择查询的结果时，第一行（即表头）中显示的是各个输出字段的名称。为了便于阅读，也可指定更容易理解的列名来取代原来的字段名。设置别名的格式如下：

```
原字段名 [AS] 列别名
```

【例 2-20】 查询 emp 表员工的 empno、ename、hiredate，输出显示的列名为员工编号、员工姓名、聘用日期。

```
SQL> SELECT empno AS 员工编号,ename 员工姓名,hiredate 聘用日期
  2  FROM emp;
```

语句执行结果为：

```
   员工编号    员工姓名    聘用日期
---------- -------- ----------------
      7369   SMITH      17-12月-1980
      7499   ALLEN      20-2月-1981
      7521   WARD       22-2月-1981
      7566   JONES      02-4月-1981
      7654   MARTIN     28-9月-1981
      7698   BLAKE      01-5月-1981
      7782   CLARK      09-6月-1981
      7788   SCOTT      19-4月-1987
      7839   KING       17-11月-1981
      7844   TURNER     08-9月-1981
      7876   ADAMS      23-5月-1987
      7900   JAMES      03-12月-1981
      7902   FORD       03-12月-1981
      7934   MILLER     23-1月-1982
```

3. 使用 WHERE 子句指定查询条件

WHERE 子句后的行条件表达式可以由各种运算符组合而成，常用的比较运算符如表 2-2 所示。

表 2-2 常用的比较运算符

运算符名称	符号及格式	说　明
算术比较判断	<表达式 1>θ<表达式 2> θ代表的符号有：<、<=、>、>=、<>或!=、=	比较两个表达式的值
逻辑比较判断	<比较表达式 1>θ<比较表达式 2> θ代表的符号按其优先级由高到低的顺序如下：NOT、AND、OR	两个比较表达式进行非、与、或的运算
之间判断	<表达式>[NOT] BETWEEN <值 1> AND <值 2>	搜索(不)在给定范围内的数据
字符串模糊判断	<字符串> [NOT] LIKE <匹配模式>	查找(不)包含给定模式的值
空值判断	<表达式> IS [NOT] NULL	判断表达式的值是否为空值
之内判断	<表达式> IN (<集合>)	判断表达式的值是否在集合内

1）比较判断

【例 2-21】 查询 SMITH 的聘用日期。

```
SQL> SELECT ename, hiredate FROM emp
  2  WHERE ename = 'SMITH';
```

语句执行结果为：

```
ENAME     HIREDATE
----- --------------
SMITH     17-12月-1980
```

【例 2-22】 查询 emp 表中在部门 10 工作的、工资高于 1000 或岗位是 CLERK 的所有员工的姓名、岗位、工资的信息。

```
SQL > SELECT ename, job, sal FROM emp
  2  WHERE deptno = '10' AND (sal > 1000 OR job = 'CLERK');
```

语句执行结果为:

```
ENAME     JOB        SAL
-----  ---------  -----
CLARK     MANAGER    2450
KING      PRESIDENT  5000
MILLER    CLERK      1300
```

2）之间判断

之间判断是指用 BETWEEN…AND 来确定一个连续的范围，要求 BETWEEN 后面指定小值，AND 后面指定大值。

例如 sal BETWEEN 1000 AND 2000，相当于 sal >=1000 AND sal <=2000 的运算。

【例 2-23】 查询 emp 表工资为 2500～3000、1981 年聘用的所有员工的姓名、工资、聘用日期信息。

```
SQL > SELECT ename, sal, hiredate FROM emp
  2 WHERE sal BETWEEN 2500 AND 3000
  3 AND hiredate BETWEEN '01 - 1 月 - 1981' AND '31 - 12 月 - 1981';
```

语句执行结果为:

```
ENAME      SAL       HIREDATE
------  ------  ------------
JONES      2975      02 - 4 月 - 1981
BLAKE      2850      01 - 5 月 - 1981
FORD       3000      03 - 12 月 - 1981
```

3）字符串的模糊查询

使用 LIKE 运算符进行字符串模糊匹配查询，格式如下:

```
字符表达式 [ NOT ] LIKE '匹配字符串'
```

匹配字符串中使用通配符“%”和“_”,“%”表示 0 个或任意多个字符，“_”表示任意 1 个字符。

【例 2-24】 查询 emp 表中所有姓名以 K 开头或姓名第 2 个字母为 C 的员工的姓名、部门号及工资信息。

```
SQL > SELECT ename, deptno, sal FROM emp
  2  WHERE ename LIKE 'K%' OR ename LIKE '_C%';
```

语句执行结果为:

```
ENAME     DEPTNO     SAL
------  ------  ------
SCOTT     20         3000
KING      10         5000
```

4）空值判断

【例 2-25】 查询 emp 表中 1981 年聘用且没有补助的员工的姓名和职位信息。

```
SQL> SELECT ename,job FROM emp
  2  WHERE hiredate>='01-1月-1981' AND hiredate<='31-12月-1981'
  3  AND comm IS NULL;
```

语句执行结果为：

```
ENAME      JOB
------ ----------
JONES      MANAGER
BLAKE      MANAGER
CLARK      MANAGER
KING       PRESIDENT
JAMES      CLERK
FORD       ANALYST
```

5）之内判断

可以使用IN实现数值之内的判断，例如sal IN（2000,3000），相当于sal＝2000 OR sal＝3000的表达式。

【例2-26】 查询emp表中部门20和30中的、岗位是CLERK的所有员工的部门号、姓名、工资信息。

```
SQL> SELECT deptno,ename,sal FROM emp
  2  WHERE deptno IN (20,30) AND job='CLERK';
```

语句执行结果为：

```
    DEPTNO  ENAME    SAL
-------- ------ ------
        20  SMITH    800
        20  ADAMS   1100
        30  JAMES    950
```

4. 使用ORDER BY子句对查询结果排序

在使用ORDER BY子句对查询结果进行排序时，注意以下两点。

（1）当SELECT语句中同时包含多个子句时，如WHERE、GROUP BY、HAVING、ORDER BY，ORDER BY子句必须是最后一个子句。

（2）可以使用列的别名、列的位置进行排序。

【例2-27】 以部门号降序、姓名升序，显示emp表中工资为2000～3000的员工的部门编号、姓名、工资、补助信息。

```
SQL> SELECT deptno,ename,sal,comm FROM emp
  2  WHERE sal BETWEEN 2000 AND 3000
  3  ORDER BY deptno DESC,ename;
```

语句执行结果为：

```
    DEPTNO  ENAME    SAL     COMM
-------- -------- ------ ------
        30  BLAKE    2850
        20  FORD     3000
        20  JONES    2975
        20  SCOTT    3000
        10  CLARK    2450
```

【例 2-28】 使用列的别名、列的位置进行排序，改写例 2-27。

```
SQL > SELECT deptno 部门编号,ename,sal,comm FROM emp
  2   WHERE sal BETWEEN 2000 AND 3000
  3   ORDER BY 部门编号 DESC,2;
```

2.4.4 分组查询

数据分组是通过在 SELECT 语句中加入 GROUP BY 子句完成的，用聚合函数来对每组中的数据进行汇总、统计，用 HAVING 子句来限定查询结果集中只显示分组后的、其聚合函数的值满足指定条件的那些组。

1. 聚合函数

聚合函数也称为分组函数，作用于查询出的数据组，并返回汇总、统计结果。常用的聚合函数如表 2-3 所示。

表 2-3　常用的聚合函数

函　　数	说　　明	函　　数	说　　明
COUNT(＊)	计算记录的个数	AVG(列名)	求某一列值的平均值
COUNT(列名)	对一列中的值计算个数	MAX(列名)	求一列值的最大值
SUM(列名)	求某一列值的总和	MIN(列名)	求一列值的最小值

使用聚合函数时，需要注意以下几点。

(1) 聚合函数只能出现在所查询的列、ORDER BY 子句、HAVING 子句中，而不能出现在 WHERE 子句、GROUP BY 子句中。

(2) 除了 COUNT(＊)之外，其他聚合函数(包括 COUNT(<列名>))都忽略对列值为 NULL 值的统计。

【例 2-29】 统计在部门 30 工作的员工的平均工资、总补助款、总人数、补助人数、最高工资和最低工资。

```
SQL > SELECT empno,sal,comm FROM emp WHERE deptno = 30;
```

语句执行结果为：

```
    EMPNO     SAL     COMM
 --------  ------  ------
     7499    1600    300
     7521    1250    500
     7654    1250    1400
     7698    2850
     7844    1500
     7900    950
```

下面是这些数据使用聚合函数处理后的结果：

```
SQL > SELECT AVG(sal) AS 平均工资,SUM(comm) 总补助款,
  2   COUNT( * ) AS 总人数,COUNT(comm) 补助人数,
  3   MAX(sal) AS 最高工资,MIN(sal) 最低工资
  4   FROM emp
  5   WHERE deptno = 30;
```

语句执行结果为：

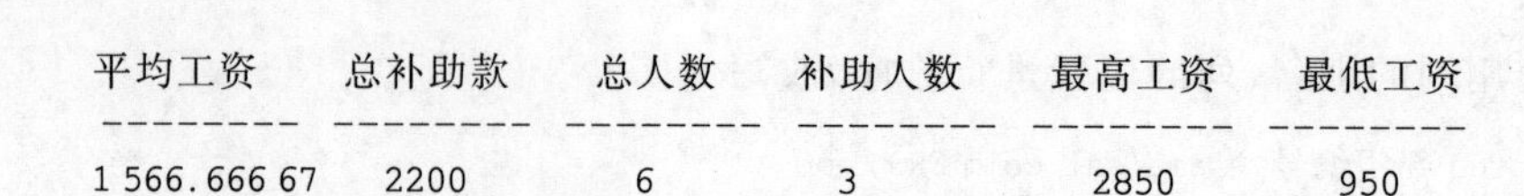

```
平均工资      总补助款    总人数    补助人数    最高工资    最低工资
---------    ---------  --------- ---------  ---------  ---------
1 566.666 67  2200        6          3          2850        950
```

2. 使用 GROUP　BY 子句

1）按单列分组

【例 2-30】 查询 emp 表中每个部门的平均工资和最高工资,并按部门编号升序排序。

```
SQL> SELECT deptno,AVG(sal) 平均工资,MAX(sal) 最高工资 FROM emp
  2  GROUP BY deptno
  3  ORDER BY deptno;
```

语句执行结果为：

```
   DEPTNO    平均工资      最高工资
---------- ----------- ---------
       10    2916.666 67     5000
       20    2175            3000
       30    1566.666 67     2850
```

2）按多列分组

【例 2-31】 查询 emp 表中每个部门、每种岗位的平均工资和最高工资。

```
SQL> SELECT deptno,job,AVG(sal) 平均工资,MAX(sal) 最高工资 FROM emp
  2  GROUP BY deptno,job
  3  ORDER BY deptno;
```

语句执行结果为：

```
   DEPTNO   JOB         平均工资   最高工资
--------- --------- --------- ---------
       10   CLERK       1300       1300
       10   MANAGER     2450       2450
       10   PRESIDENT   5000       5000
       20   ANALYST     3000       3000
       20   CLERK       950        1100
       20   MANAGER     2975       2975
       30   CLERK       950        950
       30   MANAGER     2850       2850
       30   SALESMAN    1400       1600
```

注意：使用 GROUP BY 子句进行分组时，SELECT 子句查询列表中出现的列应包含在聚合函数或 GROUP BY 子句中，否则出错。

【例 2-32】 查询 emp 表中各岗位、各聘用日期的最低工资。

```
SQL> SELECT job,hiredate,MIN(sal) 最低工资 FROM emp
  2  GROUP BY job;
SELECT job,hiredate,MIN(sal) 最低工资 FROM emp
            *
第 1 行出现错误:
ORA-00979: 不是 GROUP BY 表达式
```

正确的命令是：

```
SQL> SELECT job,hiredate,MIN(sal) 最低工资 FROM emp
  2  GROUP BY job,hiredate;
```

3. 使用 HAVING 子句

【例 2-33】 查询部门编号在 30 以下的各个部门的部门编号、平均工资，要求只显示平均工资大于或等于 2000 的信息。

```
SQL > SELECT deptno, AVG(sal) 平均工资 FROM emp
  2  WHERE deptno < 30
  3  GROUP BY deptno
  4  HAVING AVG(sal)> = 2000;
```

语句执行结果为：

```
   DEPTNO   平均工资
--------  ----------
      10    2916.666 67
      20    2175
```

注意：HAVING 子句后的 AVG(sal)不能用查询列表中的别名“平均工资”来代替，别名只能在 ORDER BY 子句中使用：

```
SQL > SELECT deptno, AVG(sal) 平均工资 FROM emp
  2  WHERE deptno < 30
  3  GROUP BY deptno
  4  HAVING 平均工资> = 2000;
HAVING 平均工资> = 2000
       *
第 4 行出现错误:
ORA - 00904: "平均工资": 标识符无效
```

2.4.5 多表连接查询

连接查询是指对两个或两个以上的表或视图的查询。连接查询是关系数据库中最主要、最有实际意义的查询，是关系数据库的一项核心功能。Oracle 提供了 4 种类型的连接：内连接、自身连接、不等值连接和外连接。下面给出进行连接查询时的一些注意事项。

(1) 要连接的表都要放在 FROM 子句中，表名之间用逗号分开，比如 FROM detp,emp。

(2) 为了书写方便，可以为表起别名。表的别名在 FROM 子句中定义，别名放在表名之后，它们之间用空格隔开。比如 FROM dept d, emp e,d 和 e 分别为 dept 表和 emp 表的别名。注意：别名一经定义，在整个查询语句中就只能使用表的别名而不能再使用表名。

(3) 连接的条件放在 WHERE 子句中，比如 WHERE e. deptno＝d. deptno。

(4) 如果多个表中有相同列名的列，在使用这些列时，必须在其前面冠以表名来区别。表名和列名之间用句点隔开，比如 SELECT e. detpno。

1. 内连接

内连接即等值连接，它是把两个表中指定列的值相等的行横向连接起来。

【例 2-34】 查询工资大于或等于 3000 的员工的员工编号、姓名、工资、所在部门编号及部门所在地址，结果按部门编号进行排序。

```
SQL > SELECT empno, ename, sal, e. deptno, loc
  2  FROM emp e, dept d
  3  WHERE e. deptno = d. deptno AND sal > = 3000
  4  ORDER BY e. deptno;
```

```
    EMPNO    ENAME     SAL    DEPTNO     LOC
--------- ----- ------ ------ ----------
    7839     KING      5000       10     NEW YORK
    7902     FORD      3000       20     DALLAS
    7788     SCOTT     3000       20     DALLAS
```

也可使用 SQL 99 标准中的 INNER JOIN…ON 子句实现内连接。格式为：FROM 表名 1 INNER JOIN 表名 2 ON 表名 1.列＝表名 2.列。如例 2-34 用 INNER JOIN…ON 子句实现时,代码如下所示：

```
SQL > SELECT empno, ename, sal, e.deptno, loc
  2  FROM emp e INNER JOIN dept d ON e.deptno = d.deptno
  3  WHERE sal > = 3000
  4  ORDER BY e.deptno;
```

2. 自身连接

自身连接是指通过给一个表定义两个不同别名的方法(即把一个表映射成两个表)来完成自己与自己的连接。

【例 2-35】 自身连接示例。emp 表中包含的 empno(员工编号)、mgr(经理编号)两列之间有参照关系,因为经理也是员工。

```
SQL > SELECT empno, ename, mgr FROM emp
  2  WHERE deptno = 20;
```

语句执行结果为：

```
    EMPNO    ENAME      MGR
--------- ------ ------
     7369    SMITH     7902
     7566    JONES     7839
     7788    SCOTT     7566
     7876    ADAMS     7788
     7902    FORD      7566
```

查询 emp 表中在部门 20 工作的员工及其经理的姓名,代码如下：

```
SQL > SELECT e.ename 员工, m.ename 经理
  2  FROM emp e, emp m
  3  WHERE m.empno = e.mgr AND e.deptno = 20;
```

语句执行结果为：

```
员工          经理
--------- ---------
SCOTT        JONES
FORD         JONES
ADAMS        SCOTT
JONES        KING
SMITH        FORD
```

3. 不等值连接

在上面介绍的连接中,其连接运算符都为等号。也可以使用其他运算符,其他运算符所产生的连接叫不等值连接。

【例 2-36】 salgrade 表中存放着工资等级信息,查询在部门 20 工作的员工的工资及工资等级信息。

```
SQL > SELECT e.ename,e.sal,s.grade
  2  FROM emp e,salgrade s
  3  WHERE e.sal BETWEEN s.losal AND s.hisal AND e.deptno = 20;
```

语句执行结果为：

```
ENAME          SAL       GRADE
--------  --------  --------
SMITH            800          1
ADAMS           1100          1
JONES           2975          4
SCOTT           3000          4
FORD            3000          4
```

4. 外连接

外连接分为左外连接、右外连接和全外连接 3 种。

1）左外连接

左外连接的格式如下：

```
FROM 表 1 LEFT [OUTER] JOIN 表 2 ON 表 1.列 = 表 2.列
```

左外连接的结果是：显示表 1 中所有记录和表 2 中与表 1.列相同的记录。

【例 2-37】 显示部门为 10 和 40 的部门及员工的相关信息，包括没有员工的部门。

```
SQL > SELECT loc,dept.deptno,emp.deptno,ename,empno
  2  FROM dept LEFT OUTER JOIN emp ON dept.deptno = emp.deptno
  3  WHERE dept.deptno = 10 OR dept.deptno = 40;
```

语句执行结果为：

```
LOC         DEPTNO     DEPTNO     ENAME     EMPNO
-------  -------  ------  ------  -------
NEW YORK    10         10         CLARK     7782
NEW YORK    10         10         KING      7839
NEW YORK    10         10         MILLER    7934
BOSTON      40
```

2）右外连接

右外连接的格式如下：

```
FROM 表 1 RIGHT [OUTER] JOIN 表 2 ON 表 1.列 = 表 2.列
```

右外连接的结果是：显示表 2 中所有记录和表 1 中与表 2.列相同的记录。

【例 2-38】 用右外连接实现例 2-37。

```
SQL > SELECT empno,ename,emp.deptno,dept.deptno,loc
  2  FROM emp RIGHT OUTER JOIN dept ON emp.deptno = dept.deptno
  3  WHERE dept.deptno = 10 OR dept.deptno = 40;
```

语句执行结果为：

```
EMPNO     ENAME     DEPTNO  DEPTNO     LOC
-----  -----  -----  ------  --------
7782      CLARK     10       10         NEW YORK
7839      KING      10       10         NEW YORK
7934      MILLER    10       10         NEW YORK
                             40         BOSTON
```

3）全外连接

全外连接的格式如下：

```
FROM 表 1 FULL [OUTER] JOIN 表 2 ON 表 1.列 = 表 2.列
```

全外连接的结果是：显示两表中所有的记录。

【例 2-39】 全外连接示例。

插入数据的代码如下：

```
SQL > INSERT INTO emp(empno,ename,deptno) VALUES(8000,'ROSE',50);
已创建 1 行。
```

全外连接的代码如下：

```
SQL > SELECT empno,ename,emp.deptno,dept.deptno,loc
```

语句执行结果为：

```
  2  FROM emp FULL OUTER JOIN dept ON emp.deptno = dept.deptno;
    EMPNO     ENAME     DEPTNO    DEPTNO    LOC
------- ------- ------- ------- -------
     7934     MILLER      10        10      NEW YORK
     7839     KING        10        10      NEW YORK
     7782     CLARK       10        10      NEW YORK
     7902     FORD        20        20      DALLAS
     7876     ADAMS       20        20      DALLAS
     7788     SCOTT       20        20      DALLAS
     7566     JONES       20        20      DALLAS
     7369     SMITH       20        20      DALLAS
     7900     JAMES       30        30      CHICAGO
     7844     TURNER      30        30      CHICAGO
     7698     BLAKE       30        30      CHICAGO
     7654     MARTIN      30        30      CHICAGO
     7521     WARD        30        30      CHICAGO
     7499     ALLEN       30        30      CHICAGO
     8000     ROSE        50
                                    40      BOSTON
```

结果的最后两行体现了两个表的全外连接。

2.4.6 子查询

子查询是指嵌入在其他 SQL 语句中的 SELECT 语句，也称为嵌套查询。执行时由里向外，先处理子查询，再将子查询的返回结果用于外层语句的执行。使用子查询，可以用一系列简单的查询构成复杂的查询，从而增强 SQL 语句的功能。

通常，子查询可以起到下列作用。

(1) 在 INSERT 或 CREATE TABLE 语句中使用子查询，可以将子查询的结果写入目标表中；

(2) 在 UPDATE 语句中使用子查询，可以修改一个或多个记录的数据；

(3) 在 DELETE 语句中使用子查询，可以删除一条或多条记录；

(4) 在 WHERE 和 HAVING 子句中使用子查询，可以返回一个或多个值；

(5) 在 DDL 语句中，子查询可以带有 ORDER BY 子句，而在 DML 语句中使用子查询

时不能带有 ORDER BY 子句。

1. 返回单值的子查询

单值子查询向外层查询只返回一个值。

【例 2-40】 查询与 SCOTT 工作岗位相同的员工的员工编号、姓名、工资、岗位信息。

```
SQL> SELECT empno,ename,sal,job FROM emp
  2  WHERE job = (SELECT job FROM emp WHERE ename = 'SCOTT');
```

语句执行结果为：

```
     EMPNO     ENAME     SAL      JOB
--------- ------ ------ --------
     7788      SCOTT     3000     ANALYST
     7902      FORD      3000     ANALYST
```

【例 2-41】 查询工资大于平均工资而且与 SCOTT 工作岗位相同的员工的信息。

```
SQL> SELECT empno,ename,sal,job FROM emp
  2  WHERE job = (SELECT job FROM emp WHERE ename = 'SCOTT')
  3  AND sal >(SELECT AVG(sal) FROM emp);
```

语句执行结果为：

```
     EMPNO     ENAME     SAL      JOB
--------- ------ ------ --------
     7788      SCOTT     3000     ANALYST
     7902      FORD      3000     ANALYST
```

2. 返回多值的子查询

多值子查询可以向外层查询返回多个值。在 WHERE 子句中使用多值子查询时，必须使用多值比较运算符[NOT] IN、[NOT] EXISTS、ANY、ALL，其中 ALL、ANY 必须与比较运算符结合使用。

1）使用 IN 操作符的多值子查询

IN 操作符与子查询返回结果中的任何一个值进行相等比较。如 deptno IN(10,20,30)，相当于 deptno=10 OR deptno=20 OR deptno=30。

[NOT] IN 操作符与子查询返回结果中的任何一个值都做不等的比较。如 deptno NOT IN(10,20)，相当于 deptno <> 10 AND deptno <> 20。

【例 2-42】 查询工资为所任岗位最高的员工的编号、姓名、岗位和工资信息，不包含岗位为 CLERK 和 PRESIDENT 的员工。

```
SQL> SELECT empno,ename,job,sal FROM emp
  2  WHERE sal IN (SELECT MAX(sal) FROM emp GROUP BY job)
  3  AND job <>'CLERK' AND job <>'PRESIDENT';
     EMPNO     ENAME      JOB          SAL
--------- ------ -------- --------
     7499      ALLEN      SALESMAN     1600
     7566      JONES      MANAGER      2975
     7788      SCOTT      ANALYST      3000
     7902      FORD       ANALYST      3000
```

2）使用 ALL 操作符的多值子查询

ALL 操作符比较子查询返回列表中的每一个值。其中< ALL 为小于最小的，> ALL 为大于最大的。比如 sal < ALL(3000,5000),相当于 sal < 3000 AND sal < 5000。如果让条件为真,sal 必须小于最小的。

【例 2-43】 查询高于部门 20 的所有员工工资的员工信息。

```
SQL > SELECT ename, sal, job FROM emp
  2  WHERE sal > ALL(SELECT sal FROM emp WHERE deptno = 20);
```

语句执行结果为:

```
ENAME      SAL       JOB
------ ------ -----------
KING       5000      PRESIDENT
```

这个命令相当于下面的命令:

```
SQL > SELECT ename, sal, job FROM emp
  2  WHERE sal >(SELECT MAX(sal) FROM emp WHERE deptno = 20);
```

3) 使用 ANY 操作符的多值子查询

ANY 操作符比较子查询返回列表中的每一个值。其中< ANY 为小于最大的,> ANY 为大于最小的。例如 sal < ANY(3000,5000),相当于 sal < 3000 OR sal < 5000。如果让条件为真,小于最大的即可。

【例 2-44】 查询高于部门 10 的任意员工工资的员工信息。

```
SQL > SELECT ename, sal, job FROM emp
  2  WHERE sal > ANY(SELECT sal FROM emp WHERE deptno = 10);
```

语句执行结果为:

```
ENAME      SAL        JOB
------ ------ ------------
KING       5000       PRESIDENT
FORD       3000       ANALYST
SCOTT      3000       ANALYST
JONES      2975       MANAGER
BLAKE      2850       MANAGER
CLARK      2450       MANAGER
ALLEN      1600       SALESMAN
TURNER     1500       SALESMAN
```

这个命令相当于下面的命令:

```
SQL > SELECT ename, sal, job FROM emp
  2  WHERE sal >(SELECT MIN(sal) FROM emp WHERE deptno = 10);
```

4) 使用 EXISTS 操作符的多行查询

EXISTS 操作符比较子查询返回列表的每一行。使用 EXISTS 时应注意:外层查询的 WHERE 子句格式为:WHERE EXISTS;内层子查询中必须有 WHERE 子句,给出外层查询和内层子查询所使用表的连接条件。

【例 2-45】 查询在 NEW YORK 工作的员工的姓名、部门编号、工资、岗位信息。

```
SQL > SELECT ename, deptno, sal, job FROM emp
  2  WHERE EXISTS (SELECT * FROM dept
  3  WHERE dept.deptno = emp.deptno AND loc = 'NEW YORK');
```

语句执行结果为：

```
ENAME      DEPTNO     SAL      JOB
------  ------  ------  -----------
CLARK      10         2450     MANAGER
KING       10         5000     PRESIDENT
MILLER     10         1300     CLERK
```

例 2-45 也可以用 IN 操作符实现，代码如下：

```
SQL> SELECT ename,deptno,sal,job FROM emp
  2  WHERE deptno IN (SELECT deptno FROM dept
  3  WHERE loc = 'NEW YORK');
```

3. 子查询的用途

1）利用子查询来创建表

从已建立的表中提取部分记录组成新表，可利用子查询来创建新表。利用子查询创建表的语句格式如下：

```
CREATE TABLE 表名[(列名,列名,…)]
 AS SELECT 语句;
```

【例 2-46】 根据 emp 表生成部门 20 的员工工资情况新表 GZ_20，包括的列有姓名、工作、工资。

```
SQL> CREATE TABLE GZ_20
  2  AS
  3  SELECT ename,job,sal FROM emp WHERE deptno = 20;
表已创建。
```

查看创建的新表，代码如下：

```
SQL> SELECT * FROM GZ_20;
ENAME      JOB          SAL
------  ---------  ---------
SMITH      CLERK          800
JONES      MANAGER       2975
SCOTT      ANALYST       3000
ADAMS      CLERK         1100
FORD       ANALYST       3000
```

2）利用子查询向表中插入数据

利用子查询向表中插入数据的语法格式如下：

```
INSERT INTO 表名 [ (列名 1[,列名 2…]) ]
SELECT 语句;
```

【例 2-47】 先将 GZ_20 表中的记录全部删除，再使用 INSERT 命令将 emp 表中在部门 20 工作且工资高于该部门平均工资的员工的姓名、工作、工资插入 GZ_20 表中。

截断表的代码如下：

```
SQL> TRUNCATE TABLE gz_20;
表被截断。
```

插入数据，代码如下：

```
SQL> INSERT INTO gz_20
  2  SELECT ename,job,sal FROM emp
  3  WHERE deptno = 20 and sal >(SELECT AVG(sal) FROM emp WHERE deptno = 20);
已创建 3 行。
```

查看创建的新表,代码如下:

```
SQL> SELECT * FROM gz_20;
```

语句执行结果为:

```
ENAME        JOB          SAL
---------  ---------  ---------
JONES        MANAGER      2975
SCOTT        ANALYST      3000
FORD         ANALYST      3000
```

3）利用子查询修改记录

【例 2-48】 根据 empt 表,将 gz_20 表中员工 JONES 的工资修改为与员工 KING 的相同。

```
SQL> UPDATE gz_20 SET sal = (SELECT sal FROM emp WHERE ename = 'KING')
  2  WHERE ename = 'JONES';
已更新 1 行。
```

查看修改后的表,代码如下:

```
SQL> SELECT * FROM gz_20;
ENAME        JOB          SAL
---------  ---------  ---------
JONES        MANAGER      5000
SCOTT        ANALYST      3000
FORD         ANALYST      3000
```

4）利用子查询删除行

【例 2-49】 根据 emp 表,删除 gz_20 表中雇佣日期为 1981-4-2 的员工数据行。

代码如下:

```
SQL> DELETE FROM gz_20
  2  WHERE ename IN(SELECT ename FROM emp WHERE hiredate = '02 - 4 月 - 1981');
已删除 1 行。
```

查看修改后的表,代码如下:

```
SQL> SELECT * FROM gz_20;
ENAME        JOB          SAL
---------  ---------  ---------
SCOTT        ANALYST      3000
FORD         ANALYST      3000
```

2.4.7 合并查询结果

当两个 SELECT 查询结果的结构完全一致时,可以对这两个查询执行合并运算,运算符为 UNION。

UNION 的语法格式如下:

```
SELECT 语句 1
  UNION [ALL]
SELECT 语句 2
```

说明：UNION 在连接数据表的查询结果时，结果中会删除重复的行，所有返回的行都是唯一的。在使用 UNION ALL 的时候，结果中不会删除重复行。

【例 2-50】 查询岗位为 MANAGER 的员工信息，再查询 10 号部门员工的信息，使用 UNION 连接查询结果。

```
SQL> SELECT empno, ename, deptno, job FROM emp WHERE job = 'MANAGER'
  2  UNION
  3  SELECT empno, ename, deptno, job FROM emp WHERE deptno = 10;
```

语句执行结果为：

```
    EMPNO    ENAME         DEPTNO       JOB
 --------  --------  --------  ------------
     7566    JONES             20       MANAGER
     7698    BLAKE             30       MANAGER
     7782    CLARK             10       MANAGER
     7839    KING              10       PRESIDENT
     7934    MILLER            10       CLERK
```

下面为使用 UNION ALL 的查询结果连接，显示了重复行信息：

```
SQL> SELECT empno, ename, deptno, job FROM emp WHERE job = 'MANAGER'
  2  UNION ALL
  3  SELECT empno, ename, deptno, job FROM emp WHERE deptno = 10;
```

语句执行结果为：

```
    EMPNO    ENAME         DEPTNO       JOB
 --------  --------  --------  -------------
     7566    JONES             20       MANAGER
     7698    BLAKE             30       MANAGER
     7782    CLARK             10       MANAGER
     7782    CLARK             10       MANAGER
     7839    KING              10       PRESIDENT
     7934    MILLER            10       CLERK
已选择 6 行。
```

2.5 索引和视图

索引可以帮助用户提高查询数据的效率，类似于书中的目录。视图是一张虚拟表，是基于一个或几个数据表生成的逻辑表，便于开发者对数据进行筛选。

2.5.1 索引的创建与删除

引入索引是为了加快数据查询的速度。假设有一个包含数百万条记录的表，要在其中挑选出符合条件的一条记录，如果这个表上没有索引，DBMS 就要顺序地逐条读取记录并进行条件比较。这需要大量的磁盘 I/O，因此会大幅降低系统的效率。

索引是一种提高数据检索效率的数据库对象，虽然索引是基于表而建立的，但索引并不依赖于表。索引由系统自动维护和使用,不需要用户参与。

1. 创建索引

用户可以使用CREATE INDEX语句在表中的一列或多列上创建唯一性索引或非唯一性索引。唯一性索引是索引值不重复的索引,非唯一性索引是索引值可以重复的索引。默认情况下,Oracle创建的索引是非唯一性索引。

CREATE INDEX语句的格式如下:

```
CREATE UNIQUE INDEX 索引名 ON 表名(列名[,列名]…);
```

说明:UNIQUE表示建立唯一性索引。如果未给出UNIQUE,建立的为非唯一性索引。

【例2-51】 首先创建与emp表相同的emp_c表,然后对emp_c按员工的名字(ename)建立索引,索引名为emp_ename_idx。

创建表的代码如下:

```
SQL> CREATE TABLE emp_c AS SELECT * FROM emp;
表已创建。
```

创建索引的代码如下:

```
SQL> CREATE INDEX emp_ename_idx ON emp_c(ename);
索引已创建。
```

【例2-52】 为emp_c表的empno列建立唯一性索引,索引名为emp_empno_idx。

```
SQL> CREATE UNIQUE INDEX emp_empno_idx ON emp_c(empno);
索引已创建。
```

【例2-53】 为emp_c表按工作和工资建立索引,索引名为emp_job_sal_idx。

```
SQL> CREATE INDEX emp_job_sal_idx ON emp_c(job,sal);
索引已创建。
```

索引名的命名一般采用表名_列名_idx方式,以这种方式命名的索引将来维护起来很方便。

2. 查看索引

可以通过Oracle数据字典视图user_indexes来查看表中创建的索引信息。

【例2-54】 查看emp_c表的所有索引信息。

```
SQL> SELECT index_name,index_type,table_name,uniqueness
  2  FROM user_indexes
  3  WHERE table_name = 'EMP_C';
```

语句执行结果为:

```
  INDEX_NAME          INDEX_TYPE        TABLE_NAME        UNIQUENES
 -------------- ------------ ------------ ----------------
EMP_ENAME_IDX         NORMAL            EMP_C             NONUNIQUE
EMP_EMPNO_IDX         NORMAL            EMP_C             UNIQUE
EMP_JOB_SAL_IDX       NORMAL            EMP_C             NONUNIQUE
```

3. 删除索引

当一个索引不再需要时,应该删除它,释放其所占用的磁盘空间。

删除索引的语句格式如下:

```
DROP INDEX 索引名;
```

【例2-55】 删除emp_c表中已建立的索引emp_job_sal_idx。

```
SQL> DROP INDEX emp_job_sal_idx;
索引已删除。
```

4. 使用索引时应注意的问题

建立索引是为了加快查询的速度，但这可能会降低 DML(即 INSERT、UPDATE、DELETE)语句操作的速度。因为每一条 DML 语句只要涉及索引关键字，DBMS 就得调整索引。另外，索引作为一个独立的对象需要消耗磁盘空间。如果表很大，其索引消耗的磁盘空间量也会很大。

下面给出为表建立索引的各种情况。

(1) 表上的 INSERT、DELETE、UPDATE 操作较少。

(2) 一列或多列经常出现在 WHERE 子句或连接条件中。

(3) 表很大，但大多数查询返回的数据量很少(Oracle 推荐为小于总行数的 5%)。因为如果返回数据量很大，就不如顺序地扫描这个表了。

(4) 此列的取值范围很广，一般为随机分布。如员工表的年龄列一般为随机分布，即几乎从 18 岁到 60 岁所有年龄的员工都有。

(5) 此列中包含了大量的 NULL 值。

如果在表上进行操作的列满足上面的条件之一，就可以为该列建立索引。

2.5.2 视图

视图(view)是由 SELECT 查询语句定义的一个逻辑表，不真正地存放数据，是一个"虚表"。视图中存放的是视图的定义语句。

视图的使用和管理有许多方面与表相似，如都可以被创建、更改和删除，都可以通过它们操作数据库的数据。

视图是查看和操作表中数据的一种方法。除了 SELECT 之外，在对视图进行 INSERT、UPDATE 和 DELETE 操作时要受到某些限制。

1. 为什么建立视图

使用视图有许多优点，如提供各种数据表现形式、提供某些数据的安全性、隐藏数据的复杂性、简化查询语句、执行特殊查询、保存复杂查询等。

1) 提供各种数据表现形式，隐藏数据的逻辑复杂性并简化查询语句

可以使用各种不同的方式将基础表的数据展现在用户面前，以便符合用户的使用习惯。

在数据库中，各个表之间往往是相互关联的。要查询某些相关信息时，需要将这些表连接在一起进行查询。用户需要十分了解这些表之间的关系，才能正确写出查询语句；同时这些查询语句一般是比较复杂的，容易写错。如果基于这样的查询创建成一个视图，用户就直接对这个视图进行简单查询就可以获得结果了。这样就隐藏了数据的复杂性并简化了查询语句。

例如，公司经常要定期查看每个部门的部门名称、平均工资、最高工资、最低工资和员工人数，我们就可以将这个复杂查询建成一个视图，再通过查询该视图完成定期的查询操作。

创建视图的代码如下：

```
SQL> CREATE VIEW ave_sal AS
  2  SELECT dname 部门名称,AVG(sal) 平均工资,
```

```
  3  MAX(sal) 最高工资,MIN(sal) 最低工资,COUNT( * ) 员工人数
  4  FROM emp e,dept d
  5  WHERE e.deptno = d.deptno
  6  GROUP BY dname;
视图已创建。
```

查看视图的代码如下：

```
SQL> SELECT * FROM ave_sal;
部门名称       平均工资        最高工资    最低工资    员工人数
--------- ----------- -------- -------- ----------
ACCOUNTING  2 916.666 67     5000      1300       3
RESEARCH    2175             3000      800        5
SALES       1 566.666 67     2850      950        6
```

2）提供某些安全性保证，简化用户权限的管理

视图可以让不同的用户看见不同的数据，以确保某些敏感的数据不被某些用户看见。可以将针对视图的对象权限授予用户，这样就简化了用户的权限定义。

3）对重构数据库提供了一定的逻辑独立性

在关系数据库中，数据库的重构是不可避免的。视图是数据库三级模式中外模式在具体 DBMS 中的体现。当重构数据库时，概念模式会发生改变，通过模式/外模式映射，外模式（即视图）不用改变，则与视图有关的应用程序也不用改变，保证了数据的逻辑独立性。

2. 创建视图

可以用 CREATE VIEW 语句创建视图。创建视图的语句格式如下：

```
CREATE [OR REPLACE] VIEW 视图名[(列别名[,列别名]…)]
AS
SELECT 语句
[WITH CHECK OPTION]
[WITH READ ONLY];
```

说明：(1) OR REPLACE：如果所创建的视图已存在，Oracle 系统会重建这个视图。

(2) 别名：为视图所产生的列定义的列名。

(3) WITH CHECK OPTION：所插入或修改的数据行必须满足查询中的 WHERE 条件。

(4) WITH READ ONLY：创建的视图只能用于查询数据，而不能用于更改数据。

(5) 查询语句中不能包含 ORDER BY 子句。

【例 2-56】 创建带有 WITH CHECK OPTION 选项的视图。

```
SQL> CREATE VIEW v_dept_chk AS
  2  SELECT empno,ename,job,deptno FROM emp
  3  WHERE deptno = 10
  4  WITH CHECK OPTION;
视图已创建。
```

插入数据，代码如下：

```
SQL> INSERT INTO v_dept_chk(empno,ename,deptno)
  2  VALUES(1000,'Mary',20);
INSERT INTO v_dept_chk(empno,ename,deptno)
            *
第 1 行出现错误:
ORA-01402: 视图 WITH CHECK OPTION where 子句违规
```

重新插入数据,代码如下:

```
SQL> INSERT INTO v_dept_chk(empno,ename,deptno)
  2  VALUES(1000,'Rose',10);
已创建 1 行。
```

【例 2-57】 创建带有 WITH READ ONLY 选项的视图。

```
SQL> CREATE VIEW v_dept_readonly AS
  2  SELECT empno,ename,job,deptno FROM emp
  3  WITH READ ONLY;
视图已创建。
```

删除数据,代码如下:

```
SQL> DELETE FROM v_dept_readonly WHERE empno = 1000;
DELETE FROM v_dept_readonly WHERE empno = 1000
            *
第 1 行出现错误:
ORA - 42399: 无法对只读视图执行 DML 操作
```

3. 修改视图

Oracle 并没有直接修改视图的方法。要修改一个已经存在的视图,需用创建视图的语句将原来的视图覆盖掉。

【例 2-58】 修改例 2-57 建立的视图 v_dept_readonly,取消只读选项。

```
SQL> CREATE OR REPLACE VIEW v_dept_readonly
  2  (员工号,姓名,职位,部门编号)
  3  AS
  4  SELECT empno,ename,job,deptno
  5  FROM emp;
视图已创建。
```

4. 删除视图

使用 DROP VIEW 语句删除视图。删除视图对创建该视图的基础表或视图没有任何影响。

【例 2-59】 删除已创建的视图 v_dept_chk。

```
SQL> DROP VIEW v_dept_chk;
视图已删除。
```

5. 使用视图进行 DML 操作

可以通过视图对基础表中的数据进行 DML 的 UPDATE、INSERT、DELETE 操作。下面先介绍视图的分类,再介绍使用视图进行 DML 操作的规则。

视图可以分为简单视图和复杂视图,它们的区别如下。

简单视图:①数据是仅从一个表中提取的。②不包含函数和分组数据。③可以通过该视图进行 DML 操作。

复杂视图:①数据是从多个表中提取的。②包含函数和分组数据。③不一定能够通过该视图进行 DML 操作。

下面给出通过视图进行 DML 操作的规则。

(1) 可以在简单视图上执行 DML 操作。

(2) 如果视图中包含分组函数、GROUP BY 子句或 DISTINCT 关键字,则不能通过该视图进行 DELETE、UPDATE、INSERT 操作。

(3) 如果视图中包含由表达式组成的列，则不能通过该视图进行 UPDATE、INSERT 操作。

(4) 如果视图中没有包含引用表中那些不能为空的列，则不能通过该视图进行 INSERT 操作。

2.6 小　　结

本章介绍了关系数据库标准查询语言 SQL 的一些主要特征。它主要包括数据定义、数据操纵和数据控制几部分。一个使用 SQL 语言的数据库是表、视图等的汇集，它由一个或多个 SQL 模式来定义。

SQL 的数据定义语言用来建立具有一定模式的关系集，它支持较多的数据类型。数据定义语言通过 CREATE、DROP 等语句来定义和删除所需的模式、关系表、视图和索引。数据操纵语言通过 SELECT、INSERT、UPDATE、DELETE 等语句对数据库中的数据进行查询和更新操作，其中 SELECT 操作是最常用、最基本的操作。SQL 包括各种用于查询数据库的语言结构，不仅能进行单表查询，还能进行多表的连接、嵌套和集合查询，并能对查询结果进行统计、计算、聚集和排序等。外连接是条件连接的一种变体。这些新特性极大地丰富和增强了 SQL 的功能。

SQL 提供了索引功能，通过建立索引可以提高对数据的查询速度，但也要注意，索引有时也会降低数据更新的速度。

SQL 提供了视图功能，视图是由若干基本表或其他视图导出的表。通过视图得到的结果集可满足不同用户的特殊需求。视图简化了数据查询，保持了数据独立性，隐藏了数据的复杂性。当然，通过视图对数据库中的数据进行更新操作时必须遵守相应的约束。

习　题　二

一、选择题

1. 下列关于 ALTER　TABLE 语句叙述错误的是(　　)。

   A. ALTER　TABLE 语句可以添加字段

   B. ALTER　TABLE 语句可以删除字段

   C. ALTER　TABLE 语句不可以修改字段名称

   D. ALTER　TABLE 语句可以修改字段数据类型

2. 若要删除数据库中已经存在的表 S，可用(　　)。

   A. DELETE　TABLE　S　　　　B. DELETE　S

   C. DROP　TABLE　S　　　　　D. DROP　S

3. 若要在基本表 S 中增加一列 CN(课程名)，可用(　　)。

   A. ADD　TABLE　S　(CN　VARCHAR2(8))

   B. ADD　TABLE　S　MODIFY　(CN　VARCHAR2(8))

   C. ALTER　TABLE　S　ADD　(CN　VARCHAR2(8))

   D. ALTER　TABLE　S　(ADD　CN　VARCHAR2(8))

4. 现有学生表 S(S#,Sname,Gender,Age),S 的属性分别表示学生的学号、姓名、性别、年龄。要在表 S 中删除属性“年龄”,可选用的 SQL 语句是(　　)。

A. DELETE　Age　FROM　S

B. ALTER　TABLE　S　DROP　COLUMN　Age

C. UPDATE　S　Age

D. ALTER　TABLE　S　MODIFY　Age

5. SQL 中,与 NOT　IN 等价的操作符是(　　)。

A. =ANY　　B. <>ANY

C. =ALL　　D. <>ALL

6. SQL 中,下列操作不正确的是(　　)。

A. AGE　IS　NOT　NULL　　B. NOT　(AGE　IS　NULL)

C. SNAME='王五'　　D. SNAME='王%'

7. SQL 中,SALARY　IN (1000,2000)的语义是(　　)。

A. SALARY≤2000　AND　SALARY≥1000

B. SALARY<2000　AND　SALARY>1000

C. SALARY=2000　AND　SALARY=1000

D. SALARY=2000　OR　SALARY=1000

8. 对于基本表 emp(eno,ename,salary,dno),其属性表示职工的工号、姓名、工资和所在部门的编号;基本表 dept(dno,dname),其属性表示部门的编号和部门名。有如下 SQL 语句:

```
SELECT  COUNT(DISTINCT  DNO)FROM  emp;
```

其等价的查询语句是(　　)。

A. 统计职工的总人数　　B. 统计每一部门的职工人数

C. 统计职工服务的部门数目　　D. 统计每一职工服务的部门数目

9. 对第 8 题的两个基本表,有如下 SQL 语句:

```
UPDATE  EMP  SET  SALARY = SALARY * 1.05
WHERE  DNO = 'D6'
  AND  SALARY <(SELECT  AVG(SALARY)  FROM  EMP);
```

其等价的修改语句为(　　)。

A. 为工资低于 D6 部门平均工资的所有职工加薪 5%

B. 为工资低于整个企业平均工资的职工加薪 5%

C. 为在 D6 部门工作、工资低于整个企业平均工资的职工加薪 5%

D. 为在 D6 部门工作、工资低于本部门平均工资的职工加薪 5%

10. 使用 SQL 语句进行分组检索时,为了去掉不满足条件的分组,应当(　　)。

A. 使用 WHERE 子句

B. 在 GROUP　BY 后面使用 HAVING 子句

C. 先使用 WHERE 子句,再使用 HAVING 子句

D. 先使用 HAVING 子句,再使用 WHERE 子句

11. 在视图上不能完成的操作是(　　)。

A. 更新视图　　B. 查询视图

C. 在视图上定义新的表　　D. 在视图上定义新的视图

12. 在数据库体系结构中,视图属于(　　)。

A. 外模式　　B. 模式

C. 内模式　　D. 存储模式

13. 建立索引的作用之一是(　　)。

A. 节省存储空间　　B. 便于管理

C. 提高查询速度　　D. 提高查询和更新的速度

14. 删除已建立的视图 v_cavg 的正确命令是(　　)。

A. DROP v_cavg VIEW　　B. DROP VIEW v_cavg

C. DELETE v_cavg VIEW　　D. DELETE VIEW v_cavg

15. DBMS 提供的 DDL 功能不包含(　　)。

A. 安全保密定义功能　　B. 检索、插入、修改和删除功能

C. 数据库的完整性定义功能　　D. 外模式、模式和内模式的定义功能

二、设计题

1. 设某商业集团中有若干公司,其人事数据库中有 3 个基本表:

员工关系　EMP(E＃,ENAME,AGE,GENDER,ECITY)

其属性分别表示员工工号、姓名、年龄、性别和居住城市。

工作关系　WORKS(E＃,C＃,SALARY)

其属性分别表示员工工号、工作的公司编号和工资。

公司关系　COMP(C＃,CNAME,CITY,MGR_E＃)

其属性分别表示公司编号、公司名称、公司所在城市和公司经理的工号。

在 3 个基本表中,字段 AGE 和 SALARY 为数值型,其他字段均为字符型。请编程回答以下问题:

(1) 检索超过 50 岁的男员工的工号和姓名。

(2) 假设每名员工可在多个公司工作,检索每名员工的兼职公司数目和工资总数。显示(E＃,NUM,SUM_SALARY),分别表示工号、公司数目和工资总数。

(3) 检索联华公司中低于本公司员工平均工资的所有员工的工号和姓名。

(4) 检索员工人数最多的公司的编号和名称。

(5) 检索平均工资高于联华公司平均工资的公司编号和名称。

(6) 为联华公司的员工加薪 5%。

(7) 在 WORKs 表中删除年龄大于 60 岁的员工记录。

(8) 建立一个有关女员工的视图 emp_woman,属性包括(E＃,ENAME,C＃,CANME,SALARY);然后对视图 emp_woman 进行操作,检索每一位女员工的工资总数,假设每个员工可在多个公司兼职。

2. 某工厂的信息管理数据库中有两个关系模式:

员工(员工号,姓名,年龄,月工资,部门号,电话,办公室)

部门(部门号,部门名,负责人代码,任职时间)

(1) 查询每个部门中月工资最高的“员工号”的 SQL 查询语句如下：

```
SELECT  员工号  FROM  员工  E
WHERE  月工资 = (SELECT  MAX(月工资)
                FROM  员工  M
                WHERE  M.部门号 = E.部门号);
```

① 请用 30 字以内的文字简要说明该查询语句对查询效率的影响。

② 对该查询语句进行修改,使它既可以完成相同功能,又可以提高查询效率。

(2) 假定分别在“员工”关系中的“年龄”和“月工资”字段上创建了索引,如下的 SELECT 查询语句可能不会促使查询优化器使用索引,从而降低了查询效率：

```
SELECT  姓名,年龄,月工资  FROM  员工
WHERE  年龄>45  OR  月工资<1000;
```

请写出既可以完成相同功能,又可以提高查询效率的 SQL 语句。

第3章 数据库编程

标准 SQL 是非过程化的查询语言，具有操作统一、面向集合、功能丰富、使用简单等多项优点。但和程序设计语言相比，高度非过程化的优点同时也造成了它的一个弱点：缺少流程控制能力，难以实现应用业务中的逻辑控制。SQL 编程技术可以有效克服 SQL 实现复杂应用方面的不足，提高应用系统和 RDBMS 间的互操作性。

这里主要介绍 Oracle 19c 中与数据库编程相关的内容。

3.1 PL/SQL 编程的基础

PL/SQL 是 Oracle 的专用语言，它是对标准 SQL 的扩展。SQL 语句可以嵌套在 PL/SQL 代码中，将 SQL 的数据处理能力和 PL/SQL 的过程处理能力结合在一起。在 Oracle 数据库以及开发工具中都内置了 PL/SQL 处理引擎。PL/SQL 被集成在 Oracle 数据库服务器产品中，因此，其代码可以得到非常高效的处理。

3.1.1 PL/SQL 程序的结构

PL/SQL 程序的基本结构是块。所有的 PL/SQL 程序都是由块组成的。这些块之间可以互相嵌套，每个块完成一个逻辑操作。

PL/SQL 程序通常包括 3 部分：

(1) DECLARE 部分。DECLARE 部分包含定义变量、常量和游标等类型的代码。

(2) BEGIN…END 部分。BEGIN…END 部分是程序的主体，其中还可以再嵌套 BEGIN…END 部分。该部分包含了该程序块的所有处理操作。

(3) EXCEPTION 部分。EXCEPTION 部分是异常处理部分，允许在执行 BEGIN…END 部分发生异常时控制程序的执行。

一个程序块总是以 END 语句结束的，其中 BEGIN…END 部分是 PL/SQL 必需的部分，但一般的程序块都包括这 3 部分，其基本结构如图 3-1 所示。

```
            ┌ DECLARE
定义部分 ┤
            └   声明变量、游标、异常等
            ┌ BEGIN
            │   SQL语句、PL/SQL的流程控制语句
执行部分 ┤ EXCEPTION
            │   异常处理代码
            └ END
```

图 3-1　PL/SQL 程序块的基本结构

【例 3-1】 PL/SQL 程序块示例。

```
SQL > SET SERVEROUTPUT ON
SQL > DECLARE
  2  sum_num number(2);
  3  BEGIN
  4  SELECT COUNT( * ) INTO sum_num FROM dept;
  5  dbms_output.put_line('记录个数:'||sum_num);
  6  END;
  7  /
记录个数:4
PL/SQL 过程已成功完成。
```

注意： SET SERVEROUTPUT ON 为打开服务器的输出显示，即打开 Oracle 自带的输出方法 dbms_output。

【例 3-2】 PL/SQL 程序块的嵌套使用。

```
SQL > SET SERVEROUTPUT ON
SQL > DECLARE                    -- 外层程序块头
  2   out_text1 varchar2(20): = '外层程序块';
  3  BEGIN
  4   DECLARE                    -- 内层程序块头
  5    out_text2 varchar2(20);
  6   BEGIN
  7    out_text2: = '内层程序块';
  8    dbms_output.put_line(out_text2);
  9   END;                       -- 内层程序块尾
 10   dbms_output.put_line(out_text1);
 11  END;                        -- 外层程序块尾
 12  /
内层程序块
外层程序块
PL/SQL 过程已成功完成。
```

注意： 变量可以在程序块的 DECLARE 部分和 BEGIN…END 部分为其赋值。赋值时，常用的方法是使用 PL/SQL 赋值操作符“ :=”。

3.1.2　使用%TYPE 和%ROWTYPE 类型的变量

在定义变量时，除了可以使用 Oracle 规定的数据类型外，还可以使用% TYPE 和% ROWTYPE 来定义变量。

1. %TYPE 变量

在例 3-1 中,为了存储从数据库中检索到的数据,首先根据检索的数据列的数据类型定义变量,然后使用 SELECT 语句中的 INTO 子句将检索到的数据保存到变量中。这里有一个前提条件,即用户必须事先知道检索的数据类型。如果用户事先并不知道检索的数据列的数据类型,这时可以考虑使用%TYPE 定义变量。

【例 3-3】 使用%TYPE 变量类型。

```
SQL > SET SERVEROUTPUT ON
SQL > DECLARE
  2   no   dept.deptno % type;
  3   name dept.dname % type;
  4   place dept.loc % type;
  5  BEGIN
  6   SELECT deptno, dname, loc
  7   INTO no, name, place
  8   FROM dept WHERE deptno = 10;
  9   dbms_output.put_line(no||''||name||''||place);
 10  END;
 11  /
10 ACCOUNTING NEW YORK
PL/SQL 过程已成功完成。
```

使用%TYPE 定义变量的好处如下:

(1) 用户不必查看数据类型就可以确保定义的变量能够存储检索的数据。

(2) 使用%TYPE 类型的变量后,如果用户后期修改数据库结构(如改变某列的数据类型),则不必考虑对所定义的变量进行更改。

2. %ROWTYPE 变量

%ROWTYPE 类型的变量一次可以存储从数据库检索的一行数据。该变量的结构与检索表的结构完全相同。

【例 3-4】 使用%ROWTYPE 变量类型。

```
SQL > SET SERVEROUTPUT ON
SQL > DECLARE
  2   row_dept dept % ROWTYPE;
  3  BEGIN
  4   SELECT *
  5   INTO row_dept
  6   FROM dept WHERE deptno = 10;
  7   dbms_output.put_line(row_dept.deptno);
  8   dbms_output.put_line(row_dept.dname||''||row_dept.loc);
  9  END;
 10  /
10 ACCOUNTING NEW YORK
PL/SQL 过程已成功完成。
```

3.1.3 条件判断语句

PL/SQL 与其他编程语言一样,也都具有条件判断语句。条件判断语句主要的作用是根据条件的变化选择执行不同的代码。PL/SQL 中常用的条件判断语句有 IF 语句和 CASE 语句。

1. IF 语句

在 PL/SQL 中,为了控制程序的执行方向,引进了 IF 语句。IF 语句主要有如下两种形式。

1)形式一

```
IF 条件 THEN
  PL/SQL 语句 1 或 SQL 语句 1;
[ ELSE
  PL/SQL 语句 2 或 SQL 语句 2;
]
END IF;
```

ELSE 短语用方括号括起来,同其他语言一样,表示它为可选项。

【例 3-5】 IF 语句示例 1:判断变量 a 和 b 的大小。

```
SQL> SET SERVEROUTPUT ON
SQL> DECLARE
   2    a number;
   3    b number;
   4   BEGIN
   5    a: = 1;
   6    b: = 2;
   7    IF a > b THEN
   8     dbms_output.put_line(a||'>'||b);
   9    ELSE
  10     dbms_output.put_line(a||'<'||b);
  11    END IF;
  12   END;
  13   /
1 < 2
PL/SQL 过程已成功完成。
```

2)形式二

IF…END IF 语句一次只能判断一个条件,语句 IF…ELSIF…END IF 则可以判定两个以上的判断条件。该语句的语法形式如下。

```
IF 条件 1 THEN
  PL/SQL 语句 1 或 SQL 语句 1;
ELSIF 条件 2 THEN
  PL/SQL 语句 2 或 SQL 语句 2;
…
ELSE
  PL/SQL 语句 n 或 SQL 语句 n;
END IF;
```

【例 3-6】 IF 语句示例 2:根据成绩输出对应的成绩级别。

```
SQL> SET SERVEROUTPUT ON
SQL> DECLARE
  2    score_var number;
  3   BEGIN
  4    score_var: = 88;
  5    IF score_var < 60 THEN
  6    dbms_output.put_line('差');
  7    ELSIF score_var < 80 THEN
  8     dbms_output.put_line('中');
```

```
  9   ELSIF score_var < 90 THEN
 10    dbms_output.put_line('良');
 11   ELSE
 12    dbms_output.put_line('优');
 13   END IF;
 14  END;
 15  /
良
PL/SQL 过程已成功完成。
```

2. CASE 语句

CASE 语句的作用与 IF…ELSIF…END IF 语句相同,都可以实现多项选择。但 CASE 语句是一种更简洁的表示法,并且相对于 IF 结构表示法而言消除了一些重复。CASE 语句共有两种形式。

1）形式一

第一种形式是获取一个表达式的值,系统根据其值,查找与其相匹配的 WHEN 常量。当找到一个匹配时,就执行与该 WHEN 常量相关的 THEN 子句;如果没有与表达式相匹配的 WHEN 常量,那么就执行 ELSE 子句。该语句的语法形式如下:

```
CASE 表达式
  WHEN  常量 1  THEN  PL/SQL 语句 1;
  WHEN  常量 2  THEN  PL/SQL 语句 2;
  …
  WHEN  常量 n  THEN  PL/SQL 语句 n;
[ ELSE  PL/SQL 语句 n + 1; ]
END CASE;
```

【例 3-7】 CASE 语句示例 1:判断 emp 表中"SMITH"员工的职务。

```
SQL > SET SERVEROUTPUT ON
SQL > DECLARE
  2  job_var emp.job % type;
  3  BEGIN
  4   SELECT job
  5   INTO job_var
  6   FROM emp
  7   WHERE ename = 'SMITH';
  8   CASE job_var
  9    WHEN 'SALESMAN' THEN dbms_output.put_line('SMITH'||'是销售员');
 10    WHEN 'CLERK' THEN dbms_output.put_line('SMITH'||'是管理员');
 11    ELSE dbms_output.put_line('SMITH'||'是经理');
 12   END CASE;
 13  END;
 14  /
SMITH 是管理员
PL/SQL 过程已成功完成。
```

2）形式二

第二种形式是判断每个 WHEN 子句后的条件。该语句的语法形式如下:

```
CASE
  WHEN 条件 1 THEN PL/SQL 语句 1;
  WHEN 条件 2 THEN PL/SQL 语句 2;
```

```
  …
  WHEN 条件 n THEN PL/SQL 语句 n;
  [ELSE PL/SQL 语句 n + 1;]
END CASE;
```

【例 3-8】 CASE 语句示例 2：假设所给的数值是一个分数，判断该分数的等级。

等级判断标准如下：分数< 60 为“差”，60 <=分数< 80 为“中”，80 <=分数< 90 为“良”，90 <=分数<=100 为“优”。

```
SQL > SET SERVEROUTPUT ON
SQL > DECLARE
  2   score_var number;
  3  BEGIN
  4   score_var: = 85;
  5   CASE
  6     WHEN score_var < 60 THEN dbms_output.put_line('差');
  7     WHEN score_var < 80 THEN dbms_output.put_line('中');
  8     WHEN score_var < 90 THEN dbms_output.put_line('良');
  9     ELSE dbms_output.put_line('优');
 10   END CASE;
 11  END;
 12  /
良
PL/SQL 过程已成功完成。
```

3.1.4 循环语句

循环语句与条件语句一样都能控制程序的执行流程，它允许重复执行一条语句或一组语句。PL/SQL 支持 3 种类型的循环：无条件循环、WHILE 循环和 FOR 循环。

1. 无条件循环

最基本的循环称为无条件循环。这种类型的循环如果没有指定 EXIT 语句将一直进行下去，成为死循环。所以，无条件循环中必须指定 EXIT 语句何时停止执行循环。该语句的语法形式如下：

```
LOOP
  PL/SQL 语句;
  EXIT WHEN 条件;
END LOOP;
```

为了能让循环正常运行，必须为 EXIT WHEN 子句提供一个在某时刻可以判断为 TRUE 的条件。当判断条件为 TRUE 时，就停止循环的执行。

【例 3-9】 LOOP 循环语句示例：求 1～5 的和。

```
SQL > SET SERVEROUTPUT ON
SQL > DECLARE
  2     i number: = 1;
  3     s number: = 0;
  4  BEGIN
  5   LOOP
  6     s: = s + i;
  7     i: = i + 1;
  8     EXIT WHEN i > 5;
```

```
  9    END LOOP;
 10    dbms_output.put_line('1 + 2 + … + 5 = '||s);
 11   END;
 12   /
1 + 2 + … + 5 = 15
PL/SQL 过程已成功完成。
```

2. WHILE 循环

WHILE 循环在每次执行时,都将判断循环条件。如果它为 TRUE,那么循环将继续执行;如果条件为 FALSE,则循环将会停止执行。该语句的语法形式如下:

```
WHILE 条件 LOOP
  PL/SQL 语句;
END LOOP;
```

【例 3-10】 WHILE 循环语句示例:求 1～5 的和。

```
SQL > SET SERVEROUTPUT ON
SQL > DECLARE
  2   i number: = 1;
  3   s number: = 0;
  4  BEGIN
  5   WHILE i < = 5 LOOP
  6    s: = s + i;
  7    i: = i + 1;
  8   END LOOP;
  9   dbms_output.put_line('1 + 2 + … + 5 = '||s);
 10  END;
 11   /
1 + 2 + … + 5 = 15
PL/SQL 过程已成功完成。
```

3. FOR 循环

在 WHILE 循环中,为了防止出现死循环,需要在循环内不断修改判断条件。而 FOR 循环则通过指定一个数字范围,确切地指出循环应执行多少次。该语句的语法形式如下:

```
FOR 循环控制变量 IN [REVERSE] 下限值..上限值 LOOP
  PL/SQL 语句;
END LOOP;
```

使用 FOR 循环时应注意以下两点。

(1) FOR 循环中的下限值和上限值决定了循环的运行次数。默认情况下,循环控制变量从下限值开始。每运行一次,循环计数器的值就会自动加 1;当循环控制变量达到上限值时,FOR 循环结束。

(2) 使用关键字 REVERSE 时,循环控制变量将自动减 1,并强制循环控制变量的值从上限值到下限值。

【例 3-11】 FOR 循环语句示例:计算 1～5 的和。

```
SQL > SET SERVEROUTPUT ON
SQL > DECLARE
  2    s number: = 0;
  3   BEGIN
  4    FOR i IN 1..5 LOOP
```

```
  5     s: = s + i;
  6    END LOOP;
  7    dbms_output.put_line('1 + 2 + … + 5 = '||s);
  8   END;
  9   /
1 + 2 + … + 5 = 15
PL/SQL 过程已成功完成。
```

3.2 游　　标

通过 SELECT 语句查询时，返回的结果是一个由多行记录组成的集合。而程序设计语言有时要处理查询结果集中的每一条记录。为此，SQL 提供了游标机制。游标充当指针的作用，使程序设计语言一次只能处理查询结果中的一行。

在 Oracle 中，有显式和隐式两种游标。对于 PL/SQL 程序中发出的所有 DML（数据操纵语言）和 SELECT 语句，Oracle 都会自动声明“隐式游标”。为了处理由 SELECT 语句返回的一组记录，需要在 PL/SQL 程序中声明和处理“显式游标”。这里主要介绍显式游标的应用。

3.2.1　显式游标的定义和使用

显式游标是在 PL/SQL 程序中使用包含 SELECT 语句来声明的游标。如果需要处理从数据库中检索的一组记录，则可以使用显式游标。使用显式游标处理数据需要 4 个 PL/SQL 步骤：声明游标、打开游标、提取数据和关闭游标。

1. 声明游标

在 DECLARE 部分按以下格式声明游标：

```
CURSOR  游标名  IS  SELECT 语句;
```

声明游标时需注意以下两点：

(1) 声明游标的作用是得到一个 SELECT 查询结果集。该结果集中包含了应用程序中要处理的数据，从而为用户提供逐行处理的途径。

(2) SELECT 语句是对表或视图的查询语句。可以带 WHERE 条件、ORDER BY 或 GROUP BY 等子句，但不能使用 INTO 子句。

2. 打开游标

在 BEGIN…END 部分，按以下格式打开游标：

```
OPEN  游标名;
```

游标必须先声明后打开。打开游标时，SELECT 语句的查询结果就被传送到了游标工作区，以便供用户读取。

3. 提取数据

在 BEGIN…END 部分，按以下格式将游标工作区中的数据读取到变量中（提取游标必须在打开游标之后进行）：

```
FETCH  游标名  INTO  变量名 1[,变量名 2, … ];
```

成功打开游标后，游标指针指向结果集的第一行之前，而 FETCH 语句将使游标指针指向下一行。因此,第一次执行 FETCH 语句时,将检索第一行中的数据并保存到变量中。随后每执行一条 FETCH 语句,该指针将移动到结果集的下一行。可以在循环中使用 FETCH 语句,这样每一次循环都会从表中读取一行数据,然后进行相同的逻辑处理。

4. 关闭游标

显式游标打开后,必须显式地关闭。按以下格式关闭游标:

```
CLOSE  游标名;
```

游标一旦关闭,其占用的资源就被释放,用户不能再从结果集中检索数据。如果想重新检索,必须重新打开游标才能使用。

【例 3-12】 用游标提取 emp 表中 7788 员工的姓名和职务。

```
SQL> SET SERVEROUTPUT ON
SQL> DECLARE
  2   v_ename emp.ename%type;
  3   v_job   emp.job%type;
  4   CURSOR emp_cursor IS SELECT ename,job FROM emp WHERE empno = 7788;
  5  BEGIN
  6   OPEN emp_cursor;
  7   FETCH emp_cursor INTO v_ename,v_job;
  8   dbms_output.put_line(v_ename||''||v_job);
  9   CLOSE emp_cursor;
 10  END;
 11  /
SCOTT ANALYST
PL/SQL 过程已成功完成。
```

【例 3-13】 用游标显示工资最高的前 3 名员工的姓名和工资。

```
SQL> SET SERVEROUTPUT ON
SQL> DECLARE
  2   v_ename emp.ename%type;
  3   v_sal emp.sal%type;
  4   CURSOR emp_cursor
  5   IS SELECT ename,sal FROM emp ORDER BY sal DESC;
  6  BEGIN
  7   OPEN  emp_cursor;
  8   FOR i IN 1..3 LOOP
  9    FETCH  emp_cursor  INTO  v_ename,v_sal;
 10    dbms_output.put_line(v_ename||''||v_sal);
 11   END LOOP;
 12   CLOSE  emp_cursor;
 13  END;
 14  /
KING  5000
FORD  3000
SCOTT 3000
PL/SQL 过程已成功完成。
```

3.2.2 显式游标的属性

虽然可以使用前面的形式获得游标数据,但是在游标定义以后使用它的一些属性来进行结构控制是一种更为灵活的方法。显式游标的属性如表 3-1 所示。

表 3-1 显式游标的属性

属　性	返回值类型	功　能
%ROWCOUNT	整型	获得 FETCH 语句返回的数据行数
%FOUND	布尔型	FETCH 语句是否提取一行数据，提取成功则为 TRUE，否则为 FALSE
%NOTFOUND	布尔型	与%FOUND 属性的返回值相反
%ISOPEN	布尔型	游标是否已经打开，打开为 TRUE，否则为 FALSE

如果要取得游标属性，在属性前加游标名即可。

【例 3-14】 使用游标显示 dept 表中的每行记录。

```
SQL > SET SERVEROUTPUT ON
SQL > DECLARE
  2  row_dept dept % rowtype;
  3  CURSOR dept_cursor IS SELECT * FROM dept;
  4  BEGIN
  5  OPEN dept_cursor;
  6  IF dept_cursor % ISOPEN THEN
  7   LOOP
  8    FETCH dept_cursor INTO row_dept;
  9    EXIT WHEN dept_cursor % NOTFOUND;
 10    dbms_output.put_line(row_dept.deptno||' '||row_dept.dname||' '||row_dept.loc);
 11   END LOOP;
 12  ELSE
 13   dbms_output.put_line('用户信息:游标没有打开!');
 14  END IF;
 15  CLOSE dept_cursor;
 16 END;
 17 /
10 ACCOUNTING NEW YORK
20 RESEARCH DALLAS
30 SALES CHICAGO
40 OPERATIONS BOSTON
PL/SQL 过程已成功完成。
```

3.2.3 游标的 FOR 循环

在 PL/SQL 中还有一种更加方便地使用显式游标的方法，那就是游标的 FOR 循环。游标的 FOR 循环是显式游标的一种快捷使用方式，它使用 FOR 循环依次读取结果集中的行数据。当 FOR 循环开始时，游标将自动打开（不需要使用 OPEN 方法）。每循环一次，系统将自动读取游标当前行的数据（不需要使用 FETCH）；当退出 FOR 循环时，游标被自动关闭（不需要使用 CLOSE）。

语句的定义格式如下：

```
FOR  记录变量名  IN  游标名  LOOP
  PL/SQL 语句;
END LOOP;
```

【例 3-15】 使用 FOR 循环形式显示 10 部门员工的编号和姓名。

```
SQL > SET SERVEROUTPUT ON
```

```
SQL> DECLARE
  2   CURSOR emp_cursor IS SELECT empno,ename FROM emp WHERE deptno = 10;
  3  BEGIN
  4   FOR emp_r IN emp_cursor LOOP
  5    dbms_output.put_line(emp_r.empno||' '||emp_r.ename);
  6   END LOOP;
  7  END;
  8  /
7782 CLARK
7839 KING
7934 MILLER
PL/SQL 过程已成功完成。
```

3.2.4 带参数的游标

在声明游标时,可以将参数传递给游标并在查询中使用。带参数游标的声明语句格式如下:

```
CURSOR 游标名 (参数[,参数,…])
  IS SELECT 语句;
```

其中,参数的定义格式如下:

```
参数名  [IN]  数据类型[:=值 或 DEFAULT 值]
```

对于参数,需要注意以下两点。

(1) 参数只定义数据类型,没有长度。

(2) DEFAULT 用于给参数设定一个默认值。当没有参数值给游标时,就使用默认值。

打开游标时,可以指定传递的参数值。带参数游标的打开语句格式如下:

```
OPEN 游标名(值[,值,…])
```

【例 3-16】 根据所给的参数值,显示员工编号和姓名。

```
SQL> SET SERVEROUTPUT ON
SQL> DECLARE
  2  v_empno emp.empno%type;
  3  v_ename emp.ename%type;
  4  CURSOR emp_cursor(p_deptno number,p_job varchar2)
  5   IS SELECT empno,ename FROM emp WHERE deptno = p_deptno and job = p_job;
  6  BEGIN
  7   OPEN emp_cursor(10, 'CLERK');
  8   LOOP
  9    FETCH emp_cursor INTO v_empno,v_ename;
 10    EXIT WHEN emp_cursor%NOTFOUND;
 11    dbms_output.put_line(v_empno||' '||v_ename);
 12   END LOOP;
 13   CLOSE emp_cursor;
 14  END;
 15  /
7934 MILLER
PL/SQL 过程已成功完成。
```

3.2.5 使用游标更新和删除数据

通过游标可以查询数据表中的数据,那么如何使用游标修改或删除数据表中的记录呢?

使用游标修改和删除表中记录的操作是指在游标定位后，修改或删除表中指定的数据行。

为了使用游标更新和删除数据，需要在声明游标时使用 FOR UPDATE 选项，以便在打开游标时锁定游标结果集与表中对应数据行的所有列和部分列。使用 FOR UPDATE 选项声明游标的语法格式如下：

```
CURSOR 游标名
  IS SELECT 语句 FOR UPDATE [OF 列 1[,列 2,…]];
```

其中，OF 选项只在要进行数据更新(UPDATE)时使用。OF 后面指定要更新的具体数据列。如果不指定 OF 选项，则可更新游标当前行中的所有数据。

当使用 FOR UPDATE 声明游标后，可在 DELETE 和 UPDATE 语句中使用 WHERE CURRENT OF 子句，修改或删除游标结果集中当前行对应的表中的数据行。格式如下：

```
WHERE CURRENT OF 游标名
```

【例 3-17】 使用游标更新 emp 表中的 COMM 值。

代码如下：

```
SQL> SET SERVEROUTPUT ON
SQL> DECLARE
  2   CURSOR c1 IS SELECT empno,sal FROM emp
  3    WHERE comm IS NULL FOR UPDATE OF comm;
  4   v_comm emp.sal%TYPE;
  5  BEGIN
  6   FOR r IN c1 LOOP
  7    CASE
  8     WHEN r.sal<500 THEN v_comm:=r.sal *0.25;
  9     WHEN r.sal<1000 THEN v_comm:=r.sal *0.2;
 10     WHEN r.sal<3000 THEN v_comm:=r.sal *0.15;
 11     ELSE v_comm:=r.sal *0.12;
 12    END CASE;
 13    UPDATE emp SET comm=v_comm WHERE CURRENT OF c1;
 14   END LOOP;
 15  END;
 16  /
PL/SQL 过程已成功完成。
```

3.3 异常处理

异常是 Oracle 数据库中的 PL/SQL 代码执行期间出现的错误。发生异常后，语句将停止执行，跳转到 PL/SQL 程序块的异常处理部分。SQL Plus 处理异常的方法就是在屏幕上显示异常信息。

Oracle 常用的有两种类型的异常。

(1) 预定义异常。Oracle 为用户提供了大量的在 PL/SQL 中使用的预定义异常，以检查用户代码失败的一般原因。

(2) 自定义异常。如果程序设计人员认为某种情况违反了业务逻辑，设计人员可明确定义并触发异常。

异常处理部分一般放在 PL/SQL 程序块的后半部分，其结构如下：

```
EXCEPTION
  WHEN  异常情况 1  THEN  处理异常代码 1;
  WHEN  异常情况 2  THEN  处理异常代码 2;
  …
   WHEN  OTHERS  THEN  处理异常代码;
```

3.3.1 Oracle 的预定义异常

对于 Oracle 提供的预定义异常,用户可以在自己的 PL/SQL 异常处理部分使用名称对其进行标识。常用的预定义异常及其对应的 Oracle 错误信息如表 3-2 所示。

表 3-2 Oracle 的预定义异常

错误信息	异常名称	说明
ORA-0001	DUP_VAL_ON_INDEX	试图破坏一个唯一性限制
ORA-0051	Timeout-on-resource	在等待资源时发生超时
ORA-0061	Transaction-backed-out	由于发生死锁,事务被撤销
ORA-1001	Invalid-CURSOR	试图使用一个无效的游标
ORA-1012	Not-logged-on	没有连接到 Oracle
ORA-1017	Login-denied	无效的用户名/口令
ORA-1403	NO_DATA_FOUND	SELECT INTO 没有找到数据
ORA-1422	TOO_MANY_ROWS	SELECT INTO 返回多行
ORA-1476	Zero-divide	试图被零除
ORA-1722	Invalid-NUMBER	转换一个数字时失败
ORA-6500	Storage-error	内存不够引发的内部错误
ORA-6501	Program-error	内部错误
ORA-6502	Value-error	转换或截断错误
ORA-6504	Rowtype-mismatch	主变量和游标的类型不兼容
ORA-6511	CURSOR-ALREADY-OPEN	试图打开一个已经打开的游标时,将产生这种异常
ORA-6530	Access-INTO-null	试图为 null 对象的属性赋值

【例 3-18】 向 dept 表中插入与主键值相同的记录。

情况一 不用预定义异常解决,代码如下:

```
SQL> BEGIN
  2   INSERT INTO dept(deptno,dname) VALUES(10,'HR');
  3  END;
  4  /
BEGIN
*
第 1 行出现错误:
ORA-00001: 违反唯一约束条件 (SCOTT.PK_DEPT)
ORA-06512: 在 line 2
```

情况二 使用预定义异常解决,代码如下:

```
SQL> SET SERVEROUTPUT ON
SQL> BEGIN
  2   INSERT INTO dept(deptno,dname) VALUES(10,'HR');
  3  EXCEPTION
  4   WHEN DUP_VAL_ON_INDEX THEN
```

```
  5    dbms_output.put_line('捕获到了 DUP_VAL_ON_INDEX 异常');
  6    dbms_output.put_line('该主键值已经存在');
  7  END;
  8  /
捕获到了 DUP_VAL_ON_INDEX 异常
该主键值已经存在

PL/SQL 过程已成功完成。
```

3.3.2 用户自定义异常的处理

在实际的程序开发中,为了实施具体的业务逻辑规则,程序开发人员往往会根据这些逻辑规则自定义一些异常。当用户违反了这些规则时,就会引发一个自定义异常,从而中断程序的正常执行,并转到自定义异常处理部分。

用户自定义异常是通过显式使用 RAISE 语句来触发的。当引发一个异常时,控制就转向 EXCEPTION 异常处理部分,执行异常处理语句。处理自定义异常的步骤如下。

(1) 在 PL/SQL 程序块的定义部分定义异常情况,语句如下:

```
异常情况  EXCEPTION;
```

(2) 使用 RAISE 引出自定义异常,语句如下:

```
RAISE  异常情况;
```

(3) 在 PL/SQL 程序块的异常处理部分对异常情况做出相应的处理。

【例 3-19】 检查 dept 表中的记录是否被更新。

```
SQL> SET SERVEROUTPUT ON
SQL> DECLARE
  2    ex_update EXCEPTION;
  3  BEGIN
  4    UPDATE dept SET dname = 'HR' WHERE deptno = 50;
  5    IF sql%notfound THEN
  6      RAISE ex_update;
  7    END IF;
  8  EXCEPTION
  9    WHEN ex_update THEN
 10      dbms_output.put_line('捕获到自定义异常 ex_update');
 11      dbms_output.put_line('未更新任意行');
 12  END;
 13  /
捕获到自定义异常 ex_update
未更新任意行

PL/SQL 过程已成功完成。
```

3.4 存储过程

前面所创建的 PL/SQL 程序块都是匿名的。这些匿名的程序块没有被存储,每次执行后都不可以被重新使用。因此,每次运行匿名程序块时,都需要先编译然后再执行。很多时候都需要保存 PL/SQL 程序块,便于以后可以重新使用。

存储过程是一种命名的PL/SQL程序块，它可以被赋予参数并存储在数据库中，以便被用户调用。由于存储过程是已经编译好的代码，所以在调用的时候不必再次进行编译，从而提高了程序的运行效率。

3.4.1 创建存储过程

创建存储过程的语法结构如下：

```
CREATE [OR REPLACE] PROCEDURE 过程名 AS
  声明部分;
BEGIN
  功能语句;
EXCEPTION
  异常处理;
END;
```

说明：选择OR REPLACE选项时，如果创建的存储过程已经存在，将重新建立与原来同名的存储过程。

【例3-20】 存储过程示例。

```
SQL> CREATE OR REPLACE PROCEDURE emp_P AS
  2   emp_row emp%ROWTYPE;
  3  BEGIN
  4   SELECT * INTO emp_row FROM emp WHERE job='CLERK';
  5   dbms_output.put_line(emp_row.empno||' '||emp_row.ename);
  6  EXCEPTION
  7   WHEN TOO_MANY_ROWS THEN
  8    dbms_output.put_line('捕获到了 TOO_MANY_ROWS 异常');
  9    dbms_output.put_line('SELECT 语句检索到了多行数据');
 10  END;
 11  /

过程已创建。
```

3.4.2 调用存储过程

存储过程创建后，就可以任意调用该过程了。

可以使用EXECUTE语句直接调用存储过程。EXECUTE语句的语法形式如下：

```
EXEC[UTE]  过程名;
```

【例3-21】 调用执行例3-20所创建的存储过程。

```
SQL> SET SERVEROUTPUT ON
SQL> EXEC emp_P;
捕获到了 TOO_MANY_ROWS 异常
SELECT 语句检索到了多行数据

PL/SQL 过程已成功完成。
```

3.4.3 存储过程的参数

在创建存储过程时，需要考虑存储过程的灵活应用，以便重新使用它们。通过使用“参

数”可以使程序单元变得灵活。参数是一种向程序单元输入/输出数据的机制。存储过程可以接收和返回0到多个参数。Oracle有3种参数模式：IN、OUT和IN OUT。

带参数存储过程的创建语法格式如下：

```
CREATE [OR REPLACE] PROCEDURE 过程名(
  参数 1 [ IN | OUT | IN OUT] 数据类型,
  参数 2 [ IN | OUT | IN OUT] 数据类型,
  …
) AS
  声明部分;
BEGIN
  功能语句;
EXCEPTION
  异常处理;
END;
```

1. IN 参数

IN参数为输入参数。该参数值由调用者传入，并且只能被存储过程读取。

【例 3-22】 创建一个向dept表中插入新记录的存储过程dept_p。

```
SQL> CREATE OR REPLACE PROCEDURE dept_p(
  2  p_deptno IN number,
  3  p_dname IN varchar2,
  4  p_loc IN varchar2
  5  ) AS
  6  BEGIN
  7   INSERT INTO dept VALUES(p_deptno,p_dname,p_loc);
  8  EXCEPTION
  9   WHEN DUP_VAL_ON_INDEX THEN
 10    dbms_output.put_line('重复的部门编号');
 11  END;
 12  /

过程已创建。
```

打开系统默认设置的输出功能，代码如下：

```
SQL> SET SERVEROUTPUT ON
SQL> EXEC dept_p(50,'HR','CHINA');

PL/SQL 过程已成功完成。
```

查看修改后的表，代码如下：

```
SQL> SELECT * FROM dept WHERE deptno = 50;
```

语句执行结果为：

```
    DEPTNO DNAME          LOC
---------- -------------- -------------
        50 HR             CHINA
```

2. OUT 参数

OUT参数为输出参数，该类型的参数值由存储过程写入。OUT类型的参数适用于存储过程向调用者返回一个或多个数据的情况。

【例 3-23】 创建存储过程 dept_p,该过程根据提供的部门编号返回部门的名称和地址。

```
SQL> CREATE OR REPLACE PROCEDURE dept_p(
  2  i_no IN dept.deptno%TYPE,
  3  o_name OUT dept.dname%TYPE,
  4  o_loc OUT dept.loc%TYPE
  5  ) AS
  6  BEGIN
  7   SELECT dname,loc INTO o_name,o_loc FROM dept WHERE deptno = i_no;
  8  EXCEPTION
  9   WHEN NO_DATA_FOUND THEN
 10    o_name:= 'NULL';
 11    o_loc:= 'NULL';
 12  END;
 13  /

过程已创建。
```

因为该存储过程要通过 OUT 参数返回值,这意味着在调用它时必须提供能够接收返回值的变量。因此,在调用前需要使用 VARIABLE 命令定义变量接收返回值,并且在调用存储过程时需要在变量前加冒号。

【例 3-24】 调用例 3-23 创建的存储过程,输出指定部门编号的部门名称和地址。

使用 VARIABLE 命令定义变量接收返回值,代码如下:

```
SQL> VARIABLE v_dname varchar2(20);
SQL> VARIABLE v_loc varchar2(10);
SQL> EXEC dept_p(10,:v_dname,:v_loc);

PL/SQL 过程已成功完成。
```

输出部门名称和地址,代码如下:

```
SQL> PRINT v_dname;

V_DNAME
---------------
ACCOUNTING

SQL> PRINT v_loc;

V_LOC
---------------
NEW YORK
```

3. IN OUT 参数

IN 参数可以接收一个值,但是不能在过程中修改这个值。而对于 OUT 参数而言,它在调用过程时为空,在过程的执行中将为这个参数指定一个值,并在执行结束后返回。而 IN OUT 类型的参数同时具有 IN 参数和 OUT 参数的特性,在过程中可以读取和写入该类型参数。

【例 3-25】 使用 IN OUT 参数实现两个数的交换。

创建存储过程的代码如下:

```
SQL> CREATE OR REPLACE PROCEDURE swap(
```

```
  2  p_num1 IN OUT number,
  3  p_num2 IN OUT number
  4  ) AS
  5  var_temp number;
  6  BEGIN
  7   var_temp: = p_num1;
  8   p_num1: = p_num2;
  9   p_num2: = var_temp;
 10  END;
 11  /
```

过程已创建。

实现两个数的交换,代码如下：

```
SQL > SET SERVEROUTPUT ON
SQL > DECLARE
  2   var_max number: = 10;
  3   var_min number: = 18;
  4  BEGIN
  5   IF var_max < var_min THEN
  6    swap(var_max, var_min);
  7   END IF;
  8   dbms_output.put_line('var_max = '||var_max);
  9   dbms_output.put_line('var_min = '||var_min);
 10  END;
 11  /
var_max = 18
var_min = 10

PL/SQL 过程已成功完成。
```

3.4.4 修改/删除存储过程

在 Oracle 中,如果要修改存储过程,应使用 CREATE OR REPLACE PROCEDURE 语句,也就是覆盖原有的存储过程。

【例 3-26】 修改例 3-25 创建的存储过程 swap。

创建存储过程的代码如下：

```
SQL > CREATE OR REPLACE PROCEDURE swap AS
  2  BEGIN
  3   dbms_output.put_line('这是修改后的存储过程');
  4  END;
  5  /
```

过程已创建。

查看修改后的存储过程,代码如下：

```
SQL > EXEC swap;
这是修改后的存储过程

PL/SQL 过程已成功完成。
```

删除存储过程可以使用 DROP 语句,其语法格式如下：

```
DROP PROCEDURE 存储过程名;
```

【例 3-27】 删除例 3-25 创建的存储过程 swap。

代码如下：

```
SQL > DROP PROCEDURE swap;

过程已删除。
```

3.4.5 查看存储过程的错误

编写的存储过程难免会出现各种错误而导致编译失败。为了缩小排查错误的范围，Oracle 提供了查看存储过程错误的语句，其语法格式如下：

```
SHOW ERRORS PROCEDURE 存储过程名;
```

【例 3-28】 创建一个有错误的存储过程，然后查看错误信息。

代码如下：

```
SQL > CREATE OR REPLACE PROCEDURE test_proc
  2  AS
  3  BEGIN
  4   dbmm_output.put_line('这是有错误的存储过程,将 dbms 写成了 dbmm');
  5  END;
  6  /
```

警告：创建的过程带有编译错误。

查看错误的具体细节，代码如下：

```
SQL > SHOW ERRORS PROCEDURE test_proc;
PROCEDURE TEST_PROC 出现错误:

LINE/COL    ERROR
-------  --------
4/2         PL/SQL: Statement ignored
4/2         PLS - 00201: 必须声明标识符 'DBMM_OUTPUT.PUT_LINE'
```

从错误提示可知，错误是由第 4 行引发的，正确的写法如下：

```
dbms_output.put_line('这是有错误的存储过程,将 dbms 写成了 dbmm');
```

3.5 小　　结

本章介绍了 PL/SQL 程序块定义部分、执行部分和异常处理部分的作用以及编写方法。注意：编写 PL/SQL 程序块时，执行部分是必需的，而定义部分和异常处理部分是可选的。

PL/SQL 程序块中的 IF 语句可执行简单条件判断、二重分支判断和多重分支判断。当使用 IF 语句时，注意 END IF 是两个词，而 ELSIF 是一个词。CASE 语句可执行多重分支判断。WHILE 语句和 FOR 语句执行循环控制操作的方法。

在使用 SELECT 语句查询数据库时，查询返回的数据存放在结果集中。用户在得到结果集后，需要逐行逐列地获取其中存储的数据，以便在应用程序中使用这些值。游标机制可完成此类操作。如果使用游标更新或删除数据，则在定义游标时必须指定 FOR UPDATE

子句，当更新或删除游标行时必须带有 WHERE CURRENT OF 子句。

当 PL/SQL 运行错误时，可以使用预定义异常和用户自定义异常的方法来处理发生的错误。

存储过程是用于执行特定操作的 PL/SQL 程序块，在需要时可以直接调用，提高代码的重用性和共享性。

SQL 的用户可以是终端用户，也可以是应用程序。嵌入式 SQL 将 SQL 作为一种数据子语言嵌入高级语言中，利用高级语言和其他专门软件来弥补 SQL 语句在实现复杂应用方面的不足。动态 SQL 允许在执行一个应用程序时，根据不同的情况动态地定义和执行某些 SQL 语句。动态 SQL 可实现应用中的灵活性。SQL 已经成为数据库的主流语言，其意义也远远超过数据库范围。

习 题 三

一、选择题

1. 下列哪条语句允许检查 UPDATE 语句所影响的行数？（　　）

A. SQL%FOUND　　B. SQL%ROWCOUNT

C. SQL%COUNT　　D. SQL%NOTFOUND

2. 在定义游标时，使用 FOR UPDATE 子句的作用是（　　）。

A. 执行游标　　B. 执行 SQL 语句的 UPDATE 语句

C. 对要更新表的列进行加锁　　D. 以上都不对

3. 对于游标 FOR 循环，以下哪一种说法是不正确的？（　　）

A. 循环隐含使用 FETCH 获取数据　　B. 循环隐含使用 OPEN 打开记录集

C. 终止循环操作也就关闭了游标　　D. 游标 FOR 循环不需要定义游标

4. 下列哪个关键字用来在 IF 语句中检查多个条件？（　　）

A. ELSE　IF　　B. ELSEIF　　C. ELSIF　　D. ELSIFS

5. 如何终止 LOOP 循环，而不会出现死循环？（　　）

A. 当 LOOP 语句中的条件为 FALSE 时停止

B. 这种循环限定的循环次数会自动终止循环

C. EXIT WHEN 语句中的条件为 TRUE

D. EXIT WHEN 语句中的条件为 FALSE

6. 如果 PL/SQL 程序块的可执行部分引发了一个错误，则程序的执行顺序将发生什么变化？（　　）

A. 程序将转到 EXCEPTION 部分运行

B. 程序将中止运行

C. 程序仍然正常运行

D. 以上都不对

二、填空题

1. PL/SQL 程序块主要包含 3 个主要部分：声明部分、可执行部分和________部分。

2. 使用显式游标主要有 4 个步骤：声明游标、________、检索数据、________。

3. 在 PL/SQL 中，如果 SELECT 语句没有返回列，则会引发 Oracle 错误，并引发________异常。

4. 查看下面的程序块，其中变量 var_b 的结果为________：

```
DECLARE
  var_a number: = 1200;
  var_b number;
 BEGIN
  IF var_a > 500 THEN
    var_b: = 5;
  ELSIF var_a > 1000 THEN
    var_b: = 10;
  ELSE
    var_b: = 8;
  END IF;
END;
```

第4章　关系模型的基本理论

关系模型是1970年由E. F. Codd提出的，是目前最流行的RDBMS的基础。关系模型有着坚实、严格的理论基础。本章将对关系模式的理论基础之一——关系代数和关系运算，结合SQL进行全面描述。

4.1　关系模型的基本概念

第1章初步介绍了关系模型的一些基本术语，如关系、元组、属性、码和关系模式。本节将介绍关系的其他术语及关系的特性。

4.1.1　基本术语

(1) 关系(relation)：是用于描述数据的一张二维表，组成表的行称为元组，组成表的列称为属性。如，学生信息表的关系模式为：学生信息表(学号，姓名，性别，出生日期)，它包括4个属性。

(2) 域(domain)：指列(或属性)的取值范围。例如"学生信息表"中的性别列，该列的域为(男，女，NULL)。

(3) 候选键(candidate key，CK)：也称为候选码，是能唯一地标识关系中每一个元组的最小属性集。一个关系可能有多个候选键。例如学生信息表在没有重名的前提下，候选键有2个，分别是学号和姓名；如果有重名但重名学生性别不同，则候选键也有2个，分别是学号和姓名＋性别。

请读者考虑：在没有重名的情况下，姓名＋性别可不可以作为学生信息表的候选键？

(4) 主键(primary key，PK)：也称为主码，一个唯一识别关系中元组的最小属性集合。可以从关系的候选键中指定其中一个作为关系的主键。一个关系最多只能指定一个主键，作为主键的列不允许取NULL值。例如学生信息表中指定学号作为该关系的主键。

(5) 全码(ALL-key)：若关系中所有属性的组合是该关系的一个候选码，则该候选码称为全码。

(6) 外键(foreign key，FK)：关系 R 中的某个属性 K 是另一个关系 S 中的主键，则称

该属性 K 是关系 R 的外键。通过外键可以建立两表间的联系。

例如,在如图 4-1 所示的主键、外键示意图中,若指定班号为班级表(即定义中的关系 S)中的主键,而它又出现在学生表(即定义中的关系 R)中,则称学生表中的班号为班级表的外键。

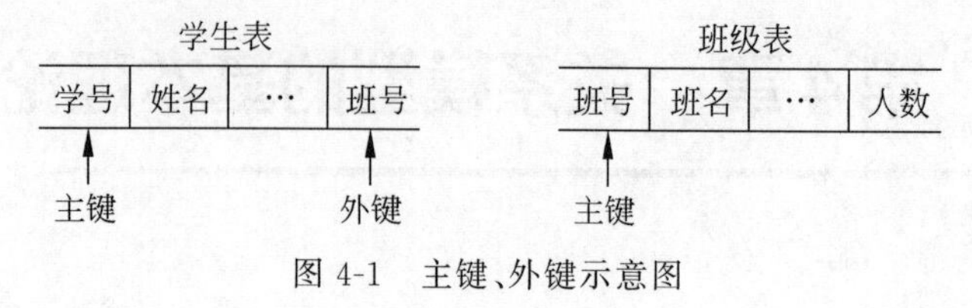

图 4-1　主键、外键示意图

4.1.2　关系的特征

表是一个关系,表的行存储关于实体的数据,表的列存储关于这些实体的特征。在关系中,一列的所有取值都具有相同的数据类型,每一列的名字都是唯一的。同一关系中,没有两列具有相同的名字。在关系模型中,基本关系应具有以下性质:

(1) 列是同质的,即每一列中的分量是同一类型的数据,来自同一个域。例如表 4-1 所示的 employee 表,GENDER 列的每个分量的取值类型都是字符型,域值为 F 或 M。

表 4-1　employee(员工)表

EMPNO	ENAME	GENDER	JOB	MGR	HIREDATE
7499	ALLEN	F	SALESMAN	7698	20-2 月-1981
7521	WARD	M	SALESMAN	7698	22-2 月-1981
7566	JONES	M	MANAGER	7839	02-4 月-1981
7654	MARTIN	M	SALESMAN	7698	28-9 月-1981

(2) 不同的列可出自同一个域,称其中的每一列为一个属性,不同的属性要给予不同的属性名。例如表 4-1 中的 EMPNO 和 MGR 列分别代表员工编号和该员工的经理编号,它们出自同一个域,但两列的名称不同。

(3) 各列的顺序在理论上是无序的,即列的次序可以任意互换,但使用时应按习惯考虑列的顺序。

(4) 任意两个元组的候选码不能相同。例如表 4-1 的键为 EMPNO,第 1 个元组的码值是 7499,第 2 个元组的码值是 7521,各元组的码值一定不能相同。

(5) 行的顺序无所谓,即行的次序可以任意交换。

(6) 分量必须取原子值,即每一个分量都必须是不可分的数据项。例如表 4-1 中,假设编号为 7499 的员工的经理有 2 人,对应的 MGR 值分别是 7698 和 7566,如果将该表改为表 4-2 的形式,则表 4-2 就不是一个关系。

表 4-2　修改后的 employee(员工)表

<table>
<tr><th>EMPNO</th><th>ENAME</th><th>GENDER</th><th>JOB</th><th>MGR</th><th>HIREDATE</th></tr>
<tr><td rowspan="2">7499</td><td rowspan="2">ALLEN</td><td rowspan="2">F</td><td rowspan="2">SALESMAN</td><td>7698</td><td rowspan="2">20-2 月-1981</td></tr>
<tr><td>7566</td></tr>
<tr><td>7521</td><td>WARD</td><td>M</td><td>SALESMAN</td><td>7698</td><td>22-2 月-1981</td></tr>
</table>

续表

EMPNO	ENAME	GENDER	JOB	MGR	HIREDATE
7566	JONES	M	MANAGER	7839	02-4 月-1981
7654	MARTIN	M	SALESMAN	7698	28-9 月-1981

关系模型要求关系必须是规范化的,即关系必须满足一定的规范条件。这些规范条件中最基本的一条就是:关系的每一个分量必须是一个不可分的数据项。

4.2　数据库的完整性

数据库的完整性是指数据的正确性和相容性。利用完整性约束,DBMS 可帮助用户阻止非法数据的输入。

例如,学生的学号必须是唯一的;本科学生年龄的取值为 14～50 的整数;学生所选的课程必须是学校开设的课程;学生所在的院系必须是学校已经成立的院系等。

为了维护数据库的完整性,DBMS 必须能够:

1. 提供定义完整性约束条件的机制

完整性约束条件也称为完整性规则,是数据库中的数据必须满足的语义约束条件。关系模式中有 3 类完整性约束:实体完整性、参照完整性和用户定义的完整性,其中实体完整性和参照完整性是关系模型必须满足的完整性约束条件,被称作关系的两个不变性。这些完整性一般由 SQL 的 DDL 语句实现。

2. 提供完整性检查的方法

DBMS 中检查数据是否满足完整性约束条件的机制称为完整性检查。一般在 INSERT、UPDATE、DELETE 语句执行后开始检查,也可以在事务提交时检查。完整性检查的目的是检查这些操作执行后数据库中的数据是否违背了完整性约束条件。

3. 提供违约处理

DBMS 若发现用户的操作违背了完整性约束条件,就采取一定的动作,如拒绝(NO ACTION)执行该操作、级联(CASCADE)执行其他操作或将相应操作的值改为空值(SET NULL)。进行违约处理的目的是保证数据的完整性。

4.2.1　三类完整性规则

为了维护数据库中数据与现实的一致性,关系数据库的数据与更新操作必须遵循下列三类完整性规则。

1. 实体完整性规则

实体完整性给出了主键取值的最低约束条件。

在关系数据库中,一个关系通常是对现实世界中某一实体的描述。例如,学生关系对应于学生的集合,而现实世界中的每个学生都是可以区分的,即每个学生都具有某种唯一的标识。相应地,关系中的主键是唯一标识一个元组的,即用于标识该元组所描述的那个实体。如果一个元组的主键为空或部分为空,那么该元组就不能用于标识一个实体,该元组也就没有存在的意义了,这在数据库中是不允许的。

规则 4.1　主键的各个属性都不能为空值。

所谓空值，就是用于表示“不知道”“没意义”“空白”的值，通常用 NULL 表示。如某个商品的价格还“不知道”，则其价格可以用 NULL 表示，或让其为空白。再如，对于学生选课关系，选课(学号，课号，成绩)中的(学号，课号)是主键，所以学号和课号这两个属性每个都不能为空值。

2. 参照完整性

参照完整性给出了在关系之间建立正确联系的约束条件。

现实世界中的各个实体之间往往存在着某种联系，这种联系在关系模型中也是用关系来描述的。有的联系是从相互有联系的关系中单独分离出一个新的关系，而有的联系则仍然隐含在相互有联系的关系中。这样就自然地在关系和关系之间存在着相互参照。参照完整性主要用于对这种参照关系是否正确进行约束。先来看两个例子(主键用下画线标识)。

例如，存在如下两个关系：

学生(学号，姓名，性别，出生日期，专业号)
专业(专业号，专业名称)

在这两个关系之间，存在着相互对照：学生关系中参照了专业关系中的主键“专业号”。显然，如果学生关系中的“专业号”为空值，则表示该学生还没有所学的专业；如果有值的话，就必须是确实存在的专业号，即专业关系中已经存在的专业号。

不仅在两个或两个以上的关系之间可以存在参照关系，在同一关系中的属性之间也可能存在参照关系。

例如，存在如下关系：

学生(学号，姓名，性别，出生日期，班长学号)

其中，“班长学号”属性表示该学生所在班级的班长的学号，它参照了学生关系中的“学号”属性。显然，如果“班长学号”为空值，则表示该学生关系中还没有选出班长；如果有值，就必须是确定存在的学号，即学生关系中已经存在的学号。

定义 4.1 设 F 是关系 R 的一个或一组属性(但 F 不是 R 的主键)，K 是关系 S 的主键。如果 F 与 K 相对应，则称 F 是关系 R 的外键，并称关系 R 为参照关系，关系 S 为被参照关系。而关系 R 和关系 S 可以是同一个关系。

规则 4.2 外键或者取空值(要求外键的每个属性均为空值)，或者等于被参照关系中的主键的某个值。

参照完整性规则就是定义外键与主键之间的引用规则。

3. 用户定义的完整性

根据应用环境的特殊要求，关系数据库应用系统中的关系往往还应该满足一些特殊的约束条件。

用户定义的完整性用于反映在某一个具体的关系数据库应用系统中，所涉及的数据必须要满足的语义要求，即给出某些属性的取值范围等约束条件。如将学生的年龄定义为 Number(2)的两位整数的数据类型之后，还可以定义一个约束条件，即把年龄假定为 15～30 岁。

规则 4.3 属性的取值应当满足用户定义的约束条件。

DBMS 应该提供定义和检验这类完整性的机制(如约束 Check、触发器 Trigger 等)，以便用统一的方法来处理它们，而不应该由应用程序来承担这个功能。

【例 4-1】　参照完整性规则在使用时有哪些变通？试举例说明。

参照完整性规则在具体使用时，有如下 3 点变通。

(1) 外键和相应的主键可以不同名，只要定义在相同值域上即可。

例如，在关系数据库中有下列两个关系模式：

```
S(SNO,SNAME,AGE,GENDER)
SC(S＃,C＃,GRADE)
```

学号在 S 中命名为 SNO，作为主键；但在 SC 中命名为 S＃，作为外键。

(2) 依赖关系和参照关系也可以是同一个关系，此时表示同一个关系中不同元组之间的联系。

设课程之间有先修、后继联系，模式如下：

```
R(C＃,CNAME,PC＃)
```

其属性表示课号、课名、先修课的课号。如果规定每门课程的直接先修课只有一门，那么模式 R 的主键是 C＃，外键是 PC＃。这里参照完整性在一个模式中实现，即每门课程的直接先修课必须在关系中出现。

(3) 外键值是否允许为空，应视具体问题而定。

在(1)的关系 SC 中，S＃不仅是外键，也是主键的一部分，因此这里 S＃值不允许为空。

在(2)的关系 R 中，外键 PC＃不是主键的一部分，因此这里 PC＃值允许空。

4.2.2　Oracle 提供的约束

关系模型中可被指定的完整性约束包括主键约束、唯一约束、检查约束、外键约束等。下面分别介绍这几种完整性约束。

1. 主键约束

主键(PRIMARY KEY)约束主要针对主键，以保证主键值的完整性。主键约束要求主键值必须满足两个条件：

(1) 值唯一；

(2) 不能为空值。

指定了表中的主键约束，也就指定了该表的主键。一张表只能指定一个主键约束，因为一张表只允许有一个主键。

主键约束分列级和表级两种定义方式。列级针对表中一列，而表级则针对同一表中的一列或多列。

【例 4-2】　建立主键约束示例。

(1) 列级主键约束，代码如下：

```
SQL> CREATE TABLE employee(
  2  emp_id   NUMBER(2) NOT NULL PRIMARY KEY,
  3  name     VARCHAR2(8),
  4  age      NUMBER(3),
  5  dept_id NUMBER(2)
  6  );

表已创建。
```

使用此种方式建立主键约束,系统会自动为该主键约束生成一个随机的名称。如果要为主键约束指定名称,则必须有CONSTRAINT关键字。如下面的语句将定义的主键约束命名为pk_id:

```
SQL> CREATE TABLE employee(
  2  emp_id   NUMBER(2) NOT NULL CONSTRAINT pk_id PRIMARY KEY,
  3  name     VARCHAR2(8),
  4  age      NUMBER(3),
  5  dept_id NUMBER(2)
  6  );
```

表已创建。

(2) 表级PRIMARY KEY约束,代码如下:

```
SQL> CREATE TABLE employee(
  2  emp_id   NUMBER(2) NOT NULL,
  3  name     VARCHAR2(8),
  4  age      NUMBER(3),
  5  dept_id NUMBER(2) NOT NULL,
  6  CONSTRAINT pk_id PRIMARY KEY(emp_id,dept_id)
  7  );
```

表已创建。

上面的语句将employee表的emp_id字段和dept_id字段一起定义为主键约束,并将约束命名为pk_id。因为主键是由多个字段组成的,所以必须使用表级约束定义。

【例4-3】 修改主键约束示例。

(1) 删除主键约束,代码如下:

```
SQL> ALTER TABLE employee
  2  DROP CONSTRAINT pk_id;
```

表已更改。

(2) 为已存在的表添加主键约束,代码如下:

```
SQL> ALTER TABLE employee
  2  ADD CONSTRAINT pk_id PRIMARY KEY(emp_id);
```

表已更改。

2. 自增约束

在数据库应用中,经常希望在每次插入新记录时,系统自动生成字段的主键值。可以通过为表的主键添加GENERATED BY DEFAULT AS IDENTITY短语实现。默认情况下,在Oracle中自增字段的初始值为1,每新增一条记录,字段值自动加1。一个表只能有一个字段使用自增约束,而且约束的字段只能是数字类型。

设置自增约束的语法格式如下:

```
字段名 数字类型 GENERATED BY DEFAULT AS IDENTITY
```

【例4-4】 创建employee表,为id字段设置为自动增长。

创建employee表并设置自增约束,代码如下:

```
SQL > CREATE TABLE employee(
  2  id INT GENERATED BY DEFAULT AS IDENTITY
  3  NOT NULL PRIMARY KEY,
  4  dname VARCHAR(25),
  5  dno INT
  6  );
```

表已创建。

插入数据，代码如下：

```
SQL > INSERT INTO employee(dname,dno) VALUES('SALES',30);
```

已创建 1 行。

第二次插入数据，代码如下：

```
SQL > INSERT INTO employee(dname,dno) VALUES('RESEARCH',20);
```

已创建 1 行。

查看修改后的表，代码如下：

```
SQL > SELECT * FROM employee;
```

语句执行结果为：

```
   ID DNAME             DNO
----- ---------- -----
    1 SALES              30
    2 RESEARCH           20
```

3. 唯一约束

唯一(UNIQUE)约束主要针对候选键，以保证候选键值的完整性。唯一约束要求候选键满足两个条件：

(1) 值唯一；

(2) 可有一个且仅有一个空值。

候选键也是一种键，也能唯一地识别关系中的每一个元组，但其中只能有一个作为主键。该主键可用主键约束来保证其值的完整，其他的候选键也应有相应的约束来保证其值的唯一，这就是唯一约束。因此，表中的候选键可设定为唯一约束。反过来说，设定为唯一约束的属性或属性组就是该表的候选键。一张表可以指定多个唯一约束，因为一张表允许有多个候选键。

唯一约束也分为列级定义和表级定义两种。

【例 4-5】 唯一约束示例。

(1) 建立 employee 表，在 employee 表中定义一个 phone 字段，并为 phone 字段定义指定名称的唯一约束，代码如下：

```
SQL > CREATE TABLE employee(
  2  emp_id   NUMBER(2) NOT NULL PRIMARY KEY,
  3  name     VARCHAR2(8),
  4  age      NUMBER(3),
  5  phone    VARCHAR2(12) CONSTRAINT emp_phone UNIQUE,
  6  dept_id NUMBER(2)
  7  );
```

表已创建。

(2) 删除唯一约束 emp_phone,代码如下:

```
SQL> ALTER TABLE employee
  2  DROP CONSTRAINT emp_phone;
```

表已更改。

(3) 为已有表 employee 根据 phone 字段创建唯一约束,约束名为 emp_phone,代码如下:

```
SQL> ALTER TABLE employee
  2  ADD CONSTRAINT emp_phone UNIQUE(phone);
```

表已更改。

4. 检查约束

检查(CHECK)约束是通过检查输入到表中的数据来维护用户自定义的完整性的,即检查输入的每一个数据,只有符合条件的数据才允许输入到表中。

在检查约束的表达式中,必须引用表中一个或多个字段。检查约束也分为列级和表级两种定义方式。检查约束的语法格式如下:

```
[CONSTRAINT  约束名] CHECK(检查条件)
```

【例 4-6】 检查约束示例。

(1) 建立 employee 表,限制 age 字段的值必须大于 20 且小于 60,代码如下:

```
SQL> CREATE TABLE employee(
  2  emp_id NUMBER(2) NOT NULL PRIMARY KEY,
  3  name   VARCHAR2(8),
  4  age    NUMBER(3) CONSTRAINT age_CK CHECK (age>20 AND age<60),
  5  phone VARCHAR2(12) CONSTRAINT emp_phone UNIQUE,
  6  dept_id NUMBER(2)
  7  );
```

表已创建。

(2) 删除 age 字段的检查约束 age_CK,代码如下:

```
SQL> ALTER TABLE employee
  2  DROP CONSTRAINT age_CK;
```

表已更改。

(3) 为已有表 employee 增加一个新字段 address,然后再为 employee 表创建 CHECK 约束,限制每条记录 age 字段的值必须大于 20 小于 60,而且 address 字段值以'北京市'开头。

增加一个新字段 address,代码如下:

```
SQL> ALTER TABLE employee
  2  ADD address VARCHAR2(30);
```

表已更改。

创建 CHECK 约束，代码如下：

```
SQL > ALTER TABLE employee
  2  ADD CONSTRAINT age_add_CK
  3  CHECK (age > 20 AND age < 60 AND address LIKE '北京市 % ');
```

表已更改。

5. 外键约束

外键(FOREIGN KEY)约束涉及两个表，即主表和从表，从表是指外键所在的表，主表是指外键在另一张表中作为主键的表。

外键约束的要求：被定义为外键的字段，其取值只能为主表中引用字段的值或 NULL 值。

思考 1：对主表主键进行 INSERT、DELETE、UPDATE 操作，会对从表有什么影响呢？

下面以学生表和选课表为例对这个问题进行说明。学生表和选课表的关系模式为：

学生表(学号,姓名,性别,出生日期)
选课表(学号,课号,成绩)

学生表为主表，其主键为学号；选课表为从表，外键为学号。

1) 插入(INSERT)

主表中主键值的插入不会影响从表中的外键值。

例如，在学生表(主表)中插入一个新同学记录，对选课表(从表)中的记录不产生任何影响。

2) 修改(UPDATE)

如果从表中的外键值与主表中的主键值一样，主表中主键值的修改会影响从表中的外键值。

例如，将学生表(主表)中某个学生的学号值由“1001”改为“1010”，则选课表(从表)中所有学号值为“1001”的值均改为“1010”。

注意：Oracle 不支持 MySQL、SQL Server 等 DBMS 中的级联更新，即 ON UPDATE CASCADE 关键字。

3) 删除(DELETE)

主表中主键值的删除可能会对从表中的外键值产生影响，除非主表中的主键值没有在从表中的外键值中出现。

例如，假如要删除学生表中学号“1010”学生的记录，由于该学生在选课表中已经选修了多门课程，因此，为保证表间数据的一致性，需要删除选课表中所有外键值为“1010”的对应记录。

思考 2：对从表外键的操作对完整性有什么影响呢？

1) 插入(INSERT)

插入从表的外键值时，插入的外键值应参照主表中的主键值。

例如，在选课表中插入一个学生记录，但其学号值没有在学生表的学号值范围之内，则要插入的学生的学号是非法数据，应拒绝此类插入操作。但如果在选课表中插入的学号值在学生表的学号值范围之内，则应接受此类插入操作。

2) 修改(UPDATE)

修改从表的外键值时，修改的外键值应参照主表中的主键值。

例如,要修改选课表中某个学生的学号,但修改的学号值不在学生表的学号值范围之内,则要修改的学号值是非法数据,应拒绝此类修改操作。但如果在选课表中修改的学号值在学生表的学号值范围之内,则应接受此类修改操作。

3) 删除(DELETE)

从表中记录的删除不需要参照主表中的主键值。

例如,要删除选课表中的某条学生记录,不需要参照主表中的主键值,可以直接删除。

思考 3:实现表间数据完整性的维护,可以有以下两种方式:

(1) 利用外键约束定义,即在表上定义外键约束,来实现主表和从表间两个方向的数据完整性。

(2) 利用触发器完成两表间数据完整性的维护,即主表的触发器维护主表到从表方向的数据完整性,而从表的触发器维护从表到主表方向的参照完整性。

6. 外键约束的设定

定义外键约束的列,必须是另一个表中的主键或候选键。外键约束分为列级和表级两种,列级针对表中的一列,表级则针对同一表中的一列或多列。

创建外键约束的语法格式如下:

```
[CONSTRAINT  外键约束名]  [FOREIGN KEY(外键列)]
REFERENCES 主表名(主键列) [ON DELETE CASCADE| SET NULL|NO ACTION]
```

说明:(1) 如果在定义外键约束时使用了 CASCADE 关键字,那么当主表中被引用列的记录被删除时,子表中相应引用列的记录将被自动删除。

(2) 如果在定义外键约束时使用了 SET NULL 关键字,那么当主表中被引用列的数据被删除时,子表中相应引用列的值将被自动设置为空值。

(3) 如果在定义外键约束时使用了 NO ACTION 关键字,那么删除主表中被引用列的数据将违反外键约束,该操作会被禁止执行。在 Oracle 中默认为 NO ACTION 状态。

注意:在子表上创建外键时,一定要保证主表中与外键对应的字段已经被创建为主键。

【例 4-7】 外键约束示例。

(1) 建立 employee 和 department 表,同时设置 employee 表中的 dept_id 列参照 department 表中的 detp_no 列进行取值。

创建 department 表,代码如下:

```
SQL > CREATE TABLE department(
  2  dept_id number(5) NOT NULL PRIMARY KEY,
  3  dept_name varchar2(16)
  4  );

表已创建。
```

创建 employee 表,代码如下:

```
SQL > CREATE TABLE employee(
  2  emp_id   NUMBER(5) NOT NULL CONSTRAINT PK_ID PRIMARY KEY,
  3  name     VARCHAR2(10) NOT NULL,
  4  age      NUMBER(3),
  5  dept_id NUMBER(5) CONSTRAINT fk_id REFERENCES department(dept_id)
  6  );
```

表已创建。

(2) 删除 employee 表上的 FK_ID 约束,代码如下:

```
SQL> ALTER TABLE employee
  2  DROP CONSTRAINT FK_ID;
```

表已更改。

(3) 为 employee 表和 department 表设置外键约束,并指定为级联删除,代码如下:

```
SQL> ALTER TABLE employee
  2  ADD CONSTRAINT FK_ID FOREIGN KEY(dept_id)
  3  REFERENCES department(dept_id) ON DELETE CASCADE;
```

表已更改。

4.2.3 触发器

1. 触发器概述

触发器是一种特殊的存储过程。定义在表上或简单视图(针对一个表的视图)上的触发器称为 DML 触发器,这种触发器只能由用户对数据库中表的操作(即 INSERT、UPDATE 和 DELETE 3 种操作)触发。因为触发器是由操作触发的过程,所以可以利用触发器来维护表间的数据一致性。本部分重点介绍如何定义触发器来维护表间数据的一致性。

可利用触发器维护表间的数据一致性,具体做法是:主表和从表应分别建立各自的触发器,主表的触发器维护主表到从表方向的数据完整性,而从表的触发器维护从表到主表方向的参照完整性。但这里的主表和从表不需要定义外键,只需要有共同的列即可。

例如,例 4-7 中创建的 employee 表中的 dept_id 也出现在 department 表中。借助外键约束的说法,department 为主表,而 employee 为从表。要维护两表间的完整性,有两种方法可供选用:一种方法是利用外键约束,此方法需要首先定义 department 表中的 dept_id 列为主键,然后将 employee 表中的 dept_id 列定义为外键;另一种方法就是分别建立 employee 和 department 表的触发器,来维护它们间的完整性。

触发器创建的语法格式如下:

```
CREATE  [ OR  REPLACE ]  TRIGGER  触发器名
  BEFORE | AFTER
    INSERT | DELETE | UPDATE [OF 列 1[,列 2 …] ]
    [ OR INSERT | DELETE | UPDATE  [OF 列 1[,列 2 …] ]… ]
    ON  表名
    [ FOR EACH ROW ]
    BEGIN
      PL/SQL 语句
    END;
```

说明:(1) OR REPLACE 是可选的。如果省略,在触发对象上若有同名的触发器,则会出现出错信息。如果使用,则会先删除同名的触发器,然后创建新的触发器。

(2) BEFORE 表示先执行触发器,然后再执行触发事件;AFTER 表示先执行触发事件,然后再执行触发器。

(3) 触发事件(INSERT、UPDATE、DELETE)可以是单个触发事件,也可以是多个触发事件的组合，并且使用 OR 进行逻辑组合。

(4) 可选项 FOR EACH ROW 子句规定了触发器是语句级触发器，还是行级触发器。

注意：如果使用系统用户身份登录数据库，在创建触发器时系统会提示用户“无法对 SYS 拥有的对象创建触发器”，需要以普通用户身份登录数据库。

2. 触发器分类

1) 语句级触发器

如果在创建触发器时未使用 FOR EACH ROW 子句，则创建的触发器为语句级触发器。语句级触发器在每个数据修改语句执行后只调用一次，而不管这一操作将影响到多少行。

【例 4-8】 创建触发器 dept_tri，触发器将记录哪些用户插入、删除、更新了 dept 表中的数据以及操作的时间。

创建普通用户 c##scott，口令为 tiger，代码如下：

```
SQL> CREATE USER c##scott IDENTIFIED BY tiger;

用户已创建。
```

为用户 scott 授予创建表和创建触发器的权限，代码如下：

```
SQL> GRANT connect,resource,create table,create trigger TO c##scott;

授权成功。
```

授予用户 scott 使用数据表空间的权限，代码如下：

```
SQL> GRANT UNLIMITED TABLESPACE TO c##scott;

授权成功。
```

以 c##scott 普通用户登录 orcl 数据库，代码如下：

```
SQL> CONN c##scott/tiger@orcl
已连接。
```

创建 merch_log 的日志信息表，用于存储用户对表的操作信息，代码如下：

```
SQL> CREATE TABLE merch_log(
  2  who  varchar2(30),
  3  oper_date date
  4  );

表已创建。
```

创建 dept 表，代码如下：

```
SQL> CREATE TABLE dept(
  2  dno INT,
  3  dname VARCHAR(20)
  4  );

表已创建。
```

插入数据，代码如下：

```
SQL> INSERT INTO dept VALUES(1,'SALES');
```

已创建1行。

在dept表上创建触发器,在用户对dept表进行增、删、改任一操作之前触发,并向merch_log表添加操作的用户名和日期,代码如下:

```
SQL> CREATE OR REPLACE TRIGGER dept_tri
  2  BEFORE INSERT OR DELETE OR UPDATE
  3  ON dept
  4  BEGIN
  5   INSERT INTO merch_log VALUES(USER,SYSDATE);
  6  END;
  7  /
```

触发器已创建。

为了测试该触发器是否正常运行,在dept表中删除1号部门的记录,代码如下:

```
SQL> DELETE FROM dept WHERE dno = 1;
```

已删除1行。

查询日志信息表merch_log,代码如下:

```
SQL> SELECT * FROM merch_log;

WHO                OPER_DATE
-----------        -------------
C##SCOTT           14-4月 -22
```

2)行级触发器

创建触发器时使用FOR EACH ROW子句,则创建的触发器为行级触发器。行级触发器是指当执行INSERT、UPDATE、DELETE操作时,触发事件每作用于一个记录,触发器就会执行一次。

行级触发器中引入了:old和:new两个标识符,用于访问和操作当前被处理记录中的数据。PL/SQL程序将:ole和:new作为行类型的两个变量。在不同的触发事件中,:old和:new的含义不同,见表4-3。

表4-3 :old和:new的含义

触发事件	:old	:new
INSERT	未定义,所有字段都为NULL	语句完成时,被插入的记录
UPDATE	更新前的原始记录	语句完成时,更新后的记录
DELETE	删除前的原始记录	未定义,所有字段都为NULL

在触发器体引用这两个标识符时,只能作为单个字段引用而不能作为整个记录引用,方法为:old.字段名、:new.字段名。

【例4-9】 级联更新示例:修改dept表中的dno之后(AFTER)级联地、自动地修改emp表中该部门原来员工的dno。

插入数据,代码如下:

```
SQL> INSERT INTO dept VALUES(1,'SALES');
```

```
已创建 1 行。
```

创建表 emp,代码如下:

```
SQL> CREATE TABLE emp(
  2  eno int,
  3  ename varchar(8),
  4  dno int
  5  );

表已创建。
```

再次插入数据,代码如下:

```
SQL> INSERT INTO emp VALUES(1001,'SMITH',1);

已创建 1 行。
```

创建行级触发器,代码如下:

```
SQL> CREATE OR REPLACE TRIGGER tr_dept_emp
  2  AFTER UPDATE OF dno
  3  ON dept
  4  FOR EACH ROW
  5  BEGIN
  6   UPDATE emp SET dno = :new.dno WHERE dno = :old.dno;
  7  END;
  8  /

触发器已创建。
```

更新部门原来员工的 dno,代码如下:

```
SQL> UPDATE dept SET dno = 10 WHERE dno = 1;

已更新 1 行。
```

查看修改后的表,代码如下:

```
SQL> SELECT * FROM emp;
```

语句执行结果为:

```
     ENO  ENAME         DNO
--------  --------  --------
    1001  SMITH          10
```

4.3 关系代数

关系代数与数值代数十分相似,只是研究对象有所不同。数值代数研究的是数值,而关系代数研究的是表。在数值代数中,各个操作符将一个或多个数值转换成另一个数值;同样,在关系代数中,各个操作符将一个或两个表转换成新表。

由于关系定义为属性个数相同的元组的集合,因此集合代数的操作就可以引入到关系代数中。关系代数中的操作可以分为以下两类:

(1) 传统的集合运算,包括并、交、差。

(2) 专门的关系运算,包括对关系进行垂直分割(投影)、水平分割(选择)、结合(连接、自然连接)等。

其中传统的集合运算将关系看成元组的集合,其运算是从关系的"水平"方向即行的角度进行的;而专门的关系运算不仅涉及行,而且涉及列。

4.3.1 关系代数的基本操作

关系代数的基本操作有5个,分别是并(union)、差(difference)、笛卡儿积(Cartesian product)、投影(projection)和选择(selection)。它们组成了关系代数完备的操作集。

1. 并

设关系 R 和 S 具有相同的关系模式,R 和 S 的并是由属于 R 或属于 S 的所有元组构成的集合,记为 $R \cup S$。形式定义如下:

$$R \cup S = \{t \mid t \in R \vee t \in S\}$$

关系的并操作对应于关系的插入记录操作,俗称为"+"操作。

【例 4-10】 设有关系 R 和 S 如下,计算 $R \cup S$。

R

A	B	C
2	4	6
3	5	7
4	6	8

S

A	B	C
2	5	7
4	6	8
3	5	9

解

$R \cup S$

A	B	C
2	4	6
3	5	7
4	6	8
2	5	7
3	5	9

2. 差

设关系 R 和 S 具有相同的关系模式,R 和 S 的差是由属于 R 但不属于 S 的元组构成的集合,记为 $R-S$。形式定义如下:

$$R - S = \{t \mid t \in R \wedge t \notin S\}$$

关系的差操作对应于关系的删除记录操作,俗称为"−"操作。

【例 4-11】 对例 4-10 中的关系 R 和 S,计算 $R-S$。

解

$R-S$

A	B	C
2	4	6
3	5	7

3. 笛卡儿积

设关系 R 和 S 的属性个数(即列数)分别为 r 和 s，R 和 S 的笛卡儿积是一个 $(r+s)$ 列的元组集合，每个元组的前 r 个列来自 R 的一个元组，后 s 个列来自 S 的一个元组，记为 $R\times S$。形式定义如下：

$$R\times S=\{\widehat{t_r t_s}\mid t_r\in R\wedge t_s\in S\}$$

关系的笛卡儿积操作对应于两个关系记录横向合并的操作，俗称“×”操作。

【例 4-12】 对例 4-10 中的关系 R 和 S，计算 $R\times S$。

解

$R\times S$

$R.A$	$R.B$	$R.C$	$S.A$	$S.B$	$S.C$
2	4	6	2	5	7
2	4	6	4	6	8
2	4	6	3	5	9
3	5	7	2	5	7
3	5	7	4	6	8
3	5	7	3	5	9
4	6	8	2	5	7
4	6	8	4	6	8
4	6	8	3	5	9

4. 投影

关系 R 上的投影是指从 R 中选择出若干属性列组成新的关系。形式定义如下：

$$\Pi_A(R)=\{t[A]\mid t\in R\}$$

其中，A 为 R 中的属性列。

例如，$\Pi_{3,1}(R)$表示其结果关系中的第 1 列是关系 R 的第 3 列，第 2 列是 R 的第 1 列。操作符Π的下标处也可以用属性名表示。例如对于关系 $R(A,B,C)$，那么$\Pi_{3,1}(R)$和$\Pi_{C,A}(R)$是等价的。

投影操作是对一个关系进行垂直分割，消去某些列，并重新安排列的顺序。

【例 4-13】 对例 4-10 中的关系 S，计算$\Pi_{3,1}(S)$。

解

$\Pi_{3,1}(S)$

C	A
7	2
8	4
9	3

5. 选择

关系 R 上的选择操作是指从 R 中选择符合条件的元组。形式定义如下：

$$\eth_F(R)=\{t\mid t\in R\wedge F(t)=\text{true}\}$$

F 表示选择条件，它是一个逻辑表达式，取逻辑值 true 或 false。F 中有以下两种成分：

(1) 运算对象：可以是常数、属性名或列的序号。

(2) 运算符：包括算术比较运算符($<$、$\leqslant$、$>$、$\geqslant$、$=$、$\neq$，也称为 θ 符)、逻辑运算符(逻辑与$\wedge$、逻辑或$\vee$和逻辑非$\neg$)。

例如，$\eth_{2>'3'}(R)$表示从关系 R 中挑选出第 2 列中值大于 3 的元组所构成的关系。

【例 4-14】 对例 4-10 中的关系 R，计算$\eth_{C>'6'}(R)$。

解

$\eth_{C>'6'}(R)$

A	B	C
3	5	7
4	6	8

4.3.2　关系代数的 3 个组合操作

在关系代数中还可以引进其他许多操作，这些操作不增加语言的表达能力，可从前面 5 个基本操作中推出，但在实际使用中却极为有用。这里介绍交(intersection)、连接(join)和除(division)3 个操作。

1. 交

设关系 R 和 S 具有相同的关系模式，R 和 S 的交是由属于 R 又属于 S 的元组构成的集合，记为 $R\cap S$。形式定义如下：

$$R\cap S=\{t\mid t\in R\wedge t\in S\}$$

关系的交可以用差来表示，即 $R\cap S=R-\{R-S\}$。

关系的交操作对应于寻找两关系共有记录的操作，是一种关系查询操作。

【例 4-15】 对例 4-10 中的关系 R 和 S，计算 $R\cap S$。

解

$R\cap S$

A	B	C
4	6	8

2. 连接

连接也称为 θ 连接。它是从两个关系的笛卡儿积中选取属性值满足某一 θ 条件的元组。形式定义如下：

$$R\underset{A\theta B}{\infty}S=\{\widehat{t_r t_s}\mid t_r\in R\wedge t_s\in S\wedge t_r[A]\theta t_s[B]\}$$

也可写成：

$$R\underset{A\theta B}{\infty}S=\eth_{A\theta B}(R\times S)$$

其中，A 和 B 分别为 R 和 S 上的属性。连接运算从 R 和 S 的笛卡儿积 $R\times S$ 中选取在 A 属性上的值与 B 属性上的值满足比较关系 θ 的元组。

【例 4-16】 对例 4-10 中的关系 R 和 S，计算 $R\underset{R.B<S.B}{\infty}S$。

解

$R\underset{R.B<S.B}{\infty}S$

$R.A$	$R.B$	$R.C$	$S.A$	$S.B$	$S.C$
2	4	6	2	5	7
2	4	6	4	6	8

续表

$R.A$	$R.B$	$R.C$	$S.A$	$S.B$	$S.C$
2	4	6	3	5	9
3	5	7	4	6	8

连接运算中有两种最为重要也最为常用的连接，一种是等值连接，另一种是自然连接。如果 θ 是等号“＝”，该连接操作称为“等值连接”。等值连接可以表示为：

$$R \underset{A=B}{\infty} S = \eth_{A=B}(R \times S)$$

【例 4-17】 对例 4-10 中的关系 R 和 S，计算 $R \underset{2=2}{\infty} S$。

解

$R \underset{2=2}{\infty} S$

$R.A$	$R.B$	$R.C$	$S.A$	$S.B$	$S.C$
3	5	7	2	5	7
3	5	7	3	5	9
4	6	8	4	6	8

自然连接是一种特殊的等值连接。它要求两个关系中必须取相同属性(组)的值进行比较，并且在结果中把重复的属性(组)列去掉。即若 R 和 S 具有相同的属性组 B，则自然连接可以表示为：

$$R \infty S = \prod_{\bar{B}}(\eth_{R.B=S.B}(R \times S))$$

其中 $\bar{B}$ 表示去掉重复出现的一个 B 属性(组)列后剩余的属性组。

【例 4-18】 对例 4-10 中的关系 R 和 S，计算 $R \infty S$。

解

$R \infty S$

A	B	C
4	6	8

3. 除

在讲除运算之前，先介绍两个概念：分量和象集。

1）分量

设关系模式为 $R(A_1, A_2, \cdots, A_n)$，它的一个关系设为 R，$t \in R$ 表示 t 是 R 的一个元组。$t[A_i]$则表示元组 t 中对应于属性 A_i 的一个分量。

例如，例 4-10 中 R 关系第 1 个元组 A 列的分量是 2，第 2 个元组 A 列的分量是 3。

2）象集

给定一个关系 $R(X,Z)$，X 和 Z 为属性组。可以定义，当 $t[X]=x$ 时，x 在 R 中的象集为 $Z_x=\{t[Z] \mid t \in R, t[X]=x\}$，它表示 R 中属性组 X 上值为 x 的诸元组在 Z 上分量的集合。

例如，Students 关系(如图 4-2(a)所示)中 Sno(X)的 201001(x)在 Cno(Z)上的象集如图 4-2(b)所示。

3）除

给定关系 $R(X,Y)$和 $S(Y,Z)$，其中 X、Y、Z 为属性组。R 中的 Y 与 S 中的 Y 可以有

Students

Sno	Cno
201001	C_1
201001	C_2
201001	C_3
201002	C_1
201002	C_2

(a) Students关系

Sno为201001在Cno上的象集=>

Cno
C_1
C_2
C_3

(b) 201001(x)在Cno(Z)上的象集

图 4-2 象集

不同的属性名,但必须出自相同的域集。

R 与 S 的除运算得到一个新的关系 $P(X)$,P 是 R 中满足下列条件的元组在 X 属性列上的投影:元组在 X 上分量值 x 的象集 Y_x 包含 S 在 Y 上投影的集合。形式定义如下:

$$R \div S = \{t_r[X] \mid t_r \in R \land \Pi_Y(S) \subseteq Y_x\}$$

其中 Y_x 为 x 在 R 中的象集;$x = t_r[X]$。

关系的除操作能用其他基本操作表示,即

$$R \div S = \Pi_X(R) - \Pi_X(\Pi_X(R) \times \Pi_Y(S) - R)$$

除操作适合于包含"对于所有的或全部的"语句的查询操作。

【例 4-19】 设关系 R、S 分别如下,求 $R \div S$ 的结果。

R

A	B	C
a_1	b_1	c_2
a_2	b_3	c_7
a_3	b_4	c_6
a_1	b_2	c_3
a_4	b_6	c_6
a_2	b_2	c_3
a_1	b_2	c_1

S

B	C	D
b_1	c_2	d_1
b_2	c_1	d_1
b_2	c_3	d_2

解 关系 R 和 S 共有的属性组是(B,C)。在关系 R 中,A 可以取 4 个值$\{a_1,a_2,a_3,a_4\}$,其中:

a_1 在(B,C)列上的象集为$\{(b_1,c_2),(b_2,c_3),(b_2,c_1)\}$

a_2 在(B,C)列上的象集为$\{(b_3,c_7),(b_2,c_3)\}$

a_3 在(B,C)列上的象集为$\{(b_4,c_6)\}$

a_4 在(B,C)列上的象集为$\{(b_6,c_6)\}$

显然只有 a_1 在(B,C)列上的象集包含了 S 在(B,C)属性组上的投影,所以 $R \div S$ 为

A
a_1

【例 4-20】 关系 R 是学生选修课程的情况,关系 $COURSE_1$、$COURSE_2$、$COURSE_3$ 分别表示课程情况,请给出 $R \div COURSE_1$、$R \div COURSE_2$、$R \div COURSE_3$ 的操作结果。

R

$S\#$	SNAME	$C\#$	CNAME
S_1	MARY	C_1	DB
S_1	MARY	C_2	OS
S_1	MARY	C_3	DB
S_1	MARY	C_4	MIS
S_2	JACK	C_1	DB
S_2	JACK	C_2	OS
S_3	SMITH	C_2	OS
S_4	JONE	C_2	OS
S_4	JONE	C_4	MIS

$COURSE_1$

$C\#$	CNAME
C_2	OS

$COURSE_2$

$C\#$	CNAME
C_2	OS
C_4	MIS

$COURSE_3$

$C\#$	CNAME
C_1	DB
C_2	OS
C_4	MIS

解

$R \div COURSE_1$

$S\#$	SNAME
S_1	MARY
S_2	JACK
S_3	SMITH
S_4	JONE

$R \div COURSE_2$

$S\#$	SNAME
S_1	MARY
S_4	JONE

$R \div COURSE_3$

$S\#$	SNAME
S_1	MARY

这三个结果分别表示至少选修了 $COURSE_1$、$COURSE_2$、$COURSE_3$ 表中所列出课程的学生名单。

4.3.3 关系代数操作实例

在关系代数操作中，把由 5 个基本操作经过有限次复合的式子称为关系代数表达式。这种表达式的运算结果仍是一个关系。可以用关系代数表达式表示各种数据查询的操作。

【例 4-21】 有如下 4 个关系：

教师关系　T(T＃,TNAME,TITLE)

课程关系　C(C＃,CNAME,T＃)

学生关系　S(S＃,SNAME,AGE,GENDER)

选课关系　SC(S＃,C＃,SCORE)

用关系代数表达式实现下列每条查询语句及对应的 SQL 查询语句。

解　① 检索学习课程号为 C_2 的学生的学号与成绩：

$$\Pi_{S\#,SCORE}(\delta_{C\#='C2'}(SC))$$

对应的 SQL 查询语句为：

```
SELECT  s＃,score  FROM  SC
  WHERE  c＃ = 'C2';
```

② 检索学习课程号为 C_2 的学生的学号与姓名：

$$\Pi_{S\#,SNAME}(\sigma_{C\#='C2'}(S\infty SC))$$

对应的 SQL 查询语句为：

```
SELECT  s#,sname  FROM  S,SC
  WHERE  s.s# = sc.s#   AND  c# = 'C2';
```

③ 检索至少选修刘老师所授课程中一门课程的学生的学号与姓名：

$$\Pi_{S\#,SNAME}(\sigma_{TNAME='刘'}(S \infty SC \infty C \infty T))$$

对应的 SQL 查询语句为：

```
SELECT  s#,sname  FROM  S,SC,C,T
  WHERE  s.s# = sc.s#   AND  sc.c# = c.c#   AND  c.t# = t.t#   AND  tname = '刘';
```

④ 检索选修课程号为 C_2 或 C_4 的学生的学号：

$$\Pi_{S\#}(\sigma_{C\#='C2' \vee C\#='C4'}(SC))$$

对应的 SQL 查询语句为：

```
SELECT  s#  FROM  sc
  WHERE  c# = 'C2'  OR  c# = 'C4';
```

⑤ 检索至少选修课程号为 C_2 和 C_4 的学生的学号：

$$\Pi_1(\sigma_{1=4 \wedge 2='C2' \wedge 5='C4'}(SC\times SC))$$

这里(SC×SC)表示关系 SC 自身相乘的笛卡儿积操作。

对应的 SQL 查询语句为：

```
SELECT  s1.s#  FROM  SC  S1,SC  S2
  WHERE   s1.s# = s2.s#   AND  s1.c# = '2'  AND  s2.c# = '4';
```

⑥ 检索不学 C_2 课程的学生的姓名与年龄：

$$\Pi_{SNAME,AGE}(S)-\Pi_{SNAME,AGE}(\sigma_{C\#='C2'}(S \infty SC))$$

这里要用到集合差操作：先求出全体学生的姓名和年龄，再求出学习 C_2 课程的学生的姓名和年龄，最后执行两个集合的差操作。

对应的 SQL 查询语句为：

```
SELECT  sname,age  FROM  S
  WHERE  s#  NOT  IN
  (SELECT  s#  FROM  SC  WHERE  c# = 'C2');
```

⑦ 检索学习全部课程的学生姓名。

编写这个查询语句的关系代数表达式过程如下：

- 学生选课情况可用操作 $\Pi_{S\#,C\#}(SC)$ 表示；
- 全部课程可用操作 $\Pi_{C\#}(C)$ 表示；
- 学习全部课程的学生学号可用除法表示，操作结果是学号 $S\#$ 集。

故表达式为：

$$\Pi_{S\#,C\#}(SC)\div\Pi_{C\#}(C)$$

从 S＃求学生姓名 SNAME，可以用自然连接和投影操作组合而成：

$$\Pi_{SNAME}(S \infty(\Pi_{S\#,C\#}(SC)\div\Pi_{C\#}(C)))$$

对应的 SQL 查询语句为：

```
SELECT  sname  FROM  S
```

```
  WHERE NOT  EXISTS
  (SELECT  c#   FROM  C
    WHERE  NOT  EXISTS
    (SELECT  c#   FROM SC  WHERE   s.s# = sc.s#   AND sc.c# = c.c#));
```

可以理解为查询这样的学生姓名,即没有一门课程是他不选的。或者用如下不太常规的解答方法:

```
SELECT   sname  FROM  S
  WHERE   s#   IN
  (SELECT s#   FROM  SC
    GROUP  BY  s#
    HAVING  COUNT( * ) = (SELECT COUNT( * )   FROM  C));
```

⑧ 检索所学课程包含学生 S_3 所学课程的学生学号。

编写这个查询语句的关系代数表达式的过程如下:

- 学生选课情况可用操作$\Pi_{S\#,C\#}$(SC)表示;
- 学生 S_3 所学课程可用操作$\Pi_{C\#}(\eth_{S\#='S3'}(SC))$表示;
- 所学课程包含学生 S_3 所学课程的学生学号,可以用除法操作求得。

故表达式为

$$\Pi_{S\#,C\#}(SC) \div \Pi_{C\#}(\eth_{S\#='S3'}(SC))$$

对应的 SQL 查询语句为:

```
SELECT   DISTINCT s#
  FROM   sc X
  WHERE s#<>'S3' AND NOT EXISTS
  (SELECT   *
   FROM SC Y
   WHERE Y.s# = 'S3'
  AND NOT EXISTS
  (SELECT *
   FROM SC Z
   WHERE Z.s# = X.s#  AND Z.c# = Y.c#));
```

总结:

(1) 在用关系代数完成查询操作时,首先要确定查询需要的关系,对它们执行笛卡儿积或自然连接操作,得到一张大的表格;然后对大表格执行选择和投影操作。但是当查询涉及否定含义或全部值时,就需要用到差操作或除法操作。

(2) 关系代数的操作表达式是不唯一的。

(3) 在关系代数表达式中,最花费时间和空间的运算是笛卡儿积和连接操作。为此,我们引出如下 3 条启发式优化规则,用于对表达式进行转换,以减少中间关系的大小:

① 尽可能早地执行选择操作;

② 尽可能早地执行投影操作;

③ 避免直接做笛卡儿积,把笛卡儿积操作之前和之后的一连串选择和投影合并起来一起做。

通常选择操作优先于投影操作,因为选择操作可能会大大减少元组,并且选择操作可以利用索引存取元组。

4.4 关系运算

把数理逻辑的谓词演算引入到关系运算中，就可得到以关系演算为基础的运算。关系演算又可分为元组关系演算和域关系演算，前者以元组为变量，后者以属性（域）为变量，分别简称为元组演算和域演算。这里主要介绍元组关系演算。

在元组关系演算系统中，元组关系演算表达式简称为元组表达式，其一般形式为：

$$\{t \mid \mathrm{P}(t)\}$$

其中 t 是元组变量；P 是公式，在数理逻辑中也称为谓词，也是计算机语言中的条件表达式。$\{t \mid \mathrm{P}(t)\}$表示满足公式 P 的所有元组 t 的集合。

元组关系演算表达式由原子公式和运算符组成。

1. 原子公式的三种形式

1) $R(t)$

其中 R 是关系名；t 是元组变量。

$R(t)$表示 t 是 R 中的一个元组。所以，关系 R 可表示为$\{t \mid R(t)\}$。

2) $t[i]\theta s[j]$

其中 t 和 s 是元组变量；θ 是算术比较运算符；$t[i]$和 $s[j]$分别是 t 的第 i 个分量和 s 的第 j 个分量。

$t[i]\theta s[j]$表示元组 t 的第 i 个分量与元组 s 的第 j 个分量之间满足条件 θ。

3) $t[i]\theta \mathrm{c}$ 或 $\mathrm{c}\theta\, t[i]$

其中 c 是常量。

$t[i]\theta \mathrm{c}$ 表示元组 t 的第 i 个分量与常量 c 满足条件 θ。

例如，$t[1]<s[2]$是第 2)种形式，表示元组 t 的第 1 个分量值必须小于 s 的第 2 个分量值。再如，$t[3]=2$ 是第 3)种形式，表示元组 t 的第 3 个分量值为 3。

2. 公式的递归定义

在定义关系演算操作时，要用到“自由元组变量”和“约束元组变量”概念。在一个公式中，如果元组变量未用存在量词“$\exists$”或全称量词“$\forall$”符号定义，那么称为自由元组变量，否则称为约束元组变量。

公式可以递归定义如下：

(1) 每个原子公式是公式，其中的元组变量是自由元组变量。

(2) 如果 P_1 和 P_2 是公式，那么下面 3 个也为公式：

① $\neg \mathrm{P}_1$。如果 P_1 为真，则 $\neg \mathrm{P}_1$ 为假。

② $\mathrm{P}_1 \vee \mathrm{P}_2$。如果 P_1 和 P_2 中有一个为真或者同时为真，则 $\mathrm{P}_1 \vee \mathrm{P}_2$ 为真。仅当 P_1 和 P_2 同时为假时，$\mathrm{P}_1 \vee \mathrm{P}_2$ 为假。

③ $\mathrm{P}_1 \wedge \mathrm{P}_2$。只有 P_1 和 P_2 同时为真，$\mathrm{P}_1 \wedge \mathrm{P}_2$ 才为真，否则为假。

(3) 如果 P 是公式，那么$(\exists t)(\mathrm{P})$和$(\forall t)(\mathrm{P})$也是公式。其中 t 是公式 P 中的自由元组变量，在$(\exists t)(\mathrm{P})$和$(\forall t)(\mathrm{P})$中称为约束元组变量。

$(\exists t)(\mathrm{P})$表示存在一个元组 t，使得公式 P 为真；$(\forall t)(\mathrm{P})$表示对于所有元组 t，都使得公式 P 为真。

(4) 公式中各种运算符的优先级从高到低依次为 θ、∃和∀、¬、∧和∨。在公式外还可以加括号,以改变上述优先顺序。

(5) 公式只能由上述 4 种形式构成,除此之外构成的都不是公式。

【例 4-22】 设有关系 R 和 S,写出下列元组演算表达式表示的关系。

R

A	B	C
1	2	3
4	5	6
7	8	9

S

A	B	C
1	2	3
3	4	6
5	6	9

(1) $R_1=\{t|S(t)\wedge t[1]>2\}$。

(2) $R_2=\{t|R(t)\wedge\neg S(t)\}$。

(3) $R_3=\{t|(\exists u)(S(t)\wedge R(u)\wedge t[3]<u[2])\}$。

(4) $R_4=\{t|(\forall u)(R(t)\wedge S(u)\wedge t[3]>u[1])\}$。

(5) $R_5=\{t|(\exists u)(\exists v)(R(u)\wedge S(v)\wedge u[1]>v[2]\wedge t[1]=u[2]\wedge t[2]=v[3]\wedge t[3]=u[1])\}$。

解

R_1

A	B	C
3	4	6
5	6	9

R_2

A	B	C
4	5	6
7	8	9

R_3

A	B	C
1	2	3
3	4	6

R_4

A	B	C
4	5	6
7	8	9

R_5

$R.B$	$S.C$	$R.A$
5	3	4
8	3	7
8	6	7
8	9	7

3. 关系代数中 5 种基本运算用元组关系演算表达式的表达

可以把关系代数表达式等价地转换为元组表达式。由于所有的关系代数表达式都能用 5 个基本操作组合而成,因此只要把 5 个基本操作用元组演算表达式表达就行。

设关系 R 和 S 都是具有三个属性列的关系,下面用元组关系演算表达式来表示关系 R 和 S 的 5 种基本操作和交运算的操作。

1) 并

$$R\cup S=\{t|R(t)\vee S(t)\}$$

2）交

$$R \cap S = \{t \mid R(t) \land S(t)\}$$

3）投影

$\Pi_{i_1, i_2, \cdots, i_k}(R) = \{t \mid (\exists u)(R(u) \land t[1]=u[i_1] \land t[2]=u[i_2] \land \cdots \land t[k]=u[i_k])\}$

例如，投影操作是$\Pi_{2,3}(R)$，那么元组表达式可写成：

$$\{t \mid (\exists u)(R(u) \land t[1]=u[2] \land t[2]=u[3])\}$$

4）笛卡儿积

$R \times S = \{t \mid (\exists u)(\exists v)(R(u) \land S(v) \land t[1]=u[1] \land t[2]=u[2] \land t[3]=u[3] \land t[4]=v[1] \land t[5]=v[2] \land t[6]=v[3])\}$

5）选择

$$ð_F(R) = \{t \mid R(t) \land F'\}$$

其中，F'是F的等价表示形式。

例如，$ð_{2='d'}(R)$可写成$\{t \mid R(t) \land t[2]='d'\}$。

因为差运算也常用，所以下面给出差运算的元组关系演算表达式。

6）差

$$R - S = \{t \mid R(t) \land \neg S(t)\}$$

【例 4-23】 有如下 4 个关系：

教师关系　T(T＃,TNAME,TITLE)

课程关系　C(C＃,CNAME,T＃)

学生关系　S(S＃,SNAME,AGE,GENDER)

选课关系　SC(S＃,C＃,SCORE)

用元组关系演算表达式实现下列每个查询语句。

解　① 检索学习课程号为C_2的学生的学号与成绩：

$$\{t \mid (\exists u)(SC(u) \land u[2]='C2' \land t[1]=u[1] \land t[2]=u[3])\}$$

② 检索学习课程号为C_2的学生的学号与姓名：

$\{t \mid (\exists u)(\exists v)(S(u) \land SC(v) \land v[2]='C2' \land u[1]=v[1] \land t[1]=u[1] \land t[2]=u[2])\}$

③ 检索至少选修刘老师所授课程中一门课程的学生的学号与姓名：

$$\{t \mid (\exists u)(\exists v)(\exists w)(\exists x)(S(u) \land SC(v) \land C(w) \land T(x) \land u[1]=v[1] \land v[2]=w[1] \land w[3]=x[1] \land x[2]='刘' \land t[1]=u[1] \land t[2]=u[2])\}$$

④ 检索选修课程号为C_2或C_4的学生的学号：

$$\{t \mid (\exists u)(SC(u) \land (u[2]='C2' \lor u[2]='C4') \land t[1]=u[1])\}$$

⑤ 检索至少选修课程号为C_2和C_4的学生的学号：

$$\{t \mid (\exists u)(\exists v)(SC(u) \land SC(v) \land u[2]='C2' \land v[2]='C4' \land u[1]=v[1] \land t[1]=u[1])\}$$

⑥ 检索学习全部课程的学生的姓名：

$$\{t \mid (\exists u)(\forall v)(\exists w)(S(u) \land C(v) \land SC(w) \land u[1]=w[1] \land v[1]=w[2] \land t[1]=u[2])\}$$

4.5 小　结

数据库的完整性指的是数据库中数据的正确性、有效性和相容性，防止错误信息进入数据库。关系数据库的完整性通过 DBMS 的完整性子系统来保障。

在完整性约束中，主码必须满足实体完整性，即主码不能为空；外码必须满足参照完整性，也即必须有与之匹配的相应关系的候选码。

数据库触发器是一类靠事件驱动的特殊过程。触发器一旦由某用户定义，任何用户对触发器规定的数据进行更新操作，均自动激活相应的触发器采取应对措施。可用触发器完成很多数据库完整性保护的功能，其中触发事件即完整性约束条件，而完整性约束检查即触发条件的检查过程，最后处理过程的调用即完整性检查的处理。

关系数据模型中的数据操作包含两种方式：关系代数和关系演算。

5 种基本的关系代数运算是并、差、广义笛卡儿积、投影和选择，4 种组合关系运算是关系的交、除、连接和自然连接。通过这些关系代数运算可方便地实现关系数据库的查询和更新操作。

将数理逻辑中的谓词演算推广到关系运算中，就得到了关系演算。关系演算可分为元组关系演算和域关系演算两种。元组关系演算以元组为变量，用元组演算公式描述关系；域关系演算则以域为变量，用域演算公式描述关系。关系代数与关系演算的表达能力是等价的。关系数据库语言都属于非过程性语言，以关系代数为基础的数据库语言非过程性较弱，以关系演算为基础的数据库语言非过程性较强。

习　题　四

一、选择题

1. 设关系 R 和 S 的属性个数分别为 r 和 s，则($R \times S$)操作结果的属性个数为(　　)。

   A. $r+s$　　B. $r-s$　　C. $r \times s$　　D. $\max(r,s)$

2. 有关系 $R(A,B,C)$，其主键为 A；关系 $S(D,A)$，其主键为 D，外键为 A，S 参照 R 的属性 A。关系 R 和 S 的元组如下，则关系 S 中违反关系完整性的元组是(　　)。

R

A	B	C
1	2	3
2	1	3

S

D	A
1	2
2	NULL
3	3
4	1

   A. (1,2)　　B. (2,NULL)　　C. (3,3)　　D. (4,1)

3. 关系运算中花费时间可能最长的运算是(　　)。

   A. 投影　　B. 选择　　C. 广义笛卡儿积　　D. 并

4. 设关系 R 和 S 的属性个数分别为 2 和 3，那么 $R \underset{1<2}{\infty} S$ 等价于(　　)。

   A. $\eth_{1<2}(R \times S)$　　B. $\eth_{1<4}(R \times S)$　　C. $\eth_{1<2}(R \infty S)$　　D. $\eth_{1<4}(R \infty S)$

5. 设关系 R 和 S 都是二元关系，那么与元组表达式 $\{t \mid (\exists u)(\exists v)(R(u) \land S(v) \land u[1]=v[1] \land t[1]=v[1] \land t[2]=v[2])\}$ 等价的关系代数表达式是（　　）。

A. $\Pi_{3,4}(R \infty S)$　　　　B. $\Pi_{2,3}(R \infty S)$

C. $\Pi_{3,4}(R \infty S)$　　　　D. $\Pi_{3,4}(\eth_{1=1}(R \infty S))$

6. 设有关系 $R(A,B,C)$ 和 $S(B,C,D)$，那么与 $R \infty S$ 等价的关系代数表达式是（　　）。

A. $\eth_{3=5}(R \underset{2=1}{\infty} S)$　　　　B. $\Pi_{1,2,3,6}(\eth_{3=5}(R \underset{2=1}{\infty} S))$

C. $\eth_{3=5 \land 2=4}(R \times S)$　　　　D. $\Pi_{1,2,3,6}(\eth_{3=2 \land 2=1}(R \times S))$

7. 在关系代数表达式的查询优化中，不正确的叙述是（　　）。

A. 尽可能早地执行连接　　　　B. 尽可能早地执行选择

C. 尽可能早地执行投影　　　　D. 把笛卡儿积和随后的选择合并成连接运算

8. 常用的关系运算是关系代数和（ ① ）。在关系代数中，对一个关系做选择操作后，新关系的元组个数（ ② ）原来关系的元组个数。

① A. 集合代数　　B. 逻辑演算　　C. 关系演算　　D. 集合演算

② A. 小于　　B. 小于或等于　　C. 等于　　D. 大于

9. 在关系模型的完整性约束中，实体完整性规则是指关系中（ ① ），而参照完整性规则要求（ ② ）。

① A. 属性值不允许重复　　　　B. 属性值不允许为空

C. 主键值不允许为空　　　　D. 外键值不允许为空

② A. 不允许引用不存在的元组　　　　B. 允许引用不存在的元组

C. 不允许引用不存在的属性　　　　D. 允许引用不存在的属性

10. 以下关于外键和相应主键之间的关系，不正确的是（　　）。

A. 外键一定要与主键同名

B. 外键不一定要与主键同名

C. 主键值不允许是空值，但外键值可以是空值

D. 外键所在的关系与主键所在的关系可以是同一个关系

11. 假设学生关系是 S(s#，sname，gender，age)，课程关系是 C(c#，cname，teacher)，学生选课关系是 SC(s#，c#，grade)。那么，要查找选修 DB 课程的女学生姓名，将涉及关系（　　）。

A. S　　B. SC 和 C　　C. S 和 SC　　D. S、SC 和 C

12. 下列式子中，不正确的是（　　）。

A. $R-S=R-(R \cap S)$　　　　B. $R=(R-S) \cup (R \cap S)$

C. $R \cap S=S-(S-R)$　　　　D. $R \cap S=S-(R-S)$

13. 关系代数表达式 $R \times S \div T - U$ 的运算结果是（　　）。

R：

A	B
1	a
2	b
3	a
3	b
4	a

S：

C
x
y

T：

A
1
3

U：

B	C
a	x
c	z

A.

B	C
a	y

B.

B	C
b	x

C.

B	C
a	x
b	x
b	y

D.

B	C
a	x
c	z

14. 某数据库中有供应商关系 S 和零件关系 P，其中，供应商关系模式 S(sno,sname,szip,city)中的属性分别表示供应商代码、供应商名、邮编、供应商所在城市；零件关系 P(pno,pname,color,weight,city)中的属性分别表示零件号、零件名、颜色、重量、产地。要求一个供应商可以供应多种零件，而一种零件可由多个供应商供应。请将下面的 SQL 语句空缺部分补充完整：

```
CREATE  TABLE  SP (Sno  CHAR(5),
                   Pno  CHAR(6),
                   Status  CHAR(8),
                   Qty  NUMERIC(9),
                   ____①____ (Sno,Pno),
                   ____②____ Sno),
                   ____③____ Pno));
```

查询供应了红色零件的供应商品、零件号和数量(Qty)的元组演算表达式为：

$\{t \mid (\exists u)(\exists v)(\exists w)($ ____④____ $\wedge u[1]=v[1] \wedge v[2]=w[1] \wedge w[3]=$'红'$\wedge$ ____⑤____ $)\}$

① A. FOREIGN KEY

B. PRIMARY KEY

C. FOREIGN KEY (Sno) REFERENCES S

D. FOREIGN KEY (Pno) REFERENCES P

② A. FOREIGN KEY

B. PRIMARY KEY

C. FOREIGN KEY (Sno) REFERENCES S

D. FOREIGN KEY (Pno) REFERENCES P

③ A. FOREIGN KEY

B. PRIMARY KEY

C. FOREIGN KEY (Sno) REFERENCES S

D. FOREIGN KEY (Pno) REFERENCES P

④ A. $s(u) \wedge sp(v) \wedge p(w)$　　B. $sp(u) \wedge s(v) \wedge p(w)$

C. $p(u) \wedge sp(v) \wedge s(w)$　　D. $s(u) \wedge p(v) \wedge sp(w)$

⑤ A. $t[1]=u[1] \wedge t[2]=w[2] \wedge t[3]=v[4]$

B. $t[1]=v[1] \wedge t[2]=u[2] \wedge t[3]=u[4]$

C. $t[1]=w[1] \wedge t[2]=u[2] \wedge t[3]=v[4]$

D. $t[1]=u[1] \wedge t[2]=v[2] \wedge t[3]=v[4]$

15. 设有如下关系：

R

A	B	C	D
2	1	a	c
2	2	a	d
3	2	b	d
3	2	b	c
2	1	b	d

S

C	D	E
a	c	5
a	c	2
b	d	6

与元组演算表达式$\{t \mid (\exists u)(\exists v)(R(u) \wedge S(v) \wedge u[3]=v[1] \wedge u[4]=v[2] \wedge u[1]>v[3] \wedge t[1]=u[2])\}$等价的关系代数表达式是(　①　)，关系代数表达式 $R \div S$ 的运算结果是(　②　)。

① A. $\Pi_{A,B}(ð_{A>E}(R \infty S))$　　B. $\Pi_{B}(ð_{A>E}(R \times S))$

C. $\Pi_{B}(ð_{A>E}(R \infty S))$　　D. $\Pi_{B}(ð_{R.C=S.C \wedge A>E}(R \times S))$

② A.

A	B
2	1
3	2

B.

A	B
2	1

C.

C	D
a	c
b	d

D.

A	B	E
2	1	5
1	1	2

16. 不能激活触发器执行的操作是(　　)。

A. DELETE　　B. UPDATE　　C. INSERT　　D. SELECT

17. 允许取空值但不允许出现重复值的约束是(　　)。

A. NULL　　B. UNIQUE

C. PRIMARY　KEY　　D. FOREIGN　KEY

18. 以下对触发器的叙述中，不正确的是(　　)。

A. 触发器可以传递参数

B. 触发器是 SQL 语句的集合

C. 用户不能调用触发器

D. 可以通过触发器来强制实现数据的完整性和一致性

19. 设员工表(员工号，姓名，级别，工资)中，级别增加一级，工资增加 500 元，实现该约束的可行方案是(　　)。

A. 在员工表上定义插入和修改操作的触发器

B. 在员工表上定义一个存储过程

C. 在员工表上定义一个视图

D. 在员工表上定义一个索引

二、填空题

1. 关系代数中专门的关系运算包括选择、投影和连接，主要实现________类操作。

2. 关系数据库中，关系称为________，元组称为________，属性称为________。

3. 关系中不允许有重复元组的原因是________。

4. 实体完整性规则是对________的约束，参照完整性规则是对________的约束。

5. 关系代数的 5 个基本操作是________。

三、操作题

1. 设教学数据库有4个关系：

教师关系　T(T＃，TNAME，TITLE)

课程关系　C(C＃，CNAME,T＃)

学生关系　S(S＃，SNAME，AGE，GENDER)

选课关系　SC(S＃，C＃，SCORE)

试用关系代数表达式表示以下各个查询语句：

(1) 检索年龄小于17岁的女学生的学号和姓名。

(2) 检索男学生所学课程的课程号和课程名。

(3) 检索男学生所学课程的任课老师的职工号和姓名。

(4) 检索至少选修了两门课程的学生学号。

(5) 检索至少有学号为 S_2 和 S_4 的学生选修的课程的课程号。

(6) 检索 WANG 同学不学的课程的课程号。

(7) 检索全部学生都选修的课程的课程号与课程名。

(8) 检索选修课程包含 LIU 老师所授全部课程的学生的学号。

2. 有关系S(s＃，sname，age，gender)

SC(s＃，c＃，grade)

C(c＃，cname,teacher)

用元组演算表达式表示下列查询操作：

(1) 检索选修课程号为 k_5 的学生的学号和成绩。

(2) 检索选修课程号为 k_8 的学生的学号和姓名。

(3) 检索选修课程名为C语言的学生的学号和姓名。

(4) 检索选修课程号为 k_1 或 k_5 的学生的学号。

(5) 检索选修全部课程的学生的姓名。

四、设计题

阅读下列说明,回答问题1～2。

某工厂信息管理数据库的部分关系模式如下所示：

职工(职工号,姓名,年龄,月工资,部门号,电话,办公室)

部门(部门号,部门名,负责人代码,任职时间)

关系模式的主要属性、含义及约束如表4-4所示,职工和部门的关系示例分别如表4-5和表4-6所示。

表4-4　关系模式的主要属性、含义与约束

属　性	含义和约束条件
职工号	唯一标记每个职工的编号,每个职工属于并且仅属于一个部门
部门号	唯一标记每个部门的编号,每个部门有一个负责人,且他也是一个职工
月工资	500元≤月工资≤5000元

表 4-5　职工关系

职工号	姓名	年龄	月工资/元	部门号	电话	办　公　室
1001	郑俊华	26	1000	1	8001234	主楼 201
1002	王平	27	1100	1	8001234	主楼 201
1003	王晓华	38	1300	2	8001235	1 号楼 302
5001	赵欣	25	0	NULL		

表 4-6　部门关系

部　门　号	部　门　名	负责人代码	任 职 时 间
1	人事处	1002	2004-8-3
2	机关	2001	2003-8-3
3	销售科		
4	生产科	4002	2003-6-1

1. 根据上述说明，由 SQL 定义的职工和部门的关系模式以及各部门的人数 C、工资总数 Totals、平均工资 Averages 的 D_S 视图如下所示，请在空缺处填写正确的内容。

```
CREATE  TABLE  部门(部门号       CHAR(1) ________,
                 部门名        CHAR(16),
                 负责人代码    CHAR(4),
                 任职时间      DATE,
                 ____________________(职工号));

CREATE  TABLE  职工(职工号   CHAR(4),
                 姓名     CHAR(8),
                 年龄     NUMERIC(3),
                 月工资   NUMERIC(4),
                 部门号   CHAR(1),
                 电话     CHAR(8),
                 办公室   CHAR(8),
                 ____________________(职工号),
                 ____________________(部门号),
                 CHECK(____________________));

CREATE  VIEW  D_S(D,C,Totals,Averages)
 AS
   (SELECT  部门号,____________________
     FROM 职工
     ____________________);
```

2. 在问题 1 定义的视图 D_S 上，下面哪个查询或更新是允许执行的，为什么？

(1) UPDATE　D_S　SET　D＝3　WHERE　D＝4;

(2) DELETE　FROM　D_S　WHERE　C＞6;

(3) SELECT　D, AverageS　FROM　D_S
　　WHERE　C＞(SELECT　C　FROM　D_S　WHERE　D＝'1');

(4) SELECT　D,C　FROM　D_S　WHERE　Totals＞10000;

(5) SELECT　*　FROM　D_S;

第二篇　数据库管理与保护

第 5 章　数据库的安全性

第 6 章　事务与并发控制

第 7 章　故障恢复

第5章　数据库的安全性

数据或信息是现代信息社会的五大“经济要素”(人、财、物、信息、技术)之一,是与财、物同等重要(有时甚至更重要)的资产。企业数据库中的数据对于企业是至关重要的,尤其是一些敏感性的数据,必须加以保护,以防止故意的破坏或改变、未经授权的存取和非故意的损害。其中,非故意的损害属于数据完整性和一致性保护问题,而故意的破坏或改变、未经授权的存取则属于数据库安全保护问题,本章将进行专门讨论。

5.1　数据库安全性概述

数据库的安全性(security)是指保护数据库,防止不合法的使用,以免数据的泄露、更改或破坏。

数据库的安全性和完整性这两个概念听起来有些相似,有时容易混淆,但两者是完全不同的。

(1) 安全性。保护数据,防止非法用户故意造成的破坏,确保合法用户做其想做的事情。

(2) 完整性。保护数据,防止合法用户无意中造成的破坏,确保用户所做的事情是正确的。

两者的不同关键在于“合法”与“非法”、“故意”与“无意”。

为了保护数据库,防止故意的破坏,可以在从低到高的5个级别上设置各种安全措施。

(1) 物理控制。计算机系统的机房和设备应加以保护,如通过加锁或专门监护等措施来防止系统场地被非法进入,进行物理破坏。

(2) 法律保护。通过立法、规章制度防止授权用户以非法的形式将其访问数据库的权限转授给非法者。

(3) 操作系统支持。无论数据库系统多么安全,操作系统的安全弱点均可能成为入侵数据库的手段,应防止未经授权的用户从OS处着手访问数据库。

(4) 网络管理。由于大多数DBS都允许用户通过网络进行远程访问,因此网络软件内部的安全性是很重要的。

(5) DBMS 实现。DBMS 安全机制的职责是检查用户的身份是否合法及使用数据库的权限是否正确。

实现数据库系统安全,要具体考虑很多方面的问题,诸如:

(1) 法律、道德伦理及社会问题。例如,请求者对其请求的数据的权限是否合法。

(2) 政策问题。例如,拥有系统的组织单位如何授予使用者对数据的存取权限。

(3) 可操作性问题。有关的安全性政策、策略与方案如何落实到系统中实现。例如,若使用口令或密码,如何防止密码本身的泄露;若可以授权,如何防止被授权者再授权给不应被授权的人。

(4) 设施有效性问题。例如,系统所在地的控制保护、软硬件设备管理的安全特性等是否合适。

这些问题不属于本书讨论的范畴,我们只考虑数据库系统本身。要实现数据库安全,DBMS 必须提供下列支持:

(1) 安全策略说明:安全性说明语言,如支持授权的 SQL。

(2) 安全策略管理:安全约束目录的存储结构、存取控制方法和维护机制,如自主存取控制方法和强制存取控制方法。

(3) 安全性检查:执行"授权"及其检验,判定"他能做他想做的事情吗?"

(4) 用户识别:标识和确认用户,确定"他就是他说的那个人吗?"

现代 DBMS 一般采用自主(discretionary)和强制(mandatory)两种存取控制方法来解决安全性问题。在自主存取控制方法中,每个用户对各个数据对象被授予不同的存取权力(authority)或特权(privilege),哪些用户对哪些数据对象有哪些存取权限都按存取控制方案执行,但并不完全固定。而在强制存取控制方法中,所有的数据对象被标定一个密级,所有的用户也被授予一个许可证级别。对于任一数据对象,凡具有相应许可证级别的用户都可存取,否则不能。

5.2 数据库安全性控制

在一般计算机系统中,安全措施是一级级设置的,其安全控制模型如图 5-1 所示。

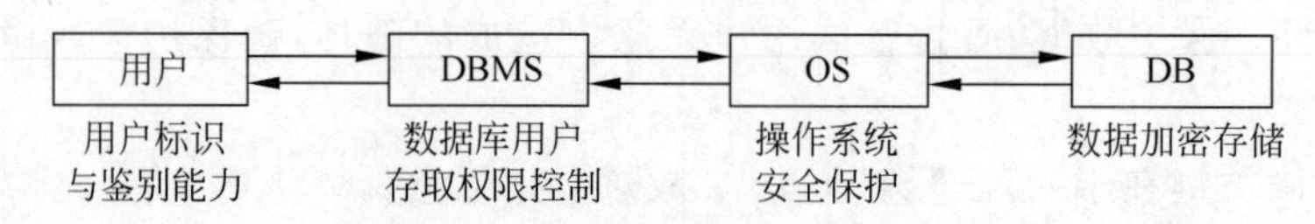

图 5-1 计算机系统的安全控制模型

(1) 当用户进入计算机系统时,系统首先根据输入的用户标识(如用户名)进行身份鉴定,只有合法的用户才准许进入系统。

(2) 对已进入计算机系统的用户,DBMS 还要进行存取控制,只允许用户在所授予的权限之内进行合法的操作。

(3) DBMS 是建立在操作系统之上的,安全的操作系统是数据库安全的前提。操作系统应能保证数据库中的数据必须由 DBMS 访问,而不允许用户越过 DBMS,直接通过操作系统或其他方式访问。

DBMS 与操作系统在安全上的关系,可用一个现实生活中与安全有关的实例来形象地

说明。2005 年，某市发生了一起特大虫草盗窃案。盗贼通过租用店铺，从店铺的沙发下秘密地挖掘了一条 39m 长的地道，通往街对面的一家虫草行库房，盗走了价值千万元的虫草。虫草行库房周围的物理防护坚固，但盗贼绕过了这些防护，从库房地面这个薄弱环节盗走了虫草。

(4) 数据最后通过加密的方式存储到数据库中，即便非法者得到了已加密的数据，也无法识别数据内容。

对于操作系统这一级的安全措施不进行讨论，我们只讨论与数据库有关的用户标识与鉴别、存取控制、视图、数据加密和审计等安全技术。

5.2.1 用户标识与鉴别

实现数据库的安全性包含两方面的工作：一是用户的标识与确认，即用什么来标识一个用户，又怎样去识别他；二是授权及验证，即每个用户对各种数据对象的存取权限的表示和检查。这里只讨论第一个方面。

如何识别一个用户，常用的方法有三种：

(1) 用户的个人特征识别，如用户的声音、指纹、签名等。

(2) 用户的特有物品识别，如用户的磁卡、钥匙等。

(3) 用户的自定义识别，如用户设置的口令、密码和预定的问答等。

1. 用户的个人特征识别

使用每个人所具有的个人特征，如声音、指纹、签名等来识别用户是当前最有效的方法。但是有两个问题必须解决：

(1) 专门设备：要能准确地记录、存储和存取这些个人特征。

(2) 识别算法：要能较准确地识别出每个人的声音、指纹或签名。这里的关键问题是要让“合法者被拒绝”和“非法者被授权”的误判率达到应用环境可接受的程度。百分之百正确，即误判率为零几乎是不可能的。

另外，其实现代价也不得不考虑，这不仅包括经济上的代价，还包括识别算法执行的时间、空间代价。它影响整个安全子系统的代价/性能比。

2. 用户的特有物品识别

让每一用户持有一个其特有的物件，如磁卡、钥匙等。识别时，将其插入一个“阅读器”，它就会读取其面上的磁条中的信息。该方法是目前一些安全系统中较常用的一种方法，但用在数据库系统中要考虑如下问题：

(1) 需要专门的阅读装置。

(2) 要求有从阅读器中抽取信息及与 DBMS 接口的软件。

该方法的优点是比个人特征识别更简单、有效，代价/性能比更好；缺点是容易忘记带磁卡或钥匙等，也可能丢失甚至被别人窃取。

3. 用户的自定义识别

使用只有用户自己知道的定义内容来识别用户是最常用的一种方法，一般用口令或密码，有时用只有用户自己能给出正确答案的一组问题，有的还可以用两者的组合。

使用这类方法要注意：

(1) 标识的有效性。口令、密码或问题答案要尽可能准确地标识每一个用户。

(2) 内容的简易性。口令或密码要长短适中,问答过程不要太烦琐。

(3) 本身的安全性。为了防止口令、密码或问题答案的泄露或失窃,应经常地改变。

实现这种方法需要专门的软件来进行用户名或用户 ID 及其口令的登记、维护与检验等。但它不需要专门的硬件设备,较之以上的方法这是其优点。其主要的缺点是口令、密码或问题答案容易被人窃取,因此还可以用更复杂的方法。例如每个用户都预先约定好一个计算过程或函数,鉴别用户身份时,系统提供一个随机数,用户根据自己预先约定的计算过程或函数进行计算,系统根据用户的计算结果是否正确进一步鉴定用户身份。

例如,让用户记住一个表达式,如 T=XY+2Y。系统告诉用户 X=1,Y=2,如果用户回答是 T=6,则证明该用户的身份是合法的。当然,这是一个简单的例子,在实际使用中,还可以设计复杂的表达式,以使安全性更好。

5.2.2 存取控制

数据库安全性所关心的主要是 DBMS 的存取控制策略。数据库安全最重要的一点就是确保只授权给有资格的用户访问数据库的权限,同时令所有未被授权的人员无法接近数据,这主要通过数据库系统的存取控制策略来实现。

存取控制策略主要包括如下两部分:

(1) 定义用户权限,并将用户权限登记到数据字典中。用户对某一数据对象的操作权利称为权限。某个用户应该具有何种权限是管理问题和政策问题,而不是技术问题。DBMS 的功能就是保证这些决定的执行。为此 DBMS 必须提供适当的语言来定义用户权限,这些定义经过编译后存放在数据字典中,被称作安全规则或授权规则。

(2) 合法权限检查。每当用户发出存取数据库的操作请求后,DBMS 就会查找数据字典,根据安全规则进行合法权限检查。若用户的操作请求超出了定义的权限,系统将拒绝执行此操作。

定义用户权限和合法权限检查策略一起组成了 DBMS 的安全子系统。

当前,大多数 DBMS 所采取的存取控制策略主要有两种:自主存取控制和强制存取控制,其中自主存取控制的使用更为普遍。

1. 自主存取控制

在自主存取控制方法中,用户对于不同的数据库对象有不同的存取权限,不同的用户对同一对象也有不同的权限,而且用户还可将其拥有的存取权限转授给其他用户。因此,自主存取控制非常灵活。

赋予用户使用数据库的方式称为授权(Authorization)。权限有两种:操作数据的权限和修改数据库结构的权限。

操作数据的权限有 4 个:

(1) 读(SELECT)权限:允许用户读数据,但不能修改数据。

(2) 插入(INSERT)权限:允许用户插入新的数据,但不能修改数据。

(3) 修改(UPDATE)权限:允许用户修改数据,但不能删除数据。

(4) 删除(DELETE)权限:允许用户删除数据。

根据需要,可以授予用户上述权限中的一个或多个,也可以不授予上述任何一个权限。

修改数据库结构的权限也有 4 个:

(1) 索引(INDEX)权限：允许用户创建和删除索引。

(2) 资源(RESOURCE)权限：允许用户创建新的关系。

(3) 修改(ALTERNATION)权限：允许用户在关系结构中加入或删除属性。

(4) 撤销(DROP)权限：允许用户撤销关系。

自主存取控制方式是通过授权和取消来实现的。下面介绍自主存取控制的权限类型，包括角色(role)权限、数据库对象权限及各自的授权和取消方法。

1) 权限类型

自主存取控制的权限类型分为两种，分别是角色权限和数据库对象权限。

(1) 角色权限：给角色授权并为用户分配角色，则用户的权限为其角色权限之和。角色权限由 DBA 授予。

(2) 数据库对象权限：不同的数据库对象可提供给用户不同的操作。该权限由 DBA 或该对象的拥有者(Owner)授予用户。

2) 角色的授权与取消

授权命令的语法如下：

```
GRANT  角色类型[,角色类型]  TO  用户  [IDENTIFIED  BY  口令]
角色类型::= Connect|Resource|DBA
```

其中，Connect 表示该用户可连接到 DBMS；Resource 表示用户可访问数据库资源；DBA 表示该用户为数据库管理员；IDENTIFIED BY 用于为用户设置一个初始口令。

取消命令的语法如下：

```
REVOKE  角色管理[,角色管理]  FROM  用户
```

3) 数据库对象的授权与取消

授权命令的语法如下：

```
GRANT  权限  ON  表名  TO  用户[,用户]
    [WITH  GRANT  OPTION]
<权限>::= ALL PRIVILEGES|SELECT|INSERT|DELETE|UPDATE[(列名[,列名])]
```

其中，WITH GRANT OPTION 表示得到授权的用户，可将其获得的权限转授给其他用户；ALL PRIVILEGES 表示所有的操作权限。

取消命令的语法如下：

```
REVOKE  权限  ON  表名  FROM  用户[,用户]
```

说明：数据库对象除了表之外，还有视图等其他对象，但由于表的授权最具典型意义，且表的授权也最复杂，因此，此处只以表的授权为例来说明数据库对象的授权语法。其他对象的授权语法类似，只是在权限上不同。

2. 强制存取控制

自主存取控制能够通过授权机制有效地控制对敏感数据的存取。但它存在一个漏洞，一些别有用心的用户可以欺骗授权用户，采用一定的手段来获取敏感数据。例如，领导 Manager 是客户单 Customer 关系的物主，他将“读”权限授予员工 A，且 A 不能再将该权限转授他人，其目的是让 A 审查客户信息，看有无错误。现在 A 自己另外创建一个新关系 A_customer，然后将自 Customer 读取的数据写入(即复制到)A_customer。这样，A 是 A_ customer 的物主,他可以做任何事情,包括再将其权限转授给任何别的用户。

存在这种漏洞的根源在于：自主存取控制机制仅以授权将用户(主体)与被存取数据对象(客体)关联,通过控制权限来实现安全要求,对用户和数据对象本身未作任何安全性标注。强制存取控制就能处理自主存取控制的这种漏洞。

强制存取控制方法的基本思想在于为每个数据对象(文件、记录或字段等)赋予一定的密级,级别从高到低为：绝密级(Top Secret,TS)、机密级(Secret,S)、可信级(Confidential,C)、公开级(Public,P)。每个用户也具有相应的级别,称为许可证级别。密级和许可证级别都是严格有序的,如 TS > S > C > P。

在系统运行时,采用如下两条简单规则：

(1) 用户 i 只能查看比它级别低或同级的数据；

(2) 用户 i 只能修改和它同级的数据。

强制存取控制是对数据本身进行密级标记。无论数据如何复制,标记与数据是一个不可分的整体。只有符合密级标记要求的用户才可以操纵数据,从而提供了更高级别的安全性。

强制存取控制的优点是系统能执行“信息流控制”。在前面介绍的授权方法中,允许有权查看保密数据的用户把这种数据复制到非保密的文件中,造成无权用户也可以接触保密的数据。而强制存取控制可以避免这种非法的信息流动。

注意：这种方法在通用数据库系统中不十分有用,只是在某些专用系统中才有用,例如军事部门或政府部门。

5.2.3 视图机制

视图可以作为一种安全机制。通过视图,用户只能查看和修改他们所能看到的数据,其他数据库或关系既不可见也不可以访问。如果某一用户想要访问视图的结果集,必须被授予访问权限。

例如,假定李平老师具有检索和增、删、改“数据库”课程成绩信息的所有权限,学生王莎只能检索该科所有同学成绩的信息。那么,可以先建立“数据库”课程成绩的视图 score_db,然后在视图上进一步定义存取权限。具体步骤如下：

(1) 建立视图 score_db,代码如下：

```
CREATE VIEW score_db
AS
SELECT *
FROM score
WHERE cnam = '数据库';
```

(2) 为用户授予操作视图的权限,代码如下：

```
GRANT SELECT
ON score_db
TO 王莎;

GRANT ALL  PRIVILEGES
ON score_db
TO 李平;
```

5.2.4 安全级别及审计跟踪

前面讲的用户标识与鉴别、存取控制仅是安全性标准的一个重要方面(安全策略方面),不是全部。为了使 DBMS 达到一定的安全级别,还需要在其他方面提供相应的支持。例如按照 TCSEC/TDI 标准中安全策略的要求,审计功能就是 DBMS 达到 C2 以上安全级别必不可少的一项指标。

1. 安全级别**

美国国防部根据军用计算机系统的安全需要,于 1985 年制定了《可信计算机系统评估标准》(Trusted Computer System Evaluation Criteria,TCSEC)。1991 年,美国国家安全局的国家计算机安全中心发布了 TCSEC 的可信数据库系统解释(Trusted Database Interpretation,TDI),形成了最早的信息安全及数据库安全评估体系。TCSEC/TDI 将系统安全性分为 4 等 7 级,依次是 D——最小保护、C(包括 C1、C2)——自主保护、B(包括 B1、B2、B3)——强制保护、A(包括 A1)——验证保护,按系统可靠或可信程度逐渐增高。下面分别进行简单介绍。

(1) D 级:最低安全级别。保留 D 级是为了将一切不符合更高标准的系统统统归于 D 级,如 DOS 就是操作系统中安全标准为 D 级的典型例子。

(2) C1 级:实现数据所有权与使用权的分离,进行自主存取控制,保护或限制用户权限的传播。

(3) C2 级:提供受控的存取保护,即将 C1 级的自主存取控制进一步细化,通过身份注册、审计和资源隔离来支持“责任”说明。

(4) B1 级:标记安全保护,即对每一客体和主体分别标以一定的密级和安全证等级,实施强制存取控制以及审计等安全机制。

(5) B2 级:建立安全策略的形式化模型,并能识别和消除隐通道。

(6) B3 级:提供审计和系统恢复过程,且指定安全管理员(通常是 DBA)。

(7) A1 级:验证设计,提供 B3 级保护的同时给出系统的形式化设计说明和验证,以确信各安全保护真正实现。即安全机制是可靠的,且对安全机制能实现的指定安全策略给出数学证明。

2. 审计跟踪

任何系统的安全保护措施都不是完美无缺的,蓄意盗取、破坏数据的人总会想方设法打破控制。审计功能把用户对数据库的所有操作自动记录下来放入“审计日志”(audit log)中,称为审计跟踪。DBA 可以利用审计跟踪信息,重现导致数据库现有状况的一系列事件,找出非法存取数据的人、时间和内容等,为分析攻击者线索提供依据。一般地,将审计跟踪和数据库日志记录结合起来,会达到更好的安全审计效果。

DBMS 的审计主要分为语句审计、权限审计、模式对象审计和资源审计。语句审计是指监视一个或多个特定用户或者所有用户提交的数据库操作语句(即 SQL 语句);权限审计是指监视一个或多个特定用户或所有用户使用的系统权限;模式对象审计是指监视一个模式中在一个或多个对象上发生的行为;资源审计是指监视分配给每个用户的系统资源。

审计机制应该至少记录用户标识和认证、客体的存取、授权用户进行并影响系统安全的操作以及其他安全相关事件。对于每个记录的事件,审计记录中需要包括事件时间、时间类型、用户、事件数据和事件的成功/失败情况。对于用户标识和认证事件,必须记录事件源的终端ID和源地址等;对于访问和改变对象的事件,则需要记录对象的名称。

审计通常是很费时间和空间的,所以DBMS往往都将其作为可选特征,允许DBA根据应用对安全性的要求,灵活地打开或关闭审计功能。审计功能一般主要用于对安全性要求较高的部门。

5.2.5 数据加密

对于高度敏感性数据,例如财务数据、军事数据、国家机密,除以上安全性措施外,还可以采用数据加密技术。

数据加密是防止数据库中数据在存储和传输中失密的有效手段。加密的基本思想是根据一定的算法将原始数据(称为明文)变换为不可直接识别的格式(称为密文),从而使得不知道解密算法的人无法获知数据的内容。

加密方法主要有两种:一种是替换方法,另一种是转换方法。

(1) 替换加密法。这种方法是制定一种规则,将明文中的每个或每组字符替换成密文中的一个或一组字符。其缺点是使用得多了,窃密者可以从多次搜集的密文中发现其中的规律,破解加密方法。

(2) 转换加密法。这种方法不隐藏原来明文的字符,而是将字符重新排序。比如,加密方首先选择一个用数字表示的密钥,写成一行,然后把明文逐行写在数字下,再按照密钥中数字指示的顺序将原文重新抄写,就形成密文。例如:

- 密钥:6852491703。
- 明文:张三偷走了李四的钱包。
- 密文:李的了三走钱张四包偷。

单独使用这两种方法的任意一种都是不安全的,但是将这两种方法合起来就能提供相当高的安全程度。采用这种结合算法的例子是美国1977年制定的官方加密标准——数据加密标准(Data Encryption Standard,DES)。有关DES的密钥加密技术及密钥管理问题在这里不再讨论。

目前有些数据库产品提供了数据加密例行程序,可根据用户的要求自动对存储和传输的数据进行加密处理。另一些数据库产品虽然本身未提供加密程序,但提供了接口,允许用户用其他厂商的加密程序对数据加密。

由于数据加密与解密也是比较费时的操作,而且数据加密与解密程序会占用大量系统资源,因此数据加密功能通常也作为可选特征,允许用户自由选择,只对高度机密的数据加密。

5.3 Oracle的安全设置

为了防止非法用户对数据库进行操作,保证数据库安全运行,Oracle定义了一整套丰富的、完整的权限机制,只有通过权限认证的用户才可以对相应的数据库对象进行存取,而非授权用户则被禁止存取数据。下面将初步介绍Oracle对用户、权限和角色的管理。

5.3.1 用户管理

在 Oracle 数据库中，为了防止非授权数据库用户对数据库进行存取，DBA 可以创建登录用户、修改用户账号信息和删除用户账号。

1. 创建普通用户

在 Oracle 数据库中，DBA 可以创建普通登录用户。创建用户账号主要通过 CREATE USER 语句实现，CREATE USER 语句的基本语法如下：

```
CREATE  USER 用户名
IDENTIFIED  BY 口令
[DEFAULT  TABLESPACE 表空间名]
[QUOTA  nK|M  |UNLIMITED ON 表空间名]
[PASSWORD  EXPIRE]
[ACCOUNT  LOCK|UNLOCK];
```

说明：(1) 用户名：在 Oracle 19c 中，用户名必须使用"C＃＃"或"c＃＃"开头。

(2) 口令：注意口令区分字母大小写。

(3) DEFAULT TABLESPACE：为用户指定默认的表空间。如果没有指定默认表空间，Oracle 会把 SYSTEM 表空间作为用户的默认表空间。在 Oracle 19c 中，默认的表空间有 5 个，分别为 SYSTEM、SYSAUX、UNDOTBS1、TEMP 和 USERS。

(4) QUOTA：设置用户使用表空间的最大值。如果设置成 UNLIMITED，表示对表空间的使用没有限制。

(5) PASSWORD EXPIRE：用于设置用户口令的初始状态为过期。当用户使用 SQL Plus 第一次登录数据库时，强制用户重置口令。

(6) ACCOUNT：用于设置锁定状态。如果设置成 LOCK，则用户不能访问数据库；如果设置成 UNLOCK，用户可以访问数据库。默认为 UNLOCK。

【例 5-1】 使用 SYSDBA 身份连接数据库。创建用户账号 c＃＃tempuser，其口令为 oracle，并且设置口令立即过期的方式。

以 SYSDBA 身份连接数据库，代码如下：

```
SQL> CONN sys/root@orcl as SYSDBA;

已连接。
```

创建用户，代码如下：

```
SQL> CREATE USER c##tempuser IDENTIFIED BY oracle PASSWORD EXPIRE;

用户已创建。
```

建立用户后，必须为用户授予 CREATE SESSION 权限才能连接到数据库。授权代码如下：

```
SQL> GRANT CREATE SESSION TO c##tempuser;

授权成功。
```

连接数据库，代码如下：

```
SQL> CONN c##tempuser@orcl;
```

```
输入口令:
ERROR:
ORA-28001: 口令已经失效

更改 c##tempuser 的口令
新口令:
重新键入新口令:
口令已更改。
已连接。
```

2. 修改用户账号

在创建用户账号后,允许对其进行修改。修改用户账号的 ALTER USER 语句的基本语法如下:

```
ALTER  USER 用户名
IDENTIFIED  BY 口令
[DEFAULT  TABLESPACE 表空间名]
[QUOTA  nK|M  |UNLIMITED ON 表空间名]
[PASSWORD  EXPIRE]
[ACCOUNT  LOCK|UNLOCK];
```

【例 5-2】 修改用户账号 c##tempuser 的口令为 password。

修改口令的代码如下:

```
SQL> ALTER USER c##tempuser IDENTIFIED BY password;

口令已更改。
```

3. 删除用户账号

用户被删除后,该用户所创建的所有模式对象都将被删除。删除用户账号的语句如下:

```
DROP  USER 用户名  [CASCADE];
```

说明:如果用户已经创建了模式对象(如表、视图、索引等),在删除用户时必须增加 CASCADE 选项,表示在删除用户时,连同该用户创建的模式对象也全部删除。

【例 5-3】 删除用户账号 c##tempuser。

(1) 为 c##tempuser 用户授予建立会话连接、建表、在表空间中创建对象的权限。

连接数据库,代码如下:

```
SQL> CONN sys@orcl as SYSDBA;
输入口令:
已连接。
```

为用户授权,代码如下:

```
SQL> GRANT CREATE SESSION, CREATE TABLE, UNLIMITED TABLESPACE
  2  TO c##tempuser;

授权成功。
```

(2) 以用户账号 c##tempuser 连接数据库,并创建表。

连接数据库,代码如下:

```
SQL> CONN c##tempuser/password@orcl;
已连接。
```

创建表,代码如下:

```
SQL > CREATE TABLE student(
  2  sno CHAR(6),
  3  sname VARCHAR2(8)
  4  );
```

表已创建。

(3) 再以 SYSDBA 身份连接数据库,删除 c##tempuser 用户账号。

连接数据库,代码如下:

```
SQL > CONN sys/root@orcl as SYSDBA;
已连接。
```

删除用户账号,代码如下:

```
SQL > DROP USER c##tempuser;
DROP USER c##tempuser
*
第 1 行出现错误:
ORA - 01922: 必须指定 CASCADE 以删除 'c##tempuser'
```

重新删除账户,代码如下:

```
SQL > DROP USER c##tempuser CASCADE;
```

用户已删除。

5.3.2 权限管理

创建了用户,并不意味着用户就可以对数据库随心所欲地进行操作。创建用户账号也只是意味着用户具有了连接、操作数据库的资格。用户对数据进行任何操作,都需要具有相应的操作权限。

在 Oracle 数据库中,根据系统管理方式的不同,可以将权限分为两类,即系统权限和对象权限。

1. 系统权限

系统权限是指在系统级控制数据库的存取和使用机制。系统级控制决定是否可以连接数据库、在数据库中可以进行哪些系统操作等。总之,系统权限是对用户设置的,用户必须具有相应的系统权限,才可以连接数据库并进行相应的操作。例如,用户为了连接数据库,必须具有的权限 CONNECT 就是一个系统权限。

Oracle 提供了多种系统权限,每一种系统权限分别能使用户进行某种或某一类特定的数据库操作。表 5-1 列出了一些常见的 Oracle 系统权限。

表 5-1 系统权限

名 称	功 能
CREATE SESSION	允许用户创建会话连接数据库的权限
UNLIMITED TABLESPACE	允许用户在表空间中创建对象而不受表空间限制的权限
CREATE|ALTER|DROP ANY TABLE	允许在任何用户模式中创建、修改、删除基本表的权限
CREATE|ALTER|DROP ANY INDEX	允许在任何模式下创建、修改、删除索引的权限

续表

名　称	功　能
CREATE|ALTER|DROP ANY PROCEDURE	允许在任何用户模式中创建、修改、删除存储过程的权限
EXECUTE ANY PROCEDURE	允许执行任何用户模式中的存储过程的权限
CREATE|ALTER|DROP ANY TRIGGER	在任何用户模式中创建、修改、删除触发器的权限
CREATEE|ALTER|DROP ANY ROLE	在任何用户模式中创建、修改、删除角色的权限
GRANT ANY ROLE	允许用户将数据库中任何角色授予其他用户的权限
GRANT ALL PRIVILEGE	将数据库任何权限授予任何用户。该权限仅包含所有的系统权限,并不包括对象权限

(1) 使用 GRANT 语句向用户授予系统权限的基本语法如下:

```
GRANT 系统权限 TO 用户名 [WITH ADMIN OPTION];
```

说明:WITH ADMIN OPTION 表示允许得到权限的用户进一步将这些权限授予给其他用户。

(2) 使用 REVOKE 语句撤销系统权限的基本语法如下:

```
REVOKE  系统权限  FROM  用户名;
```

【例 5-4】 分析下面各 SQL 语句。

创建用户,代码如下:

```
SQL> CREATE USER c##user1 IDENTIFIED BY user1;

用户已创建。
```

连接数据库,代码如下:

```
SQL> CONN c##user1/user1@orcl;
ERROR:
ORA-01045: 用户 c##user1 没有 CREATE SESSION 权限; 登录被拒绝

警告: 您不再连接到 ORACLE。
```

重新连接数据库,代码如下:

```
SQL> CONN sys/root@orcl as SYSDBA;
已连接。
```

向用户授权,代码如下:

```
SQL> GRANT CREATE SESSION TO c##user1;

授权成功。
```

再次连接数据库,代码如下:

```
SQL> CONN c##user1/user1@orcl;
已连接。
```

创建表,代码如下:

```
SQL> CREATE TABLE test_date(
  2  id NUMBER(10),
  3  name VARCHAR2(20)
  4  );
```

```
CREATE TABLE test_date(
*
第 1 行出现错误:
ORA - 01031: 权限不足
```

重新连接数据库,代码如下:

```
SQL > CONN sys/root@orcl as SYSDBA;
已连接。
```

向用户授权,代码如下:

```
SQL > GRANT CREATE TABLE TO c##user1;

授权成功。
```

再次连接数据库,代码如下:

```
SQL > CONN c##user1/user1@orcl
已连接。
```

创建表,代码如下:

```
SQL > CREATE TABLE test_date(
  2  id NUMBER(10),
  3  name VARCHAR2(20)
  4  );

表已创建。
```

插入数据,代码如下:

```
SQL > INSERT INTO test_date VALUES(1,'Mary');
INSERT INTO test_date VALUES(1,'Mary')
                    *
第 1 行出现错误:
ORA - 01950: 对表空间 'USERS' 无权限
```

重新连接数据库,代码如下:

```
SQL > CONN sys/root@orcl as SYSDBA;
已连接。
```

向用户授权,代码如下:

```
SQL > GRANT UNLIMITED TABLESPACE TO c##user1;

授权成功。
```

再次连接数据库,代码如下:

```
SQL > CONN c##user1/user1@orcl;
已连接。
```

向表中插入数据,代码如下:

```
SQL > INSERT INTO test_date VALUES(1,'Mary');

已创建 1 行。
```

2. 对象权限

对象权限是指在模式对象上控制存取和使用的机制。例如,希望向 ORCL 模式的

"DEPT"表插入行时,用户必须具有完成该操作的权限。

系统权限会控制对 Oracle 数据库中各种系统级功能的访问,而对象权限可以用来控制对指定数据库对象的访问。任何数据库用户都可以被授予这些权限,以便他们对模式中的对象进行访问。

相对于数量众多的各种 Oracle 系统权限,对象权限相对较少,并且容易理解。最常使用的对象权限如表 5-2 所示。

表 5-2 对象权限

对 象	操 作
表	SELECT、INSERT、UPDATE、DELETE、REFERANCES
视图	SELECT、INSERT、UPDATE、DELETE
存储过程	EXECUTE
列	SELECT、UPDATE

(1) 使用 GRANT 语句向用户授予对象权限的基本语法如下:

```
GRANT  对象权限 ON 对象名 TO 用户名 [WITH  GRANT  OPTION];
```

说明:WITH GRANT OPTION 表示被授予对象权限的用户可以将其获取的权限授予其他用户。

(2) 使用 REVOKE 语句撤销用户对象权限的基本语法如下:

```
REVOKE  对象权限  ON 对象名 FROM 用户名;
```

【例 5-5】 分析下面各 SQL 语句。

以 SYSDBA 身份连接数据库,代码如下:

```
SQL> CONN sys/root@orcl as SYSDBA;
已连接。
```

创建用户 c##user2,代码如下:

```
SQL> CREATE USER c##user2 IDENTIFIED BY user2;

用户已创建。
```

创建用户 c##user3,代码如下:

```
SQL> CREATE USER c##user3 IDENTIFIED BY user3;

用户已创建。
```

向用户授予系统权限,代码如下:

```
SQL> GRANT CREATE SESSION TO c##user2,c##user3;

授权成功。
```

向用户 c##user2 授予对象权限,代码如下:

```
SQL> GRANT SELECT ON sys.dept TO c##user2 WITH GRANT OPTION;

授权成功。
```

以 c##user2 身份连接数据库,代码如下:

```
SQL> CONN c##user2/user2@orcl;
已连接。
```

查看信息,代码如下:

```
SQL> SELECT * FROM sys.dept;

DEPTNO  DNAME       LOC
------  ---------   --------
    10  ACCOUNTING  NEW YORK
    20  RESEARCH    DALLAS
    30  SALES       CHICAGO
    40  OPERATIONS  BOSTON
```

向用户 c##user3 授予对象权限,代码如下:

```
SQL> GRANT SELECT ON sys.dept TO c##user3;

授权成功。
```

以 c##user3 身份连接数据库,代码如下:

```
SQL> CONN c##user3/user3@orcl;
已连接。
```

查看信息,代码如下:

```
SQL> SELECT * FROM sys.dept;
DEPTNO  DNAME       LOC
------  ---------   --------
    10  ACCOUNTING  NEW YORK
    20  RESEARCH    DALLAS
    30  SALES       CHICAGO
    40  OPERATIONS  BOSTON
```

以 SYSDBA 身份连接数据库,代码如下:

```
SQL> CONN sys/root@orcl as SYSDBA;
已连接。
```

撤销 c##user2 的对象权限,代码如下:

```
SQL> REVOKE SELECT ON sys.dept FROM c##user2;

撤销成功。
```

以 c##user2 身份连接数据库,代码如下:

```
SQL> CONN c##user2/user2@orcl;
已连接。
```

查看修改后的信息,代码如下:

```
SQL> SELECT * FROM sys.dept;
SELECT * FROM sys.dept
                  *
第 1 行出现错误:
ORA-00942: 表或视图不存在
```

5.3.3 角色管理

从前面的介绍中可以看出,Oracle 的权限设置是非常复杂的,权限的类型也非常多,这就为 DBA 有效地管理数据库权限带来了困难。另外,数据库的用户通常有几十个、几百个,甚至成千上万个。如果管理员为每个用户授予或者撤销相应的系统权限和对象权限,则这个工作量是非常庞大的。为了简化权限管理,Oracle 提供了角色的概念。

角色是具有名称的一组相关权限的组合,将不同的权限集合在一起就形成了角色。可以使用角色为用户授权,同样也可以撤销角色。由于角色集合了多种权限,所以当为用户授予角色时,相当于为用户授予了多种权限。这样就避免了向用户逐一授权,从而简化了用户权限的管理。

Oracle 中的角色可以分为预定义角色和自定义角色两类。数据库创建时会自动为数据库预定义一些角色,这些角色主要用来限制数据库管理系统权限。此外,用户也可以根据自己的需求,将一些权限集中到一起,建立用户自定义的角色。

1. 预定义角色

预定义角色是在数据库安装后,系统自动创建的一些常用的角色。最常使用的对象权限如表 5-3 所示。

表 5-3 Oracle 常用的预定义角色

角 色 名	角色权限功能
CONNECT	连接数据库,建立数据库链路、序列生成器、表、视图以及修改会话的权限
RESOURCE	建立表、序列生成器、存储过程、触发器的权限
DBA	拥有最高级别的权限

2. 自定义角色

1) 创建用户自定义角色

用户可以自己创建角色,即自定义角色。创建自定义角色的语法如下:

```
CREATE  ROLE  角色名;
```

说明:角色名必须以"C##"或"c##"开头。

【例 5-6】 分析下面各 SQL 语句。

以 SYSDBA 身份连接数据库,代码如下:

```
SQL> CONN sys/root@orcl as SYSDBA;
已连接。
```

创建自定义角色 c##general_user,代码如下:

```
SQL> CREATE ROLE c##general_user;

角色已创建。
```

为角色 c##general_user 授予对象权限,代码如下:

```
SQL> GRANT SELECT,INSERT,DELETE ON sys.dept TO c##general_user;

授权成功。
```

将角色 c##general_user 授予 c##user2,代码如下:

```
SQL> GRANT c##general_user TO c##user2;

授权成功。
```

以 c##user2 身份连接数据库，代码如下：

```
SQL> CONN c##user2/user2@orcl;
已连接。
```

查看修改后的信息，代码如下：

```
SQL> SELECT * FROM sys.dept;

DEPTNO  DNAME          LOC
-----  ----------  --------
    10  ACCOUNTING     NEW YORK
    20  RESEARCH       DALLS
    30  SALES          CHICAGO
    40  OERATIONS      BOSTON
```

再次以 SYSDBA 身份连接数据库，代码如下：

```
SQL> CONN sys/root@orcl as SYSDBA;
已连接。
```

撤销 c##general_user 的对象权限，代码如下：

```
SQL> REVOKE SELECT ON sys.dept FROM c##general_user;

撤销成功。
```

再次以 c##user2 身份连接数据库，代码如下：

```
SQL> CONN c##user2/user2@orcl;
已连接。
```

查看修改后的信息，代码如下：

```
SQL> SELECT * FROM sys.dept;
SELECT * FROM sys.dept
              *
第 1 行出现错误:
ORA-01031: 权限不足
```

2）删除角色

当不需要某个角色时，可以使用语句 DROP ROLE 进行删除。角色被删除后，使用该角色的用户的所有权限将丢失。删除角色的语法如下：

```
DROP ROLE 角色名;
```

【例 5-7】 接续例 5-6，分析下面各 SQL 语句。

以 SYSDBA 身份连接数据库，代码如下：

```
SQL> CONN sys/root@orcl as SYSDBA;
已连接。
```

删除角色 c##general_user，代码如下：

```
SQL> DROP ROLE c##general_user;
```

```
角色已删除。
```

以 c##user2 身份连接数据库，代码如下：

```
SQL> CONN c##user2/user2@orcl;
已连接。
```

插入数据，代码如下：

```
SQL> INSERT INTO sys.dept VALUES(70,'SALE2','CHINA');
INSERT INTO sys.dept VALUES(70,'SALE2','CHINA')
                  *
第 1 行出现错误:
ORA-00942: 表或视图不存在
```

5.4 小　结

数据库的安全指的是保护数据，防止非法使用造成的数据泄露、更改和破坏。数据库的安全管理涉及用户的访问权限问题，可通过设置用户标识、用户的存取控制权限、定义视图、审计、数据加密技术等来保证数据不被非法使用。

实现数据库系统安全性的技术和方法有多种，最重要的是存取控制技术、视图技术和审计技术。自主存取控制功能一般是通过 SQL 的 GRANT 语句和 REVOKE 语句来实现的，对数据库模式的授权则由 DBA 在创建用户时通过 CREATE USER 语句实现。数据库角色是一组权限的集合。使用角色来管理数据库权限可以简化授权的过程。在 SQL 中用 CREATE ROLE 语句创建角色，用 GRANT 语句给角色授权。

习 题 五

一、选择题

1. 对用户访问数据库的权限加以限定是为了保护数据库的(　　)。
   A. 安全性　　B. 完整性　　C. 一致性　　D. 并发性
2. 数据库的(　　)是指数据的正确性和相容性。
   A. 完整性　　B. 安全性　　C. 并发控制　　D. 系统恢复
3. 在数据库系统中，定义用户可以对哪些数据对象进行何种操作被称为(　　)。
   A. 审计　　B. 授权　　C. 定义　　D. 视图
4. 某高校 5 个系的学生信息存放在同一个基本表中，采取(　　)的措施可使各系的管理员只能读取本系学生的信息。
   A. 建立各系的列级视图，并将对该视图的读权限赋予该系的管理员
   B. 建立各系的行级视图，并将对该视图的读权限赋予该系的管理员
   C. 将学生信息表部分列的读权限赋予各系的管理员
   D. 将修改学生信息表的权限赋予各系的管理员
5. 关于 SQL 对象的操作权限，描述正确的是(　　)。
   A. 权限的种类分为 INSERT、DELETE 和 UPDATE 三种
   B. 权限只能用于实表，不能应用于视图

C. 使用 REVOKE 语句可撤销权限

D. 使用 COMMIT 语句可赋予权限

6. 若将 Workers 表的插入权限赋予用户 c##user1，并允许其将该权限授予他人，那么对应的 SQL 语句为“GRANT(①)TABLE Workers TO user1 (②);”。

① A. INSERT　　B. INSERT ON　　C. UPDATE　　D. UPDATE ON

② A. FOR ALL　　B. PUBLIC

C. WITH CHECK OPTION　　D. WITH GRANT OPTION

二、填空题

1. 对数据库________性的保护就是指要采取措施，防止库中数据被非法访问、修改，甚至恶意破坏。

2. 安全性控制的一般方法有________、________、________、________和________5 种。

3. Oracle 数据库中将权限分为两类，即________________。________是指在系统级控制数据库的存取和使用机制，________是指在模式对象上控制存取和使用的机制。

4. ________是具有名称的一组相关权限的组合。

5. 授予权限和撤销权限的命令依次是________和________。

三、操作题

1. 对 ORCL 数据库下的表 DEPT：

```
DEPT(deptno,dname,loc)
```

请用 SQL 的 GRANT 和 REVOKE 语句(加上视图机制)完成以下授权定义或存取控制功能：

(1) 使用 SYSDBA 身份连接数据库，并创建用户账号 c##test_user，其口令为 oracle。

(2) 向用户 c##test_user 授予连接数据库系统的权限。

(3) 向用户 c##test_user 授予对象“SYS. DEPT”的 SELECT 权限。

(4) 向用户 c##test_user 授予对象“SYS. DEPT”的 INSERT、DELETE 权限，使其对 LOC 字段具有更新权限。

(5) 用户 c##test_user 具有对 SYS. DEPT 表的所有权限(读、插、改、删)，并具有给其他用户授权的权限。

(6) 撤销用户 c##test_user 对 SYS. DEPT 表的所有权限。

(7) 用户 c##test_user 只有查看“10”号部门的权限，不能查看其他部门信息。

(8) 建立角色 c##ROLE1，使其具有连接数据库、创建表的权限。

(9) 将 c##ROLE1 角色的权限授予用户 c##test_user。

(10) 删除角色 c##ROLE1。

2. 阅读下列说明，回答问题(1)～(5)。

某工厂仓库管理数据库的部分关系模式如下所示：

```
仓库(仓库号,面积,负责人,电话)
原材料(编号,名称,数量,储备量,仓库号)
```

要求一种原材料只能存放在同一仓库中。仓库和原材料的关系实例分别如表 5-4 和

表 5-5 所示。

表 5-4 仓库关系

仓 库 号	面积/m^2	负 责 人	电 话
01	500	李劲松	87654120
02	300	陈东明	87654122
03	300	郑爽	87654123
04	400	刘春来	87654125

表 5-5 原材料关系

编 号	名 称	数量/kg	储备量/kg	仓 库 号
1001	小麦	100	50	01
1002	大豆	20	10	02
2001	玉米	50	30	01
2002	花生	30	50	02
3001	菜油	60	20	03

(1) 根据上述说明,用 SQL 定义原材料和仓库的关系模式如下:

```
CREATE  TABLE  仓库(仓库号  Char(4),  面积  Int,  负责人  Char(8),
  电话  Char(8), ______________________);          //主键定义
CREATE  TABLE  原材料(编号  Char(4)   ____________,     //主键定义
    名称  CHAR(6),数量  INT,储备量  INT,
    仓库号____________________,
    ________________________);                  //外键定义
```

(2) 将下面的 SQL 语句补充完整,完成"查询存放原材料数量最多的仓库号"的功能。

```
SELECT 仓库号
FROM________________________;
```

(3) 将下面的 SQL 语句补充完整,完成"01 号仓库所存储的原材料信息只能由管理员李劲松来维护,而采购员李强能够查询所有原材料的库存信息"的功能。

```
CREATE  VIEW  raws_in_wh01
AS
  SELECT________________  FROM  原材料  WHERE  仓库号 = '01';

Grant____________________  ON  ______________  TO  李劲松;
Grant____________________  ON  ______________  TO  李强;
```

第6章 事务与并发控制

数据库是一个共享资源，可以供多个用户使用。建立与数据库的会话后，用户就可以对数据库进行操作了，而用户对数据库的操作是通过一个个事务来进行的。允许多个用户同时使用的数据库系统称为多用户数据库系统，例如飞机订票数据库系统、银行数据库系统等都是多用户数据库系统。在这样的系统中，同一时刻并发运行的事务可达数百个。

对于多用户数据库系统而言，当多个用户并发操作时，会产生多个事务同时操作同一数据的情况。若对并发操作不加以控制，就可能读取和写入不正确的数据，破坏数据库的一致性，所以数据库管理系统必须提供并发控制机制。

6.1 事 务

6.1.1 事务概述

用户每天都会遇到许多现实生活中类似于事务的示例，例如商业活动中的交易。对于任何一笔交易来说，都会涉及两个基本动作：一手交钱和一手交货。这两个动作构成了一个完整的商业交易，缺一不可。也就是说，这两个动作都成功发生，说明交易完成；如果只发生一个动作，则交易失败。所以，为了保证交易能够正常完成，需要用某种方法来保证这些操作的整体性，即这些操作要么都成功，要么都失败。

在事务处理中，一旦某个操作发生异常，则整个事务会重新开始，数据库也会返回到事务开始前的状态，在事务中对数据库所做的一切操作都会被取消。如果事务成功，则事务中所有的操作都会被执行。在事务处理的整个过程中，无论是成功完成还是必须重新开始，事务都必须确保数据库的完整性。

事务是一组包含一条或多条 SQL 语句的逻辑单元。在事务中，SQL 语句被作为一个整体，要么被一起执行，修改数据库中的数据；要么被一起撤销，对数据库数据不做任何修改。例如常见的银行账号之间的转账业务。若 A 账号向 B 账号转账 10 000 元，该事务包括两条 SQL 语句：

```
UPDATE A SET 金额 = 金额 - 10000 WHERE 账号 = 'A';
UPDATE B SET 金额 = 金额 + 10000 WHERE 账号 = 'B';
```

这两步操作,如果有一步失败,整个事务的所有操作都将撤销,目标账号 B 和源账号 A 上的金额都不会发生变化。

6.1.2 事务的 ACID 特性

DBMS 为了保证在并发访问时对数据库的保护,要求事务具有 4 个特性:原子性(atomicity)、一致性(consistency)、隔离性(isolation)和持久性(durability),简称 ACID 特性。

1. 原子性

事务的原子性是指事务中包含的所有操作要么全做,要么全不做。也就是说,事务的所有活动在数据库中要么全部反映,要么全不反映,以保证数据库是一致的。

事务在执行过程中,有三种情况会使其不能成功地结束:一是出现意外而被 DBMS 夭折,例如系统发生死锁,一个事务被选中作为牺牲者;二是因为电源中断、硬件故障或者软件错误而使系统垮台;三是事务遇到了意料之外的情况,如不能从磁盘读取或读取了异常数据等。这些情形都会导致事务夭折,从而使数据库处于一种不正确的无效状态。

DBMS 必须有办法去解决这种"夭折"的事务给数据库造成的影响。可以有两种方法:一是防止这种事务的出现,然而这是办不到的,因为按上面所述,导致"夭折"的原因是无法完全避免的。二是让其发生,一方面应确保所导致的数据库的"不正确"状态在系统中是不可见的,即不为事务所读取;另一方面应同时尽快地使这种不正确状态恢复到正确状态。这是合乎情理的。

以银行转账事务为例,假如现在账户 A 上的现金为 2000 元,账户 B 上的现金为 3000 元,这时数据库反映出来的结果为:账户 A+账户 B=5000 元;在转账事务中从账户 A 提款 1000 元、向账户 B 存款之前,数据库的状态为:账户 A+账户 B=4000 元,丢失了 1000 元。所以在事务处理过程中数据库数据是不一致的。当事务处理完成后,在事务处理中不一致的状态被账户 A 为 1000 元、账户 B 为 4000 元的另一种一致状态所替代。

从中可以发现,在事务处理之前和处理之后,数据库中的数据是一致的,虽然在事务处理过程中会出现短暂的不一致状态,但必须保证事务结束时数据库是一致的。这就需要事务处理的原子性来提供保证。

如何实现事务的原子性呢?就是让 DBMS 把那些"夭折"的事务已执行的操作对数据库所产生的影响再"抹掉"(UNDO)。DBMS 的事务日志文件中记录了每个事务对数据库所做变更的"旧值"和"新值"。当一个事务不能完成或夭折时,则将这些变更了的"新值"恢复到它的"旧值"(即抹掉了该变更),就像该事务根本未执行过一样。负责这项工作的是 DBMS 中的"恢复管理"部件。

2. 一致性

一致性是指数据库在事务操作前和事务处理后,其中的数据必须都满足业务规则约束。例如,上面的银行转账事务必须保证 A、B 两个账户的总钱数不变(这就是一种一致性限制),转账前总数是多少,转账后总数还是多少。这个责任一般由用户或应用程序员负责,例如他不会让 A 账户减 1000 元,而让 B 账户加 800 元,DBMS 无法检测这种错误。DBMS 无力自动实现每一事务的一致性,因为各个事务有各自的具体一致性限制。但可以将其作为一种数据的完整性限制明确给出,DBMS 提供的自动完整检查有助于一致性的实现。

下面通过实例来理解完整性约束如何实现数据库的一致性。

【例 6-1】 创建表 emp_test,要求年龄值必须大于或等于 18。

创建表 emp_test,代码如下:

```
SQL> CREATE TABLE emp_test(
  2   eno int NOT NULL PRIMARY KEY,
  3   ename varchar2(8),
  4   age int CHECK(age >= 18)
  5   );
```

表已创建。

插入数据,代码如下:

```
SQL> INSERT INTO emp_test VALUES(1001,'Scott',15);
INSERT INTO emp_test VALUES(1001,'Scott',15)
*
第 1 行出现错误:
ORA-02290: 违反检查约束条件 (SYS.SYS_C007567)
```

3. 隔离性

隔离性是数据库允许多个并发事务同时对其中的数据进行读/写和修改的能力。隔离性可以防止多个事务并发执行时,由于它们的操作命令交叉执行而导致的数据不一致状态。例如,对上面的银行转账事务,如果有另一个事务做账户汇总,它在事务结束之前计算 A+B,则得到一个不正确的结果值;若还根据这个值再修改其他数据,则会留下一个不正确的数据库状态,哪怕两个事务都完成了。

为了防止这种因并发事务的相互干扰而导致数据库的不正确或不一致性,DBMS 必须对它们的执行给予一定的控制,使若干并发执行的结果等价于它们一个接一个地串行执行的结果。也就是说,事务在执行过程中,其操作结果是相互不可见的,亦即完全"隔离"的。保证事务隔离性的任务由 DBMS 的"并发控制"部件完成。

4. 持久性

事务的持久性表示为:当事务处理结束后,它对数据的修改应该是永久的,即使在系统在遇到故障的情况下也不会丢失。

这里涉及一个问题:怎样才算事务完成了?一种是它对数据库的操作全部执行完了,但其结果保存在内存中,没有真正写回数据库中;另一种是不但全部操作完成,而且其结果也都写回数据库中了。

若为前者,那么当其结果要写而未写回数据库时,发生系统故障而使其丢失怎么办?若为后者,一方面写回数据库需要磁盘 I/O,可能等待很长时间,从而大大影响事务的并发度,降低系统性能;另一方面,即使写回数据库中了,也可能因磁盘故障而使其丢失或损坏。

DBMS 提供了日志设施来记录每一事务的各种操作及其结果和写磁盘的信息。无论何时发生故障,都能用这些记录的信息来恢复数据库,所以确保事务持久性的是 DBMS 的"恢复管理"部件。

6.1.3 Oracle 事务控制语句

Oracle 中没有提供开始事务处理的语句,所有的事务都是隐式开始的。也就是说,在

Oracle 中,用户不能显式使用命令来开始一个事务。Oracle 认为第一条修改数据库的语句或者一些要求事务处理的场合都是事务隐式的开始。但是,当用户想要终止一个事务处理时,必须显式使用 COMMIT 或 ROLLBACK 语句来结束。

根据事务的 ACID 特性,Oracle 提供了如下一组语句对事务进行控制:

(1) COMMIT:提交事务,即把事务中对数据库的修改进行永久保存。

(2) ROLLBACK:回滚事务,即取消对数据库所做的任何修改。由于回滚操作需要很大的系统开销,所以用户应该在必要的时候再进行回滚。

(3) SAVEPOINT:在事务中建立一个存储点。当事务处理发生异常而回滚事务时,可指定事务回滚到某存储点,然后从该存储点重新执行。设置存储点的语法如下所示:

SAVEPOINT [存储点名];

回滚到指定存储点的语法格式如下:

ROLLBACK TO SAVEPOINT 存储点名;

在建立存储点时,可以为存储点指定一个名称。这样当回滚事务时,就可回滚到指定的存储点。如果没有为存储点指定名称,则回滚事务时会回滚到上一个存储点。

存储点是事务处理中很有用的特性,使用存储点可以让用户将一个规模比较大的事务分割成一系列小的部分。这样既降低了编写事务时的复杂度,又可防止因事务出错而进行大批量的回滚。

【例 6-2】 分析下列各 SQL 语句。

(1) 复制"sys. dept"表,生成新 dept1。

以 SYSDBA 身份连接数据库,代码如下:

```
SQL > CONN sys/root@orcl as SYSDBA;
已连接。
```

创建表 dept1,代码如下:

```
SQL > CREATE TABLE dept1 AS SELECT * FROM dept;

表已创建。
```

(2) 删除表 dept1 中部门编号(deptno)为 10 的记录,并提交事务。

删除表 dept1 中部门编号为 10 的记录,代码如下:

```
SQL > DELETE FROM dept1 WHERE deptno = '10';

已删除 1 行。
```

提交事务,代码如下:

```
SQL > COMMIT;

提交完成。
```

(3) 将表 dept1 中部门编号(deptno)为 20 的记录的地址(loc)更改为"BEIJING",然后回滚该事务,取消对 dept1 表的修改。

将表 dept1 中部门编号为 20 的记录的地址更改为 BEIJING,代码如下:

```
SQL > UPDATE dept1 SET loc = 'BEIJING' WHERE deptno = '20';
```

已更新 1 行。

回滚该事务，代码如下：

```
SQL> ROLLBACK;
```

回滚已完成。

查看回滚后的表，代码如下：

```
SQL> SELECT * FROM dept1;
语句执行结果为：
DEPTNO   DNAME        LOC
------ --------- ---------
    20   RESEARCH     DALLAS
    30   SALES        CHICAGO
    40   OPERATIONS   BOSTON
```

(4) 在事务中建立一个存储点，并使用 ROLLBACK TO SAVEPOINT 语句回滚事务到存储点。

删除表 dept1 中部门编号为 20 的记录，代码如下：

```
SQL> DELETE FROM dept1 WHERE deptno = '20';
```

已删除 1 行。

建立存储点 savepoint p1，代码如下：

```
SQL> savepoint p1;
```

存储点已创建。

将表 dept1 中部门编号为 30 的记录的地址更改为 AMERICA，代码如下：

```
SQL> UPDATE dept1 SET loc = 'AMERICA' WHERE deptno = '30';
```

已更新 1 行。

回滚该事务至存储点 savepoint p1，代码如下：

```
SQL> ROLLBACK TO savepoint p1;
```

回滚已完成。

查看回滚后的表，代码如下：

```
SQL> SELECT * FROM dept1;
DEPTNO   DNAME        LOC
------ ---------- ---------
    30   SALES        CHICAGO
    40   OPERATIONS   BOSTON
```

6.2 并发控制

6.2.1 并发控制概述

事务串行执行(serial execution，SE)是指 DBMS 按顺序一次执行一个事务，执行完一个事务后才开始另一事务的执行。类似于现实生活中的排队售票，卖完一个顾客的票后再卖下一个顾客的票。事务串行执行容易控制，不易出错。

事务并发执行(concurrent execution，CE)是指 DBMS 同时执行多个对同一数据进行操作(并发操作)的事务。为此，DBMS 须对各事务中的操作顺序进行安排，以达到同时运行多个事务的目的。这里的“并发”是指在单处理器(一个 CPU)上，利用分时方法实现多个事务同时进行。

并发执行的事务可能会同时存取(或读/写)数据库中的同一数据。如果不加以控制，可能引起读/写数据的冲突，对数据库的一致性造成破坏。类似于多列火车都需要经过同一段铁路线时，车站调度室需要安排这些火车通过同一段铁路线的顺序，否则可能造成严重的火车撞车事故。

因此，DBMS 对事务并发执行的控制可归结为对数据访问冲突的控制，以确保并发事务间数据访问上的互不干扰，亦即保证事务的隔离性。

6.2.2 并发执行可能引起的问题

要对事务的并发执行进行控制，首先应了解事务的并发执行可能引起的问题，然后才可据此做出相应控制，避免问题的出现，达到控制的目的。

事务中的操作归根结底就是读或写，两个事务之间的相互干扰就是其操作彼此冲突。因此，事务间的相互干扰问题可归纳为写-写、读-写和写-读三种冲突(读-读不冲突)，分别称为丢失更新、不可重读、读脏数据问题。

1. 丢失更新

丢失更新(lost update)又称为覆盖未提交的数据。也就是说，一事务更新的数据尚未提交，而另一事务又将该未提交的更新数据再次更新，使得前一事务更新的数据丢失。

原因：由两个(或多个)事务对同一数据的并发写入引起，称为写-写冲突。

结果：与串行执行两个(或多个)事务的结果不一致。

图 6-1 说明了丢失更新的情况，其中图 6-1(a)为事务的执行顺序，图 6-1(b)为按此顺序执行的结果。其中 R(A) 表示读取 A 的值，W(A)表示将值写入 A。

事务T_1	事务T_2
R(A)	
W(A)	
	W(A)
R(A)	
⋮	
	⋮

(a) 事务执行顺序

事务T_1	事务T_2
R(A)：5	
W(A)：6→A	
	W(A)：7→A
R(A)：7?	
⋮	
	⋮

(b) 按(a)顺序执行的结果

图 6-1　丢失更新

可以看出，事务 T_1 对 A 的更新值“6”被事务 T_2 对 A 的更新值“7”所覆盖，因此事务 T_1 的第三步 R(A)操作，读出来的值是“7”而不再是“6”。事务 T_1 的用户就会感到茫然，他不知道事务 T_1 对 A 对象的更新值已被另外的事务更新值所覆盖了，从而使事务间产生了干扰，这实际上已违背了事务的隔离性。

为了更清楚地认识写-写冲突的问题，我们再看一个例子。

【例 6-3】 在表 6-1 中，数据库中 A 的初值是 100，事务 T_1 对 A 的值减 30，事务 T_2 对 A 的值增加一倍。如果执行次序是先 T_1 后 T_2，那么结果 A 的值是 140；如果先 T_2 后 T_1，那么 A 的值是 170。这两种情况都应该是正确的。但是按表 6-1 中的并发执行，结果 A 的值是 200，这个值肯定是错误的，因为在时间 t_5 丢失了事务 T_1 对数据库的更新操作，因而这个并发操作是不正确的。

表 6-1 丢失更新问题

时　　刻	事务 T_1	A 的值	事务 T_2
t_0	R(A)	100	
t_1		100	R(A)
t_2	A := A−30		
t_3			A := A * 2
t_4	W(A)	70	
t_5		200	W(A)

2. 不可重读

不可重读(unrepeatable read)也称为读值不可复现。由于另一事务对同一数据的写入，某事务对该数据两次读到的值不一样。

原因：该问题因读-写冲突引起。

结果：第二次读的值与前次读的值不同。

图 6-2 说明了不可重读的情况，其中 6-2(a)为事务执行顺序，图 6-2(b)为按此顺序执行的结果。

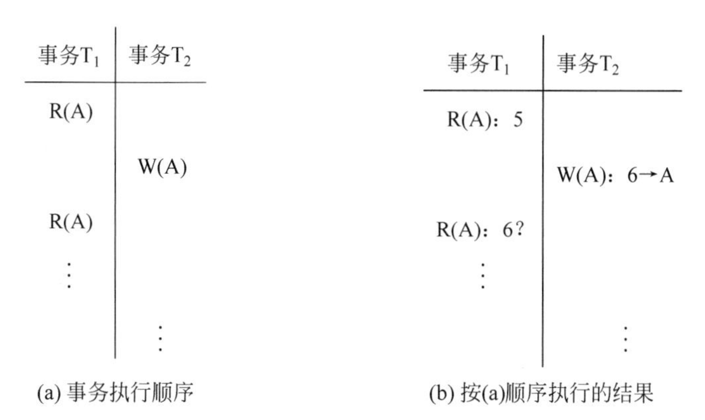

图 6-2 不可重读

假定 T_1 先读得 A 的值为“5”，T_2 接着将 A 的值改为“6”，然后 T_1 又来读 A，这时读得的值为“6”。由于中间 T_1 未对 A 做过任何修改，导致在事务内部对象值出现不一致，即出现重复读同一对象其值不同的问题。

【例 6-4】 表 6-2 表示 T_1 需要两次读取同一数据项 A,但是在两次读操作的间隔中,另一个事务 T_2 改变了 A 的值。因此,T_1 两次读同一数据项 A 却读出了不同的值。

表 6-2 不可重读问题

时　刻	事务 T_1	A 的值	事务 T_2
t_0	R(A)	100	
t_1		100	R(A)
t_2			A：= A * 2
t_3		200	W(A)
t_4			COMMIT
t_5	R(A)	200	

3. 读脏数据

读脏数据(dirty read)也称为读未提交的数据。也就是说,某事务更新的数据尚未提交,被另一事务读到；如前一事务因故要回滚(ROLLBACK),则后一事务读到的数据已经是没有意义的数据了,即脏数据。

原因：由后一事务读了前一个事务写了但尚未提交的数据引起,称为写-读冲突。

结果：读到有可能要回滚的更新数据。但如果前一事务不回滚,那么后一事务读到的数据仍是有意义的。

图 6-3 说明了可能读到脏数据的情况,其中图 6-3(a)为事务执行顺序,图 6-3(b)为按此顺序执行的结果。

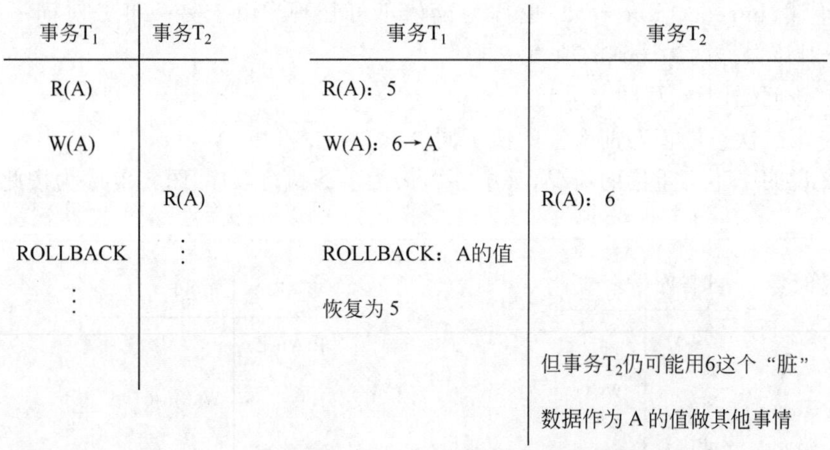

事务T_1	事务T_2
R(A)	
W(A)	
	R(A)
ROLLBACK	⋮
⋮	

(a) 事务执行顺序

事务T_1	事务T_2
R(A)：5	
W(A)：6→A	
	R(A)：6
ROLLBACK：A的值恢复为 5	
	但事务T_2仍可能用6这个“脏”数据作为 A 的值做其他事情

(b) 按(a)顺序执行的结果

图 6-3 读脏数据

假定 T_1 先将 A 的初值“5”改为“6”,T_2 从内存读得 A 的值为“6”；接着 T_1 由于某种原因回滚了,这时 A 的值又恢复为“5”,故 T_2 如果不再重新读,刚刚读到的“6”就是一个脏数据。

【例 6-5】 表 6-3 中,事务 T_1 把 A 的值修改为 70,但尚未提交(即未做 COMMIT 操作),事务 T_2 紧跟着读未提交的 A 值 70；随后,事务 T_1 做 ROLLBACK 操作,把 A 的值恢复为 100,而事务 T_2 仍在使用被撤销了的 A 值 70。

表 6-3 读脏数据问题

时　　刻	事务 T_1	A 的值	事务 T_2
t_0	R(A)	100	
t_1	A := A－30		
t_2	W(A)	70	
t_3		70	R(A)
t_4	ROLLBACK	100	

产生上述 3 类数据不一致性的主要原因就是并发操作破坏了事务的隔离性。并发控制就是要求 DBMS 提供并发控制功能，以正确的方式执行并发事务，避免并发事务之间由于相互干扰造成数据的不一致性，保证数据库的完整性。

6.2.3 事务隔离级别

隔离性是事务最重要的基本特性之一，是解决事务并发执行时可能发生的相互干扰问题的基本技术。

隔离级别定义了一个事务与其他事务的隔离程度。为了更好地理解隔离级别，再来看看并发事务对同一数据库进行访问可能发生的情况。在并发事务中，总的来说会发生 4 种异常情况：

(1) 丢失更新。丢失更新就是一个事务更新的数据尚未提交，而另一事务又将该未提交的更新数据再次更新，使得前一个事务更新的数据丢失。

(2) 读脏数据。读脏数据就是当一个事务修改数据时，另一个事务读取了修改的数据，并且第一个事务由于某种原因取消了对数据的修改，使数据库返回到原来的状态，这时第二个事务中读取的数据与数据库的数据已经不相符合。

(3) 不可重读。不可重读是指当一个事务读取数据库中的数据后，另一个事务更新了数据；当第一个事务再次读取其中的数据时，就会发现数据已经发生改变，导致一个事务前后两次读取的数据不相同。

(4) 幻影读。如果一个事务基于某个条件读取数据后，另一个事务更新了同一个表中的数据，这时第一个事务再次读取数据时，根据搜索条件返回了不同的行，这就是幻影读。例如，学生表中有 3 个女生信息，事务 A 查询该表中女生的信息，得到的是 3 条记录；然后事务 B 往表中插入了一条新的女生记录；此时事务 A 再查询该表中女生的信息，得到的是 4 条记录，导致前后读取的结果不一样，产生幻影读的异常。

事务中遇到这些类型的异常与事务隔离级别的设置有关，事务的隔离级别限制越多，可消除的异常现象也就越多。隔离级别分为 4 级。

(1) 未提交读(read uncommitted)。在此隔离级别，用户可以对数据执行未提交读；在事务结束前可以更改数据内的数值，行也可以出现在数据集中或从数据集中消失。它是 4 个级别中限制最小的级别。

(2) 提交读(read committed)。此隔离级别不允许用户读一些未提交的数据，因此不会出现读脏数据的情况，但数据可以在事务结束前被修改，从而产生不可重读或幻影读。

(3) 可重复读(repeatable read)。此隔离级别保证在一个事务中重复读到的数据会保持同样的值，而不会出现读脏数据、不可重读的问题。但允许其他用户将新的幻影行插入数据集，且幻影行包括在当前事务的后续读取中。

(4) 可串行读(serializable)。此隔离级别是4个隔离级别中限制最大的级别，称为可串行读，不允许其他用户在事务完成之前更新数据集或将行插入数据集内。

表6-4是4种隔离级别允许的不同类型的行为。

表 6-4 事务的 4 种隔离级别

隔离级别	丢失更新	读脏数据	不可重读	幻影读
未提交读	是	是	是	是
提交读	否	否	是	是
可重复读	否	否	否	是
可串行读	否	否	否	否

6.2.4 Oracle 事务隔离级别的设置

1. Oracle 的隔离级别

Oracle 支持上述4种隔离级别中的两种：read committed 和 serializable。除此之外，Oracle 还定义了 read only 和 read write 隔离级别。各隔离级别的意义如下：

(1) read committed。这是 Oracle 默认的隔离级别，为事务设置 read committed 隔离级别后，可以防止读脏数据的发生，即不读取未提交的数据。在该隔离级别下，Oracle 并不禁止其他事务对当前事务中所使用数据的修改，因此在同一事务中运行两个相同的语句，可能会得到不同的结果，即会发生不可重读的错误。

(2) serializable。设置事务的隔离级别为 serializable 后，事务与事务之间完全隔开。事务以串行的方式执行，这并不是说一个事务必须结束后才能启动另外一个事务，而是说这些事务的执行结果与一次执行一个事务的结果是一样的。

(3) read only 和 read write。当使用 read only 选项时，事务中不能有任何修改数据库中数据的语句(包括 INSERT、UPDATE、DELETE 语句)以及修改数据库结构的语句，如 CREATE TABLE 语句，避免了读脏数据、不可重读和幻影读的异常情况。read write 语句在 Oracle 中并不经常使用，这是因为它是默认设置。该选项表示在事务中既可以有访问语句，也可以有数据修改语句。

2. 隔离级别的设置

在 Oracle 下，可以使用 SET TRANSACTION 语句设置事务的隔离级别。下面列出了 Oracle 下最重要的4个隔离级别设置语句：

```
(1) SET TRANSACTION READ ONLY;
(2) SET TRANSACTION READ WRITE;
(3) SET TRANSACTION ISOLATION LEVEL READ COMMITTED;
(4) SET TRANSACTION ISOLATION LEVEL SERIALIZABLE;
```

注意：这些 SET TRANSACTION 语句是互斥的，即不可同时使用两个或两以上的语句。

下面在 Oracle 中建立2个并发事务，以演示事务隔离级别对数据访问的影响。该操作需要打开2个 SQL * Plus 窗口并连接 ORCL 模式。下面以表格的形式说明示例的操作步骤，操作步骤及效果如表6-5所示。

表 6-5 事务隔离实例

时刻	事务 T_1	事务 T_2	说 明
t_1	set transaction isolation level read committed; select * from dept1 where deptno='30';		事务 T_1 看到了 deptno 为 30 的部门信息
t_2		update dept1 set deptno='50' where deptno='30';	事务 T_2 更新 deptno 为 30 的部门信息,但没有提交
t_3	select * from dept1 where deptno='30';		事务 T_1 看到的仍为 deptno 为 30 的部门信息,防止了读脏数据的发生
t_4		commit;	事务 T_2 提交对数据行的修改
t_5	select * from dept1 where deptno='30';		事务 T_1 看不到 deptno 为 30 的部门信息,出现了不可重读的错误

对于大部分应用来说,READ COMMITTED 是最合适的隔离级别。虽然 READ COMMITTED 隔离级别存在不可重读和幻影读现象,但是它能够提供较高的并发性。如果所处的数据库中具有大量的并发事务,并且对事务的处理和响应速度要求较高,则使用 READ COMMITTED 隔离级别比较合适。

相应地,如果所连接的数据库用户比较少,多个事务并发访问同一资源的概率比较小,并且用户的事务可能会执行很长一段时间,在这种情况下使用 SERIALIZABLE 隔离级别较合适,因为它不会发生不可重读和幻影读现象。

6.3 封 锁

封锁是实现并发控制的一种非常重要的技术。所谓封锁,就是事务 T 在对表、记录等数据对象进行操作之前,先向系统发出请求,对其加锁。加锁后,事务 T 就对该数据对象有了一定的控制。在事务 T 释放它的锁之前,其他的事务不能更新此数据对象。

6.3.1 锁概述

一个锁实质上就是允许(或阻止)一个事务对一个数据对象的存取特权。一个事务对一个对象加锁的结果是将别的事物“封锁”在该对象之外,并能防止其他事务对该对象的更改,而加锁的事务则可执行它所希望的处理并维持该对象的正确状态。一个锁总是与某一事务的一个操作相联系。

1. 基本锁

锁有多种不同的类型,最基本的有两种：排他锁(exclusive locks)和共享锁(share locks)。

1) 排他锁

排他锁(X 锁)又称为写锁。若一个事务 T_1 在数据对象 R 上获得了排他锁,则 T_1 既可对 R 进行读操作,也可进行写操作。而其他任何事务不能对 R 加任何锁,因而不能进行任何操作,直至 T_1 释放了它对 R 加的锁。所以排他锁就是独占锁。

2）共享锁

共享锁(S锁)又称为读锁。若一个事务 T_1 在数据对象 R 上获得了共享锁，则它能对 R 进行读操作，但不能进行写操作。其他事务可以也只能同时对 R 加共享锁。

显然，排他锁比共享锁更"强"，因为共享锁只禁止其他事务的写操作，而排他锁既禁止其他事务的写操作又禁止读操作。

2. 基本锁的相容矩阵

根据 X 锁、S 锁的定义，可以得出基本锁的相容矩阵，如表 6-6 所示。当一个数据对象 R 已被某事务持有一个锁，而另一事务又想在 R 上加一个锁时，只有两种锁同为共享型时才有可能。要请求对 R 加一个排他锁，只有在 R 上无任何事务持有锁时才可以。

表 6-6 基本锁的相容矩阵

持有锁 \ 请求锁	S	X	-
S	Y	N	Y
X	N	N	Y
-	Y	Y	Y

说明：(1) N 表示不相容的请求，Y 表示相容的请求。

(2) X、S、-分别表示 X 锁、S 锁、无锁。

(3) 如果两个锁不相容，则后提出封锁的事务需等待。

3. 锁的粒度

封锁对象的大小称为封锁粒度(lock granularity)。根据对数据的不同处理，封锁的对象可以是属性(字段)、元组(记录)、关系(表)、数据库等逻辑单元，也可以是页(数据页或索引页)、块等物理单元。

封锁粒度与系统的并发度和并发控制的开销密切相关。封锁粒度越小，系统中能够被封锁的对象就越多，但封锁机构复杂，系统开销也就越大。相反，封锁粒度越大，系统中能够被封锁的对象就越少，并发度越小，封锁机构简单，相应的系统开销也就越小。

因此，在实际应用中，选择封锁粒度应同时考虑封锁开销和并发度两个因素，对系统开销与并发度进行权衡，以求得最优的效果。一般来说，需要处理大量元组的用户事务可以以关系为封锁单元；而对于一个处理少量元组的用户事务，可以以元组为封锁单位，以提高并发度。

6.3.2 封锁协议

在运用封锁机制时，还需要约定一些规则，例如何时开始封锁、封锁多长时间、何时释放等，这些封锁规则称为封锁协议(lock protocol)。

上面讲述的并发操作所带来的丢失更新、读脏数据和不可重读等数据不一致性问题，可以通过三级封锁协议在不同程度上给予解决。

1. 一级封锁协议

一级封锁协议内容：事务 T 在修改数据对象之前必须对其加 X 锁，直至事务结束。

具体地说，就是任何企图更新数据对象 R 的事务必须先执行"Xlock R"操作，才能获得

对 R 进行更新的权限并取得 X 锁。如果未获准 X 锁，那么这个事务进入等待状态，一直到获准“X 锁”，该事务才能继续进行。

一级封锁协议规定事务在更新数据对象时必须获得 X 锁，使得两个同时要求更新 R 的并行事务之一必须在一个事务更新操作执行完成之后才能获得 X 锁，这样就避免了两个事务读到同一个 R 值而先后更新时所发生的数据丢失更新问题。

但一级封锁协议只有在修改数据时才进行加锁，如果只是读取数据并不加锁，所以它不能防止读脏数据和不可重读的情况。

【例 6-6】 利用一级封锁协议解决表 6-1 中的数据丢失更新问题，如表 6-7 所示。

表 6-7　利用一级封锁协议解决丢失更新问题

时　　间	事务 T_1	A 的值	事务 T_2
t_0	Xlock A		
t_1	R(A)	100	
t_2			Xlock A
t_3	A := A－30		等待
t_4	W(A)	70	等待
t_5	Commit		等待
t_6	Unlock X		等待
t_7			Xlock A
t_8		70	R(A)
t_9			A := A * 2
t_{10}		140	W(A)
t_{11}			Commit
t_{12}			Unlock X

事务 T_1 先对 A 进行 X 封锁，事务 T_2 执行“Xlock A”操作，未获准“X 锁”，则进入等待状态，直到事务 T_1 更新 A 值以后，解除 X 封锁操作(Unlock X)。此后事务 T_2 再执行“Xlock A”操作，获准“X 锁”，并对 A 值进行更新(此时 R 已是事务 T_1 更新过的值，A＝70)。

2. 二级封锁协议

二级封锁协议内容：在一级封锁协议的基础上，另外要求事务 T 在读取数据对象 R 之前必须先对其加 S 锁，读完后释放 S 锁。

二级封锁协议不但可以解决数据丢失更新问题，还可以进一步防止读脏数据。但二级封锁协议在读取数据之后会立即释放 S 锁，所以它仍然不能解决不可重读的问题。

【例 6-7】 利用二级封锁协议解决表 6-3 中的读脏数据问题，如表 6-8 所示。

表 6-8　利用二级封锁协议解决读脏数据问题

时　　间	事务 T_1	A 的值	事务 T_2
t_0	Xlock A		
t_1	R(A)	100	
t_2	A := A－30		
t_3	W(A)	70	
t_4			Slock A

续表

时　　间	事务 T_1	A 的值	事务 T_2
t_5	ROLLBACK		等待
t_6	Unlock X	100	等待
t_7			Slock A
t_8		100	R(A)
t_9			Commit
t_{10}			Unlock S

事务 T_1 先对 A 进行 X 封锁，把 A 的值改为 70，但尚未提交；这时事务 T_2 请求对数据 A 加 S 锁，因为 T_1 已对 A 加了 X 锁，T_2 只能等待，直至事务 T_1 释放 X 锁；之后事务 T_1 因某种原因撤销，数据 A 恢复原值 100，并释放 A 上的 X 锁；此时事务 T_2 可对数据 A 加 S 锁，读取 A＝100，得到了正确的结果，从而避免了事务 T_2 读取脏数据。

3. 三级封锁协议

三级封锁协议内容：在一级封锁协议的基础上，另外要求事务 T 在读取数据 R 之前必须先对其加 S 锁，读完后并不释放 S 锁，而直至事务 T 结束才释放。

所以三级封锁协议除了可以防止丢失更新和读脏数据外，还可进一步防止不可重读，彻底解决了并发操作所带来的三个不一致性问题。

【例 6-8】 利用三级封锁协议解决表 6-2 中的不可重读问题，如表 6-9 所示。

表 6-9　利用三级封锁协议解决不可重读问题

时　　间	事务 T_1	A 的值	事务 T_2
t_0	Slock A		
t_1	R(A)	100	
t_2			Xlock A
t_3	R(A)	100	等待
t_4	Commit		等待
t_5	Unlock S		等待
t_6			Xlock A
t_7		100	R(A)
t_8			A：= A * 2
t_9		200	W(A)
t_{10}			COMMIT
t_{11}			Unlock X

事务 T_1 读取 A 值之前先对其加 S 锁，这样其他事务只能对 A 加 S 锁，而不能加 X 锁，即其他事务只能读取 A，而不能对 A 进行修改；事务 T_2 在 t_2 时刻申请对 A 加 X 锁时被拒绝，使其无法执行修改操作，只能等待事务 T_1 释放 A 上的 S 锁；这时事务 T_1 再读取数据 A 进行核对时，得到的值仍是 100，与开始所读取的数据是一致的，即可重读；在事务 T_1 释放 S 锁后，事务 T_2 才可以对 A 加 X 锁，进行更新操作，这样便保证了数据的一致性。

4. 封锁协议总结

这三级封锁协议的内容和优缺点如表 6-10 所示。

表 6-10 封锁协议的内容和优缺点

<table>
<tr><th>级 别</th><th colspan="3">内 容</th><th>优 点</th><th>缺 点</th></tr>
<tr><td>一级封锁协议</td><td rowspan="3">事务在修改数据之前，必须先对该数据加 X 锁，直到事务结束时才释放</td><td colspan="2">但只读数据的事务可以不加锁</td><td>防止“丢失更新”</td><td>不加锁的事务可能读脏数据，也可能不可重读</td></tr>
<tr><td>二级封锁协议</td><td rowspan="2">但其他事务在读数据之前必须先加 S 锁</td><td>读完后即刻释放 S 锁</td><td>防止丢失更新和读脏数据</td><td>对加 S 锁的事务，可能不可重读</td></tr>
<tr><td>三级封锁协议</td><td>直到事务结束时才释放 S 锁</td><td>防止丢失更新、读脏数据和不可重读</td><td></td></tr>
</table>

6.3.3 封锁带来的问题

利用封锁技术可以避免并发操作引起的各种错误，但有可能产生新的问题，即饿死、活锁和死锁。

1. 饿死问题

有可能存在一个事务序列，其中每个事务都申请对某数据项加 S 锁，且每个事务都在授权加锁后一小段时间内释放封锁。此时若另一个事务 T_2 欲在该数据项上加 X 锁，则将永远轮不上封锁的机会。这种现象称为饿死(starvation)。

例如，假设事务 T_1 持有数据 R 上的一个共享锁 S_1(R)，现在事务 T_2 请求排他锁 X_2(R)，则 T_2 必须等待 T_1 释放 S_1(R)；在此期间，可能又有事务 T_3 请求对 R 的共享锁 S_3(R)，由于它不与 S_1(R) 冲突，故被允许；因此当 T_1 释放 S_1(R) 时，T_2 还不能获得 X_2(R)，要等待 T_3 释放锁；以此类推，T_2 可能还要等 T_4、T_5……这样一直等下去而根本不能前进，这种情形就称为 T_2 被饿死了。

可以用下列授权方式来避免事务被饿死，即当事务 T_3 请求对数据 R 加 S 锁时，授权加锁的条件是：

(1) 数据 R 上不存在持有 X 锁的其他事务。

(2) 不存在等待对数据 R 加锁且先于 T_3 申请加锁的事务。

2. 活锁问题

系统可能使某个事务永远处于等待状态，得不到封锁的机会，这种现象称为活锁(live lock)。

例如，事务 T_1 对数据 R 封锁后，事务 T_2 又请求封锁 R，则 T_2 只能等待；此时 T_3 也请求封锁 R；当 T_1 释放 R 上的封锁后，系统首先批准了 T_3 的请求，T_2 继续等待；然后又有 T_4 请求封锁 R，T_3 释放了 R 上的封锁后，系统又批准了 T_4 的请求；以此类推，T_2 可能永远处于等待状态，从而发生了活锁。

解决活锁问题的一种简单方法是采用“先来先服务”的策略，也就是简单的排队方式。如果运行时事务有优先级，那么很可能优先级低的事务即使排队也很难轮上封锁的机会。此时可采用“升级”方法来解决，也就是当一个事务等待若干时间(比如 5min)还轮不上封锁时，可以提高其优先级别，这样总能轮上封锁。

3. 死锁问题

系统中两个或两个以上的事务都处于等待状态，并且每个事务都在等待其中另一个事

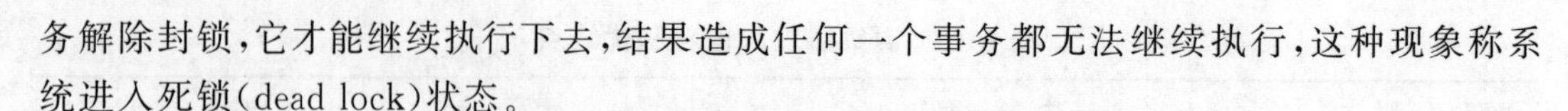

务解除封锁,它才能继续执行下去,结果造成任何一个事务都无法继续执行,这种现象称系统进入死锁(dead lock)状态。

例如,事务 T_1 等待事务 T_2 释放它对数据对象持有的锁,事务 T_2 等待事务 T_3 释放它的锁;以此类推,最后事务 T_n 又等待 T_1 释放它持有的锁,从而形成了一个锁的等待圈,产生死锁。

1) 死锁的预防

预防死锁有两种方法:一次加锁法和顺序加锁法。

(1) 一次加锁法。

一次加锁法是指每个事务必须将所有要使用的数据对象全部依次加锁,并要求加锁成功。只要一个加锁不成功,就表示本次加锁失败,应该立即释放所有已加锁成功的数据对象,然后重新开始从头加锁。

一次加锁法虽然可以有效地预防死锁的发生,但也存在一些问题:

① 对某一事务所要使用的全部数据一次性加锁,扩大了封锁的范围,降低了系统的并发度。

② 数据库中的数据是不断变化的,原来不需要封锁的数据在执行过程中可能会变成封锁对象,所以很难事先精确地确定每个事务要封锁的数据对象。这样只能在开始时扩大封锁范围,将可能要封锁的数据全部加锁,这就进一步降低了并发度,影响系统运行效率。

(2) 顺序加锁法。

顺序加锁法是指预先对所有可加锁的数据对象强加一个封锁顺序,同时要求所有事务都只能按此顺序封锁数据对象。

顺序加锁法同一次加锁法一样,也存在一些问题:因为事务的封锁请求可能随着事务的执行而动态地决定,随着数据操作的不断变化,维护这些数据的封锁顺序需要很大的系统开销。

2) 死锁的检测与解除

预防死锁的代价太高,还可能发生许多不必要的回滚操作。因此现在大多数 DBMS 采用的方法是允许死锁发生,然后设法发现它、解除它。

(1) 死锁的检测。

对于死锁的检测,可利用事务等待图测试系统中是否存在死锁。如图 6-4 所示,图中每一个节点是一个事务,箭头表示事务间的依赖关系。

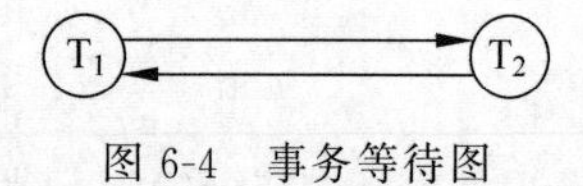

图 6-4 事务等待图

例如,在图 6-4 中,事务 T_1 需要数据 B,但 B 已被事务 T_2 封锁,那么从 T_1 到 T_2 画一个箭头;然后,事务 T_2 需要数据 A,但 A 已被事务 T_1 封锁,那么从 T_2 到 T_1 也应画一个箭头。

如果在事务等待图中沿着箭头方向存在一个循环,那么死锁的条件就形成了,系统进入死锁状态。

(2) 死锁的解除。

DBMS 中有一个死锁测试程序,每隔一段时间检查并发的事务之间是否发生死锁。如果发现死锁,DBA 会从依赖相同资源的事务中抽出某个事务作为牺牲品,将它撤销,并释放此事务占用的所有数据资源,分配给其他事务,使其他事务得以继续运行下去,这样就有可能消除死锁。

在解除死锁的过程中,抽取牺牲事务的标准是系统状态及其应用的实际情况,通常采用的方法之一是撤销一个处理死锁代价最小的事务;或从用户等级角度考虑,取消等级低的用户事务,释放其封锁的资源给其他需要的事务。

6.4 两段封锁协议

DBMS 对并发事务不同的调度(即事务的执行次序)可能会产生不同的结果,那么什么样的调度是正确的呢? 显然,串行调度是正确的。执行结果等价于串行调度的调度也是正确的。这样的调度叫作可串行化调度。

前面说明了封锁是一种最常用的并发控制技术,而可串行化是并发调度的一种正确性准则。接下来的问题是,怎么封锁其调度才是可串行化的呢? 最简单而有效的是采用两段封锁协议(Two-Phase Locking Protocol,2PL 协议)。

两段封锁协议规定所有的事务应遵守下面两条规则:

(1) 在对任何一个数据进行读/写操作之前,事务必须获得对数据的封锁。

(2) 在释放一个封锁之后,事务不再申请和获得任何其他封锁。

"两段"锁的含义是事务分为两个阶段。第一阶段是获得封锁,也称为扩展阶段。在这个阶段,事务可以申请获得任何数据项上任何类型的锁,但是不能释放任何锁。第二阶段是释放封锁,也称为收缩阶段。在这个阶段,事务可以释放任何数据项上任何类型的锁,但是不能再申请任何锁。

例如,事务 T_1: S(a),m=R(a),X(b),W(b,m),U(a),U(b),C

事务 T_2: S(a),m=R(a),U(a),X(b),W(b,m),U(b),C

其中: S(a)用于给数据对象 a 加 S 锁; m=R(a)将读取的数据对象 a 的值赋给变量 m; X(b)用于给数据对象 b 加 X 锁; W(b,m)用于把变量 m 的值写入数据对象 b; U(a)和U(b)用于解除对数据对象 a 和 b 的封锁; C 为提交事务的操作。

两个事务中,T_1 遵循 2PL 协议,T_2 则没有遵循。

两段封锁协议不是一个具体的协议,但其思想可融入具体的加锁协议之中,如 X 锁协议。下面给出一个遵守 2PL 协议的可串行化调度实例,如图 6-5 所示。

事务 T_1	事务 T_2
Xlock(x)	
R(x)	
W(x)	
Xlock(y)	
Unlock(x)	
	Xlock(x)
	R(x)
	W(x)
	Xlock(y)
R(y)	等待
W(y)	等待
Unlock(y)	等待
	Xlock(y)
	Unlock(x)
	R(y)
	W(y)
	Unlock(y)

图 6-5 遵守 2PL 协议的可串行化调度

遗憾的是,2PL 协议仍有可能导致死锁的发生,而且可能会增多,这是因为每个事务都不能及时解除被它封锁的数据。如图 6-6 所示,遵守 2PL 协议的事务仍有可能发生死锁。

事务T_1	事务T_2
Slock(x)	
R(x)	
	Slock(y)
	R(y)
Xlock(y)	
等待	Xlock(x)
等待	等待

图 6-6　遵守 2PL 协议的事务仍有可能发生死锁

6.5　Oracle 的并发控制

所谓的并发控制,是指用正确的方式实现事务的并发操作,避免造成数据的不一致性,也就是保证事务的一致性。为了维护事务的一致性,Oracle 使用锁机制防止其他用户修改另外一个未完成的事务中的数据。

事务对数据库的操作可以概括为读和写,当两个事务对同一个数据项进行操作时,可能的情况包括读-读、读-写、写-读和写-写。除读-读这种情况外,在其他情况下都可能产生数据的不一致,因此要通过不同模式的锁来避免数据不一致的发生。

1. 锁的模式

Oracle 提供了 5 种模式的锁,如表 6-11 所示。

表 6-11　Oracle 中锁的模式

锁 的 模 式	说　明
共享锁(S)	某事务用 S 锁锁定了表,则其他事务只能使用 S 锁锁定这个表,但不能对表进行更改
排他锁(X)	某事务对表加 X 锁后,则该事务对表既可以读也可以写,但其他事务不能对该表加任何锁
行级共享锁(RS)	如果某事务为了读取表中的行,使用 RS 锁锁定相应的行后,除了这些行外,另外的事务仍可以锁定表中其他的行
行级排他锁(RX)	如果某事务为了更新表而使用了 RX 锁锁定相应的行,则不允许其他事务再锁定该表
共享行级排他锁(SRX)	如果某事务对表加 SRX 锁,则表示对该表加 S 锁,而对要进行更新的行加 RX 锁

2. 锁的相容矩阵

Oracle 各种模式锁的相容性如表 6-12 所示。

3. 各种模式锁的设置

在 Oracle 中,当使用 INSERT、UPDATE 或 DELETE 语句时,Oracle 会自动使用 RX 锁;而对 DDL 中的 CREATE 语句,Oracle 会自动使用 S 锁,所有 ALTER 语句将使用 X 锁。除此之外,Oracle 还提供了一个 LOCK 语句,允许用户手动锁定一个表,而不是由一个事务自动地将它的锁触发。

表 6-12　锁的相容矩阵

持有锁 \ 请求锁	S	RS	RX	SRX	X
S	Y	Y	N	N	N
RS	Y	Y	Y	Y	N
RX	N	Y	Y	N	N
SRX	N	Y	N	N	N
X	N	N	N	N	N

Y：相容的请求；N：不相容的请求

表 6-13 列出了使用 LOCK 语句设置的各种模式的锁。

表 6-13　LOCK 语句设置的锁模式

锁 的 模 式	LOCK 语句
RS	LOCK　TABLE　表名　IN　ROW　SHARE　MODE
RX	LOCK　TABLE　表名　IN　ROW　EXCLUSIVE　MODE
S	LOCK　TABLE　表名　IN　SHARE　MODE
SRX	LOCK　TABLE　表名　IN　SHARE　ROW　EXCLUSIVE　MODE
X	LOCK　TABLE　表名　IN　EXCLUSIVE　MODE

【例 6-9】　分析下列各 SQL 语句的功能。

(1) 创建会话一,打开一个 SQL Plus,建立与 ORCL 模式的连接。

在此会话事务中对表 dept1 加行级排他锁 RX,并使用 UPDATE 语句修改其中的某行数据,代码如下:

```
SQL > LOCK TABLE dept1 IN ROW EXCLUSIVE MODE;

表已锁定。
SQL > UPDATE dept1 SET loc = 'AMERICA' WHERE deptno = '40';

已更新 1 行。
```

(2) 创建会话二,再打开一个 SQL Plus,并对表 dept1 加 S 锁,代码如下:

```
SQL > LOCK TABLE dept1 IN SHARE MODE;
```

由于会话一锁的类型是 RX,当会话二中设置锁的类型为 S 时,会话二中的事务将被阻塞,等待会话一对表 dept1 解锁。

(3) 在会话一中使用 ROLLBACK 回滚事务,终止事务的运行,这时将解除对表 dept1 加的 RX 锁,代码如下:

```
SQL > ROLLBACK;

回滚已完成。
```

(4) 当在会话一中解除对"dept1"表的 RX 锁时,会话二中的事务就可以正常运行了,代码如下:

```
SQL > LOCK TABLE dept1 IN SHARE MODE;

表已锁定。
```

6.6 小 结

本章主要介绍了事务管理及其主要技术。保证数据一致性是对数据库的最基本的要求。事务是数据库的逻辑工作单位,是由若干操作组成的序列。只要 DBMS 能够保证系统中一切事务的原子性、一致性、隔离性和持续性,也就保证了数据库处于一致状态。

事务是并发控制的基本单位。为了保证事务的一致性,DBMS 需要对并发操作进行控制。事务的并发指的是多个事务同时对相同的数据进行操作,事务并发会带来更新丢失、读脏数据等一致性问题。锁技术通过给并发事务设读锁或写锁,并制定相关的锁协议来避免上述问题。对数据对象施加封锁,会带来活锁和死锁问题,并发控制机制必须提供适合数据库特点的解决方法。

并发控制机制调度并发事务操作是否正确的判别准则是可串行性,两段封锁协议是可串行化调度的充分条件,但不是必要条件。因此,两段封锁协议可以保证并发事务调度的正确性。

习 题 六

一、选择题

1. 假如当前数据库中有两个并发事务,其中第一个事务修改表中的数据,第二个事务在将修改提交给数据库前查看这些数据。如果第一个事务执行回滚操作,则会发生(　　)读取现象。

   A. 幻影读　　B. 不可重读　　C. 读脏数据　　D. 可重读

2. 在事务的 ACID 性质中,关于原子性的描述正确的是(　　)。

   A. 指数据库的内容不出现矛盾的状态
   B. 若事务正常结束,即使发生故障,新结果也不会从数据库中消失
   C. 事务中的所有操作要么都执行,要么都不执行
   D. 若多个事务同时进行,与顺序实现的处理结果是一致的

3. 一级封锁协议解决了事务并发操作带来的(　　)不一致性的问题。

   A. 数据丢失修改　　B. 数据不可重读
   C. 读脏数据　　D. 数据重复修改

4. (　　)能保证不产生死锁。

   A. 两段封锁协议　　B. 一次封锁法
   C. 二级封锁协议　　D. 三级封锁协议

5. 一个事务执行过程中,其正在访问的数据被其他事务所修改,导致处理结果不正确,这是由于违背了事务的(　　)。

   A. 原子性　　B. 一致性　　C. 隔离性　　D. 持久性

6. 一旦事务成功提交,其对数据库的更新操作将永久有效,即使数据库发生故障。这一性质是指事务的(　　)。

   A. 原子性　　B. 一致性　　C. 隔离性　　D. 持久性

7. 事务 T_1、T_2、T_3 分别对数据 D_1、D_2、D_3 的并发操作如下：

时间	事务 T_1	事务 T_2	事务 T_3
t_1	读 $D_1=50$		
t_2	读 $D_2=100$		
t_3	读 $D_3=300$		
t_4	$X_1=D_1+D_2+D_3$		
t_5		读 $D_2=100$	
t_6		读 $D_3=300$	
t_7			读 $D_2=100$
t_8		$D_2=D_3-D_2$	
t_9		写 D_2	
t_{10}	读 $D_1=50$		
t_{11}	读 $D_2=200$		
t_{12}	读 $D_3=300$		
t_{13}	$X_1=D_1+D_2+D_3$		
t_{14}	验算不对		$D_2=D_2+50$
t_{15}			写 D_2

则 T_1 与 T_2 间的并发操作（ ① ），T_2 与 T_3 间的并发操作（ ② ）。

① A. 不存在问题　　B. 将丢失修改

C. 不能重复读　　D. 将读脏数据

② A. 不存在问题　　B. 将丢失修改

C. 不能重复读　　D. 将读脏数据

8. 火车售票点 T_1、T_2 分别售出了两张 2022 年 1 月 1 日到北京的硬卧票，但数据库里的剩余票数却只减了两张，造成数据的不一致，原因是（　　）。

A. 系统信息显示出错　　B. 丢失了某售票点的修改

C. 售票点重复读数据　　D. 售票点读了脏数据

9. 若系统中存在 5 个等待事务 T_0、T_1、T_2、T_3、T_4，其中 T_0 正等待被 T_1 锁住的数据项 A_1，T_1 正等待被 T_2 锁住的数据项 A_2，T_2 正等待被 T_3 锁住的数据项 A_3，T_3 正等待被 T_4 锁住的数据项 A_4，T_4 正等待被 T_0 锁住的数据项 A_0，则系统处于（　　）的工作状态。

A. 并发处理　　B. 封锁

C. 循环　　D. 死锁

10. 事务回滚指令 ROLLBACK 执行的结果是（　　）。

A. 跳转到事务程序开始处继续执行

B. 撤销该事务对数据库的所有的 INSERT、UPDATE、DELETE 操作

C. 将事务中所有变量值恢复到事务开始时的初值

D. 跳转到事务程序结束处继续执行

11. 在数据库事务的四种隔离级别中，不能避免脏读的是（　　）。

A. Serializable　　B. Repeatable Read

C. Read Committed　　D. Read Uncommitted

12. 解决并发操作带来的数据不一致性一般采用(　　)。

A. 封锁　　B. 恢复　　C. 授权　　D. 协商

二、填空题

1. 事务的 ACID 特性包括________、一致性、________和持久性。

2. 在众多的事务控制语句中,用来撤销事务的操作语句为________,用于持久化事务对数据库操作的语句是________。

3. 当对某个表加 SRX 锁时,表行的锁类型为________。

4. 如果对数据库的并发操作不加以控制,则会带来 3 类问题:________、________和不可重读。

5. 封锁能避免错误的发生,但会引起________、________和________。

三、操作题

阅读下列说明,回答问题(1)~(3)。

某银行的存款业务分为如下 3 个过程:

(1) 读取当前账户余额,记为 R(b)。

(2) 当前余额 b 加上新存入的金额 x 作为新的 b,即 $b=b+x$。

(3) 将新余额 b 写入当前账户,记为 W(b)。

存款业务分布于该银行各营业厅,并允许多个客户同时向同一账号存款。针对这一需求,完成下述问题。

(1) 假设同时有两个客户向同一账号发出存款请求,该程序会出现什么问题?

(2) 存款业务的伪代码程序为 R(b),$b=b+x$,W(b)。现引入共享锁指令 Slock(b)和排他锁指令 Xlock(b)对数据 b 进行加锁,解锁指令 Unlock(b)对数据 b 进行解锁。

请补充存款业务的伪代码程序,使其满足 2PL 协议。

(3) 若用 SQL 编写的存款业务事务程序如下:

```
…
SET    TRANSACTION  ISOLATION    LEVEL  READ    UNCOMMITTED
UPDATE   accounts   SET 余额 = 余额 + 数量   WHERE   账号 = AccountNo
COMMINT
…
```

该程序段是否能够实现存款业务?如不能,请修改其中的语句。

第7章　故障恢复

任何一个系统都难免由于种种原因发生各种故障，数据库系统也是如此。故障可能来自硬件（如 CPU、内存、系统总线、电源等）、软件（如 DBMS 和 OS 的隐患、应用程序逻辑和数据的错误等）、磁盘损坏乃至病毒和人为的有意破坏等。

因此，DBMS 必须具有把数据库从错误状态恢复到某一已知正确状态的功能，这就是数据库的恢复。数据库系统所采用的恢复技术是否行之有效，不仅对系统的可靠性起着决定性作用，而且对系统的运行效率也有很大影响，是衡量系统性能优劣的重要指标。

7.1　数据库故障恢复概述

系统能把数据库从被破坏的、不正确的状态恢复到最近一个正确的状态，DBMS 的这种能力称为数据库的可恢复性（recovery）。

恢复管理的任务包含两部分：一是在未发生故障而系统正常运行时，采取一些必要措施为恢复工作打基础；二是在发生故障后进行恢复处理。

（1）平时做好两件事：转储和建立日志。

① 周期性地（比如一周一次）对整个数据进行复制，转储到磁盘或磁带一类的存储介质上。

② 建立日志数据库。记录事务的开始、结束标志，将事务对数据库的每一次插入、删除和修改前后的值写到日志库中，以便有案可查。

（2）数据库系统基本的共同恢复方法有如下 3 种。

① 优先写日志。任何对数据库中数据元素的变更都必须先写入日志；在将变更的数据写入磁盘前，日志中的所有相关记录必须写入磁盘。

② REDO（重做）已提交事务的操作。当发生故障致使系统崩溃后，对那些已提交但其结果尚未真正写入磁盘上的事务进行重做，使数据库恢复到崩溃前的处理状态。

③ UNDO（撤销）未提交事务的操作。系统崩溃时，那些未提交事务操作所产生的数据库变更必须恢复到原状，使数据库只反映已提交事务的操作结果。

7.2 故障分类

在数据库系统引入事务概念以后,数据库的故障具体体现为事务执行的成功与失败。常见的故障有三类:事务故障、系统故障和介质故障。

7.2.1 事务故障

事务故障就是一个事务不能再正常执行下去了,又可分为两种。

1. 可以预期的事务故障

可以预期的事务故障即在程序中可以预先估计到的错误,例如存款余额透支、商品库存量达到最低值等,此时继续取款或发货就会出现问题。这种情况可以在事务的代码中加入判断和 ROLLBACK 语句。当事务执行到 ROLLBACK 语句时,由系统对事务进行撤销操作,即执行 UNDO 操作。

例如银行转账事务,把一笔资金从账户甲转给账户乙,代码如下:

```
开始事务
读账户甲的余额 balance;
balance = balance - amount;          (amount 为转账金额)
IF(balance < 0 ) THEN
{打印'金额不足,不能转账';
  ROLLBACK;                          (撤销刚才的修改,恢复事务)
}
ELSE
{读取乙账户的余额 balance;
  balance = balance + amount;
  COMMIT;
}
```

2. 非预期的事务故障

非预期的事务故障即在程序中发生的未估计到的错误。例如数据错误(有的错误数据在输入时是无法检验出来的,例如把存入银行的钱数“3500”输入成“5300”)、运算溢出、并发事务发生死锁而被选中撤销该事务(使事务不能再执行下去,但系统未崩溃,该事务可在后面的某时间重启动执行)等。此时由系统直接对该事务执行 UNDO 处理。

一个事务故障既不伤害其他事务,也不会损害数据库(在正确并发控制和恢复管理策略下)。所以它是一种最轻,也是最常见的故障。

7.2.2 系统故障

引起系统停止运转随之要求重新启动的事件称为系统故障,例如硬件故障、软件(DBMS、OS 或应用程序)错误或系统断电等情况。系统故障影响正在运行的所有事务,但不破坏数据库,这时主存内容尤其是数据库缓冲区(在内存)中的内容都会丢失,所有运行事务都会非正常终止。

系统故障可能导致事务的如下两种情况:

(1) 尚未完成的事务。发生系统故障时,一些尚未完成的事务的结果可能已写入到物理数据库中,从而造成数据库可能处于不正确的状态。

(2) 已提交的事务。发生系统故障时，有些已经完成的事务更改的数据可能有一部分甚至全部留在内存缓冲区，但尚未写回磁盘上的物理数据库中。系统故障使得这些事务对数据库的修改部分或全部丢失，这也会使数据库处于不一致状态。

重新启动时，对事务的具体处理分为：

(1) 对未完成事务作 UNDO 处理。

(2) 对已提交事务但更新还留在内存缓冲区的事务进行 REDO 处理。

7.2.3 介质故障

系统故障常称为软故障，介质故障称为硬故障。硬故障指外存故障，如磁盘损坏、磁头碰撞、瞬时强磁场干扰等。发生介质故障时，磁盘上的物理数据库会遭到毁灭性破坏。

将受损的硬件恢复正常并启动系统后，具体处理方法包括：

(1) 重新在系统中装入转储的后备副本；

(2) 将转储以后所有已提交的事务进行 REDO 处理。

上述的各类故障都是可以采用各种技术与机制来恢复的。也存在难以恢复的故障，如地震、火灾、爆炸等造成的外存(包括日志、数据库、备份等)的严重毁坏。对这类灾难性故障，一般的恢复技术是难以奏效的，采用分布式或远程调用(日志、备份等)技术可能是较好的方法。

7.3 恢复的实现技术

数据库恢复的基本原则是数据的冗余。建立冗余数据最常用的技术是数据备份和登记日志文件。通常在一个数据库系统中，这两种方法是一起使用的。

7.3.1 数据备份

备份是为了在磁盘本身发生故障时进行数据库恢复。在发生介质故障时，存储在磁盘上的数据库本身甚至日志遭到破坏，将如何恢复呢？

基本方法是定期(比如一周一次)地将数据库转储到另外分离(甚至远离)的安全存储器(磁带、光盘或远程节点等)上，这种转储过程称为备份。

当发生介质故障时，先用最近的一次备份副本来复原数据库，然后利用日志的 REDO 和 UNDO 记录将其恢复到最近的一致性状态。显然，这里的前提是，最近一次备份以来的联机日志是完好的。

备份转储是一个很长的过程，如何进行备份要考虑两方面：一是怎样复制数据库，二是怎样(何时或在什么情况下)进行备份转储。我们先考虑第一方面的问题，可以分为两个不同级别的复制策略：

(1) 海量转储。每次复制整个数据库。

(2) 增量转储。每次只转储上次转储后被更新过的数据。上次转储以后对数据库的更新修改情况记录在日志文件中，利用日志文件将更新过的那些数据重新写入上次转储的文件中，即完成了转储操作。这与转储整个数据库的效果是一样的，但花的时间要少得多。

现在考虑怎样(在什么情况下)做备份转储的问题。备份转储分为静态转储和动态转储。

静态转储是指在系统中无运行事务时进行的转储操作。静态转储期间不允许有任何数据存取活动，因而必须在当前所有用户的事务结束之后进行，新用户事务又必须在转储结束之后才能进行。显然，静态转储得到的一定是一个数据一致性的副本，但它降低了数据库的可用性。

动态转储是指转储期间允许对数据库进行存取或修改的转储操作。动态转储可以克服静态转储的缺点，它不用等待正在运行的用户事务结束，也不会影响新事务的运行。但是，转储结束时后备副本上的数据并不能保证正确有效。例如，在转储期间的某个时间，系统把数据 X=100 转储到磁盘上；而在下一时刻，某一事务将 X 改为 200。转储结束后，后备副本上的 X 已是过时的数据了。

为此，必须把转储期间各事务对数据库的修改活动记录在日志文件中，这样，后备副本加上日志文件就能把数据库恢复到某一时刻的正确状态。

7.3.2 登记日志文件

在系统运行时，数据库与事务都在不断地变化。为了在故障后能恢复系统的正常状态，必须在系统正常运行期间随时记录下它们的变化情况，以便提供恢复所需信息。这种历史记录称为日志。

1. 日志记录的类型

日志中一般包含关于事务活动、数据库变更及恢复处理信息三大类型的记录。

1）关于事务活动的记录

关于事务活动的记录所记载的内容有如下几种：

(1) 事务的唯一标识符。事务是并发的，所以相对于几个事务的日志记录可能是交错的，即先是关于某个事务的一个操作，接着是关于另一事务的一个操作，然后又是第一个或第三个事务的一个操作；以此类推，所以每一条记录需被授予一个唯一的标识号。

(2) 事务的输入数据。

(3) 事务的开始。

(4) 事务的提交，但它所做的变更不一定写到磁盘上。

(5) 事务的夭折，要保证事务的任何变更不能出现在磁盘上。

(6) 事务完全结束。仅有 COMMIT 或 ABORT 的日志记录是不够的，因为此后还有一些活动必须要完成，如收回事务所占有的工作缓冲区等。

(7) 事务在数据对象上进行的操作，如插入、删除、读取、修改操作。

2）关于数据库变更的记录

关于数据库变更的记录反映了数据库的变化历史，变更的内容有以下两个：

(1) 更新前数据的旧值(对于插入操作而言，此项为空值)。

(2) 更新后数据的新值(对于删除操作而言，此项为空值)。

3）关于恢复处理信息的记录

为了支持各种故障的有效恢复，除了上述关于事务和数据库变更历史的日志记录外，还要有下列两种日志记录。

(1) 备份记录。记载为了能实现介质故障恢复而对数据库进行定期转储的有关信息，

例如转储的类型(海量转储、增量转储)、转储副本的版本号等。

(2) 检查点记录。主要内容包括在做检查点时正在运行的事务列表、每一种事务的最后一个日志记录的标识号、第一个日志记录的标识号等。

2. 登记日志文件

为保证数据库是可恢复的,登记日志文件时必须遵守如下两条原则:

(1) 事务登记的次序必须严格按并发事务执行的时间次序。

(2) 必须先写日志文件,后写数据库的修改。

如果先写了数据库修改,而在日志文件中没有登记这个修改,以后就无法恢复这个修改了。如果先写日志,但没有修改数据库,在进行恢复时,只要执行 UNDO 或 REDO 操作就可以了,并不会影响数据库的正确性。

所以为了安全,一定要先写日志文件,然后写数据库的修改。这就是先写日志文件的原则。

7.4 恢复策略

当系统运行过程中发生故障时,利用数据库后备副本和日志文件就可以将数据库恢复到故障前的某个一致性状态。不同故障的恢复策略和方法也不一样。

7.4.1 事务故障的恢复

引起事务故障的原因有如下几个:

(1) 事务无法执行而中止。

(2) 用户主动撤销事务。

(3) 事务因系统调度差错而中止。

事务故障的恢复步骤如下:

(1) 从后向前扫描日志,找到故障事务。

(2) 撤销该事务已做的所有更新操作。例如,如果日志记录中是插入操作,则相当于做删除操作(因此时“更新前的值”为空);若日志记录中是删除操作,则相当于做插入操作;若是修改操作,则相当于用修改前的值代替修改后的值。

(3) 从正在运行的事务列表中删除该事务,释放该事务所占资源。

事务故障的恢复由系统自动完成,无须用户干预。

7.4.2 系统故障的恢复

引起系统故障的原因主要有两个,即系统断电、除介质故障之外的软硬件故障。

系统故障会使数据库处于不一致的状态,其原因如下:

(1) 未提交事务对数据库的更新已写入数据库。

(2) 已提交事务对数据库的更新还留在内存缓冲区中,没来得及写入数据库。

因此,对系统故障的恢复策略是撤销故障发生时未提交的事务,重做已提交的事务。

系统故障的恢复步骤如下:

(1) 重新启动 OS 和 DBMS。

(2) 从前向后扫描日志,找到故障前已提交的事务,将事务的唯一标识号记入重做(REDO)队列;同时找出故障时未提交的事务,将事务的唯一标识号记入撤销(UNDO)队列。

(3) 对撤销队列中的各个事务进行撤销处理,具体方法是反向扫描日志,对每个要撤销的事务进行回滚操作。

(4) 对重做队列中的各个事务进行重做,具体方法是正向扫描日志,对每个事务重新执行日志文件登记的操作。

系统故障的恢复是由系统在重新启动时自动完成的,无须用户干预。

7.4.3 介质故障的恢复

介质故障的恢复方法是重装数据库,重做已提交的事务,具体步骤如下:

(1) 修复或更换磁盘系统,并重新启动系统。

(2) 装入最近的数据库后备副本,使数据库恢复到最近一次转储时的一致性数据库状态。

(3) 装入有关的日志副本,重做(REDO)已提交的事务。具体方法为扫描日志,找出故障时已提交事务的唯一标识号,记入重做队列;正向扫描日志,对重做队列中的事务重新执行日志文件中登记的操作。

介质故障的恢复需要DBA的干预,但DBA的任务也只是重装最近转储的数据库后备副本和有关的日志副本,发出系统恢复的命令即可。具体的恢复操作仍由DBMS来完成。

7.5 具有检查点的恢复技术

当发生系统故障时,首先必须查阅日志来确定哪些事务要重做(REDO),哪些事务要撤销(UNDO)。问题是:如何查阅日志?从哪里查起呢?一种最简单的选择是从头查起,这显然是不明智的。一是搜索整个日志将耗费大量的时间;二是很多需重做(REDO)的事务实际上已经将它们的更新操作结果写到数据库中了,然而恢复子系统又重新执行了这些操作,浪费了大量的时间。为了解决这些问题,DBMS引入了检查点机制。这种检查点机制大幅减少了数据库恢复的时间,如图7-1所示。

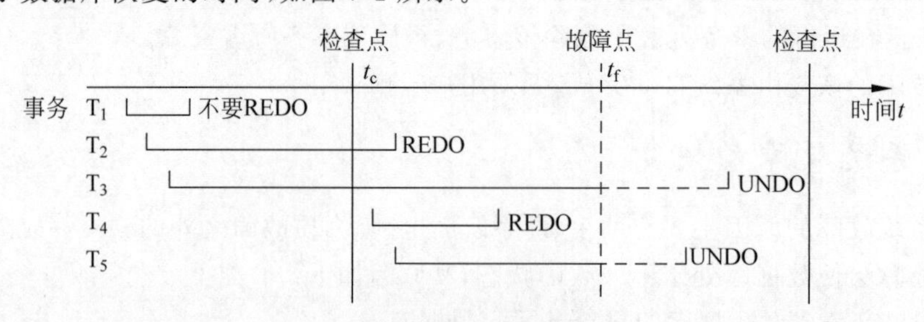

图7-1 检查点机制

设数据库系统运行时,在 t_c 时刻产生了一个检查点,而在下一个检查点来临之前的 t_f 时刻系统发生了故障。我们把这一阶段运行的事务分成5类(T_1～T_5):

(1) 事务 T_1 不必恢复,因为它们的更新已在检查点 t_c 时刻写到数据库中去了。

(2) 事务 T_2 和事务 T_4 必须重做(REDO),因为它们结束在下一个检查点之前。它们对数据库的修改仍在内存缓冲区中,还未写到磁盘中。

(3) 事务 T_3 和事务 T_5 必须撤销(UNDO)。因为它们还未做完,必须撤销事务对数据库已做的修改。

采用检查点方法的基本恢复分成如下两步:

(1) 根据日志文件建立事务重做(REDO)队列和事务撤销(UNDO)队列。

(2) 对重做队列中的事务进行 REDO 处理,对撤销队列中的事务进行 UNDO 处理。

一般 DBMS 产品自动实行检查点操作,无须用户干预。

7.6 Oracle 的备份与恢复

数据库备份分为物理备份和逻辑备份两类。物理备份是指将组成数据库的数据文件、重做日志文件、控制文件、初始化参数文件等操作系统文件进行复制,将形成的副本保存到与当前系统独立的磁盘或磁带上。逻辑备份是指利用 Oracle 提供的导出工具将数据库中的数据抽取出来存放到一个二进制文件中。通常,数据库备份以物理备份为主,逻辑备份为辅。

数据库恢复分为物理恢复和逻辑恢复两类。所谓的物理恢复就是利用物理备份来恢复数据库,即利用物理备份文件恢复损毁文件,是在操作系统级别上进行的。逻辑恢复是指利用逻辑备份的二进制文件,使用 Oracle 提供的导入工具将部分或全部数据重新导入数据库,恢复损毁或丢失的数据。

7.6.1 物理备份与恢复数据库

1. 冷备份

如果数据库可以正常关闭,而且允许关闭足够长的时间,就可以进行冷备份。其方法是首先关闭数据库,然后备份所有的物理文件,包括数据文件、控制文件、重做日志文件等。

【例 7-1】 对数据库 ORCL 进行冷备份。

(1) 启动 SQL Plus,以 SYSDBA 身份登录数据库 ORCL。

(2) 查询当前数据库所有数据文件、控制文件、重做日志文件的位置,代码如下:

```
SQL > SELECT file_name FROM dba_data_files;

FILE_NAME
--------------------------------------------
D:\ORACALE19C\ORADATA\ORCL\SYSTEM01.DBF
D:\ORACALE19C\ORADATA\ORCL\SYSAUX01.DBF
D:\ORACALE19C\ORADATA\ORCL\UNDOTBS01.DBF
D:\ORACALE19C\ORADATA\ORCL\USERS01.DBF

SQL > SELECT member FROM v $ logfile;

MEMBER
--------------------------------------------
D:\ORACALE19C\ORADATA\ORCL\REDO03.LOG
D:\ORACALE19C\ORADATA\ORCL\REDO02.LOG
```

```
D:\ORACALE19C\ORADATA\ORCL\REDO01.LOG

SQL> SELECT value FROM v$parameter WHERE name = 'control_files';

VALUE
--------------------------------------------------
D:\ORACALE19C\ORADATA\ORCL\CONTROL01.CTL,
D:\ORACALE19C\ORADATA\ORCL\CONTROL02.CTL
```

(3) 关闭数据库,代码如下:

```
SQL> SHUTDOWN IMMEDIATE;
数据库已经关闭。
已经卸载数据库。
ORACLE 例程已经关闭。
ERROR:
ORA-12514: TNS: 监听程序当前无法识别连接描述符中请求的服务
警告: 您不再连接到 ORACLE。
```

(4) 在操作系统下使用复制、粘贴的方式,手动复制所有数据文件、归档日志文件、控制文件和初始化参数文件到备份磁盘。也可以使用下面的操作系统命令完成:

HOST COPY 原文件 目标文件;

(5) 重新启动数据库。

连接空闲例程,代码如下:

```
SQL> CONN/ as SYSDBA;
已连接到空闲例程。
```

启动例程,代码如下:

```
SQL> STARTUP;
ORACLE 例程已经启动。
```

装载数据库,代码如下:

```
Total System Global Area 2499802232 bytes
Fixed Size                   9270392 bytes
Variable Size              587202560 bytes
Database Buffers          1895825408 bytes
Redo Buffers                 7503872 bytes
数据库装载完毕。
数据库已经打开。
```

2. 非归档模式下数据库的脱机恢复

非归档模式下数据库的恢复主要指利用冷备份恢复数据库,而且只能将数据库恢复到最近一次完全冷备份的状态。

【例 7-2】 对数据库 ORCL 通过冷备份进行恢复。

(1) 关闭数据库,代码如下:

```
SQL> SHUTDOWN IMMEDIATE;
```

(2) 将备份的所有数据文件、控制文件、归档日志文件、初始化参数文件还原到原来所在的位置。

(3) 重新启动数据库,代码如下:

```
SQL > STARTUP;
```

3. 热备份

虽然冷备份简单、快捷，但是在很多情况下，例如数据库运行于24(小时)×7(天)状态时，没有足够的时间关闭数据库进行冷备份，这时只能用热备份。

热备份是指数据库在归档模式下对数据文件、控制文件、归档日志文件等进行备份。

【例 7-3】 对数据库 ORCL 进行热备份，备份的文件位置为 d:\orcl\hot\(应事先创建该路径)。

(1) 启动 SQL Plus，以 SYSDBA 身份登录数据库。

(2) 将数据库设置为归档模式。

① 查看当前归档模式，代码如下：

```
SQL > archive log list;
数据库日志模式              非存档模式
自动存档                    禁用
存档终点                    D:\WINDOWS.X64_193000_db_home\RDBMS
最早的联机日志序列          1
当前日志序列                2
```

② 强制为归档日志设置存储路径，代码如下：

```
SQL > alter system set log_archive_dest_10 = 'location = d:/orcl';
系统已更改。
```

③ 关闭数据库，代码如下：

```
SQL > shutdown immediate;
```

④ 将数据库启动为 mount 状态。

注意：如果要修改数据库的运行模式或恢复数据库，需要将数据库启动为 mount 状态。

连接空闲例程，代码如下：

```
SQL > CONN / as SYSDBA;
已连接到空闲例程。
```

启动例程，代码如下：

```
SQL > startup mount;
ORACLE 例程已经启动。
```

装载数据库，代码如下：

```
Total System Global Area 2499802232 bytes
Fixed Size                  9270392 bytes
Variable Size             587202560 bytes
Database Buffers         1895825408 bytes
Redo Buffers                7503872 bytes
数据库装载完毕。
```

⑤ 修改数据库为归档模式，代码如下：

```
SQL > alter database archivelog;

数据库已更改。
```

⑥ 修改数据库为打开状态,代码如下:

```
SQL > alter database open;

数据库已更改。
```

(3) 备份数据文件。

① 查询数据字典,确认 system、users 表空间所对应的数据文件,代码如下:

```
SQL > SELECT file_name,tablespace_name FROM dba_data_files;
语句执行结果为:
FILE_NAME                                    TABLESPACE_NAME
-------------------------------------------- ---------------
D:\ORACALE19C\ORADATA\ORCL\SYSTEM01.DBF      SYSTEM
D:\ORACALE19C\ORADATA\ORCL\SYSAUX01.DBF      SYSAUX
D:\ORACALE19C\ORADATA\ORCL\UNDOTBS01.DBF     UNDOTBS1
D:\ORACALE19C\ORADATA\ORCL\USERS01.DBF       USERS
```

② 将数据库设置为备份状态,代码如下:

```
SQL > ALTER DATABASE BEGIN BACKUP;

数据库已更改。
```

③ 复制所有的数据文件,粘贴到 d:\orcl\hot\目录下。

④ 结束数据库的备份状态,代码如下:

```
SQL > ALTER DATABASE END BACKUP;

数据库已更改。
```

(4) 备份控制文件。

将控制文件备份为二进制文件,放到目录 d:\orcl\hot\下,代码如下:

```
SQL > ALTER DATABASE BACKUP CONTROLFILE TO 'd:\orcl\hot\CONTROL01.CTL';

数据库已更改。
```

(5) 备份归档日志文件。

将当前联机重做日志文件存储为归档日志文件,以便后期恢复时使用,代码如下:

```
SQL > ALTER SYSTEM ARCHIVE LOG CURRENT;
系统已更改。
```

在 D:\ORCL 目录下生成归档的日志文件。

4. 归档模式下数据库的联机恢复

归档模式下数据库的恢复是指归档模式下一个或多个数据文件损坏时,利用热备份的数据文件替换损坏的数据文件,再利用上次备份后产生的归档日志文件和联机日志文件进行恢复,将数据库恢复到故障前的状态。

【例 7-4】 将 ORCL 数据库进行归档模式下的联机恢复(备份文件已经存放在 D:\ORCL\HOT\目录下)。

(1) 启动数据库并确认数据库运行在自动归档模式。

以 SYSDBA 身份登录数据库,代码如下:

```
SQL> CONN sys/root@orcl as SYSDBA;
已连接。
```

查看当前归档模式,代码如下:

```
SQL> archive log list;
数据库日志模式              存档模式
自动存档                    启用
存档终点                    d:/orcl
最早的联机日志序列          1
下一个存档日志序列          3
当前日志序列                3
```

(2) 建立 test 表,向表中插入数据并提交。

创建表 test,代码如下:

```
SQL> CREATE TABLE test(id NUMBER,name CHAR(8));

表已创建。
```

插入数据,代码如下:

```
SQL> INSERT INTO test VALUES(1,'MARY');

已创建 1 行。
```

继续插入数据,代码如下:

```
SQL> INSERT INTO test VALUES(2,'JACK');

已创建 1 行。
```

提交数据,代码如下:

```
SQL> COMMIT;

提交完成。
```

(3) 将以上所做的操作进行归档,保证刚插入的数据已被归档到归档日志文件中,代码如下:

```
SQL> ALTER SYSTEM ARCHIVE LOG CURRENT;

系统已更改。
```

(4) 关闭数据库,删除数据文件 SYSTEM01. DBF,以模拟数据文件损坏的情况,代码如下:

```
SQL> SHUTDOWN;
SQL> HOST DEL D:\ORACALE19C\ORADATA\ORCL\SYSTEM01.DBF;
```

(5) 打开数据库,出现错误。

连接空闲例程,代码如下:

```
SQL> CONN / as SYSDBA;
已连接到空闲例程。
```

启动例程,代码如下:

```
SQL> STARTUP;
ORACLE 例程已经启动。
```

装载数据库,结果如下:

```
Total System Global Area 2499802232 bytes
Fixed Size                  9270392 bytes
Variable Size             587202560 bytes
Database Buffers         1895825408 bytes
Redo Buffers                7503872 bytes
数据库装载完毕。
```

出现如下错误:

```
ORA-01157: 无法标识/锁定数据文件 1 - 请参阅 DBWR 跟踪文件
ORA-01110: 数据文件 1: 'D:\ORACALE19C\ORADATA\ORCL\SYSTEM01.DBF'
```

(6) 用归档模式下物理备份的 SYSTEM01.DBF 文件还原损坏(已被删除)的数据文件 SYSTEM01.DBF,代码如下:

```
SQL> HOST COPY d:\orcl\hot\SYSTEM01.DBF D:\ORACALE19C\ORADATA\ORCL\;
已复制          1 个文件。
```

(7) 执行数据库恢复操作。由于 SYSTEM 表空间不能在数据库打开后进行恢复,因此只能在数据库处于装载状态时进行恢复。

关闭数据库,代码如下:

```
SQL> SHUTDOWN IMMEDIATE;
```

出现如下错误:

```
ORA-01109: 数据库未打开
已经卸载数据库。
ORACLE 例程已经关闭。
```

连接空闲例程,代码如下:

```
SQL> CONN / AS SYSDBA;
已连接到空闲例程。
```

启动例程,代码如下:

```
SQL> STARTUP MOUNT;
ORACLE 例程已经启动。
```

装载数据库,结果如下:

```
Total System Global Area 2499802232 bytes
Fixed Size                  9270392 bytes
Variable Size             587202560 bytes
Database Buffers         1895825408 bytes
Redo Buffers                7503872 bytes
数据库装载完毕。
```

恢复介质,代码如下:

```
SQL> RECOVER DATABASE;
完成介质恢复。
```

(8) 打开数据库。测试恢复后建立的表和插入的数据是否存在。如果存在,说明数据

库运行于归档模式时可以恢复到最后失败点。

修改数据库为打开状态，代码如下：

```
SQL> ALTER DATABASE OPEN;
数据库已更改。
```

查询表 test，测试恢复后建立的表和插入的数据是否存在，代码如下：

```
SQL> SELECT * FROM test;

   ID  NAME
-----  -----
    1  MARY
    2  JACK
```

7.6.2 逻辑备份与恢复数据库

逻辑备份是指利用 Oracle 提供的导出工具，将数据库中选定的记录集的逻辑副本以二进制文件的形式存储到操作系统中。这个逻辑备份的二进制文件称为转储文件，以.dmp格式存储。逻辑恢复是指利用 Oracle 提供的导入工具将逻辑备份形成的转储文件导入数据库内部，进行数据库的逻辑恢复。

Oracle 19c 提供了 Data Pump Export(EXPDP)和 Data Pump Import(IMPDP)两个工具，实现数据的逻辑备份与恢复。由于 EXPDP 和 IMPDP 是服务器端程序，因此其转储文件只能存放在由 DIRECTORY 对象指定的特定数据库服务器操作系统目录中，而不能使用直接指定的操作系统目录。创建目录对象的语法格式如下：

```
CREATE OR REPLACE DIRECTORY 目录名 AS '存放数据的文件夹名';
```

在创建完目录对象后，还需要将该对象的 READ、WRITE 权限授予用户。

1. 使用 EXPDP 导出数据表

创建目录后，即可使用 EXPDP 工具导出数据，备份指定表的语法格式如下：

```
EXPDP 用户名/口令 DIRECTORY=目录名 DUMPFILE=导出数据的文件名.dmp
  TABLES=表名[,表名,…]
```

【例 7-5】 使用 EXPDP 工具，将 c##scott 用户下所有的表导出，导出来的文件存放在 d:\orcl\scott_table.dmp 中。

(1) 创建用户 c##scott，并创建表 emp 和 dept。

创建用户 c##scott，代码如下：

```
SQL> CREATE USER c##scott IDENTIFIED BY tiger;

用户已创建。
```

为用户授权，代码如下：

```
SQL> GRANT connect,resource,unlimited tablespace TO c##scott;

授权成功。
```

连接数据库，代码如下：

```
SQL> CONN c##scott/tiger;
已连接。
```

创建表 emp,代码如下：

```
SQL > CREATE TABLE emp(id NUMBER,name VARCHAR2(6));

表已创建。
```

向表 emp 中插入数据,代码如下：

```
SQL > INSERT INTO emp VALUES(1,'ROSE');

已创建 1 行。
```

创建表 dept,代码如下：

```
SQL > CREATE TABLE dept(id NUMBER,dname VARCHAR2(20));

表已创建。
```

向表 dept 中插入数据,代码如下：

```
SQL > INSERT INTO dept VALUES(10,'RESEARCH');

已创建 1 行。
```

(2) 创建目录对象 dumpdir,指定导出的文件存放在 d:\orcl\目录下。

以 SYSDBA 身份登录数据库,代码如下：

```
SQL > CONN sys/root@orcl AS SYSDBA;
已连接。
```

创建目录对象 dumpdir,代码如下：

```
SQL > CREATE OR REPLACE DIRECTORY dumpdir AS 'd:\orcl';

目录已创建。
```

(3) 将目录对象 dumpdir 权限授予给用户 c##scott,代码如下：

```
SQL > GRANT READ,WRITE ON DIRECTORY dumpdir TO c##scott;

授权成功。
```

(4) 导出 c##scott 用户下的数据表 emp 和 dept,在 Windows 的"命令提示符"窗口中使用 EXPDP 命令完成：

```
C:\> EXPDP c##scott/tiger DIRECTORY = dumpdir DUMPFILE = scott_table.dmp
  TABLES = emp,dept
```

打开 D:\ORCL\目录,将会看到备份文件 scott_table.dmp,如图 7-2 所示。

2. 使用 IMPDP 导入数据表

使用 EXPDP 导出数据表后,可以使用 IMPDP 将数据表导入。恢复指定表的语法格式如下：

```
IMPDP 用户名/口令 DIRECTORY = 目录名 DUMPFILE = 导出数据的文件名.dmp
  TABLES = 表名[,表名,…]
```

【例 7-6】 使用 IMPDP 工具,通过备份文件 d:\orcl\scott_table.dmp,将 c##scott 用户下的 emp 表导入。

```
命令提示符

C:\>EXPDP c##scott/tiger DIRECTORY=dumpdir DUMPFILE=scott_table.dmp TABLES=emp,dept

Export: Release 19.0.0.0.0 - Production on 星期四 4月 21 11:48:24 2022
Version 19.3.0.0.0

Copyright (c) 1982, 2019, Oracle and/or its affiliates.  All rights reserved.

连接到: Oracle Database 19c Enterprise Edition Release 19.0.0.0.0 - Production

警告: 连接到容器数据库的根或种子时通常不需要 Oracle Data Pump 操作。

启动 "C##SCOTT"."SYS_EXPORT_TABLE_01":  c##scott/******** DIRECTORY=dumpdir DUMPFILE=scott_table.dmp TABLES=emp,dept
处理对象类型 TABLE_EXPORT/TABLE/TABLE_DATA
处理对象类型 TABLE_EXPORT/TABLE/STATISTICS/TABLE_STATISTICS
处理对象类型 TABLE_EXPORT/TABLE/STATISTICS/MARKER
处理对象类型 TABLE_EXPORT/TABLE/TABLE
. . 导出了 "C##SCOTT"."DEPT"                    5.484 KB       1 行
. . 导出了 "C##SCOTT"."EMP"                     5.476 KB       1 行
已成功加载/卸载了主表 "C##SCOTT"."SYS_EXPORT_TABLE_01"
******************************************************************************
C##SCOTT.SYS_EXPORT_TABLE_01 的转储文件集为:
  D:\ORCL\SCOTT_TABLE.DMP
作业 "C##SCOTT"."SYS_EXPORT_TABLE_01" 已于 星期四 4月 21 11:48:37 2022 elapsed 0 00:00:12 成功完成

C:\>
```

图 7-2　备份文件 scott_table.dmp

（1）将 c＃＃scott 用户下的表 emp 删除。

连接数据库，代码如下：

```
SQL> CONN c##scott/tiger@orcl;
已连接。
```

删除表 emp，代码如下：

```
SQL> DROP TABLE emp;

表已删除。
```

（2）从备份文件 d:\orcl\scott_table.dmp 导入 emp 表，如图 7-3 所示，在 Windows 的“命令提示符”窗口中输入以下命令：

```
C:\> IMPDP c##scott/tiger DIRECTORY = dumpdir DUMPFILE = scott_table.dmp
TABLES = emp
```

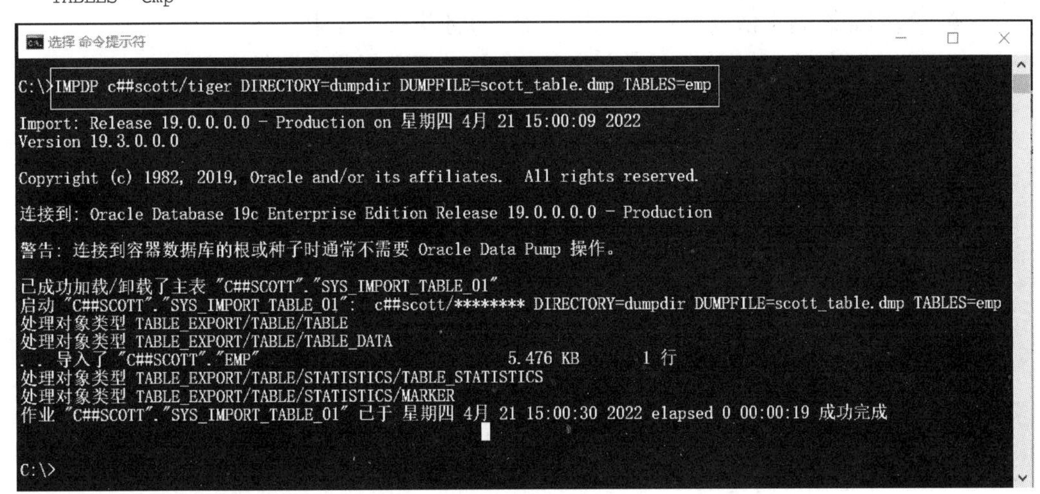

```
选择 命令提示符

C:\>IMPDP c##scott/tiger DIRECTORY=dumpdir DUMPFILE=scott_table.dmp TABLES=emp

Import: Release 19.0.0.0.0 - Production on 星期四 4月 21 15:00:09 2022
Version 19.3.0.0.0

Copyright (c) 1982, 2019, Oracle and/or its affiliates.  All rights reserved.

连接到: Oracle Database 19c Enterprise Edition Release 19.0.0.0.0 - Production

警告: 连接到容器数据库的根或种子时通常不需要 Oracle Data Pump 操作。

已成功加载/卸载了主表 "C##SCOTT"."SYS_IMPORT_TABLE_01"
启动 "C##SCOTT"."SYS_IMPORT_TABLE_01":  c##scott/******** DIRECTORY=dumpdir DUMPFILE=scott_table.dmp TABLES=emp
处理对象类型 TABLE_EXPORT/TABLE/TABLE
处理对象类型 TABLE_EXPORT/TABLE/TABLE_DATA
. . 导入了 "C##SCOTT"."EMP"                     5.476 KB       1 行
处理对象类型 TABLE_EXPORT/TABLE/STATISTICS/TABLE_STATISTICS
处理对象类型 TABLE_EXPORT/TABLE/STATISTICS/MARKER
作业 "C##SCOTT"."SYS_IMPORT_TABLE_01" 已于 星期四 4月 21 15:00:30 2022 elapsed 0 00:00:19 成功完成

C:\>
```

图 7-3　从备份文件导入 emp 表

(3) 查看 c##scott 下已恢复的 emp 表的信息,代码如下:

```
SQL> SELECT * FROM emp;
```

语句执行结果为

```
   ID  NAME
-----  -----
    1  ROSE
```

7.7 小　结

数据库在使用过程中出现的故障可以分为 3 类:事务故障、系统故障和介质故障。出现故障后需要对其恢复。数据库的恢复是指系统发生故障后,把数据从错误状态中恢复到某一正确状态的功能。日志与后备副本是 DBMS 中最常用的恢复技术。恢复的基本原理是利用存储在日志文件和数据库后备副本中的冗余数据来重建数据库。有了日志,可保证有效操作数据的不丢失。为保证故障发生时的可恢复性,DBMS 要对更新的事务执行进行控制,而控制步骤的安排需要遵守相应的规则。对于这 3 种不同类型的故障,DBMS 有不同的恢复方法。

习　题　七

一、选择题

1. 关于事务的故障与恢复,下列描述正确的是(　　)。
   A. 事务日志用来记录事务执行的频度
   B. 采用增量备份,数据的恢复可以不使用事务日志文件
   C. 系统故障的恢复只需要进行重做(REDO)操作
   D. 对日志文件设立检查点是为了提高故障恢复的效率
2. (　　),数据库处于一致性状态。
   A. 采用静态副本恢复后　　B. 事务执行过程中
   C. 突然断电后　　D. 缓冲区数据写入数据库后
3. 输入的数据违反完整性约束导致的数据库故障属于(　　)。
   A. 事务故障　　B. 系统故障
   C. 介质故障　　D. 网络故障
4. 在有事务运行时转储全部数据库的方式是(　　)。
   A. 静态增量转储　　B. 静态海量转储
   C. 动态增量转储　　D. 动态海量转储
5. 用于数据库恢复的重要文件是(　　)。
   A. 日志文件　　B. 索引文件
   C. 数据库文件　　D. 备注文件
6. 后备副本的主要用途是(　　)。
   A. 数据转储　　B. 历史档案

C. 故障恢复　　D. 安全性控制

7. 日志文件用于保存(　　)。

A. 程序运行结果　　B. 数据操作

C. 程序执行结果　　D. 对数据库的更新操作

8. 在数据库恢复中,对已经 COMMIT 但更新未写入磁盘的事务执行(　　)。

A. REDO 处理　　B. UNDO 处理

C. ABORT 处理　　D. ROLLBACK 处理

9. 在数据库恢复中,对尚未提交的事务执行(　　)。

A. REDO 处理　　B. UNDO 处理

C. ABORT 处理　　D. ROLLBACK 处理

10. 数据库备份可只复制自上次备份以来更新过的数据,这种备份方法称为(　　)。

A. 海量备份　　B. 增量备份

C. 动态备份　　D. 静态备份

11. 设置日志文件的目的不包括(　　)。

A. 事务故障恢复　　B. 系统故障恢复

C. 介质故障恢复　　D. 删除计算机病毒

二、填空题

1. 数据库的故障分为三类,分别是________、________和________。

2. 基于日志的恢复方法需要使用两种冗余数据,即________和________。

3. 在 Oracle 数据库系统中,逻辑备份的命令是________,逻辑恢复的命令是________。

第三篇　数据库系统设计

第 8 章　使用实体-联系模型进行数据建模

第 9 章　关系模型规范化设计理论

第 10 章　数据库设计

第8章 使用实体-联系模型进行数据建模

实体-联系模型(Entity-Relationship model)又称为E-R模型，是一种高级数据模型，广泛用于对现实世界的数据抽象以及数据库的概念模式设计。

数据模型是数据库设计的一个计划、蓝图。在数据建模过程中，改变数据仅需要重新绘图或修改文档。但当数据库创建好后，再改变数据则难得多，这时需要迁移数据、重写SQL语句、重写表单和报表等。所以，数据建模对数据库设计来说是十分必要的。

8.1 概念模型设计

8.1.1 概念模型设计的重要性

在早期的数据库设计中，概念模型设计并不是一个独立的设计阶段。当时的设计方式是在需求分析之后，直接把根据用户信息需求得到的数据存储格式转换成DBMS能处理的逻辑模型。这样，注意力往往被牵扯到更多的细节限制方面，而不能集中在最重要的信息组织结构和处理模式上。因此在设计依赖于具体DBMS的逻辑模型后，当外界环境发生变化时，设计结果就难以适应这个变化了。

为了改善这种状况，可在需求分析和逻辑设计之间增加概念模型设计阶段。将概念模型设计从设计过程中独立出来，可以带来以下好处：

(1) 任务相对单一化，设计复杂程度大大降低，便于管理。

(2) 概念模型不受具体DBMS的限制，也独立于存储安排和效率方面的考虑，因此更稳定。

(3) 易于被业务用户所理解。由于开发人员对现实系统业务不熟悉，因此其对现实系统数据描述的结果是否正确和完善无法得到证实。在这种情况下，就需要现实系统的业务用户能够理解开发人员所用的数据模型，从而能担负起评判数据描述结果是否正确和完善的作用。

(4) 能真实、充分地反映现实世界，包括事物和事物间的联系；能满足用户对数据的处理要求，是反映现实世界的一个真实模型。

(5) 易于更改。当应用环境和应用要求改变时，容易对概念模型进行修改和扩充。

(6) 易于向逻辑模型中的关系数据模型转换。

人们提出了许多概念模型,其中最著名、最简单实用的一种是E-R(即实体-联系)模型,它将现实世界的信息结构统一用属性、实体以及实体间的联系来描述。

8.1.2 概念模型设计的方法

概念模型设计通常有4种方法。

1. 自顶向下

自顶向下的设计方法首先定义全局概念模式的框架,然后逐步细化,如图8-1所示。

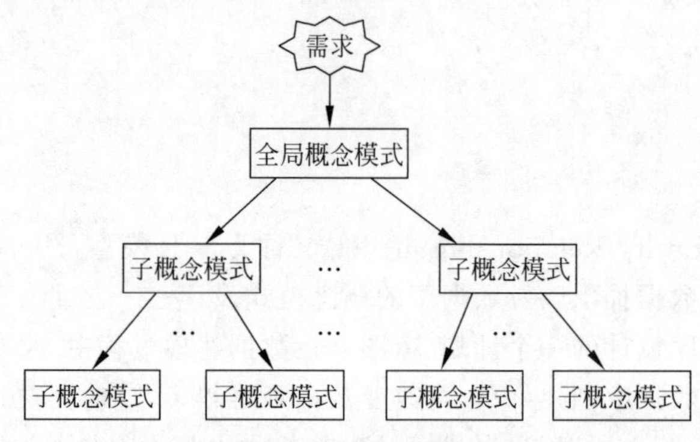

图8-1 自顶向下的设计方法

2. 自底向上

自底向上的设计方法首先定义各局部应用的子概念模式,然后将它们集成起来,得到全局概念模式,如图8-2所示。

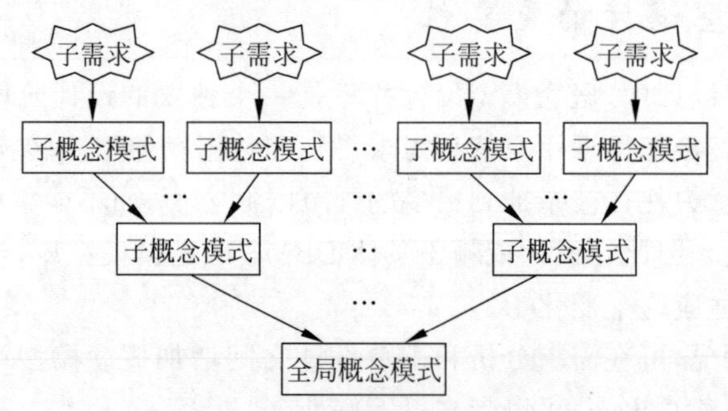

图8-2 自底向上的设计方法

3. 逐步扩张

逐步扩张的设计方法首先定义核心业务的概念模式,然后向外扩充,以滚雪球的方式逐步生成其他概念模式,直至全局概念模式,如图8-3所示。

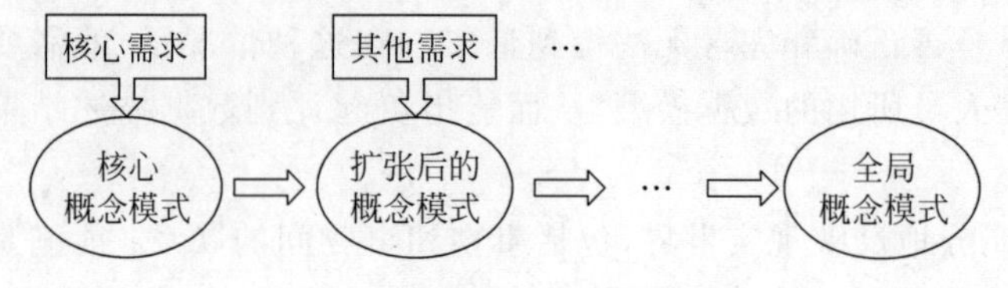

图8-3 逐步扩张的设计方法

4. 混合策略

混合策略的设计方法将自顶向下和自底向上两种方法相结合，首先用自顶向下方法设计一个全局概念模式的框架，并将其划分成若干局部概念模式；再采取自底向上的方法实现全局概念模式并加以合并，最终实现整体全局概念模式。

在概念模型设计中，最常用的是第2种方法，即自底向上的方法。一般情况下，在需求分析时采用自顶向下的方法，而在概念设计时采用自底向上的方法。

8.2 实体-联系模型

实体-联系(E-R)模型的提出有助于数据库的设计。E-R模型是一种语义模型，模型的语义方面主要体现在用模型力图去表达数据的意义。E-R模型在将现实世界的含义和相互关联映射到概念模式方面非常有用，因此，许多数据库设计工具都利用E-R模型的概念。E-R模型采用了3个基本概念：实体、属性和联系。

8.2.1 实体及实体集

1. 实体

实体(entity)是现实世界或客观世界中可以相互区别的对象。

这里要强调的是：实体不能仅被理解为“实实在在的物体”。它既可以是看得见摸得着的物体，如学生、顾客、汽车等，也可以是无形的东西，如飞行的航线、计算机软件、银行户头等，还可以是抽象的概念，如交通规则、工作任务、课程、合同等。

在E-R模型中，实体用矩形框表示，框内注明实体的命名，如图8-4所示。

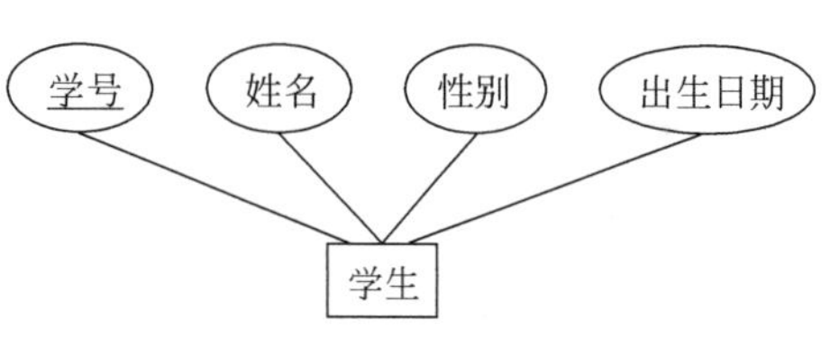

图8-4　E-R模型示例

2. 实体集

实体集(entity set)是同类实体的集合。在不混淆的情况下，实体集可简称为实体。例如，学生、课程、汽车都各是一个实体集。

8.2.2 属性

1. 属性的概念

实体的某一特性称为属性(attribute)。在一个实体中，能够唯一标识实体的属性或属性集称为实体的主键。

例如实体“学生”有学号、姓名、性别、出生日期等属性，其中学号为学生实体的主键。

在E-R图中，属性用椭圆表示，加下画线的属性为实体的主键，如图8-4所示。

属性域是属性的可能取值范围，也称为属性的值域。例如，“性别”属性的域是(男，女，NULL)。

2. 属性的分类

为了在E-R图中准确设计实体的属性，需要把属性的种类、取值特点等先了解清楚。按结构分，属性有简单属性和复合属性；按取值分，属性有单值属性、多值属性和空值属性等。

1）简单属性和复合属性

简单属性是不可再分的属性，例如学号、性别、出生日期等。

复合属性是可再分解为其他属性的属性。例如，姓名属性可由现用名、曾用名、英文名等子属性构成，家庭住址可由城市、街道、门牌号等子属性构成。

图 8-5 为“学生”实体及其属性描述的 E-R 图，其中姓名和家庭住址为复合属性。

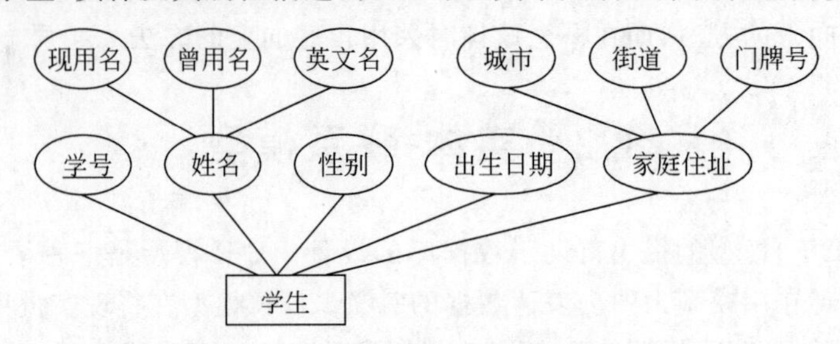

图 8-5　学生实体及其属性描述的 E-R 图

2）单值属性和多值属性

单值属性指的是同一实体的属性只能取一个值。例如，同一个学生只能有一个性别，所以性别属性是一个单值属性。

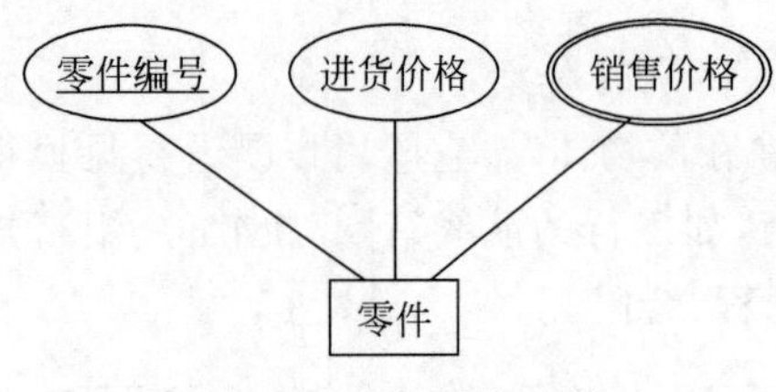

图 8-6　多值属性示例

多值属性指同一实体的某个属性可能取多值。例如，一个人的学位是一个多值属性(学士，硕士，博士)，一个零件可能有多种销售价格(经销、代销、批发、零售)。

在 E-R 图中，多值属性用双线椭圆表示，如图 8-6 所示。

如果用上述方法简单表示多值属性，在数据库的实施过程中，将会产生大量的数据冗余，造成数据库潜在的数据异常、数据不一致性和完整性的缺陷。所以，应该修改原来的 E-R 模型，对多值属性进行变换。多值属性的变换通常有下列两种方法：

(1) 将原来的多值属性用几个新的单值属性来表示。

例如前面提到的零件实体，可以将其销售价格分解为销售性质(即经销、代销、批发、零售)和销售价格两个属性，变换结果如图 8-7 所示。

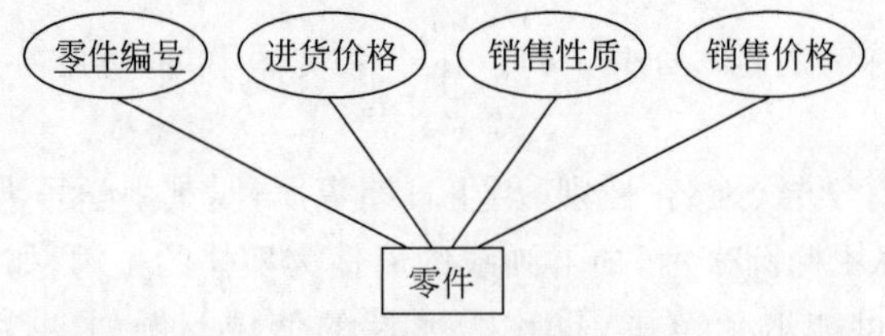

图 8-7　多值属性的变换方式一

(2) 将原来的多值属性用一个新的实体表示。

在现实世界中，有时某些实体对于另一些实体具有很强的依赖联系。也就是一个实体的存在必须以另一个实体的存在为前提，此时前者称为弱实体，后者称为强实体。例如，一个职工可能有多个亲属，亲属是一个多值属性。为了消除冗余，可设计两个实体：职工与亲

属。在职工与亲属中，亲属信息以职工信息的存在为前提，因此亲属与职工之间存在着一种依赖联系。

若一个实体对于另一个实体(称为父实体)具有很强的依赖联系，称该实体为弱实体。弱实体没有能唯一识别其实体的键，但可指定其中一个属性，与父实体的键结合，形成相应弱实体的键。弱实体的这个属性称为弱实体的部分键。

在E-R模型中，弱实体用双线矩形框表示，部分键加虚下画线。与弱实体关联的联系用双线菱形框表示。强实体与弱实体的联系只能是1∶1或1∶n。

例如，在零件实体中，可以增加一个销售价格弱实体，该弱实体的主键是零件编号＋销售性质，它与零件实体具有“存在”的联系。变换的结果如图8-8所示。

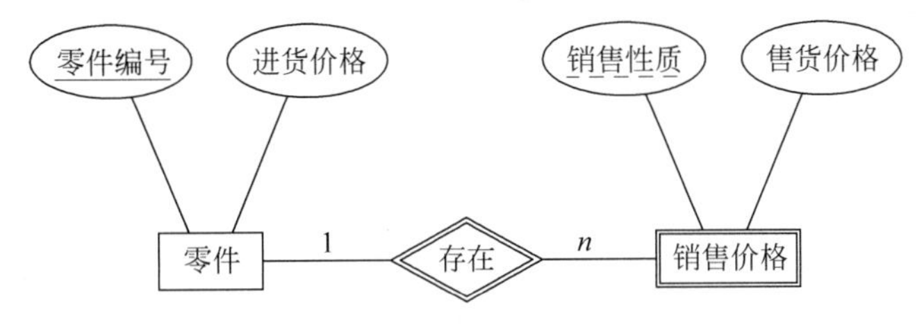

图8-8　多值属性的变换方式二

3) 空值属性

当实体在某个属性上没有值或属性值未知时，使用NULL值。表示无意义或不知道。

例如，如果某个员工尚未婚配，那么该员工的配偶属性值将为NULL，表示“无意义”。NULL还可以用于值未知时，未知的值可能是缺失的(即有值，但不知道具体的值是什么)或不知道的(不能确定该值是否真的存在)。例如某员工在配偶值处填上空值，实际上至少有以下三种情况：

(1) 该员工尚未婚配，即配偶值无意义。

(2) 该员工已婚配，但配偶名尚不清楚。

(3) 该员工是否婚配，还不能确定。

在数据库中，空值是很难处理的一种值。

8.2.3　联系

在现实世界中，实体不是孤立的，实体之间是有联系的。

1. 联系的概念

联系表示一个或多个实体间的关联关系。

例如，“职工在某部门工作”表示实体“职工”和“部门”之间有联系；“学生听某老师讲的课程”表示实体“学生”、“老师”和“课程”之间有联系；而“零件之间有组合关系”表示“零件”实体之间有联系。

联系也可以有描述属性，用于记录联系的信息而非实体的信息。

联系由所参与的实体的键共同唯一确定，该键称为联系的主键。例如，“工作”是实体“职工”和“部门”的联系，“工作”联系的主键是职工号＋部门号。

联系是实体之间的一种行为，一般用动名词来命名，例如工作、参加、属于、出库、入库等。

在E-R图中，联系用菱形框表示，并用线段将其与相关的实体连接起来，如图8-9所示。

2. 联系的设计

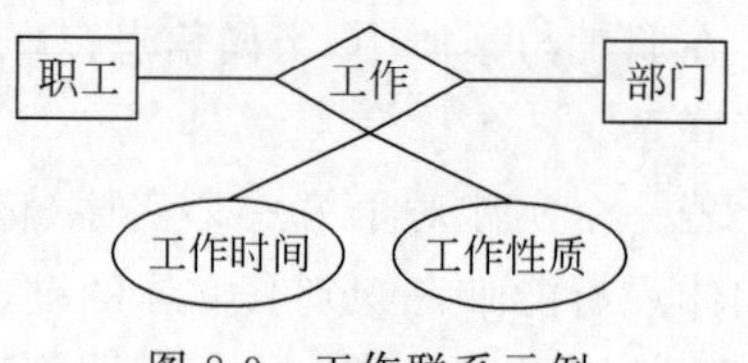

图 8-9　工作联系示例

一个联系涉及的实体个数称为该联系的元数或度数。联系存在 3 种类型。

1）二元联系

二元联系是指两个实体之间的联系，这种联系比较常见。

【例 8-1】 请画出系与教师间联系的 E-R 图，这两个实体间的联系是 1：n 联系。

解　系与教师间联系的 E-R 图如图 8-10 所示。

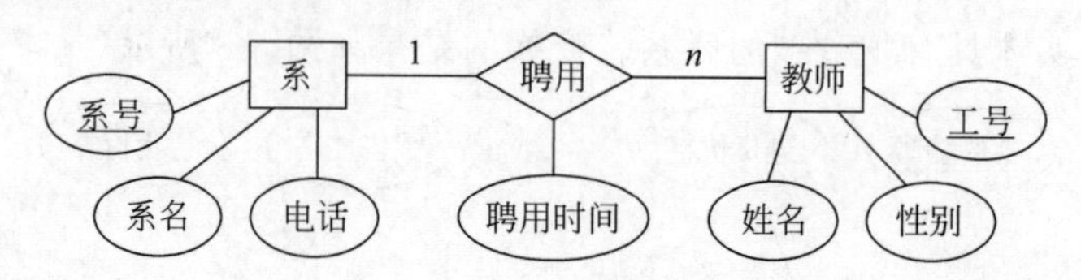

图 8-10　系与教师间联系的 E-R 图

2）一元联系

一元联系是指一个联系所关联的是同一个实体集中的两个实体。这种情况比较特殊，但在现实生活中也是存在的，有时也称这种联系为递归联系。

【例 8-2】 员工之间存在着上下级关系，一个员工可以领导多个员工，每个员工只能被一个人领导。也就是说员工之间有 1：n 联系，画出其 E-R 图。

解　员工间联系的 E-R 图如图 8-11 所示。

3）三元联系

三元联系是指三个实体间的联系，这种联系也比较常见。

【例 8-3】 某商业集团中，商店、仓库、商品之间存在着进货联系，这三个实体间都是多对多的联系。画出其 E-R 图。

解　商店、仓库、商品之间联系的 E-R 图如图 8-12 所示。

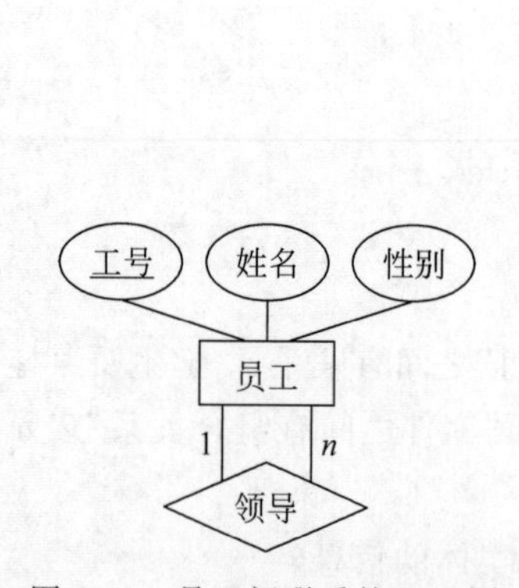

图 8-11　员工间联系的 E-R 图

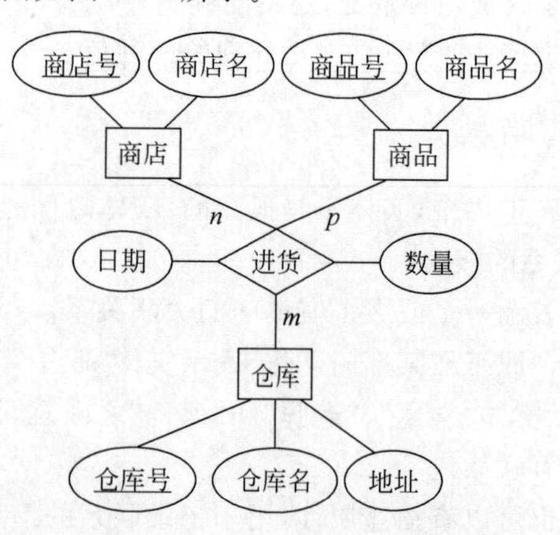

图 8-12　商店、仓库、商品之间联系的 E-R 图

8.2.4　E-R 模型应用示例

【例 8-4】 原材料库房管理 E-R 图。

（1）系统调研。通过调研了解到如下数据信息：

① 该公司有多个原材料库房，每个库房分布在不同的地方，有不同的编号，公司对这些库房进行统一管理。

② 每个库房可以存放多种不同的原材料。为了便于管理，各种原材料分类存放，同一种原材料集中存放在同一个库房里。

③ 每一个库房可安排一名或多名管理员。在这些库房中，每一个管理员有且仅有一名员工是他的直接领导。

④ 同一种原材料可以供应多个不同的工程项目，同一个工程项目要使用多种不同的原材料。

⑤ 同一种原材料可由多个不同的厂家生产，同一个生产厂家可生产多种不同的原材料。

（2）确定实体与联系。对调研结果分析后，可以归纳出相应的实体、联系及其属性。

① 实体及其属性如下：

- “库房”实体具有的属性：库房号、地点、库房面积、库房类型；
- “员工”实体具有的属性：员工号、姓名、性别、职称；
- “原材料”实体具有的属性：材料号、名称、规格、单价、说明；
- “工程项目”实体具有的属性：项目号、预算资金、开工日期、竣工日期；
- “生产厂家”实体具有的属性：厂家号、厂家名称、通信地址、联系电话。

② 联系及其属性如下：

- “工作”联系是 1∶n 联系；
- “领导”联系是 1∶n 联系，且是一种递归联系；
- “存放”联系是 1∶n 联系，且具有“库存量”属性；
- “供应”联系是一个三元联系，且具有“供应量”属性。

由此可得到如图 8-13 所示的 E-R 模型。

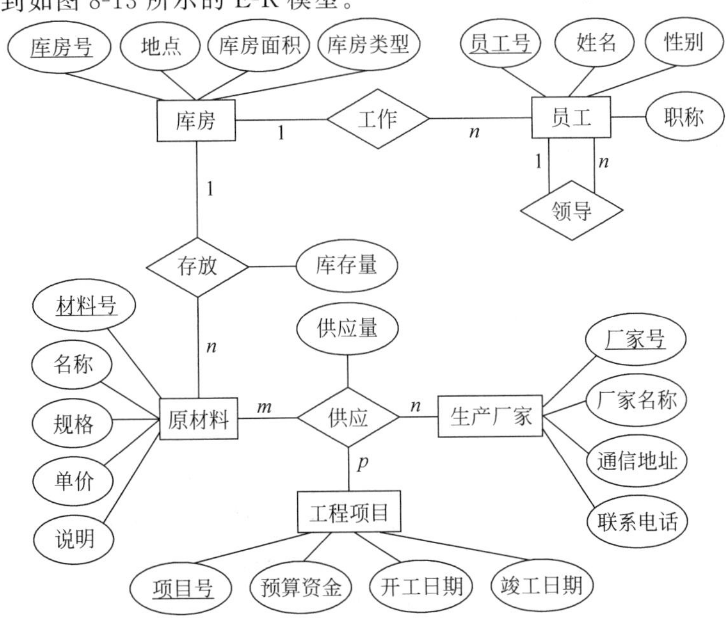

图 8-13　原材料库存管理联系的 E-R 模型图

如果某个实体的属性太多,可以将实体的属性分离出来单独表示;当实体比较多而联系又特别复杂时,可以分解成几个子图来表示。

8.3 利用E-R模型进行数据库概念设计

采用E-R模型进行数据库的概念设计,可以分成3步进行:首先设计局部E-R模型,然后把各局部E-R模型综合成一个全局E-R模型,最后对全局E-R模型进行优化,得到最终的E-R模型,即概念模型。

8.3.1 局部E-R模型设计

设计局部E-R模型,关键是确定如下两个问题:

(1) 一个概念是用实体还是属性表示?

(2) 一个概念是做实体的属性还是联系的属性?

1. 实体和属性的数据抽象

实体和属性在形式上并无可以明显区分的界限,通常按照现实世界中事物的自然划分来定义实体和属性,将现实世界中的事物进行数据抽象得到实体和属性。数据抽象一般有分类和聚集两种,通过分类抽象出实体,通过聚集抽象出实体的属性。

1) 分类

分类是指定义某一类概念作为现实世界中一组对象的类型,将一组具有某些共同特性和行为的对象抽象为一个实体。

例如,“李明”是学生当中的一员,具有学生们共同的特性和行为,如在哪个系、学习哪个专业、年龄是多大等。那么,这里的“学生”就是一个实体,“李明”则是学生实体的一个具体对象。

2) 聚集

聚集是指定义某个类型的组成成分,将对象的组成成分抽象为实体的属性。

例如,学号、姓名、性别等都可以抽象为学生实体的属性。

2. 实体和属性的划分

实体和属性是相对而言的,往往要根据实际情况进行必要的调整。在调整时要遵守两条原则:

(1) 属性不能再具有需要描述的性质,即属性必须是不可分的数据项,不能再由另一些属性组成。

(2) 属性不能与其他实体具有联系,联系只发生在实体之间。

符合上述原则的事物一般作为属性对待。为了简化E-R图的处理,现实世界中的事物凡能够作为属性对待的,应尽量作为属性。

例如,实体“员工”包括的属性有“员工编号”、“姓名”和“电话”。如果要求每个员工只有一个电话,则其定义形式如图8-14(a)所示;假设这里的电话也可以作为一个单独的实体,它具有“电话号码”和“地点”属性(地点是电话所处的办公室或家庭住址;如果是移动电话,则可以用“移动”来表示)。如果采用这样的观点,实体“员工”就必须重新定义如下:

(1) 实体“员工”,具有“员工编号”和“姓名”属性。

(2) 实体“电话”,具有“电话号码”和“地点”属性。

(3) 联系“员工-电话”，表示员工及其电话间的联系。

其定义形式如图 8-14(b)所示。

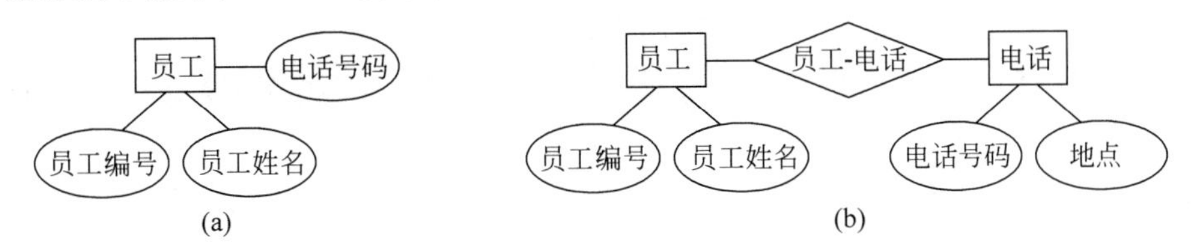

图 8-14　员工和电话的定义形式

员工的这两个定义主要差别是什么呢？将电话作为一个属性，表示对于每个员工来说，正好有一个电话号码与之相联系；将电话看成一个实体，就允许每个员工可以有几个电话号码与之相联系，而且可以保存关于电话的额外信息，如它的位置或类型(移动、视频的或普通电话)。在这种情况下，把电话视为一个实体比把它视为一个属性更具有通用性。

3. 属性在实体与联系间的分配

当多个实体用到同一属性时，将导致数据冗余，从而可能影响存储效率和完整性约束，因而需要确定把它分配给哪个实体。一般把属性分配给那些使用频率最高的实体，或分配给实体值少的实体。例如，“课名”属性不需要在“学生”和“课程”实体中都出现，一般将其分配给“课程”实体做属性。

有些属性不宜归属于任一实体，只说明实体之间联系的特性。例如，某个学生选修某门课的“成绩”，既不能归为“学生”实体的属性，也不能归为“课程”实体的属性，应作为“选课”联系的属性，如图 8-15 所示。

4. 局部 E-R 模型的设计过程

局部 E-R 模型的设计过程如图 8-16 所示。

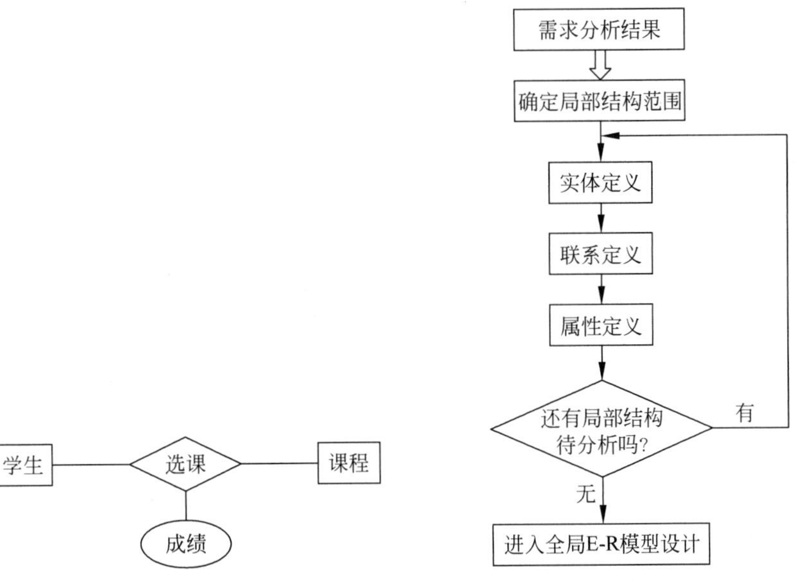

图 8-15　“成绩”作为“选课”联系的属性　　图 8-16　局部 E-R 模型的设计过程

1) 确定局部结构的范围

设计各个局部 E-R 模型的第一步是确定局部结构的划分范围。划分的方式一般有如下两种：

(1) 依据系统的当前用户进行自然划分。

例如对于一个企业的综合数据库，用户有企业决策层、销售部门、生产部门、技术部门和供应部门等，各部门对信息内容和处理的要求明显不同，因此应为它们分别设计各自的局部E-R模型。

(2) 按用户要求数据库提供的服务归纳成几类，使每一类应用访问的数据显著不同于其他类，然后为每类应用设计一个局部E-R模型。

例如，学校的教师数据库可以按提供的服务分为以下几类：

(1) 对教师档案信息(如姓名、年龄、性别和民族等)的查询分析。

(2) 对教师专业结构(如毕业专业、现在从事的专业及科研方向等)的查询分析。

(3) 对教师的职称、工资变化等历史数据的查询分析。

(4) 对教师的学术成果(如著译成果、发表论文和科研项目的获奖情况)的查询分析。

这样做是为了更准确地模仿现实世界，以减少统一考虑一个大系统所带来的复杂性。

局部结构范围的确定要考虑下述因素：

(1) 范围划分要自然，易于管理。

(2) 范围之间的界限要清晰，相互影响要小。

(3) 范围的大小要适度。太小了，会造成局部结构过多，设计过程繁杂，综合困难；太大了，则容易造成内部结构复杂，不便于分析。

2) 实体定义

实体定义的任务就是从信息需求和局部范围的定义出发，确定每一个实体的属性和键。

实体确定之后，它的属性也随之确定。对实体命名并确定其键也是很重要的工作。命名应反映实体的语义性质，见名知意，在一个局部结构中应是唯一的；键可以是单个属性，也可以是属性的组合。

3) 联系定义

E-R模型的联系用于刻画实体之间的关联。

一种完整的方式是依据需求分析的结果，考察局部结构中任意两个实体之间是否存在联系。若有联系，进一步确定是1∶n、m∶n还是1∶1。还要考察一个实体内部是否存在联系、两个实体之间是否存在联系、多个实体之间是否存在联系等。

在确定联系时，应注意防止出现冗余的联系(即可从其他联系导出的联系)。如果存在，要尽可能地识别并消除这些冗余联系，以免将这些问题遗留给综合全局的E-R模型阶段。图8-17所示的教师与学生之间的授课联系就是一个冗余联系。

4) 属性分配

实体与联系都确定下来后，局部结构中的其他语义信息大部分可用属性描述。这一步工作有两个：一是确定属性；二是把属性分配到有关实体和联系中去。这部分内容前面已讲述，这里不再赘述。

8.3.2 全局E-R模型设计

所有局部E-R模型都设计好后，接下来就是把它们综合成单一的全局概念结构。全局概念结构不仅要支持所有局部E-R模型，而且必须合理地表示一个完整、一致的数据库概

念结构。全局 E-R 模型的设计过程如图 8-18 所示。

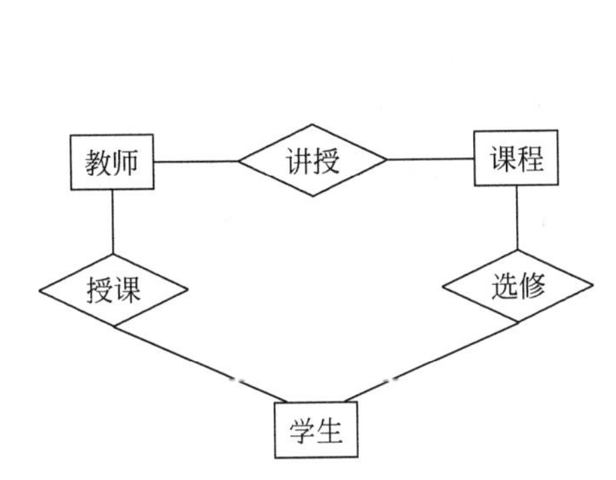

图 8-17　教师与学生之间的授课联系

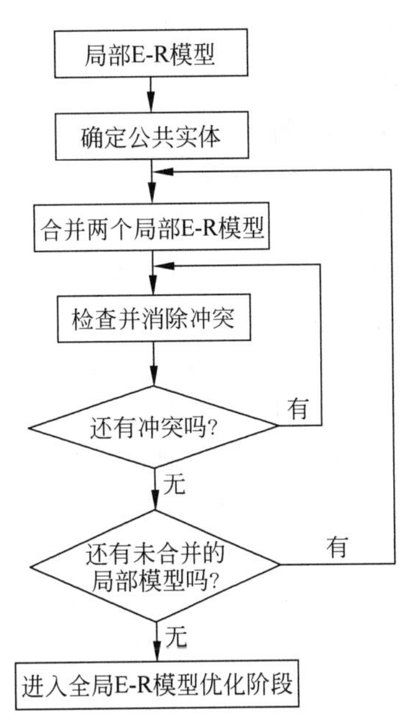

图 8-18　全局 E-R 模型的设计过程

1. 确定公共实体

为了给多个局部 E-R 模型的合并提供合并基础，首先要确定各局部结构中的公共实体。

确定公共实体并非一目了然，特别是当系统较大时，可能有很多局部模型。这些局部 E-R 模型是由不同的设计人员确定的，因而对同一现实世界的对象可能给予不同的描述，有的作为实体，有的又作为联系或属性；即使都表示成实体，实体名和键也可能不同。在这种情况下，一般把同名实体作为公共实体的一类候选；把具有相同键的实体作为公共实体的另一类候选。

2. 局部 E-R 模型的合并

各局部 E-R 模型需要合并成一个整体的全局 E-R 模型。一般来说，合并可以有两种方式：

(1) 多个局部 E-R 图一次合并，如图 8-19(a)所示。

(2) 逐步合并，用累加的方式一次合并两个局部 E-R 图，如图 8-19(b)所示。

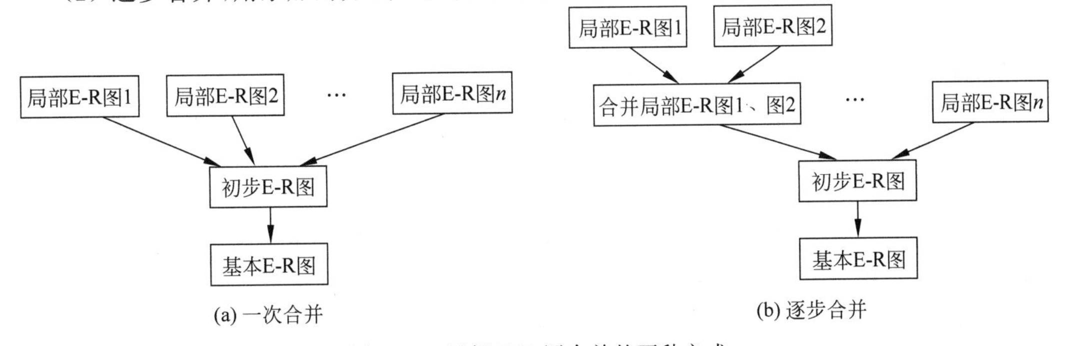

图 8-19　局部 E-R 图合并的两种方式

合并的顺序有时会影响处理效率和结果。建议的合并原则是逐步合并：首先进行两两合并，先合并那些现实世界中有联系的局部结构；合并从公共实体开始，最后再加入独立的局部结构。

3. 检查并消除冲突

由于各类应用不同，不同的应用通常又由不同设计人员设计成局部 E-R 模型，因此局部 E-R 模型之间不可避免地会有不一致的地方，称为冲突。

各局部 E-R 图之间的冲突主要有 3 类：属性冲突、命名冲突和结构冲突。

1）属性冲突

属性冲突又包括属性域冲突和属性取值单位冲突。

（1）属性域冲突即属性值的类型、取值范围或取值集合不同。例如职工号，有的部门把它定义为整数，有的部门把它定义为字符型。不同部门对职工号的编码也不同，如 1001 或 RS001 都表示人事部门 1 号职工的职工号；又如年龄，某些部门以出生日期形式表示职工的年龄，而另一些部门用整数表示职工的年龄。

（2）属性取值单位冲突，例如重量单位有的用千克，有的用斤，有的用克。

属性冲突理论上好解决，通常采用讨论、协商等行政手段解决，但实际上需要各部门讨论协商，解决起来并非易事。

2）命名冲突

命名冲突包括同名异义和异名同义两种情况。

（1）同名异义：不同意义的对象在不同的局部应用中具有相同的名字。例如局部应用 A 中将教室称为房间，局部应用 B 中将学生宿舍也称为房间。

（2）异名同义：同一意义的对象在不同的局部应用中具有不同的名字。例如对于科研项目，财务处称为项目，科研处称为课题，生产管理处称为工程。

命名冲突包括属性名、实体名、联系名之间的冲突，其中属性的命名冲突更为常见。处理命名冲突通常也采用讨论、协商等行政手段解决。

3）结构冲突

结构冲突分为 3 种情况，分别是同一对象在不同应用中具有不同的抽象、同一实体在不同的局部 E-R 图中所包含的属性个数和属性排列次序不完全相同、实体间的联系在不同的局部 E-R 图中为不同类型。

（1）同一对象在不同应用中具有不同的抽象，例如职工在某个应用中为实体，而在另一应用中为属性。

解决方法：通常是把属性变换为实体或实体变换为属性，使同一对象具有相同的抽象。

（2）同一实体在不同的局部 E-R 图中所包含的属性个数和属性排列次序不完全相同。

解决方法：使该实体的属性取各局部 E-R 图中属性的并集，再适当调整属性的次序。

（3）实体间的联系在不同的局部 E-R 图中为不同类型。例如实体 E1 与 E2 在一个局部 E-R 图中是多对多联系，在另一个局部 E-R 图中是一对多联系；又如在一个局部 E-R 图中 E1 与 E2 发生联系，而在另一个局部 E-R 图中 E1、E2 和 E3 三者之间发生联系。

解决方法：根据应用的语义对实体联系的类型进行综合或调整。

【例 8-5】 分析下面所给的两个局部 E-R 图存在的冲突。

设有如下实体：

(1) 学生：学号、单位名称、姓名、性别、年龄、选修课程名、平均成绩。

(2) 课程：课程号、课程名、开课单位、任课教师号。

(3) 教师：教师号、姓名、性别、职称、讲授课程号。

(4) 单位：单位名称、电话、教师号、教师姓名。

上述实体中存在如下联系：

(1) 一个学生可选修多门课程，一门课程可为多个学生选修；

(2) 一个教师可讲授多门课程，一门课程可为多个教师讲授；

(3) 一个系可有多名教师，一个教师只能属于一个系。

根据上述约定，可以得到学生选课的局部 E-R 图和教师授课的局部 E-R 图，如图 8-20(a) 和 8-20(b)所示。

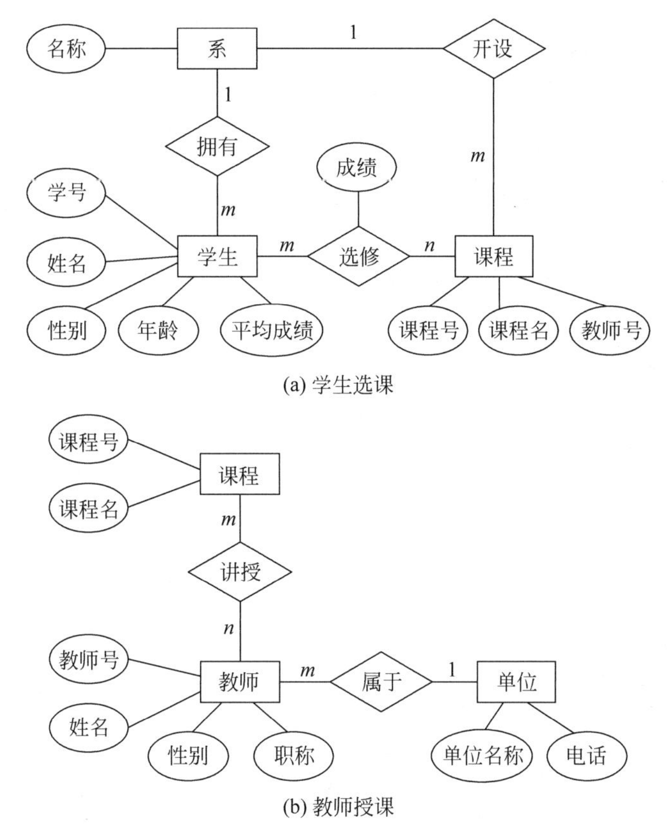

图 8-20　学生选课和教师授课的局部 E-R 图

解　(1) 这两个局部 E-R 图中存在异名同义的命名冲突。

学生选课局部 E-R 图中的实体“系”与教师授课局部 E-R 图中的实体“单位”都是指“系”，合并后统一改为“系”。

学生选课局部 E-R 图的属性“名称” 和教师授课局部 E-R 图的属性“单位名称”都是指“系名”，合并后统一改为“系名”。

(2) 存在结构冲突。

实体“系”和实体“课程”在两个局部 E-R 图中的属性组成不同，合并后这两个实体的属性组成为各局部 E-R 图中同名实体属性的并集，即实体“系”的属性有系名、电话，实体“课程”的属性有课程号、课程名和教师号。

解决上述冲突后，合并两个局部 E-R 图，生成的初步全局 E-R 图如图 8-21 所示。

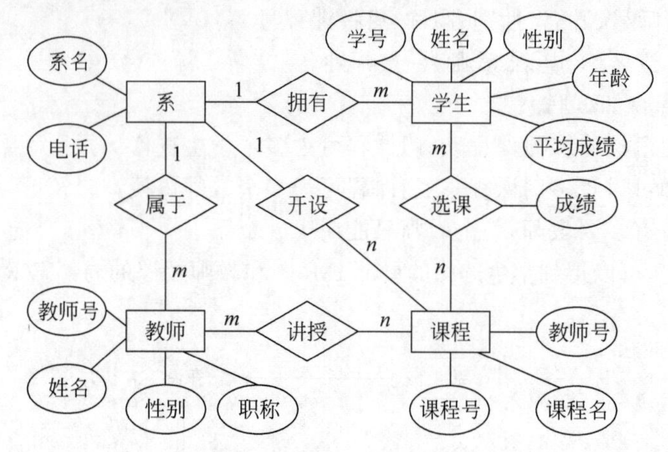

图 8-21 初步的全局 E-R 图

8.3.3 全局 E-R 模型的优化

在得到全局 E-R 模型后，为了提高数据库系统的效率，还应进一步依据处理需求对 E-R 模型进行优化。一个好的全局 E-R 模型除能准确、全面地反映用户功能需求外，还应满足下列条件：实体的个数尽可能少，实体所含属性的个数尽可能少，实体间联系无冗余。

但是，这些条件不是绝对的，要视具体的信息需求与处理需求而定。下面给出几个全局 E-R 模型的优化原则。

1. 实体的合并

实体的合并是指相关实体的合并。在信息检索时，涉及多个实体的信息要通过连接操作获得。因而减少实体个数可减少连接的开销，提高处理效率。

一般在权衡利弊后，可以把 1∶1 联系的两个实体合并。

2. 冗余属性的消除

通常在各个局部结构中是不允许冗余属性存在的，但在综合成全局 E-R 模型后，可能产生全局范围内的冗余属性。

例如，在教育统计数据库的设计中，一个局部结构含有高校毕业生数、招生数、在校学生数和预计毕业生数，另一局部结构中含有高校毕业生数、招生数、分年级在校学生数和预计毕业生数。各局部结构自身都无冗余，但综合成一个全局 E-R 模型时，在校学生数即成为冗余属性，应予以消除。

一个属性值可从其他属性的值导出来，所以应把冗余的属性从全局模型中去掉。

冗余属性消除与否也取决于它对存储空间、访问效率和维护代价的影响。有时为了兼顾访问效率会有意保留冗余属性。这当然会造成存储空间的浪费和维护代价的提高。

3. 冗余联系的消除

在全局模型中可能存在有冗余的联系，通常利用规范化理论中函数依赖的概念消除冗余。这个内容将会在后续章节讲述。

【例 8-6】 对例 8-5 得到的初步 E-R 图进行优化。

解 （1）消除冗余属性“课程”实体中的属性“教师号”，因为“课程”实体中的属性“教师号”可由“讲授”这个联系导出；

（2）消除冗余属性“学生”实体中的属性“平均成绩”，因为平均成绩可由“选修”联系中的属性“成绩”经过计算得到；

（3）消除冗余联系“开设”，因为该联系可以通过“系”和“教师”之间的“属于”联系与“教师”和“课程”之间的“讲授”联系推导出来。

优化后得到的全局 E-R 图如图 8-22 所示。

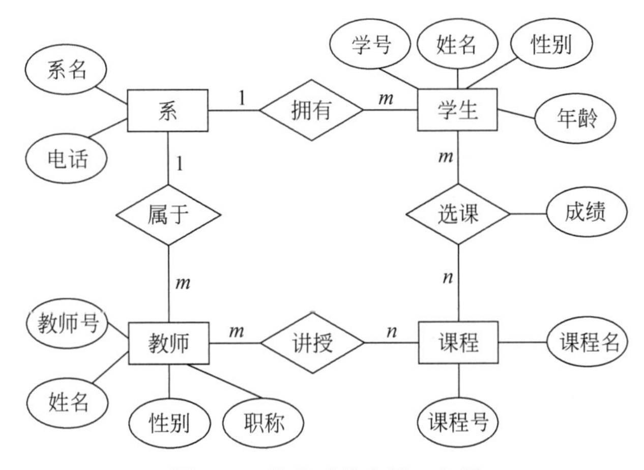

图 8-22 优化后的全局 E-R 图

8.4 小 结

本章较详细地介绍了广泛作为概念数据库设计工具的 E-R 模型。E-R 模型描述的元素有实体、实体集、属性、键(键和候选键)、联系、联系的类型。其中，实体主要是指单独存在的具体事物或抽象概念的个体，而实体集是指同一类型的实体集合。实体用属性来描述，实体集中的实体用相同的属性集合来描述。属性按结构分为简单属性、复合属性，按取值分为单值属性、多值属性和空值属性。键用于唯一标识实体集中的实体，可能是一个属性，也可能是多个属性的集合。按其具有的属性个数，键可分为简单键和复合键。如果存在多个候选键，则应指定其中一个作为主键。联系是两个或多个实体间的关联，也可以有其描述属性。一般情况下，联系由所参与实体的键共同决定。

采用 E-R 模型进行数据库的概念设计，可以分成 3 步进行：首先设计局部 E-R 模型，然后把各局部 E-R 模型综合成一个全局 E-R 模型，最后对全局 E-R 模型进行优化，得到最终的 E-R 模型，即概念模型。在将局部 E-R 模型合成全局 E-R 模型时，需要消除冲突，如属性冲突、命名冲突、结构冲突。

习 题 八

一、选择题

1. 下列对 E-R 图设计的说法错误的是(　　)。

A. 设计局部 E-R 图中，能作为属性处理的客观事物应尽量作为属性处理

B. 局部E-R图中的属性均应为原子属性，即不能再划分出子属性

C. 对局部E-R图合并时既可以一次实现全部合并，也可以两两合并，逐步进行

D. 合并后所得的E-R图中可能存在冗余数据和冗余联系，应予以全部清除

2. 以下关于E-R图的叙述正确的是(　　)。

A. E-R图建立在关系数据库的假设上

B. E-R图使应用过程和数据关系清晰，实体间的关系可导出应用过程的表示

C. E-R图可将现实世界(应用)中的信息抽象地表示为实体以及实体间的联系

D. E-R图能表示数据生命周期

3. 在某学校的综合管理系统设计阶段，教师实体在学籍管理子系统中被称为"教师"，而在人事管理子系统中被称为"职工"，这类冲突被称为(　　)。

A. 语义冲突　　B. 命名冲突　　C. 属性冲突　　D. 结构冲突

4. (　　)是按用户的观点对数据和信息建模，强调其语义表达功能，易于用户理解。

A. 关系模型　　B. 概念数据模型　　C. 网状模型　　D. 面向对象模型

5. 假设某企业信息管理系统中有5个实体：部门(部门号，部门名，主管，电话)，员工(员工号，姓名，岗位号，电话)，项目(项目号，名称，负责人)，岗位(岗位号，基本工资)，亲属(员工号，与员工关系，亲属姓名，联系方式)。该企业有若干部门，每个部门有若干员工；每个员工承担的岗位不同，基本工资也不同；每个员工可有多名亲属(如父亲、母亲等)；一个员工可以参加多个项目，每个项目可由多名员工参与。下面属于弱实体对强实体的依赖关系的是(　　)。

A. 部门与员工的"所属"关系　　B. 员工与岗位的"担任"联系

C. 员工与亲属的"属于"关系　　D. 员工与项目的"属于"联系

二、填空题

1. 若在两个局部E-R图中都有实体"零件"的"质量"属性，而所用质量单位分别为千克和克，则称这两个E-R图存在________冲突。

2. 数据库概念设计的E-R方法中用属性描述实体的特征，属性在E-R图中用________表示。

3. 概念设计通常有4种方法：________、________、________和________。其中最常用的是________。

4. E-R模型的基本元素有3个：________、________和________。

5. 数据抽象有两种方法：________和________。

三、设计题

有如下运动队和运动会两个实体：

1) 运动队方面

- 运动队：队名、教练姓名、队员姓名；
- 队员：队名，队员姓名、性别、项目。

其中，一个运动队有多个队员，一个队员仅属于一个运动队，一个运动队有一个教练。

2) 运动会方面

- 运动队：队编号、队名、教练姓名。
- 项目：项目名，参加的运动队编号，队员姓名、性别，比赛场地。

其中，一个项目可由多个队参加，一个运动员可参加多个项目，一个项目有一个比赛场地。

请完成如下设计：

(1) 分别设计运动队和运动会两个局部E-R图；

(2) 将它们合并为一个全局E-R图；

(3) 合并时存在什么冲突？应如何解决这些冲突？

第9章 关系模型规范化设计理论

在数据管理中，数据冗余一直是影响系统性能的大问题。数据冗余是指同一个数据在系统中多次重复出现。如果一个关系模式设计得不好，就会导致数据冗余、插入异常、删除异常和修改复杂等问题。规范化设计理论使用范式来定义关系模式所要符合的不同等级，将较低级别范式的关系模式经模式分解转换为多个符合较高级别范式要求的关系模式，减少数据冗余和出现的各种异常情况。

9.1 关系模式中可能存在的异常

9.1.1 存在异常的关系模式示例

下面给出一个存在异常的关系模式及其语义，并且在其后的内容中分别加以引用：

Students(Sid,Sname,Dname,Ddirector,Cid,Cname,Cscore)

该关系模式用来存放学生及其所在的系和选课信息，对应的中文含义为：

Students(学号,姓名,系名,系主任,课程号,课程名,成绩)

假定该关系模式包含如下数据语义：

(1) 一个系有多名学生，而一个学生只属于一个系，即系与学生之间是 $1:n$ 的联系。

(2) 一个系只有一名系主任，一名系主任也只在一个系任职，即系与系主任之间是 $1:1$ 的联系。

(3) 一名学生可以选修多门课程，而每门课程有多名学生选修，即学生与课程之间是 $m:n$ 的联系。

在此关系模式对应的关系表中填入一部分具体的数据，可得到关系模式 Students 的实例，即一个学生关系，如表 9-1 所示。

表 9-1 Students(学生)表

Sid	Sname	Dname	Ddirector	Cid	Cname	Cscore
1001	李红	计算机	罗刚	1	数据库原理	86

续表

Sid	Sname	Dname	Ddirector	Cid	Cname	Cscore
1001	李红	计算机	罗刚	3	数据结构	90
2001	张小伟	信息管理	李少强	1	数据库原理	92
2001	张小伟	信息管理	李少强	2	电子商务	75
2001	张小伟	信息管理	李少强	3	数据结构	86
1002	钱海斌	计算机	罗刚	1	数据库原理	90
1002	钱海斌	计算机	罗刚	3	数据结构	60

由上述语义及表中的数据可以确定该关系模式的主键为(Sid,Cid)。

9.1.2 可能存在的异常

一个没有设计好的关系模式可能存在数据冗余、插入异常、删除异常、更新异常等4种异常。下面以Students表(关系)来说明。

1. 数据冗余

数据冗余的表现是某种信息在关系中存储多次。

例如,学生的学号Sid、姓名Sname、每个系的名称Dname和系主任Ddirector的名字存储的次数等于该系的所有学生每人选修课程门数的累加和,数据冗余量很大,导致存储空间的浪费。

2. 插入异常

插入异常的表现是元组插入不进去。

例如,某个学生还没有选课,则该学生的信息就不能插入到该关系中。因为关系的主键是(Sid,Cid),该学生没有选课,则Cid值未知,而主键的值不能部分为空,所以该学生的信息不能插入。再如,某个新系没有招生,尚无学生时,系名和系主任的信息也就无法插入到关系中。

3. 删除异常

删除异常的表现是删除时,删掉了其他不应删除的信息。

例如,当某系学生全部毕业而还没有招生时,要删除全部学生的记录,这时系名、系主任的信息也随之被删除,而现实中这个系依然存在,但在数据库的关系中却无法找到该系的信息。

4. 更新异常

更新异常的表现是只想修改一个元组,却被要求修改多个元组。

例如,如果某学生要改名,则需对该学生的所有记录逐一修改Sname的值;又如某系更换了系主任,则属于该系的学生记录都要修改Ddirector的内容。稍有不慎,就有可能漏改某些记录,导致数据的不一致。

因为存在以上问题,所以说Students是一个不好的关系模式。产生上述问题的原因,直观地说,是因为数据间存在的语义会对关系模式的设计产生影响。

9.1.3 关系模式中存在异常的原因

开发现实系统时,在需求分析阶段,用户会给出数据间的语义限制。如前面的Students

关系模式,要求一个系有多名学生,而一个学生只属于一个系;一个系只有一名系主任,一名系主任也只在一个系任职等。数据的语义可以通过完整性体现出来,如每个学生都应该是唯一的,这可以通过主键完整性来保证,还可以从关系模式设计方面体现出来。

数据语义在关系模式中的具体表现是:在关系模式中,属性间存在一定的依赖关系,即数据依赖。

数据依赖是现实系统中实体属性间相互联系的抽象,是数据语义的体现。如一个系只有一名系主任,一名系主任也只在一个系任职这个数据语义,表明系和系主任间是一对一的数据依赖关系,即通过系可以知道该系的系主任是谁,通过系主任可以知道是哪个系。

数据依赖有多种,其中最重要的有函数依赖、多值依赖,这两类数据依赖将在其后的内容中分别予以介绍。

事实上,异常现象就是关系模式中存在的这些复杂的数据依赖关系所导致的。在设计关系模式时,如果将各种有联系的实体数据集中于一个关系模式中,不仅会造成关系模式结构冗余、包含的语义过多,也使得其中的数据依赖变得错综复杂,不可避免地要违背以上某个或多个限制,从而产生异常。

解决异常的方法是利用关系数据库规范化理论,对关系模式进行相应的分解,使得每一个关系模式表达的概念单一,属性间的数据依赖关系单纯化,从而消除这些异常。如前面的Students 关系模式,可以将它分解为学生、系、成绩、课程 4 个关系模式,这样就会大大减少异常现象的发生。

9.2 函数依赖

9.2.1 函数依赖的定义

函数依赖(functional dependency,FD)是数据库设计的核心部分,理解它们非常重要。我们先解释概念的常规意义,然后再给出它的定义。

先来看一个数学函数 $y=f(x)$,给定一个 x 值,y 就确定了唯一一个值。那么,我们就说 y 函数依赖于 x,或 x 函数决定 y,可以写成 $x \rightarrow y$,式子左边的变量称为决定因素,右边的变量称为依赖因素。这也是取名为函数依赖的原因。

在 Students 关系中,因为每个学号 Sid 的值都对应着唯一一个学生的名字 Sname,我们可以将其形式化为:

$$Sid \rightarrow Sname$$

因此可以说,名字 Sname 函数依赖于学生的学号 Sid,学生的学号 Sid 决定了学生的名字 Sname。

再如,学号 Sid 和课号 Cid 可以一起决定某位同学某科的成绩 Cscore,可将其形式化为:

$$(Sid, Cid) \rightarrow Cscore$$

这里,决定因素是(Sid,Cid)的组合。

定义 9.1 设 $R(U)$是属性集 U 上的关系模式,X 和 Y 是 U 的子集。若对于 $R(U)$的任意一个可能的关系 r,对于 X 的每一个具体值,Y 都有唯一的具体值与之对应,则称 X 函

数决定 Y，或 Y 函数依赖于 X，记作 $X \rightarrow Y$，并称 X 为决定因素，Y 为依赖因素。

说明：(1) 函数依赖同其他数据依赖一样，是语义范畴概念，只能根据数据的语义来确定函数依赖。例如，姓名→年龄这个函数依赖只有在没有重名的条件下成立。如果允许有重名，则年龄就不再函数依赖于姓名了。但设计者可以对现实系统做强制性规定，如规定不允许重名出现，使函数依赖姓名→年龄成立。这样，当插入某个元组时，这个元组上的属性值必须满足规定的函数依赖。若发现有相同名字存在，则拒绝插入该元组。

(2) 函数依赖不是指关系模式 R 的某个或某些元组满足的约束条件，而是指 R 的所有元组均要满足的约束条件，不能部分满足。

(3) 函数依赖关心的问题是一个或一组属性的值决定其他属性的值。

9.2.2　确定函数依赖

确定数据间的函数依赖关系是数据库设计的前提。函数依赖可以通过数据间的语义来确定，也可以通过分析完整的样本数据来确定。下面分别针对这两种情况来说明怎样确定数据间的函数依赖关系。

1. 根据完整的样本数据确定函数依赖

可根据完整的样本数据和函数依赖的定义来确定函数依赖。在没有样本数据或者只有部分样本数据时，则不能用此方法确定数据之间函数依赖的关系。

为了能够找到表上存在的函数依赖，我们必须确定哪些列的取值决定了其他列的取值。下面以关系 ORDER_ITEM(订单关系)为例进行说明。该关系的数据如表 9-2 所示。

表 9-2　ORDER_ITEM 表

Order_ID (订单编号)	SKU (商品编号)	Quantity (数量)	Price (单价)	Total (总价)
3001	100201	1	300	300
2001	101101	4	50	200
3001	101101	2	60	120
2001	101201	2	50	100
3001	201001	2	50	100
1001	101201	2	150	300

这张表中有哪些函数依赖？从左边开始，Order_ID 列不能决定 SKU 列，因为有多个 SKU 值对应一个 Order_ID 值。例如 Order_Id 值为 3001，则与之对应的 SKU 的值有 100201、101101、201001 这 3 个值。同理，Order_ID 也不能决定 Quantity、Price 和 Total。因为有多个 Order_ID 值对应一个 SKU 值，所以，SKU 不能决定 Order_ID，也不能决定 Quantity、Price 和 Total。同理，Quantity、Price 和 Total 这 3 列也都不能决定其他列的函数依赖关系。结果是 ORDER_ITEM 表中，不存在某一列能决定其他列的函数依赖关系。

下面考虑两列的组合是否有决定关系。按照上述分析的方法能够得出：

(Order_ID，SKU)→(Quantity，Price，Total)

这个函数依赖是有道理的，意味着一份订单和该订单订购的指定商品项有唯一的数量 Quantity、唯一的单价 Price 和唯一的总价 Total。

同时也要注意到，由于总价 Total 是由公式 Total＝Quantity * Price 计算得到的，那么就有：

$$(\text{Quantity},\text{Price})\rightarrow \text{Total}$$

故表 ORDER_ITEM 中存在下面的函数依赖：

$$(\text{Order\_ID},\text{SKU})\rightarrow(\text{Quantity},\text{Price},\text{Total})$$

$$(\text{Quantity},\text{Price})\rightarrow \text{Total}$$

请读者考虑 3 列、4 列甚至 5 列的组合，是否存在决定关系？如果存在决定关系，那么对应的函数依赖是否有意义？

2. 根据数据语义确定函数依赖

函数依赖是由数据语义决定的，从前面的 Students 示例关系模式的语义描述可以看出数据间的语义大多表示为：某实体与另一个实体存在 1∶1、1∶n 或 m∶n 的联系。那么，由这种数据语义，如何变成相应的函数依赖呢？

一般来说，对于关系模式 R，U 为其属性集合，X、Y 为其属性子集。根据函数依赖的定义和实体间联系的类型，可以得出如下变换的方法：

(1) 如果 X 和 Y 之间是 1∶1 的联系，则存在函数 $X\rightarrow Y$ 和 $Y\rightarrow X$；

(2) 如果 X 和 Y 之间是 1∶n 的联系，则存在函数 $Y\rightarrow X$；

(3) 如果 X 和 Y 之间是 m∶n 的联系，则 X 和 Y 之间不存在函数依赖关系。

例如，在 Students 关系模式中，系与系主任之间是 1∶1 的联系，所以有 Dname→Ddirector 和 Ddirector→Dname 函数依赖；系与学生之间是 1∶n 的联系，所以有函数依赖 Sid→Dname；学生和课程之间是 m∶n 的联系，所以 Sid 与 Cid 之间不存在函数依赖。

【例 9-1】 设有关系模式 R(A,B,C)，其关系 r 如表 9-3 所示。

表 9-3　R(A,B,C)的关系 r

A	B	C
1	2	3
4	2	3
5	3	3

(1) 试判断下列 3 个函数依赖在关系 r 中是否成立？

A→B　　BC→A　　B→A

(2) 根据关系 r，你能断定哪些函数依赖在关系模式 R 上不成立？

解　(1) 在关系 r 中，A→B 成立，BC→A 不成立，B→A 不成立。

(2) 在关系 r 中，不成立的函数依赖有 B→A、C→A、C→B、C→AB 和 BC→A。

【例 9-2】 有一个包括学生选课、教师授课数据的关系模式如下所示：

R(S#,SNAME,AGE,GENDER,C#,CNAME,SCORE,T#,TNAME,TITLE)

属性分别表示学生学号、姓名、年龄、性别、选修课程的课程号、课程名、成绩、任课教师工号、教师姓名和职称。

规定：(1) 每个学号只能有一个学生姓名，每个课程号只能决定一门课程；

(2) 每个学生每学一门课，只能有一个成绩；

(3) 每门课程只由一位教师授课。

根据上面的规定和实际意义，写出该关系模式所有的函数依赖。

解　R 关系模式包括的函数依赖有 S#→SNAME、C#→CNAME、(S#,C#)→

GRADE、C#→T#、S#→(AGE,GENDER)、T#→(TNAME,TITLE)。

9.2.3 最小函数依赖集

函数依赖的定义使我们能由已知的函数依赖推导出新的函数依赖。例如,若 $X\rightarrow Y$,$Y\rightarrow Z$,则有 $X\rightarrow Z$。既然有的函数依赖能由其他函数依赖推出,那么对于一个函数依赖集,其中有的函数依赖可能是不必要的、冗余的。如果一个函数依赖可以由该集中其他函数依赖推导出来,则称该函数依赖在其函数依赖集中是冗余的。数据库设计的实现是基于无冗余的函数依赖集的,即最小函数依赖集。

1. 函数依赖的推理规则

要得到一个无冗余的函数依赖集,可从已知的一些函数依赖推导出另外一些函数依赖,这需要一系列的推理规则。

设 U 是关系模式 R 的属性集,F 是 R 上成立的只涉及 U 中属性的函数依赖集。函数依赖的推理规则如下:

(1) A1(自反性):如果 $Y\subseteq X\subseteq U$,则 $X\rightarrow Y$。

(2) A2(增广性):如果 $X\rightarrow Y$ 且 $Z\subseteq U$,则 $XZ\rightarrow YZ$。

(3) A3(传递性):如果 $X\rightarrow Y$ 且 $Y\rightarrow Z$,则 $X\rightarrow Z$。

(4) B1(合并性):如果 $X\rightarrow Y$ 且 $X\rightarrow Z$,则 $X\rightarrow YZ$。

(5) B2(分解性):如果 $X\rightarrow YZ$,则 $X\rightarrow Y$、$X\rightarrow Z$。

(6) B3(结合性):如果 $X\rightarrow Y$ 且 $W\rightarrow Z$,则 $XW\rightarrow YZ$。

(7) B4(伪传递性):如果 $X\rightarrow Y$ 且 $WY\rightarrow Z$,则 $XW\rightarrow Z$。

A1～A3 就是有名的 Armstrong 公理,B1～B4 是 Armstrong 公理的推论。

【例 9-3】 设有关系模式 R,属性集 U={A,B,X,Y,Z},函数依赖集 F={Z→A,B→X,AX→Y,ZB→Y},试证明 ZB→Y 是冗余的函数依赖。

解 (1) 因为 Z→A,B→X,由 B3 可知 ZB→AX;

(2) 因为 ZB→AX,AX→Y,由 A3 可知 ZB→Y。

即 ZB→Y 可以由 F 中其他函数依赖导出,所以 ZB→Y 是冗余的函数依赖。

2. 求最小函数依赖集

如果函数依赖集 F 满足下列条件,则称 F 为一个最小函数依赖集:

(1) 每个函数依赖的右边都是单属性(可以通过 B2 分解性实现);

(2) 函数依赖集 F 中没有冗余的函数依赖(即 F 中不存在这样的函数依赖 $X\rightarrow Y$,使得 F 与 $F-\{X\rightarrow Y\}$ 等价);

(3) F 中每个函数依赖的左边没有多余的属性(即 F 中不存在这样的函数依赖 $X\rightarrow Y$,X 有真子集 W,使得 $F-\{X\rightarrow Y\}\cup\{W\rightarrow Y\}$ 与 F 等价)。

显然,每个函数依赖集至少存在一个最小依赖集,但并不一定唯一。

【例 9-4】 设 F 是关系模式 R(A,B,C)的函数依赖集,F={A→BC,B→C,A→B,AB→C},试求最小函数依赖集。

解 (1) 先把 F 中的函数依赖写成右边是单属性的形式:

$$F=\{A\rightarrow B, A\rightarrow C, B\rightarrow C, A\rightarrow B, AB\rightarrow C\}$$

删去一个 A→B,得:

F={A→B,A→C,B→C,AB→C}

(2) 删去冗余的函数依赖。F中A→C可由A→B和B→C推出，因此A→C是冗余的，删去，可得：

F={A→B,B→C,AB→C}

(3) 消除函数依赖左边冗余的属性。因为有B→C，所以AB→C中的A多余，删去，得到最小函数依赖集为：

F={A→B,B→C}

【例9-5】 设关系模式R(A,B,C,D,E,G,H)上的函数依赖集F={AC→BEGH,A→B,C→DEH,E→H}，求F的最小函数依赖集。

解 (1) 把每个函数依赖的右边拆成单属性，得到9个函数依赖，即

F={AC→B,AC→E,AC→G,AC→H,A→B,C→D,C→E,C→H,E→H}

(2) 消除冗余的函数依赖，得：

F={ AC→B,AC→E,AC→G,AC→H,A→B,C→D,C→E,E→H}

(3) 消除函数依赖中左边冗余的属性。因为A→B，所以消去AC→B中的C；因为C→E，所以消去AC→E的A；因为由C→E、E→H可推出C→H，所以消去AC→H中的A，得C→H；又因为C→H可由C→E、E→H推出，所以将AC→H删去。得到的F为：

F={A→B,C→E,AC→G,A→B,C→D,C→E,E→H}

精简后，得：

F={A→B,C→E,AC→G,C→D,E→H}

(4) 再把左边相同的函数依赖合并起来，得到最小的函数依赖集为：

F={A→B,C→DE,AC→G,E→H}

9.3 候选键

只有在确定了一个关系模式的候选键后，才能用关系规范化理论对出现异常现象的关系模式进行分解。

9.3.1 候选键定义

前面章节中已经提到过候选键的概念，这里利用函数依赖的概念来对它进行定义。

定义9.2 设R是一个具有属性集合U的关系模式，$K \subseteq U$。如果K满足下列两个条件，则称K是R的一个候选键：

(1) $K \to U$；

(2) 不存在K的真子集Z，使得$Z \to U$。

例如，关系Students(Sid,Sname,Dname,Ddirector,Cid,Cname,Cscore)的候选键是(Sid,Cid)。根据已知的函数依赖和推理规则，可以知道(Sid,Cid)能够函数决定R的全部属性，它的真子集(Sid)和(Cid)都不能决定R的全部属性，如Sid→(Sname,Dname,Ddirector)，但它不能决定(Cid,Cname,Cscore)；Cid→Cname，但它不能决定(Sid,Sname,Dname,Ddirector,Cscore)；(Sid,Cid)→Cscore，只有(Sid,Cid)的组合才能决定全部属性，所以(Sid,Cid)是关系Students的一个候选键。

那么，如何确定属性集 $K \to U$ 呢？可以通过求属性集 K 的闭包来完成。

9.3.2 属性集的闭包

定义 9.3 设 F 是属性集 U 上的函数依赖集，X 是 U 的子集，那么属性集 X 的闭包用 X^+ 表示。它是一个由 F 使用函数依赖推理规则推出的所有满足 $X \to A$ 的属性 A 的集合：

$$X^+ = \{属性\ A \mid X \to A\ 能由\ F\ 推导出来\}$$

由属性集闭包的定义容易得出下面的定理。

定理 9.1 $X \to Y$ 能由 F 根据函数依赖推理规则推出的充分必要条件是 $Y \subseteq X^+$。

因此，判定 $X \to Y$ 是否能由 F 根据函数依赖推理规则推出的问题，就转化为求 X^+ 的子集问题。这个问题可由算法 9.1 解决。

算法 9.1 求属性集 $X(X \subseteq U)$ 关于 U 上的函数依赖集 F 的闭包 X^+。

输入：函数依赖集 F，属性集 U。

输出：X^+。

步骤：(1) 令 $X^{(0)} = X, i = 0$；

(2) 求 Y。这里 $Y = \{A \mid (\exists V)(\exists W)(V \to W \in F \land V \subseteq X^{(i)} \land A \in W)\}$；

(3) $X^{(i+1)} = Y \cup X^{(i)}$；

(4) 判断 $X^{(i+1)} = X^{(i)}$ 是否成立；

(5) 如果等式成立或 $X^{(i+1)} = U$，则 $X^{(i+1)}$ 就是 X^+，算法终止；

(6) 如果等式不成立，则 $i = i + 1$，返回步骤(2)继续。

【例 9-6】 已知关系模式 R(U,F)，其中 U＝{A,B,C,D,E}，F＝{AB→C,B→D,C→E,EC→B,AC→B}，求 $(AB)^+$。

解 (1) $X^{(0)} = AB$。

(2) 求 Y。逐一扫描 F 集中各个函数依赖，找左部为 A、B 或 AB 的函数依赖，得到 AB→C，B→D，则 Y＝CD。

(3) $X^{(1)} = Y \cup X^{(0)} = CD \cup AB = ABCD$。

(4) 因为 $X^{(1)} \neq X^{(0)}$，所以再找左部为 ABCD 子集的函数依赖，得到 C→E，AC→B，故 $X^{(2)} = B \cup X^{(1)} = BE \cup ABCD = ABCDE$。

(5) 因为 $X^{(2)} = U$，所以 $(AB)^+ = ABCDE$。

注意：本题因为 AB→U，所以 AB 是关系模式 R 的一个候选键。

【例 9-7】 设关系模式 R(A,B,C,D,E,G)上的函数依赖集为 F，F＝{D→G,C→A,CD→E,A→B}。求 D^+、CD^+、AD^+、AC^+、ACD^+。

解 $D^+ = DG$，$CD^+ = ABCDEG$，$AD^+ = ABDG$，$AC^+ = ABC$，$ACD^+ = ABCDEG$。

注意：本题 CD 和 ACD 都能决定 R 上的所有属性。根据候选键的定义，ACD 的真子集 CD 能决定所有属性，所以 CD 是关系模式 R 的一个候选键，ACD 就不是了。

9.3.3 求候选键

已知关系模式 $R(U,F)$，U 是 R 的属性集合，F 是 R 的函数依赖集，如何找出 R 的所有候选键？下面给出一个可参考的规范方法，通过它可以找出 R 的所有候选键，步骤如下：

(1) 查看函数依赖集 F 中的每个形如 $X_i \to Y_i (i = 1, 2, \cdots, n)$ 的函数依赖关系，看哪些

属性在所有 $Y_i(i=1,2,\cdots,n)$ 中一次也没有出现过。设没有出现过的属性集为 $P(P=U-Y_1-Y_2-\cdots-Y_n)$，则当 $P=\varnothing$ 时，转步骤(4)；$P\neq\varnothing$ 时，转步骤(2)。

(2) 根据候选键的定义，候选键中应必包含 P(因为没有其他属性能决定 P，但 P 自己能决定自己)。考察 P，如果 P 满足候选键定义，则 P 为候选键，并且候选键只有 P 一个，然后转步骤(5)结束；如果 P 不满足候选键定义，则转步骤(3)继续。

(3) P 可以分别与 $\{U-P\}$ 中的每一个属性合并，合成 $P_1,P_2,\cdots,P_m$；分别判断 $P_j(j=1,2,\cdots,m)$ 是否满足候选键定义，能成立则找到了一个候选键，没有则放弃。合并一个属性，如果不能找到或不能找全候选键，可进一步考虑 P 与 $\{U-P\}$ 中的 2 个(或 3 个、4 个……)属性的所有组合分别进行合并；继续判断分别合并后的各属性组是否满足候选键的定义，如此下去，直到找出 R 的所有候选键为止。转步骤(5)结束。

注意：如果属性组 K 已有 $K\rightarrow U$，则不需要再去考察含 K 的其他属性组合，显然它们都不可能再是候选键了(根据候选键定义的第(2)项)。

(4) 如果 $P=\varnothing$，则可以先考察 $X_i\rightarrow Y_i(i=1,2,\cdots,n)$ 中的单个 X_i，判断 X_i 是否满足候选键定义。如果成立，则 X_i 为候选键。剩下不是候选键的，可以考察它们两个或多个的组合，查看这些组合是否满足候选键定义，从而找出其他可能还有的候选键。转步骤(5)结束。

(5) 本方法结束。

【例 9-8】 设有关系模式 R(A,B,C,D,E,G)，函数依赖集 F={AB→E,AC→G,AD→B,B→C,C→D}，求出 R 的所有候选键。

解 (1) P={A}。因为 P≠∅，转步骤(2)。

(2) 求 P 对应属性的闭包，即$(A)^+$。$(A)^+=A$，P 对应的属性不能决定 U，所以 P 不满足候选键定义，转步骤(3)。

(3) P 中 A 分别与{U-P}中的(B,C,D,E,G)合并，形成 AB、AC、AD、AE、AG。下面分别求$(AB)^+$、$(AC)^+$、$(AD)^+$、$(AE)^+$、$(AG)^+$。

$(AB)^+=ABCDEG$，$(AC)^+=ABCDEG$，$(AD)^+=ABCDEG$，$(AE)^+=AE$，$(AG)^+=AG$。

所以 R 的候选键是 AB、AC、AD。

【例 9-9】 设关系模式 R(A,B,C,D,E)上的函数依赖集为 F，并且 F={A→BC,CD→E,B→D,E→A}，求出 R 的所有候选键。

解 R 的候选键有 4 个：A、E、CD 和 BC。

9.4 关系模式的规范化

关系模式的好与坏，用什么标准来衡量呢？这个标准就是关系模式的范式。将坏的关系模式转换成好的关系模式，需要对范式进行规范化。

9.4.1 范式及规范化

1. 范式

范式(Normal Form,NF)是指关系模式的规范形式。

关系模式上的范式有 6 个：1NF(称作第一范式，以下类同)、2NF、3NF、BCNF、4NF、5NF。各范式间的联系为：

$$5NF \subset 4NF \subset BCNF \subset 3NF \subset 2NF \subset 1NF$$

其中，1NF 级别最低，5NF 级别最高。一般说来，1NF 是关系模式必须满足的最低要求。高级别范式可看成低级别范式的特例。

范式级别与异常问题的关系是：级别越低，出现异常的程度越高。

2. 规范化

将一个给定的关系模式转化为某种范式的过程，称为关系模式的规范化过程，简称为规范化(Normalization)。

规范化一般采用分解的办法，将低级别范式向高级别范式转化，使关系的语义单纯化。

规范化的目的是逐渐消除异常。理想的规范化程度是范式级别越高，规范化程度也越高。但规范化程度不一定越高越好，在关系模式设计时，一般要求关系模式达到 3NF 或 BCNF 即可。

9.4.2　完全函数依赖、部分函数依赖和传递函数依赖

1. 完全函数依赖和部分函数依赖

定义 9.4　设 R 是一个具有属性集合 U 的关系模式，X 和 Y 是 U 的子集。

如果 $X \rightarrow Y$，并且对于 X 的任何一个真子集 Z，$Z \rightarrow Y$ 都不成立，则称 Y 完全函数依赖于 X，记作 $X \xrightarrow{f} Y$；

如果 $X \rightarrow Y$，并且对于 X 的任何一个真子集 Z，$Z \rightarrow Y$ 都成立，则称 Y 部分函数依赖于 X，记作 $X \xrightarrow{p} Y$。

【例 9-10】　对于关系模式 Students(Sid, Sname, Dname, Ddirector, Cid, Cname, Cscore)，判断下面所给的两个函数依赖是完全函数依赖还是部分函数依赖，为什么？

(1) (Sid,Cid)→Cscore。

(2) (Sid,Cid)→Dname。

解　(1) 是完全函数依赖，因为 Cscore 的值必须由 Sid 和 Cid 一起来决定。

(2) 是部分函数依赖，因为 Dname 的值只由 Sid 决定，与 Cid 的值无关。

说明：只有当决定因素(函数依赖左侧)是组合属性时，讨论部分函数依赖才有意义。当决定因素是单属性时，都是完全函数依赖。

2. 传递函数依赖

定义 9.5　设 R 是一个具有属性集合 U 的关系模式，X、Y、Z 是 U 的子集，且 X、Y、Z 是不同的属性集。如果 $X \rightarrow Y$，$Y \rightarrow X$ 不成立，$Y \rightarrow Z$，则称 Z 传递函数依赖于 X，记作 $X \xrightarrow{t} Z$。

说明：(1) 如果 $X \rightarrow Y$ 且 $Y \rightarrow X$，则称 X 与 Y 等价，记作 $X \leftrightarrow Y$。

(2) 如果定义中 $Y \rightarrow X$ 成立，则 X 与 Y 等价，这时称 Z 对 X 直接函数依赖，而不是传递函数依赖。

【例 9-11】　对于关系模式 Students(Sid, Sname, Dname, Ddirector, Cid, Cname, Cscore)，分析其函数依赖情况。

解　(1) 存在 Sid→Dname，但 Dname→Sid 不成立，而 Dname→Ddirector，则有 Sid $\xrightarrow{t}$ Ddirector。

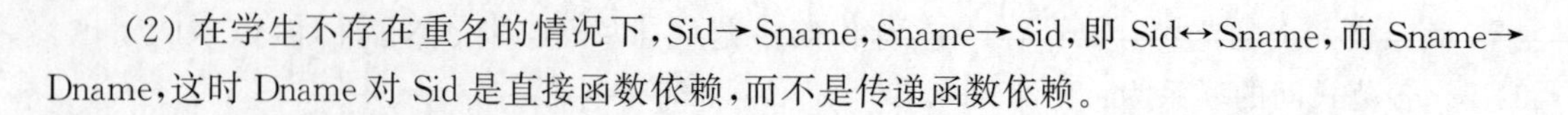

(2) 在学生不存在重名的情况下，Sid→Sname，Sname→Sid，即 Sid↔Sname，而 Sname→Dname，这时 Dname 对 Sid 是直接函数依赖，而不是传递函数依赖。

9.4.3 以函数依赖为基础的范式

以函数依赖为基础的范式有 1NF、2NF、3NF 和 BCNF 范式。

1. 1NF

定义 9.6 设 R 是一个关系模式。如果 R 中每个属性的值域都是不可分的原子值，则称 R 是第一范式，记作 1NF。

1NF 是关系模式具备的最起码的条件。

要将非第一范式的关系转换为 1NF 关系，只需将复合属性变为简单属性即可。例如对于关系模式 R(NAME，ADDRESS，PHONE)，如果一个人有两个 PHONE(一个人可能有一个办公室电话和一个手机号码)，那么在关系中可将属性 PHONE 分解成两个属性，即单位电话属性和个人电话属性。

关系模式仅满足 1NF 是不够的，仍可能出现插入异常、删除异常、数据冗余及更新异常。

【例 9-12】 以关系模式 Students(Sid，Sname，Dname，Ddirector，Cid，Cname，Cscore)为例，分析 1NF 出现的异常情况。

解 根据 1NF 的定义，可知关系模式 Students 为 1NF 关系模式。

Students 上的函数依赖有：{Sid→Sname，Sid→Dname，Cid→Cname，Dname→Ddirector，Ddirector→Dname，Sid→Ddirector，(Sid，Cid)$\xrightarrow{f}$Cscore，(Sid，Cid)$\xrightarrow{p}$Sname，(Sid，Cid)$\xrightarrow{p}$Dname，(Sid，Cid)$\xrightarrow{p}$Cname}。

该关系模式存在以下异常：

(1) 数据冗余。如某学生选修了多门课程，则存在姓名、系和系主任信息等的多次重复存储。

(2) 插入异常。例如要插入学生的基本信息，但学生还未选课，则不能插入，因为主键为(Sid，Cid)，Cid 为空值，主键中不允许出现空值，从而导致元组插不进去。

(3) 删除异常。如果某学生只选了一门课，要删除学生的该门课程，则该学生的其他信息也被删除。删除异常也就是删除时，删掉了其他不应删除的信息。

(4) 更新异常。由于存在数据冗余，如果某个同学要转系，需要修改多行数据。

2. 2NF

在给出 2NF 定义之前，先来介绍主属性和非主属性两个概念。候选键中所有的属性均称为主属性，不包含在任何候选键中的属性称为非主属性。

定义 9.7 如果关系模式 R 是 1NF，而且 R 中所有非主属性都完全函数依赖于任意一个候选键，则称 R 是第二范式，记作 2NF。

2NF 的实质是不存在非主属性“部分函数依赖”于候选键的情况。

非 2NF 关系或 1NF 关系向 2NF 的转换原则是消除其中的部分函数依赖，一般是将一个关系模式分解成多个 2NF 的关系模式，即将部分函数依赖于候选键的非主属性及其决定属性移出，另成一个关系，使其满足 2NF。

可以总结为如下方法：

设关系模式 R 的属性集合为 U，主键是 W，R 上还存在函数依赖 $X \to Z$，且 X 是 W 的子集，Z 是非主属性，那么 $W \to Z$ 就是一个部分函数依赖。此时应把 R 分解成两个关系模式：

（1）$R1(XZ)$，主键是 X；

（2）$R2(Y)$，其中 $Y=U-Z$，主键仍是 W，外键是 X。

如果 $R1$ 和 $R2$ 还不是 2NF，则重复上述过程，一直到每个关系模式都是 2NF 为止。

【例 9-13】 根据例 9-12 的函数依赖关系，将满足 1NF 的关系模式 Students(Sid，Sname，Dname，Ddirector，Cid，Cname，Cscore)分解成 2NF。

解 可将该关系模式分解为 3 个 2NF 关系模式，每个关系模式及函数依赖分别如下：

（1）Students(Sid，Sname，Dname，Ddirector)，
{Sid→Sname，Sid→Dname，Dname→Ddirector，Ddirector→Dname，Sid→Ddirector}。

（2）Score(Sid，Cid，Cscore)，{(Sid，Cid)$\xrightarrow{f}$Cscore}。

（3）Course(Cid，Cname)，{Cid→Cname}。

但是，2NF 关系仍可能存在插入异常、删除异常、数据冗余和更新异常，因为还可能存在“传递函数依赖”。下面以例 9-13 中分解后的第一个 2NF 关系模式为例：

Students(Sid，Sname，Dname，Ddirector)

该关系模式的主键为 Sid，其中的函数依赖关系有：

{Sid→Sname，Sid→Dname，Dname→Ddirector，Ddirector→Dname，Sid→Ddirector}

该关系模式存在以下异常：

（1）插入异常。插入尚未招生的系时，不能完成插入，因为主键是 Sid，而其为空值。

（2）删除异常。如某系学生全毕业了，删除学生则会删除系的信息。

（3）数据冗余。由于系有众多学生，而每个学生均带有系信息，所以造成数据冗余。

（4）更新异常。由于存在冗余，所以如果修改一个系的信息，就要修改多行。

3. 3NF

定义 9.8 如果关系模式 R 是 2NF，而且 R 中所有非主属性对任何候选键都不存在传递函数依赖，则称 R 是第三范式，记作 3NF。

3NF 是从 1NF 消除非主属性对候选键的部分函数依赖和从 2NF 消除传递函数依赖而得到的关系模式。

2NF 关系向 3NF 转换的原则是消除传递函数依赖，将 2NF 关系分解成多个 3NF 关系模式。可以总结为如下方法：

设关系模式 R 的属性集合为 U，主键是 W，R 上还存在函数依赖 $X \to Z$，并且 Z 是非主属性，Z 不包含于 X，X 不是候选键，则 $W \to Z$ 就是一个传递依赖。此时应把 R 分解成两个关系模式：

（1）$R1(XZ)$，主键是 X；

（2）$R2(Y)$，其中 $Y=U-Z$，主键仍是 W，外键是 X。

如果 $R1$ 和 $R2$ 还不是 3NF，则重复上述过程，一直到每个关系模式都是 3NF 为止。

【例 9-14】 根据例 9-13 分解出的第一个 2NF，将关系模式 Students(Sid，Sname，Dname，Ddirector)分解成 3NF，其函数依赖集是{Sid→Sname，Sid→Dname，Dname→Ddirector，Ddirector→Dname，Sid→Ddirector}。

解　该关系模式的函数依赖集中存在一个传递函数依赖：

$$\{Sid \rightarrow Dname, Dname \rightarrow Ddirector, Sid \rightarrow Ddirector\}$$

通过消除该传递函数依赖，将其分解为两个3NF关系模式，每个关系模式及函数依赖分别如下：

(1) Students(Sid,Sname,Dname),{Sid→Sname,Sid→Dname}。

(2) Depts(Dname,Ddirector),{Dname→Ddirector,Ddirector→Dname}。

在3NF的关系中，所有非主属性都彼此独立地完全函数依赖于候选键，它不再引起操作异常，故一般的数据库设计到3NF就可以了。但这个结论只适用于仅具有一个候选键的关系，具有多个候选键的3NF关系仍可能产生操作异常，如下面所给的示例。

【例9-15】　3NF异常情况。现有关系STC(Sid,Cid,Grade,Tname)，该关系模式用来存放学生、教师、课程及成绩的信息。其中，Sid为学生的学号，Cid为学生所选修的、由某位教师讲授课程的课程号，Grade为学生该课程的成绩，Tname为教师的姓名。

假定该关系模式包括以下数据语义：

(1) 课程与教师之间是1∶n的联系，即一门课程可由多名教师讲授，而一名教师只讲授一门课程。

(2) 学生与课程之间是m∶n的联系，即一名学生可选修多门课程，而每门课程有多名学生选修。

由上述语义可知，该关系模式的候选键为(Sid,Cid)和(Sid,Tname)，其中函数依赖关系如下：

$$\{(Sid, Cid) \rightarrow Grade, (Sid, Tname) \rightarrow Grade, Tname \rightarrow Cid\}$$

该关系模式是3NF。因为它只有一个非主属性Grade，而该非主属性又完全依赖于每一个候选键。

该关系模式存在以下异常：

(1) 插入异常。插入尚未选课的学生或插入没有学生选课的课程时，均不能插入，因为该关系模式有两个候选键，无论哪种情况的插入，都会在候选键中出现某个主属性值为NULL，故不能插入。

(2) 删除异常。如选修某课程的学生全毕业了，删除学生，则会删除课程的相关信息。

(3) 数据冗余。每个选修某课程的学生均带有教师的信息，故冗余。

(4) 更新异常。由于存在数据冗余，故要修改某门课程的信息，则要修改多行。

引起上述问题的原因是关系模式主属性之间存在函数依赖Tname→Cid，导致主属性Cid部分依赖于候选键(Sid,Tname)。Boycc和Codd指出了这种缺陷，且为了补救而提出了一个更强的3NF定义，通常称BCNF范式。

4. BCNF

定义9.9　如果关系模式R是1NF，且对于R中每个函数依赖$X \rightarrow Y$，X必为候选键，则称R是BCNF范式。

由BCNF的定义可以知，每个BCNF范式应具有以下3个性质：

(1) 所有非主属性都完全函数依赖于每个候选键。

(2) 所有主属性都完全函数依赖于每个不包含它的候选键。

(3) 没有任何属性完全函数依赖于非候选键的任何一组属性。

3NF 关系向 BCNF 转换的原则是消除主属性对候选键的部分和传递函数依赖，将 3NF 关系分解成多个 BCNF 关系模式。

【例 9-16】 将例 9-15 的 3NF 分解成 BCNF。

解 通过消除主属性 Cid 对候选键(Sid，Tname)的部分函数依赖，将其分解为如下两个 BCNF 关系模式：

(1) SG(Sid，Cid，Grade)，{(Sid，Cid)→Grade}。

(2) TC(Tname，Cid)，{Tname→Cid}。

3NF 和 BCNF 是范式中最重要的两种，在实际的数据库设计中具有特别意义。虽然 BCNF 仅在关系具有多个组合且有重叠的关键字时才考虑，而且这种情况是比较少有的，但它总还是存在的。所以一般设计的模式都应达到 BCNF 或 3NF。

【例 9-17】 综合练习。设有关系模式 R(运动员编号，比赛项目，成绩，比赛类别，比赛主管)，用于存储运动员的比赛成绩、比赛类别、主管等信息。

语义规定：每个运动员每参加一个比赛项目，只有一个成绩；每个比赛项目只属于一个比赛类别；每个比赛类别只有一个比赛主管。

试回答下列问题：

(1) 根据上述规定，写出模式 R 的基本函数依赖集和候选键。

(2) 说明 R 不是 2NF 的理由，并把 R 分解成 2NF 模式集。

(3) 将 R 分解成 3NF 模式集。

解 (1) 基本的函数依赖集有 3 个：{(运动员编号，比赛项目)→成绩，比赛项目→比赛类别，比赛类别→比赛主管}，R 的候选键为(运动员编号，比赛项目)。

(2) R 中有如下两个函数依赖：

(运动员编号，比赛项目)→(比赛类别，比赛主管)

(比赛项目) →(比赛类别，比赛主管)

可见前一个函数依赖是部分依赖，所以 R 不是 2NF 模式。

R 应分解成：

R_1(比赛项目，比赛类别，比赛主管)

R_2(运动员编号，比赛项目，成绩)

这里，R_1 和 R_2 都是 2NF 模式。

(3) R_2 已是 3NF 模式。

在 R_1 中存在两个函数依赖：

- 比赛项目→比赛类别
- 比赛类别→比赛主管

因此，比赛项目→比赛主管是一个传递依赖，R_1 不是 3NF 模式。

R_1 应分解成：

R_{11}(比赛项目，比赛类别)

R_{12}(比赛类别，比赛主管)

这样，{R_{11}，R_{12}，R_2}是一个 3NF 模式集。

9.4.4 关系的分解

分解是关系向更高一级范式规范化的唯一一种手段。所谓关系模式的分解，是将关系模式的属性集划分成若干子集，并以各属性子集构成的关系模式的集合来代替原关系模式，则该关系模式集就叫原关系模式的一个分解。

分解是消除冗余和操作异常的一种好工具。然而，分解是否会带来新的问题？答案是肯定的。其中最关键的问题是：分解能否"复原"，即将分解的关系再连接起来是否能得到原来的关系？分解后各关系函数依赖集的并运算结果是否与原关系的函数依赖等价？答案是不一定。下面对有关问题及其解决办法进行讨论。

1. 无损连接分解

如果关系模式 R 上的任一关系 r 都是它在各分解模式上投影的自然连接（自然连接是一种特殊的等值连接，结果中去掉重复的属性列），则该分解就是无损连接分解，也称无损分解；否则就是有损连接分解，或称有损分解。

【例 9-18】 设有关系模式 R(ABC)。

(1) 若 R 上的一个关系 r 及对 r 分解得到的两个关系 r_1、r_2 如图 9-1 所示，判断此分解是否为无损连接分解。

r

A	B	C
1	1	1
1	2	1

r_1

A	B
1	1
1	2

r_2

A	C
1	1

图 9-1 关系 r 及 r 分解后得到的两个关系 r_1 和 r_2(一)

解 因为 r_1 和 r_2 共有的列为 A，所以取 A 值相等的行进行自然连接，连接后能够恢复成 r，即未丢失信息，所以此分解为无损分解。

(2) 若 R 上的一个关系 r 及对 r 分解得到的两个关系 r_1、r_2 如图 9-2 所示，判断此分解是否为无损连接分解。

r

A	B	C
1	1	4
1	2	3

r_1

A	B
1	1
1	2

r_2

A	C
1	4
1	3

图 9-2 关系 r 及 r 分解后得到的两个关系 r_1 和 r_2(二)

解 r_1 和 r_2 自然连接后得到的结果如图 9-3 所示。

A	B	C
1	1	4
1	1	3
1	2	4
1	2	3

图 9-3 r_1 和 r_2 自然连接后的结果

因为连接后包含了一些非 r 中的元组，所以为有损分解。"更多"的元组使一些原来确定的信息变成不确定的了，从这个意义上来说，是损失了。

如果一个关系被分解成两个关系，可以通过下面所给的定理判断该分解是否为无损分解。

定理 9.2 设 $p=(R_1,R_2)$ 是关系模式 R 的一个分解，F 为 R 的函数依赖集。当且仅

当 $R_1 \cap R_2 \to R_1 - R_2$ 或 $R_1 \cap R_2 \to R_2 - R_1$ 属于 F^+（包含 F 集中的函数依赖关系和通过函数依赖集推导出来的函数依赖关系）时，p 是 R 的一个无损连接分解。

【例 9-19】 (1) 设有关系模式 R(ABC)，函数依赖集 F={A→B,C→B}。若将 R 分解成 p={AB,BC}，判断该分解是否是无损的。

(2) 设有关系模式 R(XYZ)，函数依赖集 F={X→Y,X→Z,YZ→X}。若将 R 分解成 p={XY,XZ}，判断该分解是否是无损的。

解 (1) $R_1 \cap R_2 = B, R_1 - R_2 = A, R_2 - R_1 = C$。函数依赖集中既无 B→A，也无 B→C，所以该分解是有损的。

(2) $R_1 \cap R_2 = X, R_1 - R_2 = Y, R_2 - R_1 = Z$。函数依赖集中有 X→Y，所以判定分解是无损的。也可以通过 X→Z 判定该分解是无损的。

2. 无损连接分解的测试

定理 9.2 给出了将关系模式分解成两部分的无损连接分解判定法。但对于一般情况的分解，如何测试分解是否是无损分解？这里介绍一种测试方法。

算法 9.2 无损分解的测试方法。

输入：关系模式 $R=(A_1,A_2,\cdots,A_n)$，F 是 R 上成立的函数依赖集，$p=\{R_1,R_2,\cdots,R_k\}$是 R 的一个分解。

输出：确定 p 是否为 R 的无损分解。

步骤：(1) 构造一张 k 行 n 列的表格，每列对应一个属性 $A_j(1 \leqslant j \leqslant n)$，每行对应一个模式 $R_i(1 \leqslant i \leqslant k)$。如果 A_j 在 R_i 中，那么在表格的第 i 行第 j 列处填上符号 a_j，否则填上 b_{ij}（a_j、b_{ij} 仅是一种符号，无专门含义）。

(2) 把表格看成模式 R 的一个关系，反复检查 F 中每个函数依赖在表格中是否成立。若成立，则修改表格中的值。修改方法如下：

对于 F 中的一个函数依赖 X→Y，在表格中寻找对应于 X 中属性的所有列上符号 a_i 或 b_{ij} 全相同的那些行，按下列情况处理：

① 如果表格中有两个（或多个）这样的行，则让这些行中对应于 Y 中属性的所有列的符号相同：如果符号中有一个 a_j，那么其他全都改成 a_j；如果没有 a_j，那么用其中一个 b_{ij} 替换其他值（尽量把下标 i、j 改成较小的数）。

② 如果没有找到两个这样的行，则不用修改。

③ 对 F 集中所有函数依赖重复执行步骤(2)，直到表格不能修改为止。

(3) 若修改的最后一张表格中有一行是全 a，即 $a_1,a_2,\cdots,a_n$，那么称 p 相对于 F 是无损分解，否则称有损分解。

【例 9-20】 设有关系模式 R，其函数依赖 F 和 R 的一个分解 p 如下：

R=(ABCDE)

F={A→C,B→C,C→D,DE→C,CE→A}

$p=\{R_1(AD),R_2(AB),R_3(BE),R_4(CDE),R_5(AE)\}$

判断 p 相对于 F 是否为无损分解。

解 (1) 构建表格，如表 9-4 所示。

表 9-4　构建 6 行 6 列的表格(一)

	A	B	C	D	E
R_1(AD)	a_1	b_{12}	b_{13}	a_4	b_{15}
R_2(AB)	a_1	a_2	b_{23}	b_{24}	b_{25}
R_3(BE)	b_{31}	a_2	b_{33}	b_{34}	a_5
R_4(CDE)	b_{41}	b_{42}	a_3	a_4	a_5
R_5(AE)	a_1	b_{52}	b_{53}	b_{54}	a_5

(2) 取 A→C,A 列中值相同的是第 2、3、6 行,全为 a_1,对应的 C 列中无任何一个 a_i;选取 b_{13},改 b_{23} 和 b_{53} 均为 b_{13},得新的表格如表 9-5 所示。

表 9-5　构建 6 行 6 列的表格(二)

	A	B	C	D	E
R_1(AD)	a_1	b_{12}	b_{13}	a_4	b_{15}
R_2(AB)	a_1	a_2	b_{13}	b_{24}	b_{25}
R_3(BE)	b_{31}	a_2	b_{33}	b_{34}	a_5
R_4(CDE)	b_{41}	b_{42}	a_3	a_4	a_5
R_5(AE)	a_1	b_{52}	b_{13}	b_{54}	a_5

(3) 再取 B→C,B 列中值相同的是第 3、4 行,全为 a_2,对应的 C 列中无任何一个 a_i;选取 b_{13},改 b_{33} 为 b_{13},得新的表格如表 9-6 所示。

表 9-6　构建 6 行 6 列的表格(三)

	A	B	C	D	E
R_1(AD)	a_1	b_{12}	b_{13}	a_4	b_{15}
R_2(AB)	a_1	a_2	b_{13}	b_{24}	b_{25}
R_3(BE)	b_{31}	a_2	b_{13}	b_{34}	a_5
R_4(CDE)	b_{41}	b_{42}	a_3	a_4	a_5
R_5(AE)	a_1	b_{52}	b_{13}	b_{54}	a_5

(4) 再取 C→D,C 列中值相同的是第 2、3、4、6 行,全为 b_{13},对应的 D 列中有一个 a_4,将 b_{24}、b_{34}、b_{54} 都改为 a_4,得新的表格如表 9-7 所示。

表 9-7　构建 6 行 6 列的表格(四)

	A	B	C	D	E
R_1(AD)	a_1	b_{12}	b_{13}	a_4	b_{15}
R_2(AB)	a_1	a_2	b_{13}	a_4	b_{25}
R_3(BE)	b_{31}	a_2	b_{13}	a_4	a_5
R_4(CDE)	b_{41}	b_{42}	a_3	a_4	a_5
R_5(AE)	a_1	b_{52}	b_{13}	a_4	a_5

(5) 再取 DE→C,DE 列值相同的是第 4、5、6 行,对应的 C 列中有一个 a_3,将 b_{13} 均改为 a_3,得新的表格如表 9-8 所示。

表 9-8 构建 6 行 6 列的表格(五)

	A	B	C	D	E
R_1(AD)	a_1	b_{12}	b_{13}	a_4	b_{15}
R_2(AB)	a_1	a_2	b_{13}	a_4	b_{25}
R_3(BE)	b_{31}	a_2	a_3	a_4	a_5
R_4(CDE)	b_{41}	b_{42}	a_3	a_4	a_5
R_5(AE)	a_1	b_{52}	a_3	a_4	a_5

(6) 再取 CE→A,CE 列值相同的是第 4、5、6 行,对应的 C 列中有一个 a_1,所以将 A 列的 b_{31} 和 b_{41} 都改为 a_1,得新的表格如表 9-9 所示。

表 9-9 构建 6 行 6 列的表格(六)

	A	B	C	D	E
R_1(AD)	a_1	b_{12}	a_3	a_4	b_{15}
R_2(AB)	a_1	a_2	a_3	a_4	b_{25}
R_3(BE)	a_1	a_2	a_3	a_4	a_5
R_4(CDE)	a_1	b_{42}	a_3	a_4	a_5
R_5(AE)	a_1	b_{52}	a_3	a_4	a_5

(7) 此时第 4 行全是 a,所以相对于 F,R 分解成 p 是无损分解。

【例 9-21】 设关系模式 R(ABCD),R 分解成 p={AB,BC,CD}。如果 R 上成立的函数依赖集 F_1={B→A,C→D},那么 p 相对于 F_1 是否为无损分解?如果是 R 上成立的函数依赖集 F_2={A→B,C→D}呢?

解 相对于 F_1,R 分解成 p 是无损分解;相对于 F_2,R 分解成 p 是有损分解。

分析过程请读者自己完成。

3. 保持函数依赖分解

对于一个关系模式的分解,保证分解的连接无损性是必要的,但这还不够,还需要保持函数依赖。如果不保持函数依赖,那么数据的语义就会出现混乱。

怎样保持函数依赖分解呢?直观地讲,就是当一个关系模式被分解成多个模式时,其函数依赖集也被相应地分解成各自的函数依赖集的集合。若该函数依赖集的集合与原函数依赖集等价,则该分解是依赖保持的。

定义 9.10 设有关系模式 $R(U,F)$,$Z\subseteq U$,则 Z 所涉及的 F 中所有函数依赖为 F 在 Z 上的投影,记为 $\Pi_Z(F)$,$\Pi_Z(F)=\{X\to Y|(X\to Y)\in F^+$ 且 $X\subseteq Z$、$Y\subseteq Z\}$ 为函数依赖集 F 在 Z 上的投影。

注:F^+ 包含 F 集中的函数依赖关系和通过函数依赖集推导出来的函数依赖关系。

定义 9.11 设 $R(U,F)$的一个分解 $p=\{R_1,R_2,\cdots,R_k\}$,如果 F 等价于 $\Pi_{R_1}(F)\cup\Pi_{R_2}(F)\cup\cdots\cup\Pi_{R_k}(F)$,则称分解 p 具有函数依赖保持性。

【例 9-22】 设 R=(XYZ),其中函数依赖集 F={X→Y,Y→Z},分解 p=(R_1,R_2),R_1=(XY),R_2=(XZ)。判断 p 是否保持函数依赖。

解 R_1 上的函数依赖是 F_1={X→Y},R_2 上的函数依赖是 F_2={X→Z}。但从这两个函数依赖推导不出在 R 上成立的函数依赖 Y→Z,因此分解 p 把 Y→Z 丢失了,即 p 不保持函数依赖。

【例 9-23】 设有关系模式 R(ABC)，p＝{AB,AC}是 R 的一个分解。试分析分别在 F_1＝{A→B}、F_2＝{A→C,B→C}、F_3＝{B→A}、F_4＝{C→B,B→A}情况下，p 是否具有无损分解和保持函数依赖的分解特性。

解 (1) 相对于 F_1＝{A→B}，分解 p 是无损分解且保持函数依赖集的依赖分解。

(2) 相对于 F_2＝{A→C,B→C}，分解 p 是无损分解，但不保持函数依赖集，因为 B→C 丢失了。

(3) 相对于 F_3＝{B→A}，分解 p 是有损分解但保持函数依赖集的依赖分解。

(4) 相对于 F_4＝{C→B,B→A}，分解 p 是有损分解且不保持函数依赖集的依赖分解，因为丢失了 C→B。

9.4.5 关系模式规范化总结

规范化工作是将给定的关系模式按范式级别，从低到高，逐步分解为多个关系模式。实际上，前面的叙述中已分别介绍了各低级别的范式向其高级别范式的转换方法。下面通过图示方式来综合说明关系模式规范化的基本步骤，如图 9-4 所示。

1NF
↓ 消去非主属性对候选键的部分函数依赖
2NF
↓ 消去非主属性对候选键的传递函数依赖
3NF
↓ 消去主属性对候选键的部分和传递函数依赖
BCNF
↓ 消去不是函数依赖的非平凡多值依赖
4NF

图 9-4 关系模式规范化的基本步骤

各步骤描述如下：

(1) 对 1NF 关系模式进行分解，消除原关系模式中非主属性对候选键的部分函数依赖，将 1NF 关系模式转换为多个 2NF 关系模式。

(2) 对 2NF 关系模式进行分解，消除原关系模式中非主属性对候选键的传递函数依赖，将 2NF 关系模式转换为多个 3NF 关系模式。

(3) 对 3NF 关系模式进行分解，消除原关系模式中主属性对候选键的部分和传递函数依赖，使决定属性成为所分解关系的候选键，从而得到多个 BCNF 关系模式。

(4) 对 BCNF 关系模式进行分解，消除原关系模式中不是函数依赖的非平凡多值依赖，将 BCNF 关系模式转换为多个 4NF 关系模式。

需要强调的是，规范化仅从一个侧面提供了改善关系模式的理论和方法。一个关系模式的好坏，规范化是衡量的标准之一，但不是唯一的标准。数据库设计者的任务是在一定的制约条件下，寻求能较好满足用户需求的关系模式。规范化的程度不是越高越好，这取决于应用。

9.5 小 结

一个未设计好的关系模式可能存在异常，包括插入异常、删除异常、数据冗余和更新异常。存在异常的原因在于关系模式中的属性间存在复杂的数据依赖。数据依赖由数据间的语义决定，不是凭空臆造的。数据依赖包括函数依赖、多值依赖等。

函数依赖表示关系模式中的一个或一组属性值决定另一个或一组属性值。函数依赖一般有完全函数依赖、部分函数依赖和传递函数依赖。对一个关系模式规范化前，必须将关系模式中所有的函数依赖全部找出，Armstrong 公理系统可帮助完成此项任务。

目前，关系模式上的范式一共有 6 种，分别是 1NF、2NF、3NF、BCNF、4NF 和 5NF。其中，1NF 最低，5NF 最高；1NF、2NF、3NF 和 BCNF 是函数依赖范畴内的范式；4NF 是多值依赖范畴内的范式；5NF 是连接依赖范畴内的范式。设计关系模式时，静态关系模式可为 1NF，其他关系模式达到 3NF 或 BCNF 即可。

关系模式的规范化一般通过投影分解完成。关系模式分解有两个指标：无损连接分解和保持函数依赖分解，一般做到无损分解即可。

通过本章的学习，应该得到一个启示：在设计关系模式时，应使每个关系模式只表达一个概念，做到关系模式概念的单一化。这样，可在很大程度上避免各种异常。

习 题 九

一、选择题

1. 关系规范化中的插入异常是指(　　)。
   A. 插入了不该插入的数据　　B. 数据插入后导致数据处于不一致的状态
   C. 该插入的数据不能实现插入　　D. 以上都不对
2. 关系模式中的候选键(　　)。
   A. 有且仅有一个　　B. 必然有多个
   C. 可以有一个或多个　　D. 以上都不对
3. 规范化的关系模式中，所有属性都必须是(　　)。
   A. 相互关联的　　B. 互不相关的
   C. 不可分解的　　D. 长度可变的
4. 设关系模式 R 属于 1NF，若在 R 中消除了部分函数依赖，则 R 至少属于(　　)。
   A. 1NF　　B. 2NF　　C. 3NF　　D. BCNF
5. 如果关系模式 R 中的属性都是主属性，则 R 至少属于(　　)。
   A. 3NF　　B. BCNF　　C. 1NF　　D. 2NF
6. 关系模式 R(ABC)中有函数依赖集 $F=\{AB\to C,BC\to A\}$，则 R 最高达到(　　)。
   A. 1NF　　B. 2NF　　C. 3NF　　D. BCNF
7. 设有关系模式 R(ABC)，其函数依赖集 $F=\{A\to B,B\to C\}$，则关系 R 最高达到(　　)。
   A. 1NF　　B. 2NF　　C. 3NF　　D. BCNF

8. 关系模式规范化中的删除操作异常是指(　　)。

A. 不该删除的数据被删除　　B. 不该删除的关键码被删除

C. 应该删除的数据未被删除　　D. 应该删除的关键码未被删除

9. 给定关系模式 R(U,F),U={A,B,C,D,E},F={B→A,D→A,A→E,AC→B},那么属性集 AD 的闭包为(①),R 的候选键为(②)。

① A. ADE　　B. ABD　　C. ABCD　　D. ACD

② A. ABD　　B. ADE　　C. ACD　　D. CD

10. 在关系模式 R 中,函数依赖 X→Y 的语义是(　　)。

A. 在 R 的某一关系中,若两个元组的 X 值相等,则 Y 值不相等

B. 在 R 的每一关系中,若两个元组的 X 值相等,则 Y 值也相等

C. 在 R 的某一关系中,Y 值应与 X 值不等

D. 在 R 的每一关系中,Y 值应与 X 值相等

11. 在最小依赖集 F 中,下面叙述不正确的是(　　)。

A. F 中每个函数依赖的右部都是单属性

B. F 中每个函数依赖的左部都是单属性

C. F 中没有冗余的函数依赖

D. F 中每个函数依赖的左部没有冗余的属性

12. 设有关系模式 R(ABCD),函数依赖集 F={A→B,B→C,C→D,D→A},p={AB,BC,AD}是 R 上的一个分解,那么分解 p 相对于 F(　　)。

A. 是无损连接分解,也是保持函数依赖的分解

B. 是无损连接分解,但不保持函数依赖的分解

C. 不是无损连接分解,但保持函数依赖的分解

D. 既不是无损连接分解,也不保持函数依赖的分解

13. 下列关于函数依赖的叙述中,错误的是(　　)。

A. 若 A→B,B→C,则 A→C　　B. 若 A→B,B→C,则 A→BC

C. 若 A→BC,则 A→B,A→C　　D. 若 A→BC,则 A→B,B→C

14. 设关系 R(ABC)的值如表 9-10 所示。

表 9-10　关系 R(ABC)

A	B	C
5	6	5
6	7	5
6	8	6

下列叙述正确的是(　　)。

A. 函数依赖 C→A 在上述关系中成立

B. 函数依赖 AB→C 在上述关系中成立

C. 函数依赖 A→C 在上述关系中成立

D. 函数依赖 C→AB 在上述关系中成立

15. 设有关系模型 SC(学号,姓名,学院,学院领导,课程号,课程名,成绩),函数依赖集

F={学号→(姓名,学院,学院领导),学院→学院领导,课程号→课程名,(学号,课程号)→成绩},则关系 SC 中(①);要满足 2NF,应将 SC 分解为(②)。

① A. 只存在部分依赖　　B. 只存在传递依赖
　C. 只存在多值依赖　　D. 存在部分依赖和传递依赖

② A. S(学号,姓名,学院,学院领导),C(课程号,课程名,成绩)
　B. S(学号,姓名),D(学院,学院领导),C(课程号,课程名,成绩)
　C. S(学号,姓名),D(学院,学院领导),C(课程号,课程名),SC(学号,课程名,成绩)
　D. S(学号,姓名,学院,学院领导) C(课程号,课程名),SC(学号,课程号,成绩)

二、填空题

1. 数据依赖主要包括________依赖、多值依赖和连接依赖。

2. 一个不好的关系模式会存在________、________和________等弊端。

3. 包含 R 中全部属性的候选键称为________,不在任何候选键中的属性称为________。

4. 3NF 是基于________依赖的范式,4NF 是基于________依赖的范式。

5. 规范化过程是通过投影分解,把________关系模式分解为________的关系模式。

6. 关系模式的好与坏用________衡量。

7. 消除了非主属性对候选键部分依赖的关系模式称为________模式。

8. 消除了非主属性对候选键传递依赖的关系模式称为________模式。

9. 消除了每一属性对候选键传递依赖的关系模式称为________模式。

10. 在关系模式的分解中,数据等价用________衡量,依赖等价用________衡量。

三、简答题

1. 设有关系模式 R(A,B,C,D,E),R 中的属性均不可再分解。若只基于函数依赖进行讨论,试根据给定的函数依赖集 F,分析 R 最高属于第几范式。

(1) F={AB→C,AB→D,ABC→E};

(2) F={AB→C,AB→D,AB→E};

(3) F={AB→C,AB→E,A→D,BD→ACE}。

2. 设有关系模式 R(U,F),其中 U={A,B,C,D,E},F={A→D,E→D,D→B, BC→D,DC→A}

(1) 求 R 的候选关键字。

(2) 若模式分解为 p={AB,AE,CE,BCD,AC},判断其是否为无损连接分解?能保持原来的函数依赖吗?

四、设计题

某学员为公司的项目工作管理系统设计了初始的关系模式集:

- 部门(部门代码,部门名,起始年月,终止年月,办公室,办公电话)
- 职务(职务代码,职务名)
- 等级(等级代码,等级名,年月,小时工资)
- 职员(职员代码,职员名,部门代码,职务代码,任职时间)
- 项目(项目代码,项目名,部门代码,起始年月日,结束年月日,项目主管)
- 工作计划(项目代码,职员代码,年月,工作时间)

(1) 试给出部门、等级、项目、工作计划关系模式的主键和外键以及基本函数依赖集 F_1、F_2、F_3 和 F_4。

(2) 该学员设计的关系模式不能管理职务和等级之间的关系。如果规定一个职务可以有多个等级代码,请修改"职务"关系模式中的属性结构。

(3) 为了能管理公司职员参加各项目每天的工作业绩,请设计一个"工作业绩"关系模式。

(4) 部门关系模式存在什么问题?请用100字以内的文字阐述原因。为了解决这个问题,可将关系模式分解,分解后的关系模式的关系名依次取部门_A、部门_B、……

(5) 假定月工作业绩关系模式为月工作业绩(职员代码、年月、工作日期),请给出"查询职员代码、职工名、年月、月工资"的SQL语句。

第10章　数据库设计

数据库已在各类应用系统广泛使用，如MIS(Management Information System，管理信息系统)、DSS(Decision Support System，决策支持系统)、OA(Office Automation，办公自动化)等。实际上，数据库已成为现代信息系统的基础和核心部分。如果数据模型设计不合理，即使使用性能再好的DBMS软件，也很难使数据库的应用系统达到最佳状态，仍然会出现文件系统的冗余、异常和不一致问题。总之，数据库设计的优劣将直接影响信息系统的质量和运行效果。

在具备了DBMS、系统软件、操作系统和硬件环境后，对数据库应用开发人员来说，此时的任务就是如何使用这个环境准确表达用户的要求，构造最优的数据模型，然后据此建立数据库及其应用系统。这个过程称为数据库设计。

10.1　数据库设计概述

什么是数据库设计呢？广义地讲是数据库及其应用系统的设计，即设计整个数据库应用系统；狭义地讲是设计数据库本身，即设计数据库的各级模式并建立数据库，这是数据库应用系统设计的一部分。这里我们主要讲解狭义的数据库设计。当然，设计一个好的数据库与设计一个好的数据库应用系统是密不可分的。一个好的数据库结构是应用系统的基础。特别在实际的系统开发项目中，两者更是密切相关、并行进行的。

数据库设计人员需要根据用户的各种应用需求(包括数据需求和处理需求)选择合适的系统环境(包括硬件配置、操作系统和DBMS等)，使用合理的设计方法与技术来建立一个数据库，以满足用户的要求。作为一名设计人员，首先必须要明确数据库设计要考虑和解决的主要问题。

10.1.1　数据库设计中存在的问题

数据库设计一般不是非常结构化的过程，往往可以有多种不同的方法，使用多种不同的设计技术与工具。

在整个数据库开发周期中，要解决的主要问题或任务是：

(1) 确定用户的需求(包括数据、功能和运用)是什么及如何表示它们。

(2) 这些需求如何转换成有效的逻辑数据库结构?

(3) 如何在计算机上有效地实现这种逻辑数据库结构及基于这种结构的存取?

(4) 怎样用这种数据库结构及其存取的系统去满足用户当前和将来的新的需求?

数据库的服务一般是面向组织单位的,组织中有多种不同类型的用户,设计者必须明确他们对系统处理功能、数据类型、数据量、数据使用与性能的要求以及系统的各种限制。用户需求与系统限制是整个数据库设计与开发过程的基础与出发点。

数据库设计者应以提供一个有效的逻辑数据库结构及其实现来满足所有用户的需求为目标。然而,这是一个极其困难的任务,除了需要的知识面广、使用的技术工具多、与组织单位的诸多因素关系密切(数据库系统不仅是一个技术系统,还是一个社会系统)外,还始终要考虑各方面对系统的限制,这些限制有时甚至是矛盾的。此外还要考虑到发展变化。当设计者在考虑时间和空间的节省、数据的可用性及可扩展性时,可能会伴随某些用户服务功能的潜在降低。设计者虽然会尽力避免这种功能上的降低,但终究可能只会满足所有用户需求的公共部分。

用户通过访问数据来获取所需信息并记录他们的决策信息到数据库中,故数据库存储结构与存取方法的实现对系统的有效性担负着极其重大的责任。合理地构造与组织数据库,使其能容易存取各种数据,快速地响应用户请求,这是数据库设计的基本要求。

数据库的结构及其实现不仅要满足用户当前的需求,还必须具有适应新的变化需要的灵活性。新的和变化的组织职能必然伴随着新的变化的数据及其结构要求,数据库要能够灵活地容纳新的数据及其结构,适应这种变化。

10.1.2 数据库设计方法

什么是"好"的数据库设计方法呢?

首先,它应该能在合理的时间内以合理的工作量在给定的条件下产生一个有效的数据库。有效的数据库就是能实现各种用户需求(即对数据要求、处理要求、性能要求、安全性及完整性要求等的适应)、满足各种限制(如完整性、一致性和安全性限制以及响应时间限制、存储空间限制等)且以最简数据模型表示的(为了便于用户理解)数据库。

其次,它应具备充分的一般性和灵活性,以便能为具有各种数据库设计经验的人使用。

最后,它应是可重复使用的,即不同的人对同一问题使用该方法应能产生同样或几乎同样的结果。

这些目标对数据库设计而言说起来容易,但要真正实现却很困难。例如,可重用性恐怕就很难实现。

新奥尔良(New Orleans)方法是目前公认的比较完整和权威的一种规范设计法。它运用软件工程的思想,按一定的设计规程用工程化方法设计数据库。它将数据库设计分为4个阶段,即需求分析、概念设计、逻辑设计和物理设计。目前大多数设计方法都起源于新奥尔良法,并在设计的每个阶段采用一些辅助方法来具体实现。下面简单介绍几种比较有影响的设计方法。

1. 基于 E-R 模型的数据库设计方法

基于 E-R 模型的数据库设计方法的基本思想是在需求分析的基础上,用 E-R 图构造一

个反映现实世界中实体与实体之间联系的概念模型，然后再将此概念模型转换成基于某一特定的 DBMS 的逻辑模型。

E-R 方法设计的基本步骤是：

① 确定实体类型；

② 确定实体联系；

③ 画出 E-R 图；

④ 确定属性；

⑤ 将 E-R 图转换成某个 DBMS 可接受的逻辑数据模型；

⑥ 设计记录格式。

2. 基于 3NF 的数据库设计方法

基于 3NF 的数据库设计方法是指用关系规范化理论为指导来设计数据库的逻辑模型。其基本思想是在需求分析的基础上确定数据库模式中全部的属性与属性之间的依赖关系，将它们组织为一个单一的关系模式；然后再将其投影分解，消除其中不符合 3NF 的约束条件，把其规范成若干 3NF 关系模式的集合。

3. 计算机辅助数据库设计方法

计算机辅助数据库设计是数据库设计趋向自动化的一个重要方面，其设计的基本思想不是要把人从数据库设计中赶走，而是提供一个交互式平台，一方面充分地利用计算机速度快、容量大和自动化程度高的特点，完成比较规则、重复性大的设计工作；另一方面又充分发挥设计者的技术和经验，作出一些重大决策，人机结合，互相渗透，帮助设计者更好地进行数据库设计。

数据库工作者一直在研究和开发数据库设计工具。经过多年的努力，数据库设计工具已经实用化和产品化。例如，Designer 2000 和 Power Designer 分别是 Oracle 公司和 SYBASE 公司推出的数据库设计工具软件，这些工具软件可以辅助设计人员完成数据库设计过程中的很多任务，已经普遍地用于大型数据库设计之中。

10.1.3 数据库应用系统的设计过程

在数据库设计开始之前，首先必须确定参加设计的人员，包括系统分析人员、数据库设计人员、应用开发人员、数据库管理员和用户代表。系统分析人员和数据库设计人员是数据库设计的核心人员，他们将自始至终地参与数据库设计，他们的水平决定了数据库系统的质量。用户代表和数据库管理员在数据库设计中也是举足轻重的，他们主要参加需求分析及数据库的运行和维护，他们的积极参与（不仅是配合）不但能加速数据库设计，而且也是决定数据库设计质量的重要因素。应用开发人员（包括程序员和操作员）分别负责编制程序和准备软硬件环境，他们在系统实施阶段参与进来。

按照规范设计的方法，同时考虑数据库及其应用系统开发的全过程，可以将数据库设计分为 6 个阶段：需求分析、概念结构设计、逻辑结构设计、物理结构设计、数据库实施、数据库运行和维护。数据库设计的全过程如图 10-1 所示。

1. 需求分析阶段

需求分析阶段要求计算机工作人员（系统分析人员）和用户双方共同收集数据库所需要的信息内容和用户对处理的需求，并以需求说明书的形式确定下来，作为以后系统开发的指

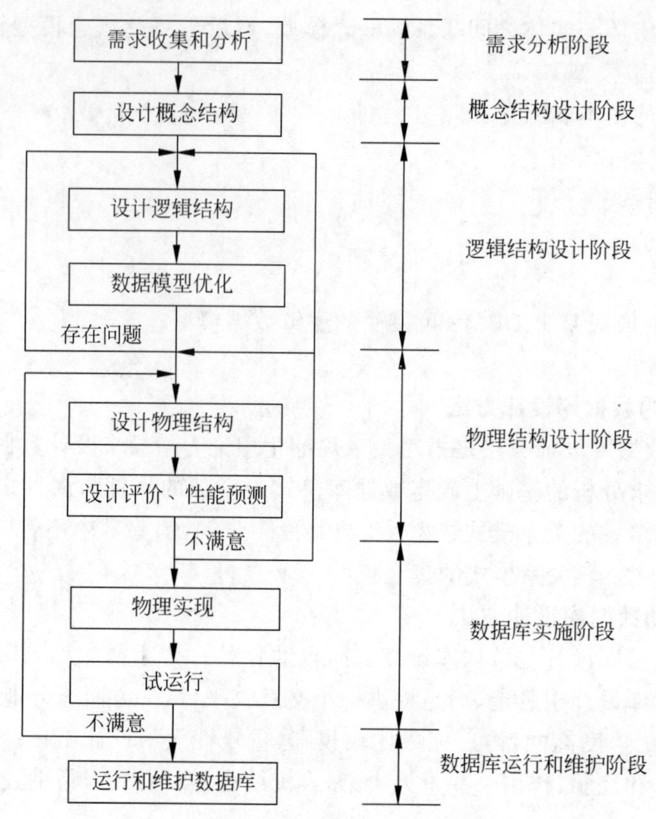

图 10-1　数据库设计的全过程

南和系统验证的依据。

需求分析是整个设计过程的基础，是最困难、最耗费时间的一步。作为“地基”的需求分析是否做得充分与准确，决定了在其上构建数据库大厦的速度与质量。需求分析做得不好，甚至会导致整个数据库设计返工重做。

2. 概念结构设计阶段

概念结构设计的目标是产生反映企业组织信息需求的数据库概念结构，即概念模型。概念模型是独立于计算机硬件结构、独立于支持数据库的 DBMS。

概念模型能充分反映现实世界中实体间的联系，是各种基本数据模型的共同基础，同时也容易向现在普遍使用的关系模型转换。

3. 逻辑结构设计阶段

概念结构设计的结果是得到一个与 DBMS 无关的概念模型，而逻辑结构设计的目的是把概念结构设计阶段设计好的全局 E-R 模型转换成 DBMS 能处理的逻辑模型。这些模型在功能上、完整性和一致性约束及数据库的可扩充性等方面均应满足用户的各种要求。

4. 物理结构设计阶段

对于给定的基本数据模型，选取一个最适合应用环境的物理结构的过程，称为物理结构设计。

数据库的物理结构主要指数据库的存储记录格式、存储记录安排和存取方法。显然，数据库的物理设计是完全依赖于给定的硬件环境和数据库产品的。

5. 数据库实施阶段

设计人员运用数据库管理系统所提供的数据库语言和宿主语言，根据逻辑结构设计和物理结构设计的结果建立数据库，编写和调试应用程序，组织数据入库和试运行。

6. 数据库运行和维护阶段

在数据库试运行结果符合设计目标后，数据库就可以真正投入运行了。数据库投入运行标志着开发任务的基本完成和维护工作的开始，并不意味着设计过程的结束。由于应用环境在不断变化，数据库运行过程中物理存储也会不断变化，所以对数据库设计进行评价、调整、修改等维护工作是一个长期的任务，也是设计工作的继续和提高。

在数据库运行阶段，对数据库经常性的维护工作主要是由 DBA 完成的。

10.2 需求分析

对用户需求进行调查、描述和分析是数据库设计过程最基础的一步。从开发设计人员的角度讲，事先并不知道数据库应用系统到底要“做什么”，它是由用户提供的。但遗憾的是，用户虽然熟悉自己的业务，但往往不了解计算机技术，难以提出明确、恰当的要求；而设计人员常常不了解用户的业务甚至对其非常陌生，难以准确、完整地用数据模型来模拟用户现实世界的信息类型和信息之间的联系。在这种情况下，马上对现实问题进行设计，几乎注定要返工，因此用户需求分析是数据库设计必经的一步。

10.2.1 需求分析的任务

开发人员首先要确定被开发的系统需要做什么，需要存储和使用哪些数据，需要什么样的运行环境和达到的性能指标。调查的重点是信息需求、处理需求和运行需求，通过调查、收集与分析，获得用户对数据库的要求。

1. 信息需求

信息需求是最基本的，它作用于整个数据库设计过程的各步。信息需求就是用户需要从数据库中获得信息的内容和性质。由信息要求可以导出数据要求，即在数据库中需要存储哪些数据。

2. 处理需求

处理需求就是用户需要数据库系统提供的各种处理功能。这里，用户类型必须具有代表性、完全性，要包括业务层、计划管理层、领导层等。既要考虑当前应用，还要考虑可能的操作变化及未来的策略。

3. 运行需求

运行需求是指如何使用数据库方面的要求，包括使用数据库的安全性、完整性、一致性限制；查询方式、输入/输出格式、同时能支持的用户或应用个数等方面的要求；对数据库性能方面的要求，如响应速度、故障恢复速度等。

确定用户的最终需求是很困难的，这就要求设计人员必须不断深入地与用户交流，达成共识，把共同的理解写成一份需求说明书，作为本阶段工作的结果。它是用户和设计者相互了解的基础，设计者以此为依据进行设计；也是测试和验收数据库的依据。可以说，需求说明书是用户和设计者之间的合同。

10.2.2 需求分析的过程

需求分析就是调查应用环境的现行系统(包括人工系统和计算机系统)、业务流程、收集用户的需求信息、分析并将需求信息转换成规范形式的过程。需求分析的过程主要由下面4步组成。

(1) 分析用户活动,产生业务流程图。了解用户当前的业务活动和职能,搞清其处理流程(即业务流程)。如果一个处理比较复杂,就要把处理分成若干子处理,使每个处理功能明确,界面清楚。分析之后画出用户的业务流程图。

(2) 确定系统范围,产生系统关联图。这一步是确定系统的边界。在和用户经过充分讨论的基础上,确定计算机所能进行的数据处理的范围,确定哪些工作由人工完成,哪些由计算机系统完成,即确定人机界面。

(3) 分析用户活动涉及的数据,产生数据流图。深入分析用户的业务处理,以数据流图形式表示出数据的流向和对数据所进行的加工。

数据流图是从“数据”和“对数据的加工”两方面表达数据处理系统工作过程的一种图形表示法,是直观、易于被用户和软件人员理解的一种表达系统功能的描述方式。

(4) 分析系统数据,产生数据字典。数据字典是对数据描述的集中管理,它的功能是存储和检索各种数据描述。对数据库设计来说,数据字典是进行详细数据收集和数据分析所获得的主要成果。

对上述各步产生的需求分析结果进行规范化文档编制,生成需求分析说明书,达到较圆满地描述用户需求的目的。下面对上述过程中除了第2个过程外的其他过程依次进行详细说明。

10.2.3 用户需求调研的方法

在调研过程中,可以根据不同的问题和条件使用不同的调研方法。常用的调研方法如下:

1. 检查文档

通过检查与现有系统有关的文档、表格、报告和文件等,进一步理解原系统,尽可能发现与原系统问题相关的业务信息。

2. 组织问卷调查

就用户的职责范围、业务工作目标结果(输出)、业务处理过程与使用的数据、与其他业务工作的联系(接口)等问题制定问卷,让用户据此进行回答。

3. 同用户交谈

与用户代表面谈,这是需求调查目前最有效的方法。交谈的目的是标识每一项业务功能、各功能所处理的逻辑与使用的数据、执行管理等功能的明显或潜在规律。交谈的对象必须要有代表性、普遍性,从作业层直到最高决策层都要包括。

4. 现场调查

进行实地调研的目的在于掌握业务流程所发生的各个事件,收集有关的资料,以补充前面工作的不足。但要避免介入或干涉具体的业务工作。

这种调研是多方面的,需要与用户单位各层次的领导和业务管理人员交谈,了解和收集

用户单位各部门的组织机构,各部门的职责及其业务联系、业务流程,各部门、各种业务活动和业务管理人员对数据的需求,以及对数据处理的要求等。由于需求的不断变化、专业背景的差异导致对问题的理解不同,使得这个工作可能需要反复多次。

10.2.4 数据流图**

数据流图(Data Flow Diagram,DFD)是一种便于用户理解和分析系统数据流程的图形工具。这里要提醒的是,DFD 表示的是数据流,而不是控制流,这是 DFD 与系统流程图的根本区别。它只标识各种数据,数据的处理、存储、流动(来源、去处),以及数据流最初的源头和最终的吸纳处,都是围绕着数据进行的。关于 DFD 的具体内容在《软件工程》课程中有详细讲解,这里只做简单的介绍。

一个基于计算机的信息处理系统由数据流和一系列转换构成,这些转换将输入数据流变换为输出数据流。数据流图就是用来刻画数据流和转换的信息系统建模技术。它用简单的图形记号来分别表示数据流、加工、数据源以及外部实体,如图 10-2 所示。

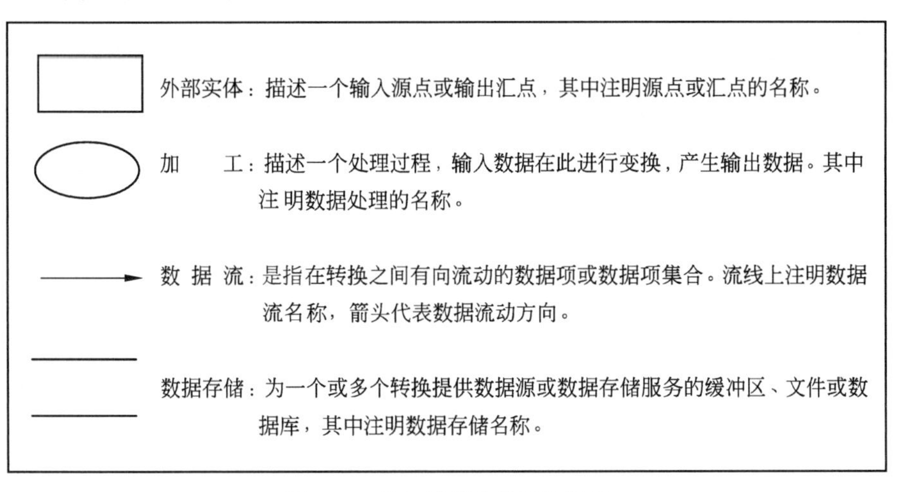

图 10-2 数据流图中的图形记号

使用数据流图来进行系统分析时,在构造各个层次的数据流图时必须注意以下问题:

(1) 有意义地为数据流、加工、数据存储以及外部实体命名,名字应反映该成分的实际含义,避免使用特别简单的、空洞的名字。

(2) 在数据流图上需要画的是数据流,而不是控制流。

(3) 一个加工的输出数据流不应与一个输入数据流同名,即使它们的组成成分相同。

(4) 允许一个加工有多条数据流流向另一个加工,也允许一个加工有两个相同的输出数据流流向两个不同的加工。

(5) 保持父图与子图平衡。也就是说,父图中某加工的输入/输出数据流必须与它的子图的输入/输出数据流在数量和名字上相同。值得注意的是,如果父图的一个输入(或输出)数据流对应于子图中几个输入(或输出)数据流,而子图中组成这些数据流的数据项全体正好是父图中的这一个数据流,那么它们仍然算是平衡的。

(6) 在自顶向下的分解过程中,若一个数据存储首次出现时只与一个加工相关,那么这个数据存储应作为这个加工的内部文件而不必画出。

(7) 保持数据守恒。也就是说,一个加工的所有输出数据流中的数据必须能从该加工的输入数据流中直接获得,或者是通过该加工能产生的数据。

(8) 每个加工必须既有输入数据流,又有输出数据流。

(9) 在整套数据流图中,每个数据存储必须既有读的数据流,又有写的数据流。但在某一张子图中可能只有读没有写,或者只有写没有读。

下面通过关于数据流图的例题来看看数据流图的设计。

【例 10-1】 阅读下列说明和数据流图,回答问题 1～3。

某基于微处理器的住宅系统使用传感器(如红外探头、摄像头等)来检测各种意外情况,如非法进入、火警、水灾等。

房主可以在安装该系统时配置安全监控设备(如传感器、显示器、报警器等),也可以在系统运行时修改配置,通过录像机和电视机监控与系统连接的所有传感器,并通过控制面板上的键盘与系统进行信息交互。在安装过程中,系统给每个传感器赋予一个编号(即 ID)和类型,并设置房主密码(以启动和关闭系统)以及传感器事件发生时应自动拨出的电话号码。当系统检测到一个传感器事件时,就激活警报,拨出预置的电话号码,并报告关于位置和检测到的事件的性质等信息。

(1) 如图 10-3 所示,数据流图 1-1(住宅安全系统设计顶层图)中的 A 和 B 分别是什么?

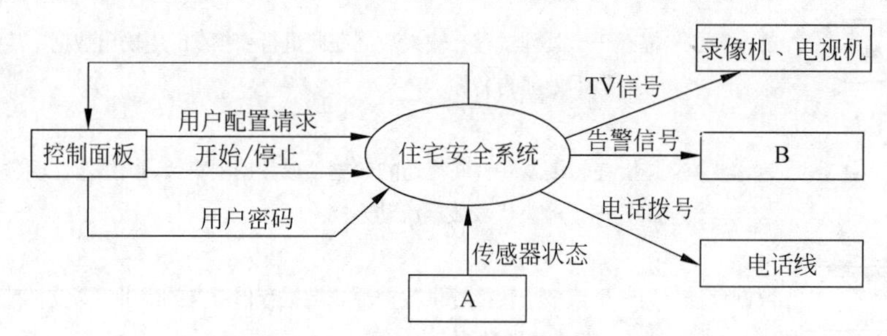

图 10-3　住宅安全系统设计顶层图

(2) 如图 10-4 所示,数据流图 1-2(住宅安全系统设计第 0 层的数据流图)中的数据存储"配置信息"会影响到图中的哪些加工?

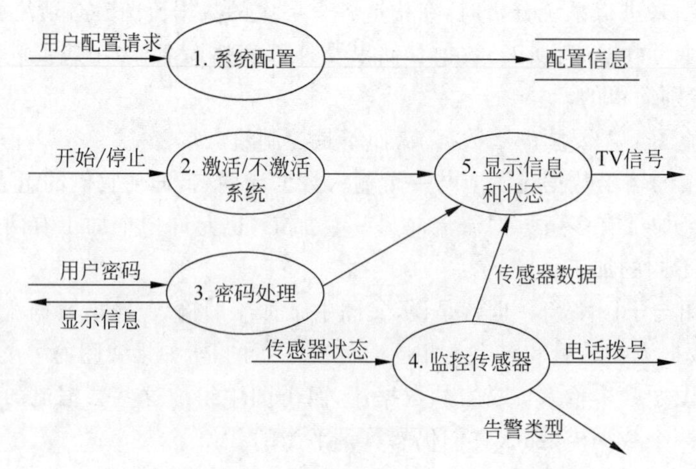

图 10-4　住宅安全系统设计第 0 层的数据流图

(3) 如图 10-5 所示，将数据流图 1-3(加工 4 的细化图)中的数据流补充完整，并指明加工名称、数据流的方向(输入/输出)和数据流名称。

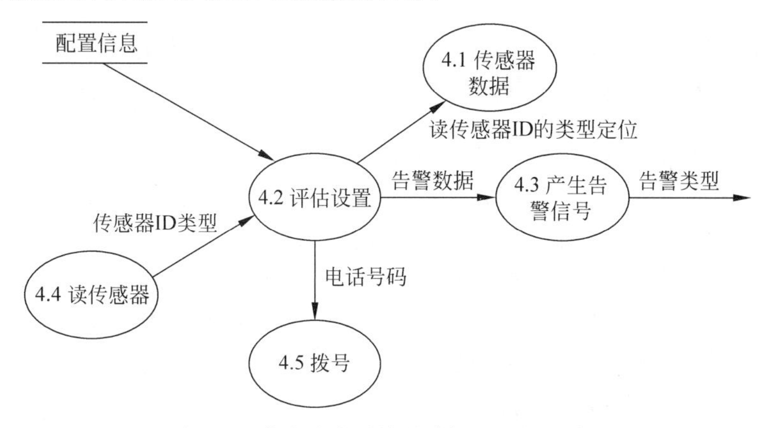

图 10-5　住宅安全系统设计加工 4 的细化图

参考答案：

(1) A 为传感器，B 为报警器。

(2) 监控传感器和显示信息和状态。

(3) 加入 3 条加工的数据流，如表 10-1 所示。

表 10-1　加入 3 条加工的数据流

加 工 名 称	数据流的方向	数据流的名称
4.1　传感器数据	输出	传感器数据
4.4　读传感器	输入	传感器状态
4.5　拨号	输出	电话拨号

分析：

利用父图和子图平衡这个关系可以解决各个层次数据流图之间的关系，但是对于顶层数据流图来说没有可以参照的对象，就必须利用题目给出的内容来设计。接下来可以利用分层数据流图的性质原则来解题。

用该原则可以轻松地解决问题(3)。在 0 层数据流图中，"4. 监控传感器"模块有 1 条输入数据流(传感器状态)和 3 条输出数据流(电话拨号、传感器数据和告警类型)。但在加工 4 的细化图中，只画出了告警类型这一条输出数据流。所以很容易通过前面的平衡原则知道，在细化图 4 中缺少了 3 条数据流——传感器状态、电话拨号、传感器数据。那么只要把这 3 条缺少的数据流定位到数据流图中的相应部分即可，具体可以看参考答案。

而对于问题(1)，由于是对顶层数据流图中缺少的内容进行补充，没有上层的图可以参考，那么现在对于顶层图中的内容只能通过题目给出的信息、对系统的要求来对顶层图的内容进行分析。题目中提到了"房主可以在安装该系统时配置安全监控设备(如传感器、显示器、报警器等)"，在顶层图中这 3 个名词都没有出现。但仔细观察，可以看出"电视机"实际上就是"显示器"，因为它接收 TV 信号并输出；其他的几个实体都和"传感器""报警器"没有关联。又因为 A 中输出"传感器状态"到"住宅安全系统"，所以 A 应填"传感器"；B 接收"告警类型"，所以应填"报警器"。

再来看问题(2)。毫无疑问"4. 监控传感器"用到了配置信息，这一点可以在加工 4 的细化图中看出。同时由于输出到“5.显示信息和状态”的数据流是“检验ID信息”，所以“5.显示信息和状态”也用到了配置信息文件。

10.2.5 数据字典

数据流图并不足以完整地描述软件需求，因为它没有描述数据流的内容。事实上，数据流图必须与描述并组织数据条目的数据字典配套使用。没有数据字典，数据流图不精确；没有数据流图，数据字典不知用于何处。数据字典包含所有在数据流图中出现的数据及其部件、数据流、存储文件、处理原则以及任何需要定义的其他内容。

数据字典通常包括数据项、数据结构、数据流、数据存储和处理过程5部分。其中数据项是数据的最小组成单位，若干数据项可以组成一个数据结构。数据字典通过对数据项和数据结构的定义来描述数据流、数据存储的逻辑内容。

下面以“学生选课”数据流图为例(如图10-6所示)，给出其对应的数据字典各组成部分的应用。

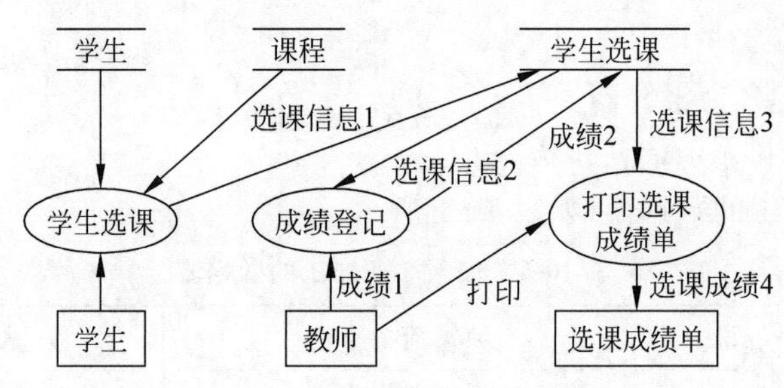

图10-6 “学生选课”数据流图

1. 数据项

数据项是不可再分的数据单位。对数据项的描述通常包括以下内容：

数据项描述={数据项名，数据项含义说明，别名，数据类型，长度，取值范围，
取值含义，与其他数据项的逻辑关系，数据项之间的联系}

其中，取值范围、与其他数据项的逻辑关系(例如，该数据项等于另几个数据项的和，该数据项值等于另一数据项的值等)定义了数据的完整性约束条件。

可以用关系规范化理论为指导，用数据依赖的概念分析和表示数据项之间的联系。

例如，以“学号”为例，其数据项描述如下所示：

数据项名：　学号
数据项含义：唯一标识每一个学生
别名：　学生编号
数据类型：　字符型
长度：　8
取值范围：　00 000 000～99 999 999
与其他数据项的逻辑关系：主码或外码

2. 数据结构

数据结构反映了数据之间的组合关系。一个数据结构可以由若干数据项组成，也可以由若干数据结构组成，或由若干数据项和数据结构混合组成。对数据结构的描述通常包括

以下内容：

数据结构描述＝{数据结构名，含义说明，组成：{数据项或数据结构}}

例如，以“学生”为例，其数据结构描述如下所示：

数据结构名：学生

含义说明：　是学籍管理子系统的主体数据结构，定义了一个学生的有关信息

组成：　　　学号、姓名、性别、年龄、所在系

3．数据流

数据流是数据结构在系统内传输的路径。对数据流的描述通常包括以下内容：

数据流描述＝{数据流名，说明，数据流来源，数据流去向，
组成：{数据结构}，平均流量，高峰期流量}

其中，数据流来源说明该数据流来自哪个过程；数据流去向说明该数据流将到哪个过程去；平均流量是指在单位时间（每天、每周、每月等）里的传输次数；高峰期流量则是指在高峰时期的数据流量。

例如，以“选课信息”为例，其数据流描述如下所示：

数据流名：　选课信息

说明：　　　学生所选课程信息

数据流来源：“学生选课”处理

数据流去向：“学生选课”存储

组成：　　　学号、课程号

平均流量：　每天10个

高峰期流量：每天100个

4．数据存储

数据存储是数据结构停留或保存的地方，也是数据流的来源和去向之一。对数据存储的描述通常包括以下内容：

数据存储描述＝{数据存储名，说明，编号，流入的数据流，流出的数据流，
组成：{数据结构}，数据量，存取频度，存取方式}

其中，存取频度指每小时、每天或每周存取几次、每次存取多少数据等信息；存取方式指是批处理还是联机处理、是检索还是更新、是顺序检索还是随机检索等；输入的数据流要指出其来源；输出的数据流要指出其去向。

例如，以“学生选课”为例，其数据存储描述如下所示：

数据存储名：　学生选课表

说明：　　　　记录学生所选课程的成绩

编号：　　　　无

流入的数据流：选课信息、成绩信息

流出的数据流：选课信息、成绩信息

组成：　　　　学号，课程号，成绩

数据量：　　　50 000个记录

存取频度：　　每天20 000个记录

存取方式：　　随机存取

5. 处理过程

处理过程的具体处理逻辑一般用判定表或判定树来描述。数据字典中只需要描述处理过程的说明性信息,通常包括以下内容:

处理过程描述={处理过程名,说明,输入:{数据流},输出:{数据流},处理:{简要说明}}

其中,简要说明主要说明该处理过程的功能及处理要求。功能是指该处理过程用来做什么(而不是怎么做);处理要求包括处理频度要求,如单位时间里处理多少事务、多少数据量、响应时间要求等。这些处理要求是后面物理设计的输入及性能评价的标准。

例如,以"学生选课"为例,其数据处理过程描述如下所示:

处理过程名:学生选课

说明:　　　学生从可选修的课程中选出课程

输入数据流:学生,课程

输出数据流:学生选课信息

处理:　　　每学期学生都可以从公布的选修课程中选修自己需要的课程;选课时有些选修课有先修课程的要求,还要保证选修课的上课时间不能与该生必修课时间相冲突;每个学生四年内的选修课门数不能超过16门。

数据字典是在需求分析阶段建立的,在数据库设计过程中不断修改、充实、完善。

10.3 概念结构设计

概念结构设计是对现实世界的抽象和模拟,是设计人员在用户需求描述与分析的基础上,以数据流图和数据字典提供的信息作为输入,运用信息模型工具,发挥综合抽象能力对目标进行描述,并以用户能理解的形式表达信息。

之所以称为"概念",是因为它仅由表示现实世界中的实体及其联系的抽象数据形式定义,根本不涉及计算机软硬件环境,与DBMS或任何其他的物理特性无关。

10.3.1 概念数据建模方法

概念数据建模的方法很多,目前应用最广泛的是E-R建模方法。E-R建模方法的实质是将现实世界抽象为具有某种属性的实体,而实体间相互有联系;最终画出一张E-R图,形成对系统信息的初步描述,进而形成数据库的概念模型。

E-R建模方法设计概念模型一般有两种方法。

1. 视图集成建模法

视图集成建模法即自底向上建模法,它以各部分的需求说明为基础,分别设计各部门的局部模式;然后再以这些视图为基础,集成一个全局模式。这个全局模式就是所谓的概念模式。该方法适合于大型数据库的设计。

2. 集中模式建模法

集中模式建模法即自顶向下建模法,它首先将各部门的需求说明综合成一个一致的、统一的需求说明,然后在此基础上设计一个全局的概念模式,再据此为各个用户或应用定义子模式。该法强调统一,适合于小的、不太复杂的应用。

10.3.2 概念结构设计的基本任务与步骤

概念结构设计的方法有多种，不论哪种方法，下列各任务和步骤都是需要完成的。

1. 用户视图建模

视图对应 E-R 建模中的局部模式。在实际操作中，一般在多级数据流图中选择适当层次的数据流图，这个数据流图中的每一部分可作为局部 E-R 图对应的范围。确定出应用范围，就可以开始设计对应的局部视图了。

首先要构造实体，构造方法如下：

(1) 根据数据流图和数据字典提供的情况，将一些对应于客观事物的数据项汇集、形成一个实体，数据项则是该实体的属性。这里的事物可以是具体的事物或抽象的概念、事物联系或某一事件等。

(2) 将剩下的数据项用一对多的分析方法，再确定出一批实体。某数据项若与其他多个数据项之间存在一对多的对应关系，那么这个数据项就可以作为一个实体，而其他多个数据项则作为它的属性。

(3) 分析最后一些数据项之间的紧密程度，又可以确定一批实体。如果某些数据项完全依赖于另一些数据项，那么所有这些数据项可以作为一个实体，而“另一些数据项”可以作为此实体的键。

经过上面 3 步后，如果在数据流图和数据字典中还有剩余的数据项，那么这些数据项一般是实体间联系的属性，在分析实体之间的联系时要把它们考虑进去。

得到实体之后，再确定实体之间的联系。确定联系的一般方法请参见第 8 章相关内容。

2. 视图集成

局部视图只反映了部分用户的数据观点，因此需要从全局数据观点出发，把上面得到的多个局部视图进行合并，将它们的共同特性统一起来，找出并消除它们之间的差别，进而得到数据的概念模型。这个过程就是视图集成。

视图集成要解决如下问题：

(1) 命名冲突：指属性、联系、实体的命名存在冲突。冲突有同名异义和同义异名两种。

(2) 结构冲突：指同一概念在一个视图中可作为实体，在另一个视图中可作为属性或联系。

(3) 属性冲突：指相同的属性在不同的视图中有不同的取值范围，例如学号在一个视图中可能是字符串，在另一个视图中可能是整数；有些属性采用不同的度量单位，例如身高在一个视图中用厘米做单位，在另一个视图中可能用米做单位。

(4) 标识冲突：要解决多标识机制。例如，在一个视图中可能用学号唯一标识学生，而在另外一些视图中可能用校园卡卡号作为学生的唯一标识。

(5) 区别数据的不同子集：例如，学生可分为本科生、硕士生、博士生。

具体的做法可以选取最大的一个局部视图作为基础，将其他局部视图逐一合并。合并时尽可能合并对应部分，保留特殊部分，删除冗余部分。必要时对局部视图进行适当修改，力求使视图简明清晰。

有关概念模型设计的具体情况请参阅第 8 章。

10.4 逻辑结构设计

由概念建模所产生的概念模型完全独立于DBMS及任何其他软件或计算机硬件特征。该模型必须转换成DBMS所支持的逻辑数据结构，并最终实现为物理存储的数据库结构。因为目前的技术尚不能实现概念数据库模型到物理数据库结构的直接转换，故还必须先产生一个在它们之间的、能由特定的DBMS处理的逻辑数据库结构。这就是数据库逻辑结构设计，简称逻辑设计。

10.4.1 E-R图向关系模型的转换

E-R图向关系模型转换要解决的问题是如何将实体和实体间的联系转换为关系模式以及如何确定这些关系模式的属性和键。

E-R图由实体、实体的属性和实体之间的联系3个要素组成。所以将E-R图转换为关系模式实际上就是要将实体、实体的属性和实体间的联系转换为关系模式。

注意：本节所给的关系模式中，带下画线的属性为主键，带虚线的属性为外键。

1. 实体转换成关系模式

实体转换成关系模式很直接，实体的名称即关系模式的名称，实体的属性则为关系模式的属性，实体的主键就是关系模式的主键。

【例10-2】 将如图10-7所示的"学生"实体转换成关系模式。

解 "学生"实体转换成的关系模式为：

学生(<u>学号</u>,姓名,性别,班级)

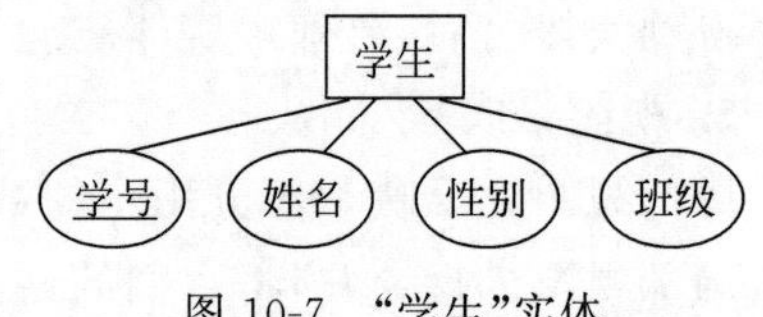

图10-7 "学生"实体

但在转换时需要注意以下3个问题：

(1) 属性取值范围的问题。如果所选用的DBMS不支持E-R图中某些属性的取值范围，则应做相应修改，否则由应用程序处理转换。

(2) 非原子属性的问题。E-R模型中不允许非原子属性，因为这不符合关系模型1NF的规则，必须将非原子属性修改为原子属性。

(3) 弱实体的转换。在转换成关系模式时，弱实体所对应的关系模式中必须包含强实体的主键。

【例10-3】 将如图10-8所示的E-R图中的"销售价格"弱实体转换成关系模式。

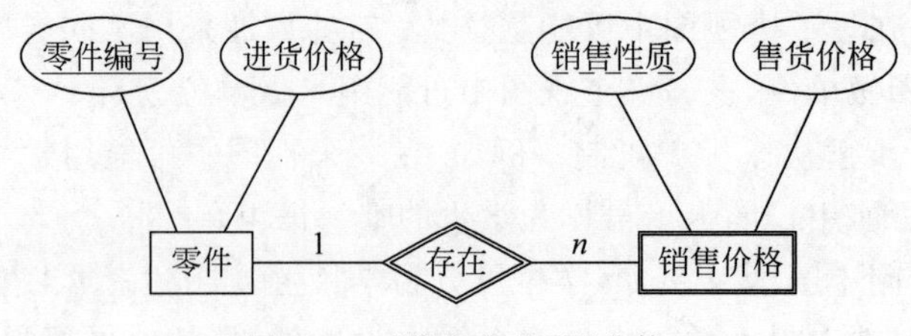

图10-8 "销售价格"弱实体

解 将销售价格弱实体转换成的关系模式为：

销售价格(<u>零件编号</u>,<u>销售性质</u>,售货价格)

2. 联系的转换

联系分为一元联系、二元联系和三元联系，根据不同的情况应做不同的处理。

1）二元联系的转换

实体之间的联系有 1∶1、1∶n 和 m∶n 三种。它们在向关系模型转换时，采取的策略是不一样的。

（1）1∶1 联系的转换。

一个 1∶1 联系可以转换为一个独立的关系，也可以与任意一端实体对应的关系模式合并。

① 转换为一个独立的关系模式，则与该联系相连接的各实体的键及联系本身的属性均转换为该关系模式的属性，每个实体的键均是该关系模式的候选键。

② 与某一端实体对应的关系模式合并，则需要在该关系模式的属性中加入另一个关系模式的键(作为外键)和联系本身的属性。

【例 10-4】 将如图 10-9 所示的 E-R 图转换成关系模式。

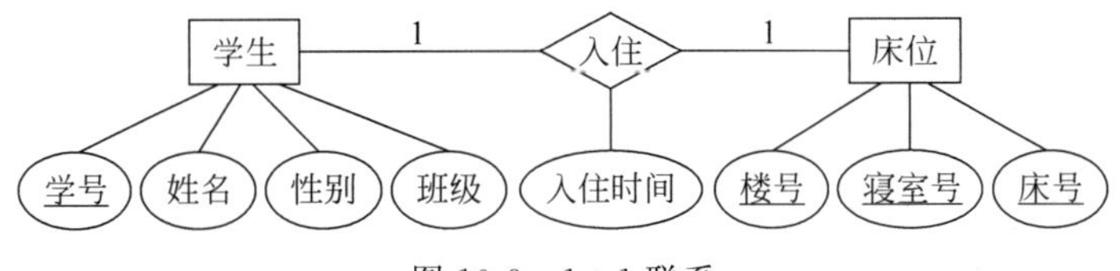

图 10-9 1∶1 联系

解 将该 E-R 图转换成关系模式共有 3 种方案，如下所示：

方案一：

学生(学号，姓名，性别，班级)

床位(楼号，寝室号，床号)

入住(学号，楼号，寝室号，床号，入住时间)

方案二：

学生(学号，姓名，性别，班级，楼号，寝室号，床号，入住时间)

床位(楼号，寝室号，床号)

方案三：

学生(学号，姓名，性别，班级)

床位(楼号，寝室号，床号，学号，入住时间)

方案一有一个缺点：当查询“学生”“床位”两个实体相关的详细数据时，需做三元连接，而后两种关系模式只需要做二元连接，因此应尽可能选择后两种方案。

而后两种方案也需要根据实际情况进行选取。方案二中，因为“床位”的主键是由 3 个属性组成的复合键，使得“学生”多出 3 个属性；方案三中，因为入住率不可能总是 100%，这时学号可能取 NULL 值。

（2）1∶n 联系的转换。

进行 1∶n 联系的转换时，在 n 端实体转换的关系模式中加入 1 端实体的键(作为外键)和联系的属性。

【例 10-5】 将如图 10-10 所示的 E-R 图转换成关系模式。

解 该 E-R 图转换成关系模式如下所示：

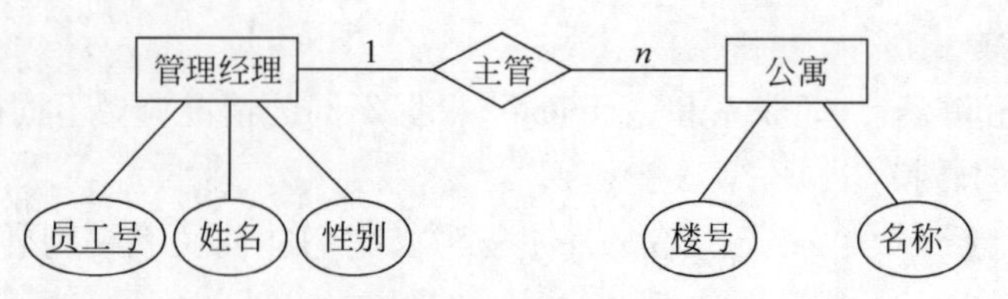

图 10-10　1∶n 联系

管理经理(员工号,姓名,性别)

公寓(楼号,名称,员工号)

(3) m∶n 联系的转换。

将 m∶n 联系转换为一个独立的关系模式,其属性为两端实体的键(作为外键)加上联系的属性,两端实体的键组成该关系模式的键或键的一部分。

【例 10-6】 将如图 10-11 所示的 E-R 图转换成关系模式。

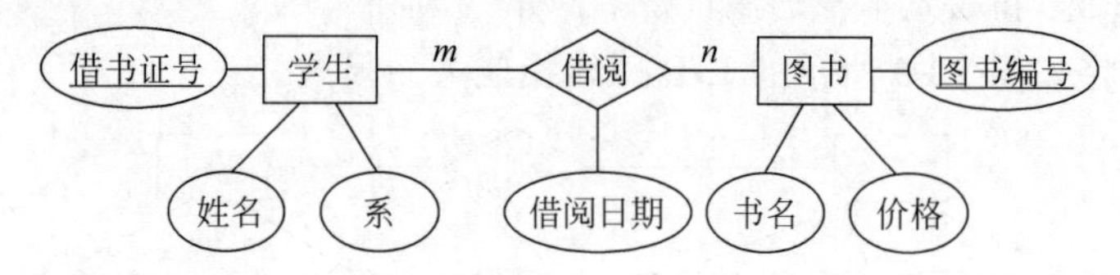

图 10-11　m∶n 联系

解　该 E-R 图转换成关系模式如下所示:

学生(借书证号,姓名,系)

图书(图书编号,书名,价格)

借阅(借书证号,图书编号,借阅日期)

大多数情况下,两个实体的主键构成的复合主键就可以唯一标识一个 m∶n 联系。但在本例中,考虑到学生将借阅的图书归还后,还可能再借阅同一本图书,因此将"借书日期"和"借书证号""图书编号"共同作为"借阅"的复合主键。

【例 10-7】 综合练习:将如图 10-12 所示的有关教学管理的 E-R 图转换成关系模式。

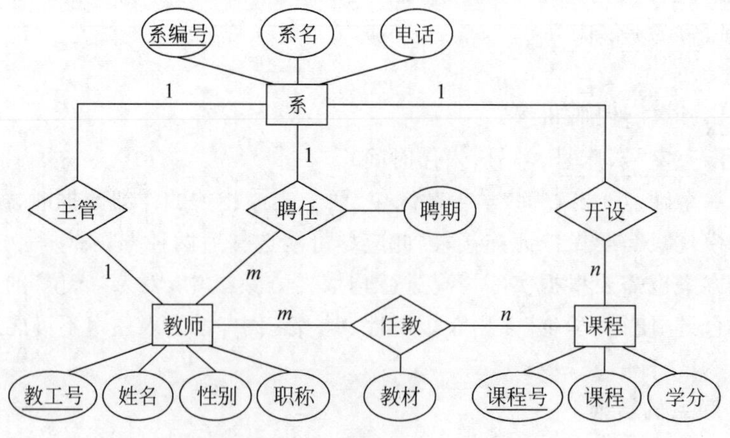

图 10-12　教学管理的 E-R 图

解　(1) 将 E-R 图的 3 个实体转换成如下 3 个关系模式:

系(系编号,系名,电话)

教师(教工号,姓名,性别,职称)

课程(课程号,课程名,学分)

(2) 对于 1∶1 联系“主管”,可以在“系”模式中加入教工号(作为外键);对于 1∶n 联系“聘任”,可以在“教师”模式中加入系编号(作为外键)和聘期;对于 1∶n 联系“开设”,可以在“课程”模式中加入系编号(作为外键)。

这样(1)步得到的 3 个模式就成了如下形式:

系(系编号,系名,电话,教工号)

教师(教工号,姓名,性别,职称,系编号,聘期)

课程(课程号,课程名,学分,系编号)

(3) 对于 m∶n 联系“任教”,则生成一个新的关系模式:

任教(教工号,课程号,教材)

故转换成的 4 个关系模式如下所示:

系(系编号,系名,电话,教工号)

教师(教工号,姓名,性别,职称,系编号,聘期)

课程(课程号,课程名,学分,系编号)

任教(教工号,课程号,教材)

2) 一元联系的转换

一元联系的转换和二元联系类似。

【例 10-8】 将如图 10-13 所示的一元联系 E-R 图转换成关系模式。

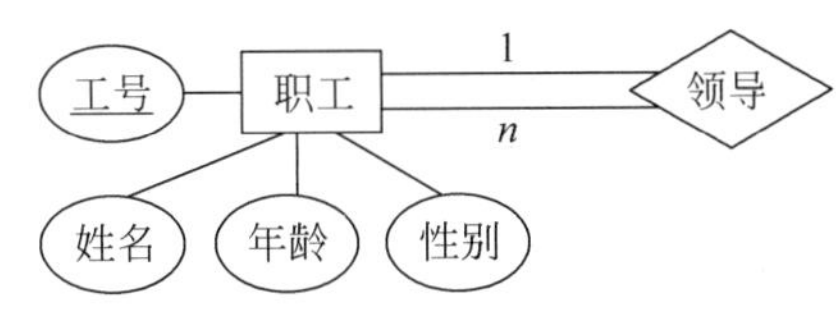

图 10-13　一元联系

解　该 E-R 图转换成的关系模式如下所示:

职工(工号,姓名,年龄,性别,经理工号)

3) 三元联系的转换

(1) 1∶1∶1 联系转换。

如果实体间的联系是 1∶1∶1,可以在 3 个实体转换成的 3 个关系模式中,任意选择一个关系模式的属性加入另两个关系模式的键(作为外键)和联系的属性。

(2) 1∶1∶n 联系转换。

如果实体间的联系是 1∶1∶n,则在 n 端实体转换成的关系模式中加入两个 1 端实体的键(作为外键)和联系的属性。

(3) 1∶m∶n 联系转换。

如果实体间的联系是 1∶m∶n,则将联系也转换成关系模式,其属性为 m 端和 n 端实体的键(作为外键)加上联系的属性,两端实体的键作为该关系模式的键或键的一部分;1 端的键可以根据应用的实际情况,加入到 m 端、n 端或者联系中作为外键。

(4) m∶n∶p 联系转换。

如果实体间的联系是 m∶n∶p,则将联系也转换成关系模式,其属性为 3 端实体的键

(作为外键)加上联系的属性,各实体的键组成该关系模式的键或键的一部分。

【例 10-9】 将如图 10-14 所示的三元联系转换成关系模式。

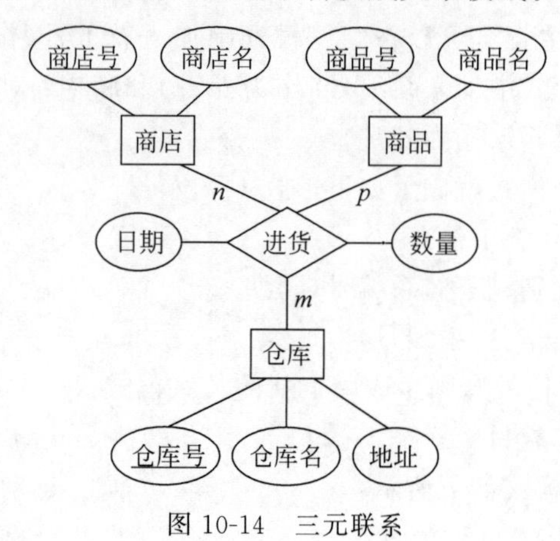

图 10-14　三元联系

解　该三元联系转换得到的关系模式如下:

仓库(仓库号,仓库名,地址)

商店(商店号,商店名)

商品(商品号,商品名)

进货(仓库号,商店号,商品号,日期,数量)

在联系转换成的关系模式"进货"中,把日期加入到主键中,以记录某个商店可从某仓库多次进入某种商品。

10.4.2　采用 E-R 模型的逻辑设计步骤

1. 逻辑设计步骤

由于关系模型的固有优点,逻辑设计可以运用关系数据库模式的设计理论,使设计过程形式化地进行,并且结果可以验证。关系数据库逻辑设计的过程如图 10-15 所示。

从图 10-15 可以看出,概念结构设计的结果直接影响逻辑设计过程的复杂性和效率。概念结构设计阶段已经把关系规范化的某些思想用作构造实体和联系的标准,在逻辑设计阶段,仍然要使用关系规范化理论来设计模式和评价模式。关系数据库逻辑设计的结果是一组关系模式的定义。

(1) 导出初始的关系模式。逻辑设计的第 1 步是把概念结构设计的结果,即全局 E-R 模型,转换成初始的关系模式。

(2) 规范化处理。对于从 E-R 图转换来的关系模式,就要以关系数据库规范化设计理论为指导,对得到的关系模式逐一分析,确定它们分别是第几范式,并通过必要的分解来得到一组 3NF 的关系。

(3) 模式评价。模式评价的目的是检查已给出的数据库模式是否完全满足用户的功能要求,是否具有较高的效率,并确定需要加以修正的部分。模式评价主要包括功能评价和性能评价两个方面。

(4) 模式优化。根据模式评价的结果对已生成的模式集进行优化。

逻辑设计阶段还要设计出全部外模式。外模式是面向各个最终用户的局部逻辑结构。

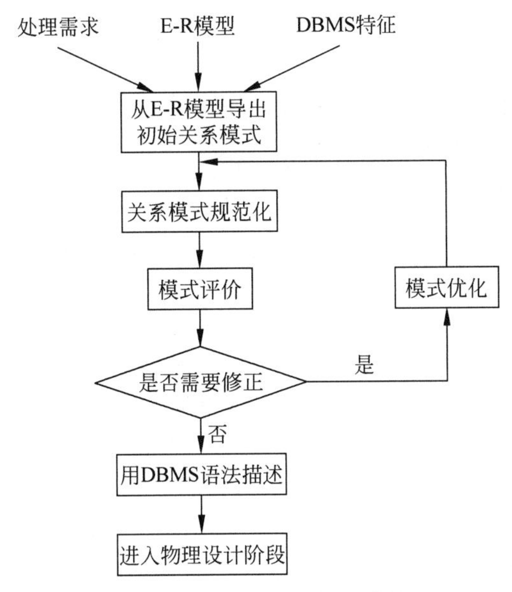

图 10-15　关系数据库逻辑设计的过程

外模式体现了各个用户对数据库的不同观点，也提供了某种程度的安全控制。

下面重点讲述数据模式的优化和用户外模式的设计。

2. 数据模式的优化

模式设计是否合理对数据库的性能有很大影响。数据库设计完全是人的问题，而不是DBMS的问题。不管数据库设计是好是坏，DBMS都照样运行。数据库及其应用的性能和调优都建立在良好的数据库设计基础上。数据库的数据是一切操作的基础，如果数据库设计不好，则其一切调优方法对数据库性能的提高都是有限的。因此，对模式进行优化是逻辑设计的重要环节。

对关系模式规范化，其优点是消除异常，减少数据冗余，节约存储空间，减少相应的逻辑和物理I/O次数，同时加快了增、删、改的速度。但是，对完全规范的数据库查询通常需要更多的连接操作，而连接操作很费时间，会影响查询的速度。因此，有时为了提高某些查询或应用的性能，会有意破坏规范化规则，这一过程叫逆规范化。

关系数据模式的优化一般首先基于3NF进行规范化处理；然后根据实际情况对部分关系模式进行逆规范化处理。常用的逆规范化方法有增加冗余属性、增加派生属性、重建关系和分割关系。

1）增加冗余属性

增加冗余属性是指在多个关系中都增加相同的属性。

例如，在“公寓管理系统”中，有如下两个关系：

学生(学号，姓名，性别，班级)

床位(楼号，寝室号，床号，学号)

如果公寓管理人员经常要检索学生所在的公寓、寝室、床位，则需要对“学生”和“床位”进行连接操作。而对于公寓管理来说，这种查询非常频繁。因此，可以在“学生”关系中增加3个属性：楼号、寝室号和床号。这3个属性即冗余属性。

增加冗余属性可以在查询时避免连接操作。但它需要更多的磁盘空间，同时增加了表维护的工作量。

2）增加派生属性

增加派生属性是指增加的属性来自其他关系中的数据，由它们计算生成。它的作用是在查询时减少连接操作，避免使用聚集函数。

例如在“公寓管理系统”中，有如下两个关系：

公寓(楼号，公寓名)

床位(楼号，寝室号，床号，学号)

如果想要知道公寓名和该公寓入住了多少学生，则需要对两个关系进行连接查询，并使用聚集函数。如果这种查询很频繁，则有必要在“公寓”关系中加入“学生人数”属性。相应的代价是必须在“床位”关系中创建增、删、改的触发器来维护“公寓”中“学生人数”的值。派生属性具有与冗余属性相同的缺点。

3）重建关系

重建关系是指如果许多用户需要查看两个关系连接出来的结果数据，则把这两个关系重新组成一个关系，以减少连接，提高查询性能。

例如，在教务管理系统中，教务管理人员需要经常同时查看课程号、课程名称、任课教师号、任课教师姓名，则可把关系

课程(课程编号，课程名称，教师编号)

教师(教师编号，教师姓名)

合并成一个关系：

课程(课程编号，课程名称，教师编号，教师姓名)

这样可提高性能，但需要更多的磁盘空间，同时也损失了数据的独立性。

4）分割关系

有时对关系进行分割可以提高性能。关系分割有两种方式：水平分割和垂直分割。

(1) 水平分割。

例如，对于一个大公司的人事档案管理，由于员工很多，可按部门或工作地区建立员工关系，这是将关系水平分割。水平分割通常在下面的情况下使用：

① 数据量很大。分割后可以降低查询时需要读的数据及索引的页数和层数，提高了查询速度。

② 数据本身就有独立性。例如，数据库中分别记录各个地区的数据或不同时期的数据，特别是有些数据常用，而另外一些数据不常用。

水平分割会给应用增加复杂度；它通常在查询时需要多个表名，查询所有数据需要UNION操作。在许多数据库应用中，这种复杂性会抵消它带来的优点。因为在索引用于查询时，会增加读一个索引层的磁盘次数。

(2) 垂直分割。

垂直分割是把关系中的主键和一些属性构成一个新的关系，把主键和剩余的属性构成另外一个关系。如果一个关系中某些属性常用，而另外一些属性不常用，则可以采用垂直分割。

垂直分割可以减少列数，一个数据页就能存放更多的数据，在查询时就会减少I/O次数。其缺点是需要管理冗余属性，查询所有数据需要连接(JOIN)操作。

例如，一所大学的教工档案属性很多，则可以进行垂直分割，将其常用属性和很少用的属性分成两个关系。

3. 设计用户外模式

将概念模型转换为全局逻辑模式后，还应该根据局部应用需求和DBMS的特点，设计用户的外模式。目前关系数据库管理系统一般都提供了视图机制，利用这一机制，可设计出更符合局部应用需要的用户外模式。

1）可重定义属性名

设计视图时可以重新定义某些属性的名称，使其与用户习惯保持一致。属性名的改变并不影响数据库的逻辑结构，因为新的属性名是“虚的”，视图本身就是一张虚拟表。

2）提高数据安全性

利用视图可以隐藏一些不想让别人操纵的信息，提高了数据的安全性。

3）简化了用户对系统的使用

由于视图已经基于局部用户对数据进行了筛选，因此屏蔽了一些多表查询的连接操作和一些更加复杂的查询(如分组、聚集函数查询)，大大简化了用户的使用。

10.5 物理结构设计

数据库的物理设计是从数据库的逻辑模式出发，设计一个可实现的、有效的物理数据结构，包括文件结构的选择、存储记录结构的设计、记录的存储安置、存取方法的选择以及系统性能评测。

现在使用的关系数据库管理系统，如Oracle、DB2、SQL Server等，它们在数据库服务的设计中都采用了许多先进的技术，使得数据库在存储器I/O、网络I/O、线程管理及存储器管理上效率非常高。一个好的逻辑模式转换成这些系统上的物理模式时，都可以很好地满足用户在性能上的要求。因此，数据库设计人员可以把主要精力放在逻辑模式的设计和事务处理的设计上。至于物理设计，则可以透明于设计人员。

就目前的关系数据库管理系统而言，数据库物理设计可简单归纳为：从关系模式出发，使用DDL定义数据库结构。这个定义过程没有太多的技巧性可言，基本上可以“照抄”关系模式。但需要注意一个问题，那就是数据库索引的设置。索引是从数据库中获取数据最高效的方式之一，绝大部分的数据库性能问题都可以采用索引技术来解决。

这里主要讨论关系模式中索引的存取方法。

10.5.1 索引的存取方法

索引是数据库中独立的存储结构，也是数据库中独立的数据库对象，其主要作用是提供一种无须扫描每个页面而快速访问数据页的方法。这里的数据页就是存储表数据的物理块。好的索引可以大大提高对数据库的访问效率，它的作用正如书籍的目录一样，在检索数据时起到了至关重要的作用。

索引创建之后，可以对其修改或撤销，但不能以任何方式引用索引。在具体的数据检索中，是否使用索引以及使用哪一个索引完全由DBMS决定，设计人员和用户是无法干预的。

另一方面，由于索引的维护是由DBMS自动完成的，这就需要花费一定的系统开销，所以索引虽然可以提高检索速度,但也并非建得越多越好。例如,若一个关系的更新频率很高,则这个关系上定义的索引数不能太多。因为更新一个关系时,必须对这个关系上有关的索引做相应的修改。

在下列情况下,有必要考虑在相应属性上建立索引:

(1) 如果一个(或一组)属性经常在查询条件中出现,则考虑在这个(或这组)属性上建立索引(或组合索引)。

(2) 如果一个属性经常作为最大值或最小值等聚集函数的参数,则考虑在这个属性上建立索引。

(3) 如果一个(或一组)属性经常在连接操作的连接条件中出现,则考虑在这个(或这组)属性上建立索引。

10.5.2 聚簇索引的存取方法

为了提高某个属性(或属性组)的查询速度,把这个或这些属性上具有相同值的元组集中存放的连续物理块称为聚簇。一个关系中只能建立一个聚簇索引。

聚簇功能可以大幅提高按聚簇键进行查询的效率。例如,设某计算机系有 500 名学生,现要查询计算机系的所有学生名单。在极端情况下,这 500 名学生所对应的数据元组分布在 500 个不同的物理块上。由于对学生关系已按所在系建立了索引,因此使用索引很快找到了计算机系学生的元组标识,避免了全表扫描。然而再由元组标识去访问数据块时就要存取 500 个物理块,执行 500 次 I/O 操作。如果将同一系的学生元组集中存放,则每读一个物理块可得到多个满足查询条件的元组,从而显著减少了访问硬盘的次数。

合理地创建聚簇索引可以十分显著地提高系统性能。一个关系被设置了聚簇索引后,当执行插入、修改、删除等操作时,系统要维护聚簇结构,开销比较大;当撤销已有的聚簇索引并创建新的聚簇索引时,将可能导致数据物理存储位置的移动,这是因为数据物理存储顺序必须和聚簇索引顺序保持一致。因此,设置聚簇索引时,需根据实际应用情况综合考虑多方因素,确定是否需要设置及如何设置聚簇索引。

若满足下列情况之一,可考虑建立聚簇索引:

(1) 如果一个关系的一个(或一组)属性经常作为检索限制条件,且返回大量数据,则该单个关系可建立聚簇索引。

(2) 如果一个关系的一个(或一组)属性上的值重复率很高,则此单个关系可建立聚簇索引。

(3) 如果一个关系的一个(或一组)属性作为排序、分组等的依据,则此单个关系可建立聚簇。因为当 SQL 语句中包含有与聚簇键有关的 ORDER BY、GROUP BY、DISTINCT 等子句或短语时,使用聚簇特别有利,可以省去对结果集的排序操作。

【例 10-10】 分析下面公寓管理系统中两个关系的聚簇索引:

学生(学号,姓名,性别,班级,楼号,寝室号,床号)

床位(楼号,寝室号,床号,学号)

解 按照通常将主键设置为聚簇索引的惯例,则应将“学生”关系中的“学号”设置为聚簇索引,“床位”关系中的楼号、寝室号、床号设置为复合聚簇索引。

(1) 对于公寓管理系统应用而言,数据检索的分组、排序一般对“学号”没有兴趣,大都

是基于“公寓”(楼号)、“寝室”等这样的属性进行的。因此,“学号”作为“学生”的聚簇索引是不合适的,应将“寝室号”作为“学生”的聚簇索引,“学号”只作为标识元组唯一约束的一个索引。

(2) 对于“床位”来说,以“楼号”“寝室号”“床号”作为复合聚簇索引是符合实际应用需求的。因为对于公寓管理来说,“楼号”“寝室号”“床号”的值非常稳定,即这些数据一旦建立,很少进行修改、插入和删除等操作,维护这个聚簇索引的开销并不大,同时频繁地对“床位”进行基于“楼号”和“寝室号”的查询,使得系统对这个索引的使用率很高。但也要注意,复合聚簇索引比简单聚簇索引的开销大,一般情况下应避免。

10.5.3　不适于建立索引的情况

索引的选取和创建对数据库性能影响很大,不恰当的索引会降低系统性能。一般在下列情况下不考虑建立索引:

(1) 小表(记录很少的表)。不要为小表设置任何索引,如果它们经常有插入和删除操作就更不能设置索引。对这些插入和删除操作的索引,维护它们的时间可能比扫描表的时间更长。

(2) 值过长的属性。如果属性值很长,则在该属性上建立索引所占存储空间很大。

(3) 很少作为操作条件的属性。因为很少有基于该属性的值去检索记录,此索引的使用率很低。

(4) 频繁更新的属性。因为对该属性的每次更新都需要维护索引,系统开销较大。

(5) 属性值很少的属性。例如,“性别”属性只有“男”“女”两种取值,在上面建立索引并不利于检索。

10.6　数据库实施

数据库实施阶段的主要任务是利用数据库管理系统提供的功能实现数据库逻辑结构和物理结构设计的结果,在计算机系统中建立数据库的结构、加载数据、调试和运行应用程序、进行数据库的试运行等。

1. 建立数据库的结构

建立数据库的结构是指使用给定的数据库管理系统提供的命令,建立数据库的模式、外模式和内模式。对于关系数据库,即创建数据库和建立数据库中的表、视图、索引等。

2. 加载数据和应用程序的调试

数据库实施阶段最重要的两项工作一是加载数据,二是应用程序的编码和调试。

在数据库系统中,一般数据量都很大,各应用环境差异也很大。目前,很多 DBMS 提供了数据导入功能,有些 DBMS 还提供了功能强大的数据转换功能。

为了保证数据库中数据的准确性,必须重视数据的校验工作。在将数据输入系统进行数据转换的过程中,应该进行多次校验,重要数据更应反复校验。

数据库应用程序的设计应与数据库设计同时进行,在加载数据到数据库的同时还要调试应用程序。

3. 数据库的试运行

部分数据输入数据库后，就可以开始对数据库系统进行联合调试了，这个过程又称为数据库试运行。这一阶段要实际运行数据库应用程序，执行对数据库的各种操作，测试应用程序的功能是否满足设计要求。若不满足，则要对应用程序进行修改、调整，直到达到设计要求为止。

在数据库试运行阶段，还要对系统的性能指标进行测试，分析其是否达到设计目标。

这里要特别强调两点：第一，由于数据入库工作量大，费时、费力，所以应分期分批地组织数据入库。先输入小批量数据供调试用，待试运行基本合格后再大批量输入数据，逐步增加数据量，逐步完成运行评价。第二，在数据库试运行阶段，系统还不稳定，软硬件故障随时都能发生；而系统的操作人员对新系统还不熟悉，误操作也不可避免。因此应首先调试运行 DBMS 的恢复功能，做好数据库的转储和恢复工作。一旦故障发生，能使数据库尽快恢复，尽量减少对数据库的破坏。

10.7 数据库的运行和维护

在数据库试运行结果符合设计目标后，数据库就可以真正投入运行了。数据库投入运行标志着开发任务的基本完成和维护工作的开始，并不意味着设计过程结束。由于应用环境在不断变化，数据库运行过程中物理存储也会不断变化，所以对数据库设计进行评价、调整、修改等维护工作是一个长期的任务，也是设计工作的继续和提高。

在数据库运行阶段，对数据库经常性的维护工作主要是由 DBA 完成的。数据库维护的主要工作如下：

1. 数据库的转储和恢复

在系统运行过程中，可能存在无法预料的自然或人为的意外情况，如电源故障、磁盘故障等，导致数据库运行中断，甚至破坏数据库部分内容。许多大型的 DBMS 都提供了故障恢复的功能，但这种恢复大都需要 DBA 配合才能完成。因此，DBA 要针对不同的应用要求制定不同的转储计划，定期对数据库和日志文件进行备份，以保证一旦发生故障，能利用数据库备份和日志文件备份，尽快将数据库恢复到某种一致性状态，并尽可能减少对数据库的破坏。

2. 数据库的安全性、完整性控制

DBA 必须对数据库的安全性和完整性控制负责，并根据用户实际需要授予不同的操作权限。另外，在数据库运行过程中，应用环境的变化对安全性的要求也会发生变化。比如有的数据原来是机密，现在可以公开查询了；而新加入的数据又可能是机密的，而且系统中用户的密级也会改变。这些都需要 DBA 根据实际情况修改原有的安全性控制。同样，由于应用环境的变化，数据库的完整性约束条件也会变化，DBA 应根据实际情况做出相应的修正。

3. 数据库性能的监督、分析和改进

在数据库运行过程中，监督系统运行、对监测数据进行分析以及找出改进系统性能的方法是 DBA 的重要职责。利用 DBMS 提供的监测系统性能参数的工具，DBA 可以方便地得到系统运行过程中一系列性能参数的值。DBA 应该仔细分析这些数据，判断当前系统是否

处于最佳运行状态。如果不是，则需要通过调整某些参数来进一步改进数据库性能。

4. 数据库的重组织和重构造

数据库运行一段时间后，由于记录的不断增、删、改，会使数据库的物理存储受损，从而降低数据库存储空间的利用率和数据的存取效率，使数据库的性能下降。这时 DBA 就要对数据库进行重组织或部分重组织（只对频繁增、删、改的表进行重组织）。数据库的重组织不会改变原计划的数据逻辑结构和物理结构，只是按原计划要求重新安排存储位置，回收垃圾，减少指针链，提高系统性能。DBMS 一般都提供了供重组织数据库使用的实用程序，帮助 DBA 重新组织数据库。

当数据库应用环境变化时，例如增加新的应用或新的实体、取消某些已有应用、改变某些已有的应用等，都会导致实体及实体间的联系也发生相应的变化，使原来的数据库设计不能很好地满足新的要求，从而不得不适当调整数据库的模式和内模式。例如，增加新的数据项、改变数据项的类型、改变数据库的容量、增加或删除索引、修改完整性约束条件等。这就是数据库的重构造。DBMS 都提供了修改数据库结构的功能。

重构造数据库的程度是有限的。若应用变化太大，已无法通过重构数据库来满足新的需求或重构数据库的代价太大时，则表明现有数据库应用系统的生命周期已经结束，应该重新设计新的数据库系统，开始新数据库应用系统的生命周期了。

10.8　Oracle 数据库的性能优化

优化 Oracle 数据库是数据库管理人员和数据库开发人员的必备技能。Oracle 数据库的优化是多方面的，原则是减少系统的瓶颈和资源的占用，提高系统的反应速度。例如，通过优化文件系统提高磁盘 I/O 的读/写速度，通过优化操作系统调度策略提高 Oracle 在高负荷情况下的负载能力，通过优化表结构、索引、查询语句等加快查询响应速度。

10.8.1　优化查询

查询是数据库中最频繁的操作，提高查询速度可以有效地提高 Oracle 数据库的性能。

1. 分析查询语句的执行计划

通过对查询语句的分析，可以了解查询语句的执行情况。可以通过设置 AUTOTRACE 查看执行计划。设置 AUTOTRACE 的具体含义如下：

（1）SET AUTOTRACE OFF：关闭 AUTOTRACE，为默认值。

（2）SET AUTOTRACE ON EXPLAIN：只显示执行计划。

（3）SET AUTOTRACE ON STATISTICS：只显示执行的统计信息。

（4）SET AUTOTRACE ON：包括(2)和(3)两项内容。

（5）SET AUTOTRACE TRACEONLY：与(4)相似，但不显示语句的执行结果。

【例 10-11】 通过设置 AUTOTRACE，查看一条查询语句的执行计划。

设置显示执行计划并查看，代码如下：

```
SQL> SET AUTOTRACE ON EXPLAIN;
SQL> SELECT * FROM dept;
```

```
    DEPTNO DNAME          LOC
---------- -------------- -------------
        10 ACCOUNTING     NEW YORK
        20 RESEARCH       DALLS
        30 SALES          CHICAGO
        40 OERATIONS      BOSTON
执行计划
----------------------------------------------------------
Plan hash value: 3383998547

--------------------------------------------------------------------------
| Id | Operation          | Name | Rows | Bytes | Cost ( % CPU)| Time     |
--------------------------------------------------------------------------
|  0 | SELECT STATEMENT   |      |    4 |    80 |     2   (0)| 00:00:01 |
|  1 | TABLE ACCESS FULL  | DEPT |    4 |    80 |     2   (0)| 00:00:01 |
--------------------------------------------------------------------------
```

查询结果信息解释如下：

(1) Id：表示一个序号，但不是执行的先后顺序。执行的先后顺序根据缩进来判断。

(2) Operation：表示当前操作的内容。

(3) Rows：表示当前操作的数据表中的行数。

(4) Cost(%CPU)：表示 Oracle 计算出来的一个数值，用于说明 SQL 执行的代价。

(5) Time：表示 Oracle 估计当前操作的时间。

2. 索引对查询速度的影响

Oracle 中提高性能最有效的方式就是对数据库表设计合理的索引。如果查询时没有使用索引，查询语句将逐行扫描表中的所有记录。在数据量大的情况下，这样查询的速度会很慢。如果使用索引进行查询，查询语句可以根据索引快速定位到待查询的记录，从而减少查询的记录数，达到提高查询速度的目的。

索引可以提高查询的速度，但并不是使用带有索引的字段查询时，索引都会起作用。下面重点介绍几种特殊情况。

1) 使用带有 LIKE 关键字的查询语句

使用带有 LIKE 关键字的查询语句进行查询时，如果匹配字符串的第一个字符为“%”，索引不会起作用。只有“%”不在第一个位置时，索引才会起作用。

2) 使用多列索引的查询语句

多列索引是在表的多个字段上创建一个索引。对于多列索引，只有查询条件中使用了这些字段中的第一个字段时，索引才会被使用。

3) 使用带有 OR 关键字的查询语句

查询语句的查询条件中只有 OR 关键字且 OR 前后的两个条件中的列都是索引时，查询中才使用索引。如果 OR 前后有一个条件的列不是索引，那么查询将不使用索引。

3. 优化子查询

子查询可以使查询语句很灵活，但子查询的执行效率不高。执行子查询时，Oracle 需要为内层查询语句的查询结果建立一个临时表，然后由外层查询语句从临时表中查询记录；查询完毕后，再撤销这些临时表。因此，查询的速度会受到一定的影响。如果查询的数据量比较大，这种影响就会随之增大。

在 Oracle 中，可以使用连接(JOIN)查询来代替子查询。连接查询不需要建立临时表，

其速度比子查询要快。如果查询中使用了索引,性能会更好。

10.8.2 优化数据库结构

一个好的数据库设计方案对于数据库的性能常常会起到事半功倍的效果。合理的数据库结构不仅可以使数据库占用更小的磁盘空间,而且能够使查询速度更快。下面介绍优化数据库结构的几种方法。

1. 将字段很多的表分解成多个表

对于字段较多的表,如果有些字段的使用频率很低,可以将这些字段分离出来形成新表。因为当这个表的数据量很大时,查询数据的速度就会很慢。

【例 10-12】 假设 employee 表中有很多字段,其中"备注"字段存储着员工的备注信息,有些备注信息的内容特别多。另外,"备注"信息很少使用。

解 题目中这种情况就可以对 employee 表进行分解。

(1) 根据题意,将 employee 表分解成两个表 employee_info 表和 employee_extra 表,employee_info 为员工基本信息表,employee_extra 为员工备注信息表。employee_extra 表中存储两个字段,分别为员工编号和备注。

(2) 如果需要查询某个员工的备注信息,可以使用员工编号查询。

(3) 如果需要同时查询员工基本信息与备注信息,可以将 employee_info 表和 employee_extra 表进行连接查询,查询语句如下:

```
SQL> SELECT 姓名,备注 FROM employee_info i,employee_extra e
  2  WHERE i.雇员编号 = e.雇员编号;
```

2. 增加中间表

有时需要经常查询多个表中的几个字段,如果经常进行多表的连接查询,会降低查询速度。对于这种情况,可以建立中间表,通过对中间表的查询提高查询效率。

【例 10-13】 有 employee 表(员工编号,姓名,职位,入职日期,工资,部门编号)和 department 表(部门编号,部门名称,地址),实际中经常要查询员工姓名、所在部门及工资信息。

解 对题目中这种情况,可通过增加中间表,提高查询速度。

创建中间表 temp_emp,代码如下:

```
SQL> CREATE TABLE temp_emp(
  2  姓名 VARCHAR(10),
  3  部门名称 VARCHAR(14),
  4  工资 DECIMAL(7,2)
  5  );
SQL> INSERT INTO temp_emp
  2  SELECT 姓名,部门名称,工资 FROM employee e,department d
  3  WHERE e.部门编号 = d.部门编号;
```

以后,可以直接从 temp_emp 表中查询员工的姓名、部门名称及工资,而不用每次都进行多表连接查询,提高数据库的查询速度。

3. 增加冗余字段

设计数据库表的时候应尽量达到 3NF 的要求,但是,有时候为了提高查询速度,可以有意识地在表中增加冗余字段。

例如,员工信息存储在 employee 表中,部门信息存储在 department 表中,可通过 employee 表中的部门编号与 department 表建立关联关系。如果要查询一个员工所在部门的名称,需要将这两个表进行连接查询,而连接查询会降低查询速度。那么,则可以在 employee 表中增加一个冗余字段"部门名称"。该字段用来存储员工所在部门的名称,这样就不用每次都进行多表连接操作了。

10.8.3 优化插入记录的速度

插入记录时,索引、唯一性校验都会影响插入记录的速度,而且一次插入多条记录和多次插入记录所耗费的时间是不一样的。根据这些情况,可分别进行不同的优化。

1. 禁用索引

对于非空表,插入记录时,Oracle 会根据表的索引对插入的记录建立索引。如果插入大量数据,已建立的索引会降低插入记录的速度。为了解决这种情况,可以在插入记录之前禁用索引,数据插入完毕后再开启索引。禁用索引的语句格式如下:

```
ALTER INDEX 索引名 UNUSABLE;
```

索引被禁用后,后期若要使用,必须要重建该索引。重建索引的语句格式如下:

```
ALTER INDEX 索引名 REBUILD;
```

2. 禁用唯一性检查

插入数据时,Oracle 会对插入的记录进行唯一性校验,这种校验也会降低插入记录的速度。可以在插入记录之前禁用唯一性检查,等到记录插入完毕后再开启。禁用唯一性检查的语句格式如下:

```
ALTER TABLE 表名 DISABLE CONSTRAINT 唯一性约束名;
```

开启唯一性检查的语句格式如下:

```
ALTER TABLE 表名 ENABLE CONSTRAINT 唯一性约束名;
```

3. 使用批量插入

插入多条记录时,可以使用一条 INSERT 语句插入一条记录,也可以使用一条 INSERT 语句插入多条记录。

使用一条 INSERT 语句插入多条记录的情形如下:

```
SQL> INSERT INTO temp_emp
  2  SELECT '李三','销售部',5000 FROM dual
  3  UNION ALL
  4  SELECT '赵四','人事部',6000 FROM dual
  5  UNION ALL
  6  SELECT '王五','财务部',4500 FROM dual;
```

执行多条 INSERT 语句插入多条记录的情形如下:

```
SQL> INSERT INTO temp_emp VALUES ('李三','销售部',5000);
SQL> INSERT INTO temp_emp VALUES ('赵四','人事部',6000);
SQL> INSERT INTO temp_emp VALUES ('王五','财务部',4500);
```

第一种方式减少了与数据库之间的连接等操作,速度比第二种方式要快。

10.9　小　　结

数据库应用系统的设计过程分为6个阶段：需求分析阶段、概念结构设计阶段、逻辑结构设计阶段、物理结构设计阶段、数据库实施阶段、数据库运行和维护阶段。

开始设计前，应对系统进行调查和可行性分析，确定数据库系统的总目标和制定项目开发计划。规划阶段的好坏直接影响整个系统的成功与否，对企业组织的信息化进程将产生深远的影响。

可以通过检查文档、组织问卷调查、同用户交谈、现场调查等方法调查用户需求，通过绘制数据流图和数据字典等方法来描述和分析用户需求。

设计阶段主要包括概念结构设计、逻辑结构设计和物理结构设计。概念结构设计是数据库设计的核心环节，是在用户需求描述与分析的基础上对现实世界的抽象和模拟。目前，应用最广泛的概念结构设计工具是E-R模型。对于小型、不太复杂的应用，可使用集中模式建模法进行设计；对于大型数据库的设计，可采用视图集成建模法进行设计。

逻辑结构设计是在概念结构设计的基础上，将概念结构转换为所选用的、具体的DBMS支持的数据模型的逻辑模式。将E-R图向关系模型转换，转换后得到的关系模式，应首先进行规范化处理，然后根据实际情况对部分关系模式进行逆规范化处理。物理结构设计是从逻辑结构设计出发，设计一个可实现的、有效的物理数据库结构。现代DBMS将数据库物理结构设计的细节隐藏起来，使设计人员不必过多介入。但索引的设置必须认真对待，它对数据库的性能有很大的影响。

数据库的实施阶段包括数据的载入、应用程序调试、数据库试运行等几个步骤，该阶段的主要目标是对系统的功能和性能进行全面测试。

数据库运行和维护阶段的主要工作有数据库安全性与完整性控制、数据库的转储与恢复、数据库性能监控、分析与改进、数据库的重组织与重构造等。

习　题　十

一、选择题

1. 在数据库设计中，用E-R图来描述信息结构，但不涉及信息在计算机中的表示，它是数据库设计的(　　)阶段。

A. 需求分析　　B. 概念结构设计　　C. 逻辑结构设计　　D. 物理结构设计

2. 在关系数据库设计中，设计关系模式是(　　)的任务。

A. 需求分析阶段　　B. 概念设计阶段

C. 逻辑设计阶段　　D. 物理设计阶段

3. 数据库物理设计完成后，进入数据库实施阶段。下列各项中不属于实施阶段工作的是(　　)。

A. 建立库结构　　B. 扩充功能　　C. 加载数据　　D. 系统调试

4. 在数据库概念设计中，最常用的数据模型是(　　)。

A. 形象模型　　B. 物理模型　　C. 逻辑模型　　D. 实体联系模型

5. 从 E-R 模型向关系模型转换，一个 $m : n$ 的联系转换成关系模式时，该关系模式的键是(　　)。

A. m 端实体的键　　B. n 端实体的键

C. m 端实体键与 n 端实体键的组合　　D. 重新选取其他属性

6. 若两个实体间的联系是 $1 : m$，则实现 $1 : m$ 联系的方法是(　　)。

A. 在 m 端实体转换的关系中加入 1 端实体转换关系的关键字

B. 将 m 端实体转换的关系的关键字加入到 1 端的关系中

C. 在两个实体转换的关系中分别加入另一个关系的关键字

D. 将两个实体转换成一个关系

7. 数据库逻辑设计的主要任务是(　　)。

A. 建立 E-R 图和说明书　　B. 创建数据库模式

C. 建立数据流图　　D. 把数据送入数据库

8. 数据库模式设计的任务是把(　　)转换为所选用的 DBMS 支持的数据模型。

A. 逻辑结构　　B. 物理结构　　C. 概念结构　　D. 层次结构

9. 数据库逻辑设计时，数据字典的含义是(　　)。

A. 数据库中所涉及的属性和文件的名称集合

B. 数据库中所涉及的字母、字符及汉字的集合

C. 数据库中所有数据的集合

D. 数据库中所涉及的数据流、数据项和文件等描述的集合

10. 数据流图是在数据库(　　)阶段完成的。

A. 逻辑结构设计　　B. 物理结构设计

C. 需求分析　　D. 概念结构设计

11. 下列对数据库应用系统设计的说法中正确的是(　　)。

A. 必须先完成数据库的设计，才能开始对数据处理的设计

B. 应用系统的用户不必参与设计过程

C. 应用程序员可以不必参与数据库的概念结构设计

D. 以上都不对

12. 在需求分析阶段，常用(　　)描述用户单位的业务流程。

A. 数据流图　B. E-R 图　　C. 程序流图　　D. 判定表

13. 下列对 E-R 图设计的说法中错误的是(　　)。

A. 设计局部 E-R 图时，能作为属性处理的客观事物应尽量作为属性处理

B. 局部 E-R 图中的属性均应为原子属性，即不能再细分为子属性的组合

C. 对局部 E-R 图集成时既可以一次实现全部集成，也可以两两集成，逐步进行

D. 集成后所得的 E-R 图中可能存在冗余数据和冗余联系，应予以全部清除

14. 在从 E-R 图到关系模式的转化过程中，下列说法错误的是(　　)。

A. 一个一对一的联系可以转换为一个独立的关系模式

B. 一个涉及 3 个以上实体的多元联系也可以转换为一个独立的关系模式

C. 对关系模型进行优化时，有些模式可能要进一步分解，有些模式可能要合并

D. 关系模式的规范化程度越高，查询的效率就越高

15. 某数据库应用系统在运行过程中，发现随着数据量的不断增加，有部分查询业务和数据更新业务的执行耗时越来越长。经分析，这些业务都与表 table1 有关。假设 table1 有 30 多个字段，分别为(key, $A_1,A_2,\cdots,A_m,B_1,B_2,\cdots,B_n$)。执行频度较高的查询业务都只用到 $A_1,A_2,\cdots,A_m$ 中的大部分属性，因此，DBA 决定将表 table1 分解为 table2(key, $A_1,A_2,\cdots,A_m$)和 table3(key, $B_1,B_2,\cdots,B_n$)。为了使所有对 table1 的查询程序不必修改，应该(　①　)；为了使对 table1 的更新业务能正确执行，应该(　②　)；这样实现了(　③　)。

① A. 修改所有对 table1 的查询程序
　B. 创建视图 table1，为 table2 和 table3 的自然连接
　C. 只修改使用 $A_1,A_2,\cdots,A_m$ 中属性的程序
　D. 只修改使用 $B_1,B_2,\cdots,B_n$ 中属性的程序

② A. 修改所有对 table1 进行更新的事务程序
　B. 创建视图 table1，为 table2 和 table3 的自然连接
　C. 只修改对 $A_1,A_2,\cdots,A_m$ 中属性进行更新的事务程序
　D. 只修改对 $B_1,B_2,\cdots,B_n$ 中属性进行更新的事务程序

③ A. 数据的逻辑独立性　　B. 数据的物理独立性
　C. 程序的逻辑独立性　　D. 程序的物理独立性

二、填空题

1. 就方法的特点而言，需求分析阶段通常采用________的分析方法；概念结构设计阶段通常采用________的设计方法。

2. 逻辑结构设计的主要工作是：________。

3. DBS 的维护工作由________承担。

4. DBS 的维护工作主要包括 4 部分：________、________、DB 的安全性与完整性控制和 DB 性能的监督、分析和改进。

三、设计题

1. 某物资供应公设计了库存管理信息系统，对货物的库存、销售等业务活动进行管理。其 E-R 图如图 10-16 所示。

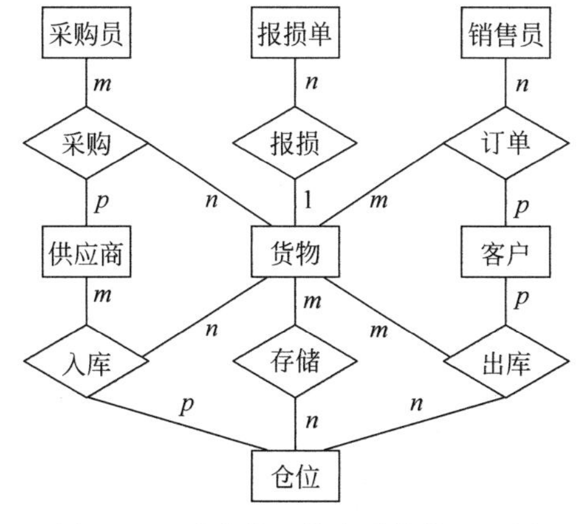

图 10-16　库存管理信息系统的 E-R 图

该 E-R 图有 7 个实体,其结构如下所示:

货物(货物代号,型号,名称,形态,最低库存量,最高库存量)

采购员(采购员号,姓名,性别,业绩)

供应商(供应商号,名称,地址)

销售员(销售员号,姓名,性别,业绩)

客户(客户号,名称,地址,账号,税号,联系人)

仓位(仓位号,名称,地址,负责人)

报损单(报损号,数量,日期,经手人)

实体间联系有 6 个,其中 1 个 1∶1 联系,1 个 $m:n$ 联系,4 个 $m:n:p$ 联系。其中联系的属性如下所示:

入库(入库单号,日期,数量,经手人)

出库(出库单号,日期,数量,经手人)

存储(存储量,日期)

订单(订单号,数量,价格,日期)

采购(采购单号,数量,价格,日期)

回答下列问题:

(1) 根据转换方法,把 E-R 图转换成关系模式。

(2) 对最终的关系模式,以下画线指出其主键,用虚线指出其外键。

2. 某学员为人才交流中心设计了一个数据库,对人才、岗位、企业、证书、招聘等信息进行了管理,其初始 E-R 图如图 10-17 所示。

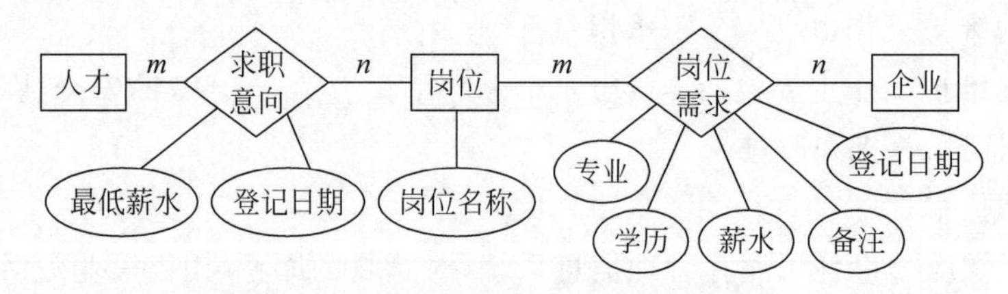

图 10-17　人才信息管理系统的 E-R 图

实体"企业"和"人才"的结构如下:

企业(企业编号,企业名称,联系人,联系电话,地址,企业网址,电子邮件,企业简介)

人才(个人编号,姓名,性别,出生日期,身份证号,毕业院校,专业,学历,证书名称,证书编号,联系电话,电子邮件,个人简历及特长)

各实体的候选键如下:

实体"企业"的候选键是企业编号。

实体"岗位"的候选键是岗位名称。

实体"人才"的候选键是个人编号和证书名称,这是因为有可能一个人拥有多张证书。

回答下列问题:

(1) 根据转换方法,把 E-R 图转换成关系模式。

(2) 由于一个人可能持有多个证书,须对"人才"关系模式进行优化,把证书信息从"人

才”模式中抽出来，这样可得到哪两个模式？

(3) 对最终的各关系模式，以下画线指出其主键，用虚线指出其外键。

(4) 另有一个学员设计的 E-R 图如图 10-18 所示，请用文字分析该设计存在的问题。

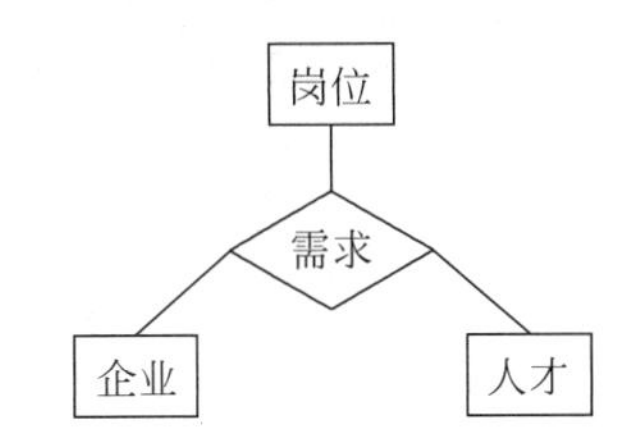

图 10-18　岗位需求管理信息的 E-R 图

(5) 如果允许企业通过互联网修改本企业的基本信息，应对数据库的设计作何种修改？

第四篇　数据库系统开发案例

第 11 章　数据库应用系统设计实例**

第11章　数据库应用系统设计实例**

前面主要介绍了与数据库系统有关的理论和方法，开发应用系统是多方面知识和技能的综合运用。下面我们将以一个高校教学管理系统的设计过程为例来说明数据库系统设计的相关理论与实际开发过程的对应关系，从而提高灵活、综合运用系统开发知识的能力。

这里我们主要偏重于数据库应用系统的设计，特别是数据库的设计，不涉及应用程序的设计。

11.1　系统总体需求

高校教学管理在不同的高校有其自身的特殊性，业务关系复杂程度各有不同。本章的主要目的是说明应用系统的开发过程。本章将对实际的教学管理系统进行简化，如教师综合业绩的考评和考核、学生综合能力的评价等都没有考虑。

1. 用户总体业务结构

高校教学管理业务包括4个主要部分，分别是学生的学籍及成绩管理、教学计划管理、学生选课管理以及教学调度管理。各业务包括的主要内容如下：

(1) 学籍及成绩管理是指各院系的教务人员完成学生学籍注册、毕业、学生变动处理，各授课教师完成所讲授课程成绩的录入，然后由教务人员进行学生成绩的审核认可。

(2) 教学计划管理是指由教务部门完成学生指导性教学计划、培养方案的制定以及开设课程的注册和调整。

(3) 学生选课管理是指学生根据开设课程和培养计划选择本学期所修课程，教务人员对学生所选课程进行确认处理。

(4) 教学调度管理是指教务人员根据本学期所开课程、教师上课情况和学生选课情况完成排课、调课、考试安排和教室管理。

2. 总体安全要求

系统安全的主要目标是保护系统资源免受毁坏、替换、盗窃和丢失。系统资源包括设备、存储介质、软件和数据等。具体来说，应达到如下要求：

(1) 保密性：机密或敏感数据在存储、处理、传输过程中要保密，并确保用户在授权后才能访问。

(2) 完整性：保证系统中的信息处于一种完整和未受损害的状态，防止因非授权访问、部件故障或其他错误而引起的信息篡改、破坏或丢失。学校教学管理系统的信息对不同的用户应有不同的访问权限,每个学生只能选修培养计划中的课程,学生只能查询自己的成绩;成绩只能由讲授该门课程的教师录入,经教务人员核实后则不能修改。

(3) 可靠性:保障系统在复杂的网络环境下提供持续、可靠的服务。

11.2 系统总体设计

系统总体设计的主要任务是从用户的总体需求出发,以现有技术条件为基础,以用户可以接受的投资为基本前提,对系统的整体框架进行较为宏观的描述。其主要内容包括系统的硬件平台、网络通信设备、网络拓扑结构、软件开发平台以及数据库系统的设计等。

应用系统的构建是一个较为复杂的系统工程,是计算机知识的综合运用。这里主要介绍系统的数据库设计。为了展现设计应用系统时所考虑内容的完整性,对其他内容也将简要介绍。

1. 系统设计考虑的主要内容

应用信息系统设计需要考虑的主要内容包括:①用户数量和处理信息量的多少,它决定系统采用的结构、数据库管理系统和数据库服务器的选择;②用户在地理上的分布,决定网络的拓扑结构以及通信设备的选择;③安全性方面的要求,决定采用哪些安全措施以及应用软件和数据库表的结构;④与现有系统的兼容性,原有系统使用的开发工具和数据库管理系统将影响到新系统采用的开发工具和数据库系统的选择。

2. 系统的总体功能模块

在设计数据库应用程序之前,必须对系统的功能有清楚的了解,对程序的各功能模块给出合理的划分。划分的主要依据是用户的总体需求和所要完成的业务功能。用户需求主要指第一阶段对用户进行初步调查而得到的用户需求信息和业务划分。

这里的功能划分是一个比较初步的划分。随着详细需求调查的进行,功能模块的划分也将随用户需求的进一步明确而进行合理的调整。

根据前面介绍的高校教学管理业务的 4 个主要部分,可以将系统应用程序划分为对应的 4 个主要子系统,包括学籍及成绩管理子系统、教学计划管理子系统、学生选课管理子系统以及教学调度管理子系统。根据各业务子系统所包括的业务内容,还可将各子系统继续划分为更小的功能模块。划分的准则是模块内的高内聚性和模块间的低耦合性。图 11-1 为高校教学管理系统的功能模块结构图。

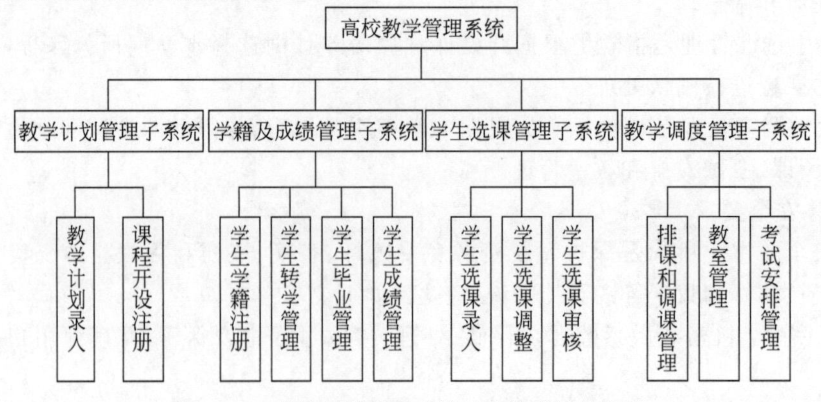

图 11-1 高校教学管理系统的功能模块结构图

11.3 系统需求描述

数据流图和数据字典是描述用户需求的重要工具。数据流图描述了数据的来源和去向以及所经过的处理；而数据字典是对数据流图中的数据流、数据存储和处理的进一步描述。不同的应用环境对数据描述的细致程度也有所不同，要根据实际情况而定。下面将用这两种工具来描述用户需求，以说明它们在实际中的应用方法。

11.3.1 系统的全局数据流图

系统的全局数据流图也称为第一层或顶层数据流图，主要是从整体上描述系统的数据流，反映系统数据的整体流向，给设计者、开发者和用户一个总体描述。

经过对教学管理的业务调查、数据的收集处理和信息流程分析，明确了该系统的主要功能，分别为制定学校各专业、各年级的教学计划以及课程设置；学生根据学校对自己所学专业的培养计划以及自己的兴趣，选择自己本学期所要学习的课程；学校的教务部门对新入学的学生进行学籍注册，对毕业生办理学籍档案的归档管理，任课教师在期末时登记学生的考试成绩；学校教务部门根据教学计划进行课程安排和期末考试时间、地点的安排等，如图 11-2 所示。

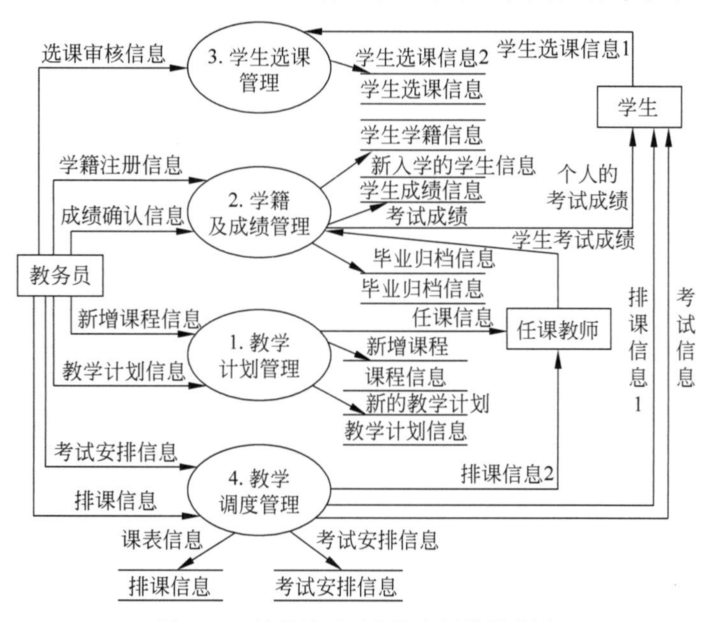

图 11-2 教学管理系统的全局数据流图

11.3.2 系统的局部数据流图

全局数据流图从整体上描述了系统的数据流向和加工处理过程。但是对于一个较为复杂的系统来讲，要较清楚地描述系统数据的流向和加工处理的每个细节，仅用全局数据流图难以完成。因此，需要在全局数据流图基础上，对全局数据流图中的某些局部进行单独放大，进一步细化。细化可以采用多层数据流图来描述。在上述 4 个主要处理过程中，教学调度管理的业务相对比较简单，因此下面将只对教学计划管理、学籍及成绩管理和学生选课管

理等 3 个处理过程进一步细化。

教学计划管理主要分为 4 个子处理过程，即教务员根据已有的课程信息，增补新开设的课程信息，修改已调整的课程信息，查看本学期的教学计划，制定新学期的教学计划。任课教师可以查询自己主讲课程的教学计划，其处理过程如图 11-3 所示。

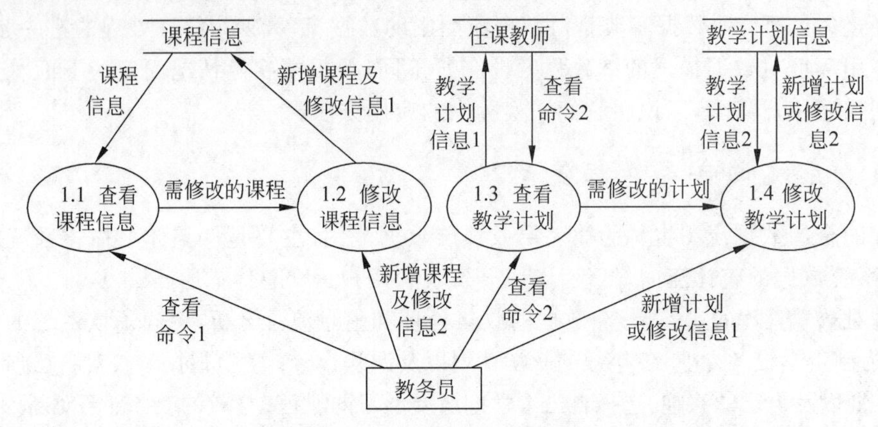

图 11-3　教学计划管理的细化数据流图

学籍及成绩管理相对比较复杂，教务员需要完成新学员的学籍注册及毕业生学籍和成绩的归档管理，任课教师录入学生的期末成绩后需教务员审核认可处理，经确认的学生成绩则不允许修改，其处理过程如图 11-4 所示。

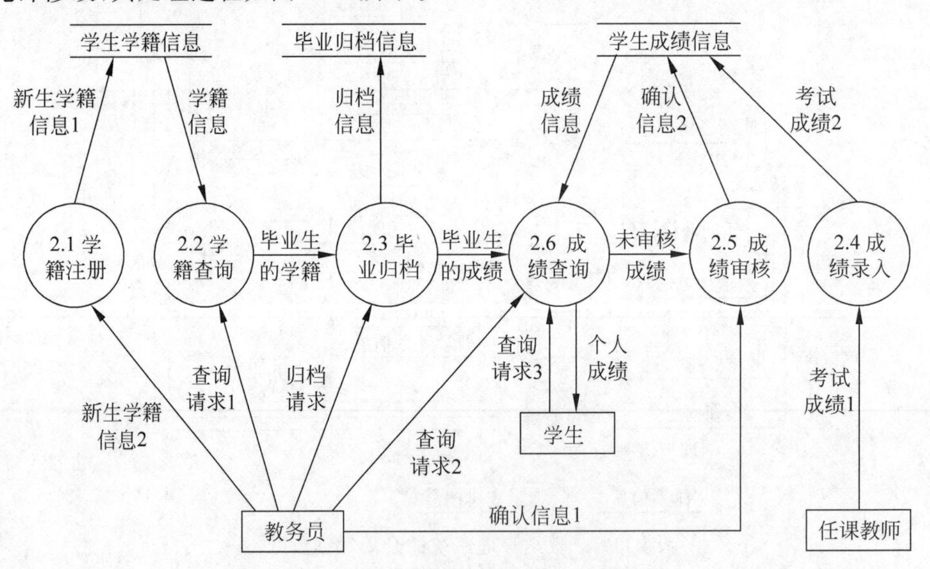

图 11-4　学籍和成绩管理的细化数据流图

学生选课管理中，学生根据学校对本专业制定的教学计划录入本学期所选课程，教务员对学生所选课程进行审核，经审核的选课则为本学期学生的选课，其处理过程如图 11-5 所示。

11.3.3　系统数据字典

前面的数据流图描述了教学管理系统的主要数据流向和处理过程，表达了数据和处理的关系。数据字典是系统数据和处理过程详细描述的集合。下面只给出部分数据字典内容。

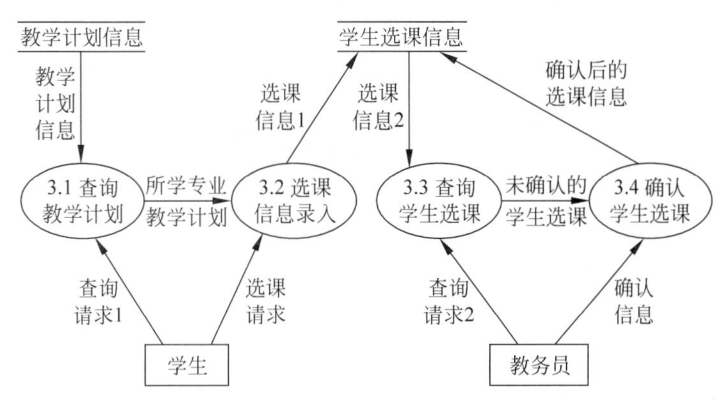

图 11-5　学生选课管理的细化数据流图

数据流名：(学生)查询请求
来源：需要选课的学生
流向：加工 3.1
组成：学生专业＋班级
说明：应注意与教务员查询请求相区别

数据流名：教学计划信息
来源：数据文件中的教学计划信息
流向：加工 3.1
组成：学生专业＋班级＋课程名称＋开课时间＋任课教师

加工处理：查询教学计划
编号：3.1
输入：(学生)选课请求＋教学计划信息
输出：(该学生)所学专业的教学计划
加工逻辑：满足查询请求条件

数据文件：教学计划信息
文件组成：学生专业＋年级＋课程名称＋开课时间＋任课教师
组织：按专业和年级降序排序

加工处理：选课信息录入
编号：3.2
输入：(学生)选课请求＋所学专业教学计划
输出：选课信息
加工逻辑：根据所学专业的教学计划选择课程

数据流名：选课信息

来源：加工 3.2
流向：学生选课信息存储文件
组成：学号＋课程名称＋选课时间＋修课班号

数据文件：学生选课信息
文件组成：学号＋选课时间＋{课程名称＋修课班号}
组织：按学号升序排列

数据项：学号
数据类型：字符型
数据长度：8 位
数据构成：入学年号＋顺序号

数据项：选课时间
数据类型：日期型
数据长度：10 位
数据构成：年＋月＋日

数据项：课程名称
数据类型：字符型
数据长度：20 位

数据项：修课班号
数据类型：字符型
数据长度：10 位
⋮

11.4 系统概念模型描述

数据流图和数据字典共同完成了对用户需求的描述，它是系统分析人员通过多次与用户交流而形成的。系统所需的数据都在数据流图和数据字典中得到了表现，是后阶段设计的基础和依据。目前，在概念设计阶段，实体联系模型是广泛使用的设计工具。

11.4.1 构成系统的实体

对系统的 E-R 模型描述进行抽象，重要的一步是从数据流图和数据字典中提取出系统的所有实体及其属性。划分实体和属性的两个基本标准如下：

(1) 属性必须是不可分割的数据项，不能包含其他的属性或实体。

(2) E-R 图中的联系是实体之间的联系，因而属性不能与其他实体之间有关联。

从前面的教学管理系统的数据流图和数据字典中可以抽取出系统的 6 个主要实体，包

括“学生”“课程”“教师”“专业”“班级”“教室”。

“学生”实体的属性有“学号”“姓名”“出生日期”“籍贯”“性别”“家庭住址”。

“课程”实体的属性有“课程编码”“课程名称”“讲授课时”“课程学分”。

“教师”实体的属性有“教师编号”“教师姓名”“专业”“职称”“出生日期”“家庭住址”。

“专业”实体的属性有“专业编码”“专业名称”“专业性质”“专业简称”“可授学位”。

“班级”实体的属性有“班级编号”“班级名称”“班级简称”。

“教室”实体的属性有“教室编码”“最大容量”“教室类型”(是否为多媒体教室)。

11.4.2 系统局部 E-R 图

由数据流图和数据字典分析得出实体及其属性后,进一步可分析各实体之间的联系。

“学生”实体与“课程”实体存在“修课”联系,一个学生可以选修多门课程,每门课程可以被多个学生选修,所以它们之间存在多对多联系($m:n$),如图 11-6 所示。

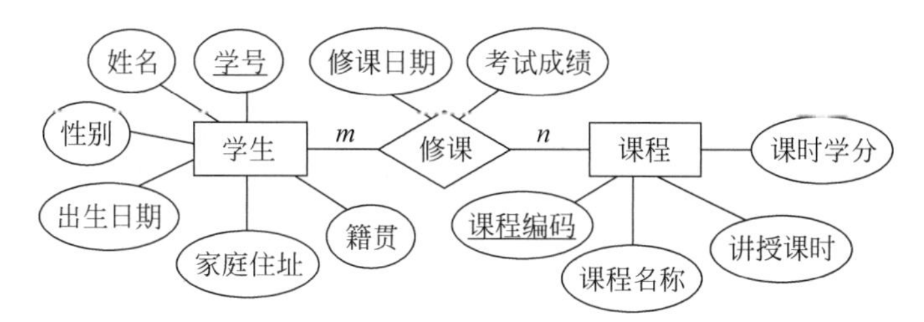

图 11-6 “学生”与“课程”实体的局部 E-R 图

“教师”实体与“课程”实体存在“讲授”联系,一个教师可以讲授多门课程,每门课程可以由多个教师讲授,所以它们之间存在多对多联系($m:n$),如图 11-7 所示。

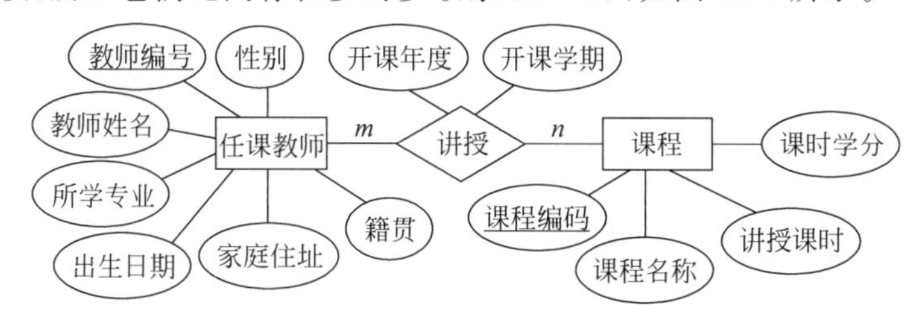

图 11-7 “任课教师”与“课程”实体的局部 E-R 图

“学生”实体与“专业”实体存在“学习”联系,一个学生只可学习一个专业,每个专业有多个学生学习,所以“专业”实体和“学生”实体存在一对多联系($1:n$),如图 11-8 所示。

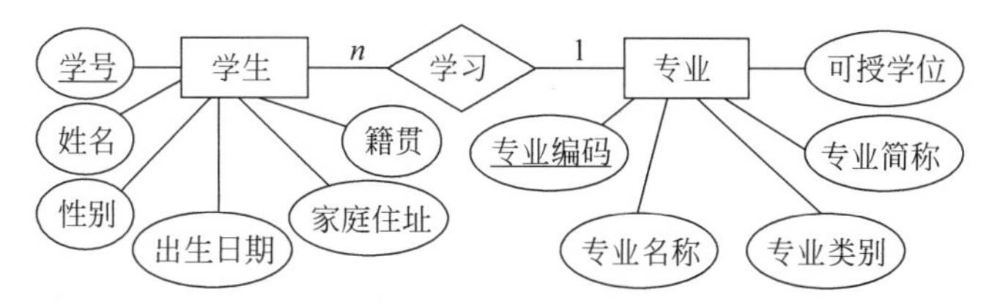

图 11-8 “学生”与“专业”实体的局部 E-R 图

“班级”实体与“专业”存在“属于”联系,一个班级只可能属于一个专业,每个专业包含多个班级,所以“专业”实体和“班级”实体存在一对多联系($1:n$),如图 11-9 所示。

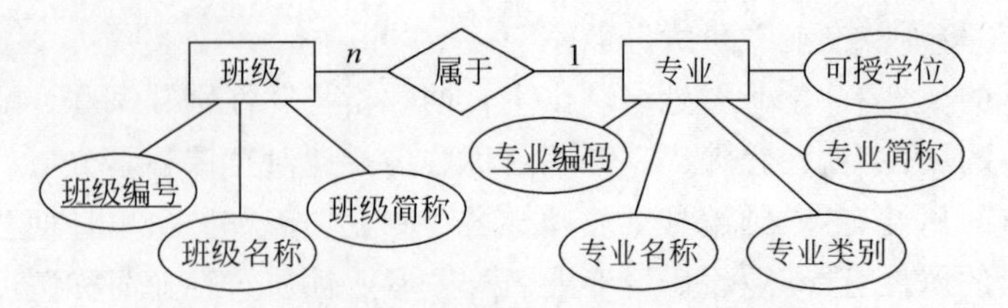

图 11-9 “专业”和“班级”实体的局部 E-R 图

“学生”实体与“班级”实体存在“组成”联系，一个学生只可属于一个班级，每个班级由多个学生组成，所以“班级”实体和“学生”实体存在一对多联系($1:n$)，如图 11-10 所示。

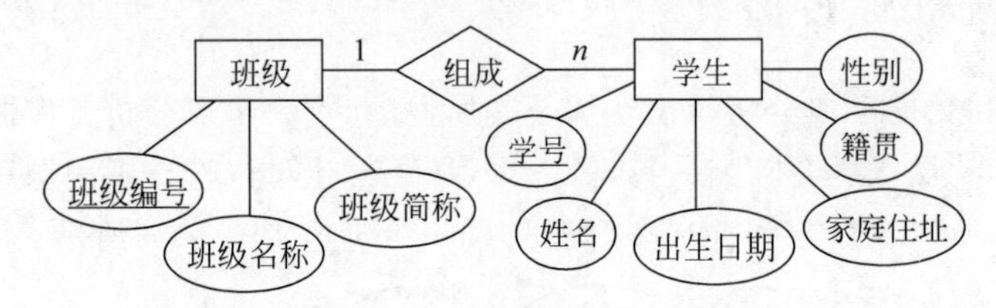

图 11-10 “班级”和“学生”实体的局部 E-R 图

某个教室在某个时段分配给某个老师讲授某一门课或考试用，在特定时段为 $1:1$ 联系，但对于整个学期来讲是多对多联系($m:n$)，采用聚集来描述教室与任课教师和课程的讲授联系的关系，如图 11-11 所示。

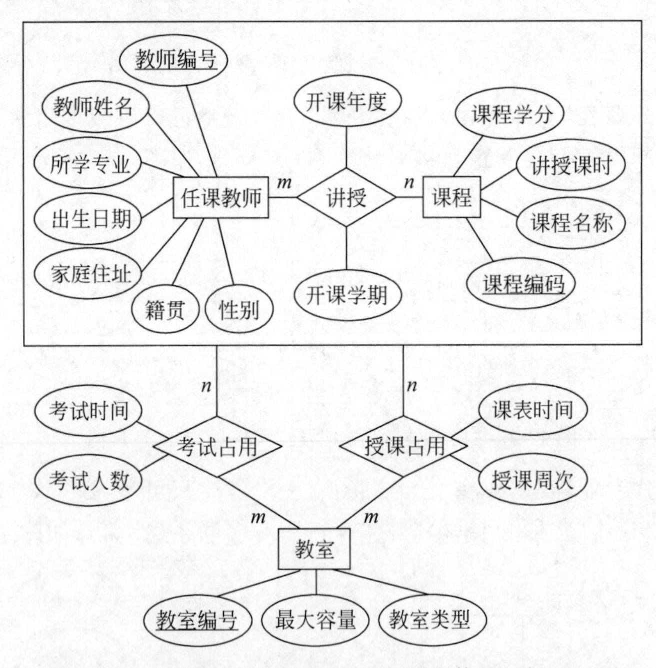

图 11-11 “任课教师”“教室”和“课程”实体的局部 E-R 图

11.4.3 合成全局 E-R 图

系统的局部 E-R 图只反映局部应用实体之间的联系，但不能从整体上反映实体之间的相互关系。另外，对于一个较为复杂的应用来讲，各部分是由多个分析人员分工合作完成的，画出的 E-R 图只能反映各局部应用。各局部 E-R 图之间可能存在一些冲突和重复的部

分，例如属性和实体因划分不一致而引起的结构冲突，同一意义的属性或实体因命名不一致而引起的命名冲突，属性的数据类型或取值因不一致而导致的域冲突。为了减少这些问题，必须根据实体联系在实际应用中的语义进行综合和调整，得到系统的全局E-R图。

从前面的E-R图可以看出，学生只能选修某个老师所讲的某门课程。使用聚集来描述“学生”和“讲授”联系之间的关系，代替单纯的“学生”和“课程”之间的关系相对更为适合。各局部E-R图相互重复的内容较多，各局部E-R图合并后的全局E-R图，如图11-12所示。

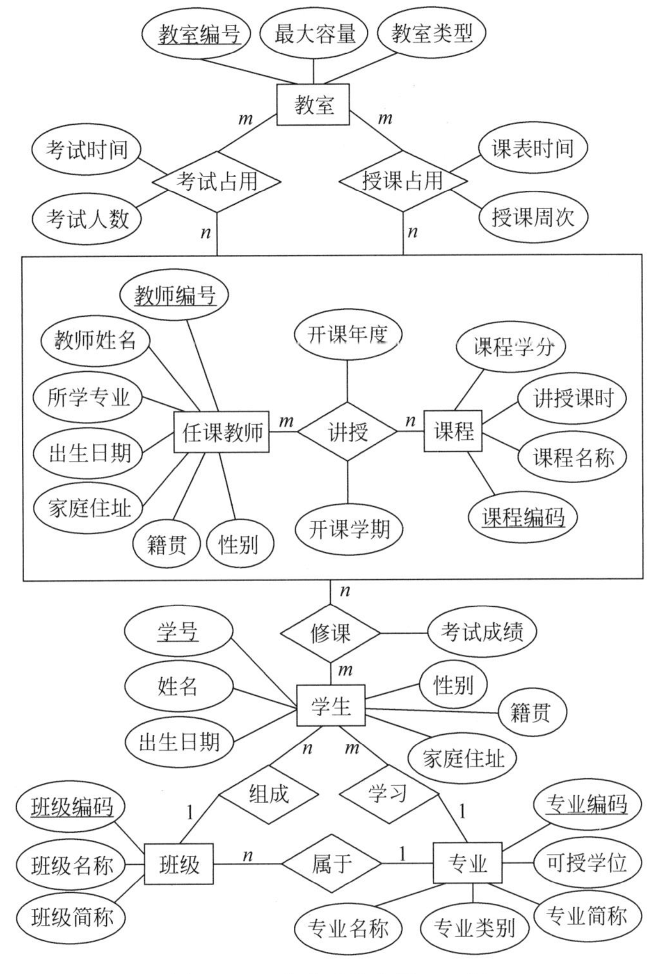

图11-12　合成后的全局E-R图

11.4.4　优化全局E-R图

优化E-R图是指消除全局E-R图中的冗余数据和冗余联系。冗余数据是指能够从其他数据导出的数据，冗余联系是指能够从其他联系导出的联系。例如，“学生”和“专业”之间的“学习”联系可由“组成”联系和“属于”联系导出，所以可去掉“学习”联系。经优化后的E-R图如图11-13所示。在实际设计过程中，如果E-R图不是特别复杂，这一步可以和合成全局E-R图一起进行。

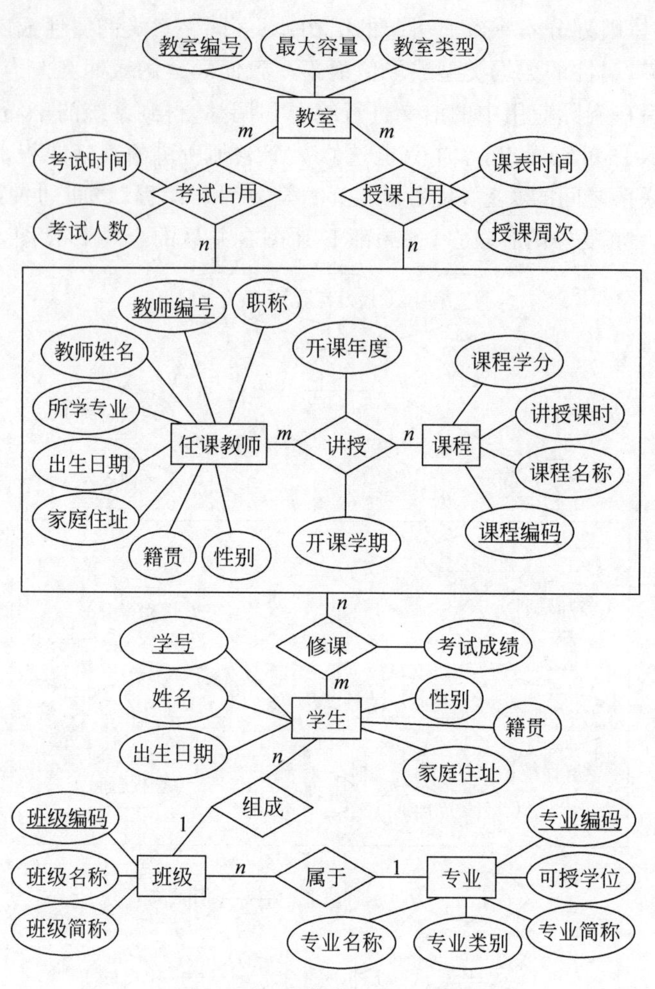

图 11-13 经优化后的 E-R 图

11.5 系统的逻辑设计

概念结构设计阶段设计的数据模型是独立于任何一种商用化 DBMS 的信息结构。逻辑结构设计阶段的主要任务是把 E-R 图转化为选用的 DBMS 产品支持的数据模型。由于该系统采用 Oracle 19c 关系型数据库系统，因此应将概念结构设计阶段设计的 E-R 模型转化为关系数据模型。

11.5.1 转化为关系数据模型

首先从“教师”实体和“课程”实体以及它们之间的联系来考虑。“教师”实体与“课程”实体之间是多对多的联系，所以针对“教师”和“课程”以及“讲授”之间的联系分别设计如下关系模式：

教师(<u>教师编号</u>，教师姓名，籍贯，性别，所学专业，职称，出生日期，家庭住址)

课程(<u>课程编码</u>，课程名称，讲授课时，课程学分)

讲授(教师编号,课程编码,开课年度,开课学期)

“教师”实体与“讲授”联系是用聚集表示的,并且存在两种占用联系。它们之间的关系是多对多的关系,可以划分为以下 3 个关系模式:

教室(教室编号,最大容量,教室类型)

授课占用(教师编号,课程编码,教室编号,课表时间,授课周次)

考试占用(教师编号,课程编码,教室编号,考试时间,考试人数)

“专业”实体和“班级”实体之间的联系是一对多的联系(1∶n),所以可以用如下两个关系模式来表示(其中联系被移动到“班级”实体中):

班级(班级编码,班级名称,班级简称,专业编码)

专业(专业编码,专业名称,专业类别,专业简称,可授学位)

“班级”实体和“学生”实体之间的联系是一对多的联系(1∶n),所以可以用两个关系模式来表示。但是“班级”已有关系模式,所以下面只生成一个关系模式(其中联系被移动到“学生”实体中):

学生(学号,姓名,出生日期,籍贯,性别,家庭住址,班级编码)

“学生”实体与“讲授”联系的关系是用聚集来表示的,它们之间的关系是多对多的关系,可以使用以下关系模式来表示:

修课(课程编码,学号,教师编号,考试成绩)

11.5.2 关系数据模型的优化与调整

在进行关系模式设计之后,还需要以规范化理论为指导,以实际应用的需要为参考,对关系模式进行优化,以达到消除异常和提高系统效率的目的。

以规范化理论为指导,其主要方法是消除各数据项间的部分函数依赖、传递函数依赖等,主要步骤如下:

(1) 首先应确定数据间的依赖关系。确定依赖关系一般在需求分析时就做了一些工作,E-R 图中实体间的依赖关系就是数据依赖的一种表现形式。

(2) 其次检查是否存在部分函数依赖、传递函数依赖,然后通过投影分解消除相应的部分函数依赖和传递函数依赖,达到所需的范式。

一般来说,关系模式只需满足 3NF 即可。以上的关系模式均满足 3NF,在此不再具体分析。

在实际应用设计中,关系模式的规范化程度并不是越高越好。因为从低范式向高范式转化时,必须将关系模式分解成多个关系模式。这样,当执行查询时,如果用户所需的信息在多个表中,就需要进行多个表间的连接,这无疑给系统带来了较大的时间开销。为了提高系统的处理性能,要对相关程度比较高的表进行合并或者在表中增加相关程度比较高的属性,故选择较低的 1NF 或 2NF 可能比较适合。

如果系统某个表的数据记录很多,记录多到数百万条时,系统查询效率将很低。可以通过分析系统数据的使用特点做相应处理。例如,当某些数据记录仅被某部分用户使用时,可以将数据库表的记录根据用户划分,分解成多个子集放入不同的表中。

前面设计出的“教师”“课程”“教室”“班级”“专业”“学生”等关系模式都比较适合实际应用,一般不需要进行结构上的优化。

对于“讲授”(教师编号,课程编码,开课年度,开课学期)关系模式,既可用作存储教学计划信息,又代表某门课程由某个老师在某年的某学期主讲。当然,同一门课可能在同一学期由多个老师主讲,教师编码和课程编码对于用户来说不直观,使用老师姓名和课程名称比较直观。要得到老师姓名和课程名称就必须分别和“教师”以及“课程”关系模式进行连接,因而有时间上的开销。另外,要反映“授课和教学计划”的特征,可将关系模式的名字改为“授课-计划”,因此关系模式应改为“授课-计划”(教师编号,课程编码,开课年度,开课学期)。

按照上面的方法,可将“授课占用”(教师编号,课程编码,教室编号,课表时间,授课周次)、“考试占用”(教师编号,课程编码,教室编号,考试时间,考试人数)两个关系模式分别改为“授课安排”(教师编号,课程编码,教室编号,课表时间,教师姓名,课程名称,授课周次)和“考试安排”(教师编号,课程编码,教室编号,考试时间,教师姓名,课程名称,考试人数)。

对于“修课”关系模式,由于教务员要审核学生选课和考试成绩,因此需增加审核信息属性。所以,“修课”关系模式应调整为“修课”(课程编码,学号,教师编号,学生姓名,教师姓名,课程名称,选课审核人,考试成绩,成绩审核人)。

为了增加系统的安全性,需要对老师和学生分别检查密码和口令,因此需要向“教师”和“学生”关系模式增加相应的属性,修改后为“教师”(教师编号,教师姓名,籍贯,性别,所学专业,职称,出生日期,家庭住址,登录密码,登录 IP,最后登录时间)和“学生”(学号,姓名,出生日期,籍贯,性别,家庭住址,班级编码,登录密码,登录 IP,最后登录时间)。

11.5.3 数据库表的结构

得到数据库的各个关系模式后,需要根据需求分析阶段数据字典的数据项描述,给出各数据库表的结构。考虑到系统的兼容性以及编写程序的方便性,可将关系模式的属性对应为表字段的英文名。同时,考虑到数据依赖关系和数据完整性,需要指出表的主键和外键以及字段的值域约束和数据类型。

系统各表的结构如表 11-1～表 11-11 所示。

表 11-1 数据信息表

数据库表名	对应的关系模式名	中文说明
TeachInfo	教师	教师信息表
SpeInfor	专业	专业信息表
ClassInfor	班级	班级信息表
StuInfor	学生	学生信息表
CourseInfor	课程	课程基本信息表
ClassRoom	教室	教室基本信息表
SchemeInfor	授课-计划	授课-计划信息表
Courseplan	授课安排	授课安排信息表
Examplan	考试安排	考试安排信息表
StudCourse	学生修课	学生修课信息表

表 11-2 教师信息表(TeachInfor)

字段名	字段类型	长度	主键或外键	字段值约束	对应中文属性名
Tcode	Varchar2	10	Primary Key	Not Null	教师编号

续表

字　段　名	字段类型	长　度	主键或外键	字段值约束	对应中文属性名
Tname	Varchar2	10		Not Null	教师姓名
Nativeplace	Varchar2	12			籍贯
Gender	Varchar2	4		(男,女)	性别
Speciality	Varchar2	16		Not Null	所学专业
Title	Varchar2	16		Not Null	职称
Birthday	Date				出生日期
Faddress	Varchar2	30			家庭住址
Logincode	Varchar2	10			登录密码
LoginIP	Varchar2	15			登录 IP
Lastlogin	Date				最后登录时间

表 11-3　专业信息表(SpeInfor)

字　段　名	字段类型	长　度	主键或外键	字段值约束	对应中文属性名
Specode	Varchar2	8	Primary Key	Not Null	专业编码
Spename	Varchar2	30		Not Null	专业名称
Spechar	Varchar2	20			专业类别
Speshort	Varchar2	10			专业简称
Degree	Varchar2	10			可授学位

表 11-4　班级信息表(ClassInfor)

字　段　名	字段类型	长　度	主键或外键	字段值约束	对应中文属性名
Classcode	Varchar2	8	Primary Key	Not Null	班级编码
Classname	Varchar2	20		Not Null	班级名称
Classshort	Varchar2	10			班级简称
Specode	Varchar2	8	Foreign Key	SpeInfor. Specode	专业编码

表 11-5　学生信息表(StudInfor)

字　段　名	字段类型	长　度	主键或外键	字段值约束	对应中文属性名
Scode	Varchar2	10	Primary Key	Not Null	学号
Sname	Varchar2	10		Not Null	姓名
Nativeplace	Varchar2	12			籍贯
Gender	Varchar2	4		(男,女)	性别
Birthday	Date				出生日期
Faddress	Varchar2	30			家庭住址
Classcode	Varchar2	8	Foreign Key	ChassInfor. Classcode	班级编码
Logincode	Varchar2	10			登录密码
LoginIP	Varchar2	15			登录 IP
Lastlogin	Date				最后登录时间

表 11-6　课程基本信息表(CourseInfor)

字　段　名	字段类型	长　度	主键或外键	字段值约束	对应中文属性名
Ccode	Varchar2	8	Primary Key	Not Null	课程编码

续表

字 段 名	字 段 类 型	长 度	主键或外键	字段值约束	对应中文属性名
Coursename	Varchar2	20		Not Null	课程名称
Period	Varchar2	10			讲授课时
Credithour	Number	4,1			课程学分

表 11-7 教室基本信息表(ClassRoom)

字 段 名	字 段 类 型	长 度	主键或外键	字段值约束	对应中文属性名
Roomcode	Varchar2	8	Primary Key	Not Null	教室编号
Capacity	Number	4			最大容量
Type	Varchar2	20			教室类型

表 11-8 授课-计划信息表(SchemeInfor)

字 段 名	字 段 类 型	长 度	主键或外键	字段值约束	对应中文属性名
Tcode	Varchar2	10	Foreign Key	TeachInfor. Tcode	教师编号
Ccode	Varchar2	8	Foreign Key	CourseInfor. Ccode	课程编码
Year	Varchar2	4			开课年度
Term	Varchar2	4			开课学期

表 11-9 授课安排信息表(Courseplan)

字 段 名	字 段 类 型	长 度	主键或外键	字段值约束	对应中文属性名
Tcode	Varchar2	10	Foreign Key	TeachInfor. Tcode	教师编号
Ccode	Varchar2	8	Foreign Key	CourseInfor. Ccode	课程编码
Roomcode	Varchar2	8	Foreign Key	ClassRoom. Roomcode	教室编号
TableTime	Varchar2	10			课表时间
Tname	Varchar2	10			教师姓名
Coursename	Varchar2	20			课程名称
Week	Number	2			授课周次

表 11-10 考试安排信息表(Examplan)

字 段 名	字 段 类 型	长 度	主键或外键	字段值约束	对应中文属性名
Tcode	Varchar2	10	Foreign Key	TeachInfor. Tcode	教师编号
Ccode	Varchar2	8	Foreign Key	CourseInfor. Ccode	课程编码
Roomcode	Varchar2	8	Foreign Key	ClassRoom. Roomcode	教室编号
ExamTime	Varchar2	10			考试时间
Tname	Varchar2	10			教师姓名
Coursename	Varchar2	20			课程名称
Studnum	Number	2		<=50,>=1	考试人数

表 11-11 学生修课信息表(StudCourse)

字 段 名	字 段 类 型	长 度	主键或外键	字段值约束	对应中文属性名
Scode	Varchar2	10	Foreign Key	StudeInfor. Scode	学号
Tcode	Varchar2	10	Foreign Key	TeachInfor. Tcode	教师编号
Ccode	Varchar2	8	Foreign Key	CourseInfor. Ccode	课程编码

续表

字段名	字段类型	长度	主键或外键	字段值约束	对应中文属性名
Sname	Varchar2	10			学生姓名
Tname	Varchar2	10			教师姓名
Coursename	Varchar2	20			课程名称
CourseAudit	Varchar2	8			选课审核人
ExamGrade	Number	4,1		<=100,>=0	考试成绩
GradeAudit	Varchar2	10			成绩审核人

11.6 数据库的物理设计

物理数据库设计的任务是将逻辑结构设计映射到存储介质上，利用可用的软硬件功能尽可能快地对数据进行物理访问和维护。通过第10章的学习可知，我们现在使用的RDBMS将逻辑模式转换成这些系统上的物理模式时，都可以很好地满足用户在性能上的要求。所以，这里主要介绍如何使用Oracle 19c的DDL语言定义表和建立索引，以提高查询的性能。

11.6.1 创建表

使用Oracle 19c的数据定义语言，在相应的用户模式下建立表和视图。

创建表TeachInfor，代码如下：

```
SQL> CREATE TABLE TeachInfor
  2  (Tcode varchar2(10) NOT NULL,
  3  Tname varchar2(10) NOT NULL,
  4  Nativeplace varchar2(12),
  5  Gender varchar2(4),
  6  Speciality varchar2(16) NOT NULL,
  7   Title varchar2(16) NOT NULL,
  8  Birthday date,
  9  Faddress varchar2(30),
 10  Logincode varchar2(10),
 11  LoginIP varchar2(15),
 12  Lastlogin date,
 13  CONSTRAINT tcode_PK PRIMARY KEY(Tcode)
 14  );
表已创建。
```

创建表SpeInfor，代码如下：

```
SQL> CREATE TABLE SpeInfor
  2  (Specode varchar2(8) NOT NULL,
  3  Spename varchar2(30) NOT NULL,
  4  Spechar varchar2(20),
  5  Speshort varchar2(10),
  6  Degree varchar2(10),
  7  CONSTRAINT Specode_PK PRIMARY KEY(Specode)
  8  );
表已创建。
```

创建表 ClassInfor,代码如下:

```
SQL> CREATE TABLE ClassInfor
  2  (Classcode varchar2(8) NOT NULL,
  3   Classname varchar2(20) NOT NULL,
  4   Classshort varchar2(10),
  5   Specode varchar2(8),
  6   CONSTRAINT Classcode_PK PRIMARY KEY(Classcode),
  7   CONSTRAINT Specode_FK FOREIGN KEY(Specode)
  8     REFERENCES SpeInfor(Specode)
  9  );
表已创建。
```

创建表 CourseInfor,代码如下:

```
SQL> CREATE TABLE CourseInfor
  2  (Ccode varchar2(8) NOT NULL,
  3   Coursename varchar2(20) NOT NULL,
  4   Period varchar2(10),
  5   Credithour number(4,1),
  6   CONSTRAINT Ccode_PK PRIMARY KEY(Ccode)
  7  );
表已创建。
```

创建表 ClassRoom,代码如下:

```
SQL> CREATE TABLE ClassRoom
  2  (Roomcode varchar2(8) NOT NULL,
  3   Capacity number(4),
  4   Type     varchar2(20),
  5   CONSTRAINT Rcode_PK PRIMARY KEY(Roomcode)
  6  );
表已创建。
```

创建表 SchemeInfor,代码如下:

```
SQL> CREATE TABLE SchemeInfor
  2  (Tcode varchar2(10),
  3   Ccode varchar2(8),
  4   Year  varchar2(4),
  5   Term  varchar2(4),
  6   CONSTRAINT Tcode_FK FOREIGN KEY(Tcode)
  7    REFERENCES TeachInfor(Tcode),
  8    CONSTRAINT Ccode_FK FOREIGN KEY(Ccode)
  9    REFERENCES CourseInfor(Ccode)
 10  );
表已创建。
```

创建表 Courseplan,代码如下:

```
SQL> CREATE TABLE Courseplan
  2  (Tcode varchar2(10),
  3   Ccode varchar2(8),
  4   Roomcode varchar2(8),
  5   TableTime varchar2(10),
  6   Tname  varchar2(10),
  7   Coursename varchar2(20),
```

```
  8   Week number(2),
  9   CONSTRAINT Tcode_FK1 FOREIGN KEY(Tcode)
 10    REFERENCES TeachInfor(Tcode),
 11   CONSTRAINT Ccode_FK1 FOREIGN KEY(Ccode)
 12    REFERENCES CourseInfor(Ccode),
 13   CONSTRAINT Rcode_FK1 FOREIGN KEY(Roomcode)
 14    REFERENCES ClassRoom(Roomcode)
 15  );
表已创建。
```

创建表 Examplan，代码如下：

```
SQL> CREATE TABLE Examplan
  2  (Tcode varchar2(10),
  3   Ccode varchar2(8),
  4   Roomcode varchar2(8),
  5   ExamTime varchar2(10),
  6   Tname   varchar2(10),
  7   Coursename varchar2(20),
  8   Studnum number(2),
  9   CONSTRAINT Tcode_FK2   FOREIGN KEY(Tcode)
 10    REFERENCES TeachInfor(Tcode),
 11   CONSTRAINT Ccode_FK2   FOREIGN KEY(Ccode)
 12    REFERENCES CourseInfor(Ccode),
 13   CONSTRAINT Rcode_FK2   FOREIGN KEY(Roomcode)
 14    REFERENCES ClassRoom(Roomcode),
 15   CONSTRAINT Snum_CK CHECK(Studnum >= 1 and Studnum <= 50)
 16  );
表已创建。
```

11.6.2　创建索引

教学管理系统核心的任务是对学生的学籍信息和考试成绩进行有效的管理。其中，数据量最大和访问频率较高的是学生修课信息表。因此，需要对学生修课信息表和学生信息表建立索引，以提高系统的查询效率。

如果应用程序执行的一个查询经常检索给定学号范围内的学生记录，则使用聚簇索引可能迅速找到包含开始学号的行，然后检索表中所有相邻的行，直到到达结束学号。这样有助于提高此类查询的性能。

同样，如果检索表中的数据时经常要用到某一列，则可以在该列上建立聚簇索引，避免每次查询该列时都进行排序，从而节省成本。

下面给出学生修课信息表和学生信息表的聚簇索引。

1）学生修课信息表上聚簇索引的建立

创建聚簇，代码如下：

```
SQL> CREATE CLUSTER s_c_cluster
  2  (Scode varchar2(10),
  3   Tcode varchar2(10),
  4   Ccode varchar2(8));
簇已创建。
```

创建索引，代码如下：

```
SQL> CREATE INDEX s_c_cluster_idx
  2  ON CLUSTER s_c_cluster;
索引已创建。
```

创建表 StudCourse,代码如下:

```
SQL> CREATE TABLE StudCourse
  2  (Scode varchar2(10),
  3   Tcode varchar2(10),
  4   Ccode  varchar2(8),
  5   Sname  varchar2(10),
  6   Tname  varchar2(10),
  7   Coursename varchar2(20),
  8   CourseAudit varchar2(8),
  9   ExamGrade  number(4,1),
 10   GradeAudit varchar2(10),
 11   CONSTRAINT Scode_FK FOREIGN KEY(Scode)
 12     REFERENCES StudInfor(Scode),
 13   CONSTRAINT Tcode_FK3 FOREIGN KEY(Tcode)
 14     REFERENCES TeachInfor(Tcode),
 15   CONSTRAINT Ccode_FK3 FOREIGN KEY(Ccode)
 16     REFERENCES CourseInfor(Ccode),
 17   CONSTRAINT Grade_CK CHECK(ExamGrade >= 0 and ExamGrade <= 100)
 18  )
 19  CLUSTER s_c_cluster(scode,tcode,ccode);
表已创建。
```

2) 学生表上聚簇索引的建立

创建聚簇,代码如下:

```
SQL> CREATE CLUSTER s_cluster
  2  (Scode varchar2(10));
簇已创建。
```

创建索引,代码如下:

```
SQL> CREATE INDEX s_cluster_idx
  2  ON CLUSTER s_cluster;
索引已创建。
```

创建表 StudInfor,代码如下:

```
SQL> CREATE TABLE StudInfor
  2  (Scode  varchar2(10) NOT NULL,
  3    Sname  varchar2(10) NOT NULL,
  4    Nativeplace varchar2(12),
  5    Gender  varchar2(4),
  6    Birthday date,
  7    Faddress varchar2(30),
  8    Classcode varchar2(8),
  9    Logincode varchar2(10),
 10    LoginIP varchar2(15),
 11    Lastlogin date,
 12    CONSTRAINT Scode_PK PRIMARY KEY(Scode),
 13    CONSTRAINT Class_FK FOREIGN KEY(Classcode)
 14      REFERENCES ClassInfor(Classcode),
 15    CONSTRAINT Gender_CK CHECK(Gender = '男' OR  Gender = '女')
```

```
16  )
17  CLUSTER s_cluster(scode);
```
表已创建。

11.7 小　　结

本章以一个简化后的高校教学管理系统为例，说明数据库应用系统的开发过程。

系统总体需求描述了系统的4大功能，提出保密、完整和可靠的安全要求；系统总体设计主要从系统结构、开发平台和总体功能模块上进行考虑。

系统需求利用数据流图与数据字典结合的方式描述，包括全局数据流图和局部数据流图。设计系统概念模型时，在需求分析的基础上利用E-R模型描述系统的局部E-R图和全局E-R图，并对全局E-R图进行优化。

系统逻辑结构设计将E-R模型转化为关系模型，形成数据库各表结构。系统物理设计部分从存储介质、表、视图及索引创建等方面进行了介绍。

附录A　Oracle实验指导

A.1　数据表的管理

1. 实验目的

(1) 掌握 Oracle 常用的数据类型。

(2) 掌握 Oracle 中表结构的定义、修改及删除。

(3) 掌握插入、更新、删除表数据的方法。

2. 实验内容

1) 验证性实验

(1) 创建员工表 employee,其表结构如表 A-1 所示。

表 A-1　employee 表

列　名	数据类型	允许 NULL 值	要　求
eid	char(6)	否	
name	varchar2(8)	否	
birthday	date	是	
gender	char(2)	是	默认值为'男'

创建表 employee,代码如下:

```
SQL> CREATE TABLE employee(
  2  eid char(6) NOT NULL,
  3  name varchar2(8) NOT NULL,
  4  birthday date,
  5  gender char(2) DEFAULT '男');
```

(2) 使用 SQL 语句修改 employee 表。

为表 employee 增加新的字段 deptid,数据类型为 char(3),允许为空,代码如下:

```
SQL> ALTER TABLE employee ADD deptid CHAR(3);
```

将表 employee 的 name 列改名为 ename,代码如下:

```
SQL> ALTER TABLE employee RENAME COLUMN name TO ename;
```

将表 employee 的 ename 列的数据类型改为 varchar2，长度由 8 改为 10，代码如下：

```
SQL > ALTER TABLE employee MODIFY ename VARCHAR2(10);
```

查看表 employee 的表结构，代码如下：

```
SQL > DESC employee;
```

（3）使用 SQL 语句实现对表数据的插入、删除和修改操作。

向表 employee 插入表 A-2 中的行数据，代码如下：

表 A-2 employee 表数据

eid	ename	birthday	gender	deptid
7369	SMITH	29-6 月-1984	男	20
7499	ALLEN	15-1 月-1997	女	30
7521	WARD	10-10 月-2000	男	30

```
SQL > INSERT INTO employee VALUES('7369','SMITH','29 - 6 月 - 1984','男',20);
SQL > INSERT INTO employee VALUES('7499','ALLEN','15 - 1 月 - 1997','女',30);
SQL > INSERT INTO employee(eid,ename,birthday,deptid)
  2  VALUES('7521','WARD','10 - 10 月 - 2000',30);
```

将 SMITH 的 deptid 值改为 10，eid 值改为 7170，代码如下：

```
SQL > UPDATE employee SET deptid = 10,eid = '7170' WHERE ename = 'SMITH';
```

删除 deptno 为 30 的部门的员工记录，代码如下：

```
SQL > DELETE FROM employee WHERE deptid = 30;
```

清空表 employee 的所有记录，代码如下：

```
SQL > TRUNCATE TABLE employee;
```

删除表 employee，代码如下：

```
SQL > DROP TABLE employee;
```

2）设计性实验

（1）创建数据表 salary，表结构如表 A-3 所示。

表 A-3 salary 表结构

列　名	数据类型	允许 NULL 值
empno	char(4)	否
income	number(7,1)	是
outcome	number(7,1)	是

（2）使用 SQL 语句修改 salary 表的“income”列，不允许取空值。

（3）使用 SQL 语句将 salary 表的 empno 列的名称改为 eno。

（4）向表 salary 中插入如表 A-4 所示的行数据。

表 A-4 salary 表数据

eno	income	outcome
7369	8000	1320
7499	12 000	1463

(5) 使用 SQL 语句为 salary 表增加一个名为"sal"的数据列，其数据类型为 number(8)。

(6) 使用 SQL 语句修改表 salary 每行的 sal 值为 income-outcome 的值。

(7) 使用 SQL 语句删除表 salary 中 income 值在 8000～10 000(包括边界)范围内的记录。

(8) 使用 SQL 语句删除表 salary 中所有的记录。

(9) 使用 SQL 语句查看表 salary 的表结构。

(10) 使用 SQL 语句删除表 salary。

3. 实验思考

(1) 能通过一个 ALTER TABLE 语句同时修改多列信息吗?

(2) 在 UPDATE 和 DELETE 语句中没有给出 WHERE 短语，将会对表中哪些记录进行操作?

(3) DROP 语句和 DELETE 语句的本质区别是什么?

(4) 利用 INSERT、UPDATE、DELETE 语句可以同时对多个表进行操作吗?

A.2 数据查询的基本操作

1. 实验目的

(1) 掌握 SELECT 语句的格式和各子句的功能。

(2) 掌握 WHERE 子句中 LIKE、BETWEEN…AND、IS NULL 等逻辑运算符的使用。

(3) 掌握 GROUP BY 语句和聚合函数的使用。

(4) 掌握 ORDER BY 语句的使用。

2. 实验内容

1) 3 个表的定义

对 student_info 表、curriculum 表和 grade 表进行信息查询。student_info 表、curriculum 表和 grade 表的定义如下：

(1) 学生表 student_info。

student_info 表的结构如表 A-5 所示。

表 A-5 student_info 表的结构

列 名	数据类型	是否允许 NULL 值
学号	char(4)	否
姓名	char(8)	否
性别	char(2)	是
出生日期	date	是
家庭住址	varchar2(50)	是

表中的数据如表 A-6 所示。

表 A-6 student_info 表中的数据

学号	姓名	性别	出生日期	家庭住址
0001	张青平	男	2000-10-01	衡阳市东风路 77 号
0002	刘东阳	男	1998-12-09	东阳市八一北路 33 号

续表

学号	姓名	性别	出生日期	家庭住址
0003	马晓夏	女	1995-05-12	长岭市五一路763号
0004	钱忠理	男	1994-09-23	滨海市洞庭大道279号
0005	孙海洋	男	1995-04-03	长岛市解放路27号
0006	郭小斌	男	1997-11-10	南山市红旗路113号
0007	肖月玲	女	1996-12-07	东方市南京路11号
0008	张玲珑	女	1997-12-24	滨江市新建路97号

（2）课程表curriculum。

curriculum表的结构如表A-7所示。

表A-7 curriculum表的结构

列名	数据类型	是否允许NULL值
课程编号	char(4)	否
课程名称	varchar2(50)	是
学分	int	是

表中的数据如表A-8所示。

表A-8 curriculum表中的数据

课程编号	课程名称	学分
0001	计算机应用基础	2
0002	C语言程序设计	2
0003	数据库原理及应用	2
0004	英语	4
0005	高等数学	4

（3）成绩表grade。

grade表的结构如表A-9所示。

表A-9 grade表的结构

列名	数据类型	是否允许NULL值
学号	char(4)	否
课程编号	char(4)	否
分数	int	是

表中的数据如表A-10所示。

表A-10 grade表中的数据

学号	课程编号	分数
0001	0001	80
0001	0002	91
0001	0003	88
0001	0004	85
0001	0005	77
0002	0001	73

续表

学　号	课程编号	分　数
0002	0002	68
0002	0003	80
0002	0004	79
0002	0005	73
0003	0001	84
0003	0002	92
0003	0003	81
0003	0004	82
0003	0005	75
0004	0001	NULL

2）验证性实验

（1）在 student_info 表中查询每个学生的学号、姓名、出生日期信息，代码如下：

```
SQL> SELECT 学号,姓名,出生日期 FROM student_info;
```

（2）查询 student_info 表中学号为 0002 的学生的姓名和家庭住址，代码如下：

```
SQL> SELECT 姓名,家庭住址 FROM student_info WHERE 学号 = '0002';
```

（3）查询 student_info 表中所有出生日期在 1995 年以后的女同学的姓名和出生日期，代码如下：

```
SQL> SELECT 姓名,出生日期 FROM student_info
  2  WHERE 出生日期>= '01 - 1 月 - 1996' AND 性别 = '女';
```

（4）在 grade 表中查询分数在 70～80 范围内的学生的学号、课程编号和成绩，代码如下：

```
SQL> SELECT * FROM grade WHERE 分数 BETWEEN 70 AND 80;
```

（5）在 grade 表中查询课程编号为 0002 的学生的平均成绩，代码如下：

```
SQL> SELECT AVG(分数) 平均分 FROM grade WHERE 课程编号 = '0002';
```

（6）在 grade 表中查询选修课程编号为 0003 的人数和该课程有成绩的人数，代码如下：

```
SQL> SELECT COUNT( * ) 选课人数,COUNT(分数) 有成绩人数 FROM grade
  2  WHERE 课程编号 = '0003';
```

（7）查询 student_info 表中学生的姓名和出生日期，查询结果按出生日期从大到小排序，代码如下：

```
SQL> SELECT 姓名,出生日期 FROM student_info ORDER BY 出生日期 DESC;
```

（8）查询 student_info 表中所有姓“张”的学生的学号和姓名，代码如下：

```
SQL> SELECT 学号,姓名 FROM student_info WHERE 姓名 LIKE 张 % ';
```

（9）查询 student_info 表中学生的学号、姓名、性别、出生日期及家庭住址，查询结果先按照性别的由小到大排序，性别相同的再按学号由大到小排序，代码如下：

```
SQL> SELECT 学号,姓名,性别,出生日期,家庭住址 FROM student_info
  2  ORDER BY 性别 ASC,学号 DESC;
```

（10）使用 GROUP BY 子句查询 grade 表中各个学生的平均成绩，代码如下：

```
SQL> SELECT 学号,AVG(分数) 平均成绩 FROM grade GROUP BY 学号;
```

（11）使用 UNION 运算符将 student_info 表中姓“刘”的学生的学号、姓名与姓“张”的学生的学号、姓名返回在一个表中，代码如下：

```
SQL> SELECT 学号,姓名 FROM student_info WHERE 姓名 LIKE '刘%'
  2  UNION
  3  SELECT 学号,姓名 FROM student_info WHERE 姓名 LIKE '张%';
```

3）设计性实验

（1）通过 grade 表查询选修课程的人数。

（2）查询 grade 表中学号为 0001、0002、0003、0004 的学生的姓名和出生日期。

（3）向 grade 表中插入一条记录，学号值为 0004，课程编号为 0001。

（4）查询 grade 表中选修了课程但没有成绩（即 grade 表分数为空）的学生的学号和课程编号。

（5）删除 grade 表中分数为空的记录。

（6）查询 grade 表中分数大于或等于 90 并且课程编号为 0001 或 0002 的信息。

（7）查询 grade 表中总分大于 400 分的学生的学号和总分，查询结果按总分的升序显示。

（8）查询 grade 表中课程编号为 0001 的学生的最高分、最低分及之间相差的分数。

（9）通过 grade 表统计每个学生分数大于 70 的课程数，查询结果只显示课程数大于或等于 3 的学生的学号和课程数。

（10）通过 grade 表查询每门课程平均成绩为 80～90 的课程编号和平均分。

3. 实验思考

（1）LIKE 的通配符有哪些？分别代表什么含义？

（2）在 WHERE 子句中 IS 能用“＝”来代替吗？

（3）聚集函数能否直接使用在 SELECT 子句、HAVING 子句、WHERE 子句、GROUP BY 子句中？

（4）WHERE 子句与 HAVING 子句有何不同？

（5）COUNT(*)、COUNT(列名)、COUNT(DISTINCT 列名)三者的区别是什么？

A.3 多表连接和子查询

1. 实验目的

（1）掌握多表连接查询、子查询的基本概念。

（2）掌握多表连接的各种方法，包括内连接、外连接等。

（3）掌握子查询的方法，包括相关子查询和不相关子查询。

2. 实验内容

1）验证性实验

对 student_info 表、curriculum 表和 grade 表进行信息查询。

（1）在 student_info 表中查找与“刘东阳”性别相同的所有学生的姓名、出生日期，代码如下：

```
SQL> SELECT 姓名,出生日期 FROM student_info
  2  WHERE 性别 = (SELECT 性别 FROM student_info WHERE 姓名 = '刘东阳');
```

(2) 使用IN子查询查找所修课程编号为0002、0005的学生的学号、姓名、性别，代码如下：

```
SQL> SELECT 学号,姓名,性别 FROM student_info WHERE 学号 IN
  2  (SELECT 学号 FROM grade WHERE 课程编号 IN ('0002','0005'));
```

(3) 使用ANY子查询查找学号为0001的学生的分数比学号为0002的学生的最低分数高的课程编号和分数，代码如下：

```
SELECT 课程编号,分数 FROM grade
WHERE 学号 = '0001' and 分数> ANY(SELECT 分数 FROM grade WHERE 学号 = '0002');
```

(4) 使用ALL子查询查找学号为0001的学生的分数比学号为0002的学生的最高分数还要高的课程编号和分数，代码如下：

```
SQL> SELECT 课程编号,分数 FROM grade
  2  WHERE 学号 = '0001' and 分数> ANY(SELECT 分数 FROM grade
  3  WHERE 学号 = '0002');
```

(5) 使用EXISTS子查询查找选修课程的学生的学号和姓名，代码如下：

```
SQL> SELECT 学号,姓名 FROM student_info s
  2  WHERE EXISTS(SELECT * FROM grade g WHERE s.学号 = g.学号);
```

(6) 查询分数在80～90范围内的学生的学号、姓名、分数，代码如下：

```
SQL> SELECT s.学号,姓名,分数 FROM student_info s,grade g
  2  WHERE s.学号 = g.学号 and 分数 BETWEEN 80 AND 90;
```

(7) 使用INNER JOIN连接方式查询学习“数据库原理及应用”课程的学生的学号、姓名、分数，代码如下：

```
SQL> SELECT s.学号,姓名,分数 FROM student_info s INNER JOIN grade g
  2  ON s.学号 = g.学号 INNER JOIN curriculum c ON g.课程编号 = c.课程编号
  3  WHERE 课程名称 = '数据库原理及应用';
```

(8) 查询每个学生所选课程的最高成绩，要求列出学号、姓名、最高成绩，代码如下：

```
SQL> SELECT s.学号,姓名,MAX(分数) 最高成绩 FROM student_info s,grade g
  2  WHERE s.学号 = g.学号 GROUP BY s.学号,姓名;
```

(9) 使用左外连接查询每个学生的总成绩，要求列出学号、姓名、总成绩；没有选修课程的学生的总成绩为空，代码如下：

```
SQL> SELECT s.学号,姓名,SUM(分数) 总成绩
  2  FROM student_info s LEFT OUTER JOIN grade g ON s.学号 = g.学号
  3  GROUP BY s.学号,姓名;
```

(10) 为grade表添加数据行：学号为0004，课程编号为0006，分数为76，代码如下：

```
SQL> INSERT INTO grade VALUES('0004','0006',76);
```

(11) 使用右外连接查询所有课程的选修情况，要求列出课程编号、课程名称、选修人数；curriculum表中没有的课程列值为空，代码如下：

```
SQL> SELECT g.课程编号,课程名称,count(*) 选修人数
  2  FROM curriculum c RIGHT OUTER JOIN grade g ON g.课程编号 = c.课程编号
  3  GROUP BY g.课程编号,课程名称;
```

2）设计性实验

(1) 查询“C语言程序设计”课程分数大于该课程平均分数的学生的学号、姓名和分数信息。

(2) 使用左外连接查询所有学生的姓名及选修的课程名称和分数，没有选课的学生姓名也要显示。

(3) 使用子查询查找张青平同学选修的课程的名称。

(4) 假设编号为0001的课程的最高分有多人，统计0001号课程最高分的人数。

(5) 在ORDER BY子句中使用子查询，查询选修0001号课程的学生的姓名，要求按该课程分数从大到小排列。

3. 实验思考

(1) 在查询的FROM子句中实现表与表之间的连接有哪几种方式？对应的关键字分别是什么？

(2) 内连接与外连接有什么区别？

(3) “=”与IN在什么情况下作用相同？

A.4 索引与视图

1. 实验目的

(1) 理解索引、视图的概念。

(2) 掌握创建、删除索引的方法。

(3) 掌握创建、修改、删除视图的方法。

(4) 掌握通过视图查询、插入、删除、修改基本表中数据的方法。

2. 实验内容

实现对student_info表、curriculum表和grade表的索引、视图操作。

1）验证性实验

(1) 使用SQL语句实现对表的索引操作。

使用CREATE INDEX语句为grade表的分数列建立一个降序的普通索引score_idx，代码如下：

```
SQL> CREATE INDEX score_idx ON grade(分数 DESC);
```

删除grade表的score_idx索引，代码如下：

```
SQL> DROP INDEX score_idx;
```

在student_info表的姓名和性别列上创建复合的普通索引，索引名为name_gender_idx，然后再删除该索引，代码如下：

```
SQL> CREATE INDEX name_gender_idx ON student_info(姓名,性别);
SQL> DROP INDEX name_gender_idx;
```

(2) 使用SQL语句CREATE VIEW建立一个名为v_stu_c的视图，显示学生的学号、

姓名、所学课程的课程编号,并利用视图查询学号为 0003 的学生的情况,代码如下:

```
SQL> CREATE VIEW v_stu_c AS
  2  SELECT s.学号,姓名,课程编号 FROM student_info s,grade g
  3  WHERE s.学号 = g.学号;
SQL> SELECT * FROM v_stu_c WHERE 学号 = '0003';
```

(3) 基于 student_info 表、curriculum 表和 grade 表,建立一个名为 v_stu_g 的视图,视图包括所有学生的学号、姓名、课程名称、分数;使用视图 v_stu_g 查询学号为 0001 的学生的课程平均分,代码如下:

```
SQL> CREATE VIEW v_stu_g AS
  2  SELECT s.学号,姓名,课程名称,分数
  3  FROM student_info s,grade g,curriculum c
  4  WHERE s.学号 = g.学号 and g.课程编号 = c.课程编号;
SQL> SELECT AVG(分数) 平均分 FROM v_stu_g WHERE 学号 = '0001';
```

(4) 使用 SQL 语句修改视图 v_stu_g,显示学生的学号、姓名、性别,代码如下:

```
SQL> CREATE OR REPLACE VIEW v_stu_g AS
  2  SELECT 学号,姓名,性别 FROM student_info;
```

(5) 利用视图 v_stu_g 为 student_info 表添加一行数据:学号为 0010,姓名为陈婷婷,性别为女,代码如下:

```
SQL> INSERT INTO v_stu_g(学号,姓名,性别) VALUES('0010','陈婷婷','女');
```

(6) 利用视图 v_stu_g 删除学号为 0010 的学生的记录,代码如下:

```
SQL> DELETE FROM v_stu_g WHERE 学号 = '0010';
```

(7) 利用视图 v_stu_g 修改姓名为张青平的学生的高等数学的分数为 87,代码如下:

```
SQL> UPDATE grade SET 分数 = 87
  2   WHERE 学号 = (SELECT 学号 FROM v_stu_g WHERE 姓名 = '张青平') and
  3  课程编号 = (SELECT 课程编号 FROM curriculum WHERE 课程名称 = '高等数学');
```

(8) 使用 SQL 语句删除视图 v_stu_c 和 v_stu_g,代码如下:

```
SQL> DROP VIEW v_stu_c;
SQL> DROP VIEW v_stu_g;
```

2) 设计性实验

(1) 创建 information 表,表结构如表 A-11 所示。

表 A-11 information 表的结构

列　名	数据类型	允许 NULL 值
id	INT	否
name	VARCHAR2(20)	否
gender	VARCHAR2(4)	否
birthday	DATE	是
address	VARCAHR2(50)	是
tel	VARCHAR2(20)	是

(2) 在 name 字段创建名为 index_name 的单列索引。

(3) 在 birthday 和 address 字段上创建名 index_bir 的多列索引。

(4) 删除 information 表上的 index_name 索引。

(5) 删除 information 表。

通过 student_info 表、curriculum 表和 grade 表实现下面的视图操作。

(6) 创建视图 v_student,显示姓张且出生日期为 2000 年以后的学生的学号、姓名、出生日期和家庭住址。

(7) 创建视图 v_cnt,显示每门课程分数超过 90(含 90)的课程编号和人数。

(8) 创建视图 v_grade,统计每门课程的课程名称、最高分、最低分、平均分。

(9) 通过视图 v_student 向基本表 student_info 插入一条记录,其中学号值为 0010,姓名值为"张三丰",出生日期为 23-3 月-2000。

(10) 通过视图 v_student,修改学号为 0010 的学生的家庭住址为"广州市中山路3号"。

(11) 通过视图 v_student 向基本表 student_info 插入一条记录,其中学号值为 0011,姓名值为"赵海棠",出生日期为 12-1 月-2000;查看视图 v_student 和表 student_info 中是否插入成功。

(12) 修改 v_student 的视图定义,添加 WITH CHECK OPTION 选项。

(13) 通过视图 v_student 向基本表 student_info 插入一条记录,其中学号值为 0012,姓名值为"李春桃",出生日期为 22-1 月-2001,并查看是否插入成功;如果插入不成功,为什么?

(14) 通过视图 v_student 删除学号为 0010 的学生的记录。

(15) 删除基本表 student_info 中学号为 0011 的学生的记录。思考通过视图 v_student 是否能删除 0011 号学生的记录。

3. 实验思考

(1) 建立索引的目的是什么?什么情况下不适于在表上建立索引?

(2) 能否在视图上建立索引?

(3) 通过视图中插入的数据能进入基本表中吗?

(4) WITH CHECK OPTION 能起什么作用?

(5) 修改基本表的数据会自动反映到相应的视图中吗?

(6) 哪些视图中的数据不可以执行增、删、改操作?

A.5 存储过程

1. 实验目的

(1) 掌握存储过程的基本概念和功能。

(2) 掌握创建、删除存储过程的方法。

2. 实验内容

在 student_info 表、curriculum 表和 grade 表上实现以下操作:

1) 验证性实验

(1) 输出张青平同学高等数学的成绩等级,代码如下:

```
SQL> SET SEVEROUT ON;
```

```
SQL> DECLARE
  2  v_score grade.分数%type;
  3  BEGIN
  4   SELECT 分数 INTO v_score FROM student_info s,curriculum c,grade g
  5    WHERE s.学号 = g.学号 AND g.课程编号 = c.课程编号
  6    AND 姓名 = '张青平' AND 课程名称 = '高等数学';
  7   CASE
  8    WHEN v_score < 60 THEN
  9     dbms_output.put_line('不及格');
 10    WHEN v_score < 70 THEN
 11     dbms_output.put_line('及格');
 12    WHEN v_score < 90 THEN
 13      dbms_output.put_line('良好');
 14    ELSE
 15     dbms_output.put_line('优秀');
 16    END CASE;
 17  END;
 18  /
```

(2) 创建存储过程 stu_info,执行时输入姓名即可查询该姓名学生的各科成绩,代码如下:

```
SQL> CREATE PROCEDURE stu_info(
  2   name IN student_info.姓名%type
  3   ) AS
  4   BEGIN
  5   FOR my_row IN (SELECT 课程编号,分数 FROM student_info s,grade g
  6    WHERE s.学号 = g.学号 AND 姓名 = name)
  7   LOOP
  8    dbms_output.put_line('课程编号:'||my_row.课程编号
  9     ||'分数:'||my_row.分数);
 10   END LOOP;
 11  END;
 12  /
```

使用 EXEC 命令执行存储过程 stu_info,其参数值为'张青平',代码如下:

```
SQL> EXEC stu_info('张青平');
```

(3) 使用 student_info 表、curriculum 表、grade 表完成下面的操作。

创建一个存储过程 stu_grade,查询学号为 0001 的学生的姓名、课程名称、分数,代码如下:

```
SQL> CREATE PROCEDURE stu_grade
  2  AS
  3   BEGIN
  4   FOR my_row IN (SELECT 姓名,课程名称,分数
  5  FROM student_info s,grade g,curriculum c
  6      WHERE s.学号 = g.学号 and g.课程编号 = c.课程编号 and s.学号 = '0001')
  7   LOOP
  8      dbms_output.put_line('姓名:'||my_row.姓名||'课程名称:'||my_row.课程名称
  9      ||'分数:'||my_row.分数);
 10    END LOOP;
 11    END;
 12  /
```

调用存储过程 stu_grade，代码如下：

```
SQL> EXEC stu_grade;
```

(4) 使用 student_info 表、curriculum 表、grade 表完成下面的操作。

创建存储过程 stu_name，执行时输入学生的姓名即可查看该学生课程的最高分、最低分、平均分，代码如下：

```
SQL> CREATE PROCEDURE stu_name(
  2  name IN student_info.姓名%type
  3  ) AS
  4  v_max grade.分数%type;
  5  v_min grade.分数%type;
  6  v_avg grade.分数%type;
  7  BEGIN
  8   SELECT max(分数),min(分数),avg(分数) INTO v_max,v_min,v_avg
  9    FROM student_info s,grade g WHERE s.学号 = g.学号 AND 姓名 = name;
 10   dbms_output.put_line('最高分'||v_max||'最低分'||v_min||'平均分'||v_avg);
 11  END;
 12  /
```

调用存储过程 stu_name，代码如下：

```
SQL> EXEC stu_name('张青平');
```

删除存储过程 stu_name，代码如下：

```
SQL> DROP PROCEDURE stu_name;
```

(5) 使用 studentsdb 数据库中的 grade 表完成下面的操作。

创建一个存储过程 stu_g_r，当输入一个学生的学号时，通过返回的输出参数获取该学生选修课程的门数，代码如下：

```
SQL> CREATE PROCEDURE stu_g_r(
  2   cno IN grade.课程编号%type,
  3   num OUT INT
  4  ) AS
  5  BEGIN
  6   SELECT count(*) INTO num FROM grade WHERE 课程编号 = cno;
  7  END;
  8  /
```

执行存储过程 stu_g_r，输入学号 0002，代码如下：

```
SQL> VARIABLE v_num number;
SQL> EXEC stu_g_r('0002',:v_num);
```

显示 0002 号学生的选课门数，代码如下：

```
SQL> PRINT v_num;
```

2) 设计性实验

(1) 使用 curriculum 表、grade 表完成下面的操作。

创建存储过程 c_name，当任意输入一门课程名称时，查看该课程 90 分以上的人数。

执行存储过程 c_name，输入课程名称“C 语言程序设计”。

(2) 使用 curriculum 表完成下面的操作。

创建一个存储过程 c_proc,根据所输入的课程编号,通过返回的输出参数获取该门课程的课程名称及学分。

执行存储过程 c_proc,输入课程编号 0002。

显示 0002 课程的课程名称及学分。

(3) 创建向 curriculum 表添加记录的存储过程 currAdd,并执行该存储过程向表中插入一条记录。

(4) 创建存储过程 comp,比较两门课程的最高分,若前者比后者高则输出 0,否则输出 1。执行该存储过程,输出 0001 和 0002 课程最高分的比较结果。

3. 实验思考

(1) 存储过程如何将运算结果返回给外界?

(2) 存储过程的参数类型有几种?

A.6 数据完整性

1. 实验目的

(1) 理解数据完整性的概念。

(2) 理解约束的各种类型。

(3) 掌握使用 SQL 语句 CREATE TABLE 定义约束的方法。

(4) 掌握使用 SQL 语句 ALTER TABLE 增加或删除约束的方法。

2. 实验内容

1) 验证性实验

(1) 创建表 stu 和约束,表结构及约束如表 A-12 所示。

表 A-12 stu 表的结构及约束

字 段	类 型	是否为空	约 束
学号	int	否	主键、自增
姓名	char(8)	是	
性别	char(2)	是	默认值为“男”
出生日期	date	是	

创建表 stu,代码如下:

```
SQL> CREATE TABLE stu(
  2  学号 INT GENERATED BY DEFAULT AS IDENTITY NOT NULL PRIMARY KEY,
  3  姓名 CHAR(8),
  4  性别 CHAR(2) DEFAULT '男',
  5  出生日期 DATE
  6  );
```

(2) 创建表 sc 和约束,表结构及约束如表 A-13 所示,主键为(学号,课号)组合。

表 A-13 sc 表的结构及约束

字 段	类 型	是否为空	约 束
学号	int	否	外键参照 stu 表的学号列(约束名 fk_sno)

续表

字　段	类　型	是否为空	约　束
课号	char(4)	否	
成绩	number(5,2)	是	0≤成绩≤100

创建表 sc，代码如下：

```
SQL > CREATE TABLE sc(
  2  学号 int NOT NULL,
  3  课号 char(4) NOT NULL,
  4  成绩 decimal(5,2) CHECK(成绩 BETWEEN 0 AND 100),
  5  PRIMARY KEY(学号,课号),
  6  CONSTRAINT fk_sno FOREIGN KEY(学号) REFERENCES stu(学号)
  7  );
```

(3) 创建表 course 和约束，表结构及约束如表 A-14 所示。

表 A-14　course 表的结构及约束

字　段	类　型	是否为空	约　束
课号	char(4)	否	
课名	char(20)	是	唯一约束(约束名 uq_cname)
学分	int	是	

创建表 course，代码如下：

```
SQL > CREATE TABLE course(
  2  课号 char(4) NOT NULL,
  3  课名 char(20),
  4  学分 int,
  5  CONSTRAINT uq_cname UNIQUE(课名)
  6  );
```

(4) 在 course 表的课号列建立主键约束 pk_cno，代码如下：

```
SQL > ALTER TABLE course ADD CONSTRAINT pk_cno PRIMARY KEY(课号);
```

(5) 在 sc 表的课号列建立外键约束 fk_cno。参照 course 表课号列的取值，要求实现级联删除，代码如下：

```
SQL > ALTER TABLE sc
  2   ADD CONSTRAINT fk_cno FOREIGN KEY(课号) REFERENCES course(课号)
  3   ON DELETE CASCADE;
```

(6) 在 stu 表的姓名列建立唯一约束名 uq_sname，代码如下：

```
SQL > ALTER TABLE stu ADD CONSTRAINT uq_sname UNIQUE(姓名);
```

(7) 在 course 表的学分列建立检查约束 ck_xf，检查条件为学分>0，代码如下：

```
SQL > ALTER TABLE course ADD CONSTRAINT ck_xf CHECK(学分> 0);
```

(8) 删除 sc 表的外键约束 fk_cno，fk_sno，代码如下：

```
SQL > ALTER TABLE sc DROP CONSTRAINT fk_cno;
SQL > ALTER TABLE sc DROP CONSTRAINT fk_sno;
```

(9) 删除 course 表的主键约束，代码如下：

```
SQL > ALTER TABLE course DROP CONSTRAINT pk_cno;
```

(10) 删除 course 表的唯一约束 uq_cname,代码如下:

```
SQL > ALTER TABLE course DROP CONSTRAINT uq_cname;
```

2) 设计性实验

(1) 利用 curriculum 表创建一个新表 c,再利用 grade 表创建一个新表 g。

(2) 为 c 表的课程名称列创建主键约束 pk_name。

(3) 向 c 表中插入一条与已有课程名称相同的记录,课程编号值为 0006,课程名称值为计算机应用基础,观察主键值重复时数据的插入情况。

(4) 删除 c 表的主键约束。

(5) 为表 g 的课程编号列添加外键,参照 c 表的课程编号列,要求表间实现级联删除。

(6) 删除 c 表课程编号为 0001 的记录,查看 g 表中课程编号为 0001 的记录是否自动被删除。

(7) 为表 g 的分数列添加检查约束,要求分数的值必须大于或等于 0。

(8) 向表 g 中插入一条记录,学号值为 0004,课程编号值为 0001,分数值为-80,观察该记录是否能插入成功。

(9) 为表 c 的课程名称列添加唯一约束,约束名为 uq_name。

(10) 删除表 c 和表 g。

3. 实验思考

(1) 请说明唯一约束和主键约束之间的联系和区别。

(2) 建立外键约束所参照的父表的列必须建立成主键吗?

(3) 一张表可以设置几个主键和几个唯一约束?

A.7 游标与安全管理

1. 实验目的

(1) 掌握游标的基本概念及功能。

(2) 掌握游标处理结果集的基本过程。

(3) 掌握 Oracle 账户安全管理的基本操作。

(4) 掌握 Oracle 权限安全管理的基本操作。

2. 实验内容

1) 验证性实验

使用 student_info 表、curriculum 表、grade 表完成下面的操作。

(1) 创建游标 stu_cursor,提取 student_info 表中 0001 号学生的姓名和家庭住址,代码如下:

```
SQL > SET SERVEROUTPUT ON
SQL > DECLARE
  2  v_ename student_info.姓名 % type;
  3  v_add student_info.家庭住址 % type;
  4  CURSOR stu_cursor IS SELECT 姓名,家庭住址 FROM student_info
  5   WHERE 学号 = '0001';
```

```
  6  BEGIN
  7   OPEN stu_cursor;
  8   FETCH stu_cursor INTO v_ename,v_add;
  9   dbms_output.put_line(v_ename||' '||v_add);
 10   CLOSE stu_cursor;
 11  END;
 12  /
```

(2) 使用 curriculum 表、grade 表创建一个存储过程 avg_proc，通过游标统计指定课程的平均分，代码如下：

```
SQL> CREATE OR REPLACE PROCEDURE avg_proc(
  2   cname IN curriculum.课程名称%type
  3  ) AS
  4  v_avg NUMBER;
  5  CURSOR avg_cur IS SELECT avg(分数) FROM grade g,curriculum c
  6  WHERE g.课程编号 = c.课程编号 and 课程名称 = cname;
  7  BEGIN
  8   OPEN avg_cur;
  9   FETCH avg_cur INTO v_avg;
 10   dbms_output.put_line('平均分'||v_avg);
 11   CLOSE avg_cur;
 12  END;
 13  /
SQL> EXEC avg_proc('C语言程序设计');
```

(3) 创建存储过程 dj_proc，借助游标输出 grade 表中学号为 0001 的学生选修的课程编号为 0001 的成绩的等级，代码如下：

```
SQL> CREATE OR REPLACE PROCEDURE dj_proc AS
  2  cj NUMBER;
  3  CURSOR g_cur IS SELECT 分数 FROM grade
  4  WHERE 学号 = '0001' and 课程编号 = '0001';
  5  BEGIN
  6   OPEN g_cur;
  7  FETCH g_cur INTO cj;
  8  IF cj >= 90 THEN dbms_output.put_line('优');
  9   ELSIF cj >= 80 THEN dbms_output.put_line('良');
 10   ELSIF cj >= 70 THEN dbms_output.put_line('中');
 11   ELSIF cj >= 60 THEN dbms_output.put_line('及格');
 12   ELSE dbms_output.put_line('不及格');
 13   END IF;
 14   CLOSE g_cur;
 15  END;
 16  /
SQL> EXEC dj_proc;
```

(4) 创建用户账号 c##st_01，密码为 123456，代码如下：

```
SQL> CREATE USER c##st_01 IDENTIFIED BY 123456;
```

(5) 修改用户账号 c##st_01 的密码为 111111，代码如下：

```
SQL> ALTER USER c##st_01 IDENTIFIED BY 111111;
```

(6) 授予用户账号 c##st_01 建立会话连接的权限，代码如下：

```
SQL> GRANT CREATE SESSION TO c##st_01;
```

(7) 使用 student_info 表完成下面的操作。

授予用户账号 c##st_01 查询表的权限,代码如下:

```
SQL> GRANT SELECT ON student_info TO c##st_01;
```

授予用户账号 c##st_01 更新家庭住址列的权限,代码如下:

```
SQL> GRANT UPDATE(家庭住址) ON student_info TO c##st_01;
```

授予用户账号 c##st_01 修改表结构的权限,代码如下:

```
SQL> GRANT ALTER ON student_info TO c##st_01;
```

(8) 使用 student_info 表完成下面的操作。

创建存储过程 cn_proc,统计 student_info 表中的学生人数,代码如下:

```
SQL> CREATE OR REPLACE PROCEDURE cn_proc AS
  2  n NUMBER;
  3  BEGIN
  4   SELECT count(*) INTO n FROM student_info;
  5  dbms_output.put_line('人数:'||n);
  6  END;
  7  /
```

授予用户账号 c##st_01 调用 cn_proc 存储过程的权限,代码如下:

```
SQL> GRANT EXECUTE ON cn_proc TO c##st_01;
```

使用 c##st_01 用户账号连接数据库,调用 cn_proc 存储过程查看学生人数,代码如下:

```
SQL> CONN c##st_01/111111@orcl;
SQL> EXEC sys.cn_proc;
```

(9) 使用 student_info 表完成下面的操作。

创建角色 c##student,代码如下:

```
SQL> CONN sys/root@orcl as SYSDBA;
SQL> CREATE ROLE c##student;
```

授予角色 c##student 查询 student_info 表的权限,代码如下:

```
SQL> GRANT SELECT ON student_info TO c##student;
```

创建用户账号 c##st_02,密码为 123,代码如下:

```
SQL> CREATE USER c##st_02 IDENTIFIED BY 123;
```

授予用户账号 c##st_02 角色 c##student 的权限,代码如下:

```
SQL> GRANT c##student TO c##st_02;
```

以用户账号 c##st_02 身份连接数据库,查看 student_info 表的信息,代码如下:

```
SQL> GRANT CREATE SESSION TO c##st_02;
SQL> CONN c##st_02/123@orcl;
SQL> SELECT * FROM sys.student_info;
```

撤销用户账号 c##st_02 角色 c##student 的权限,代码如下:

```
SQL > CONN sys/root@orcl as SYSDBA;
SQL > REVOKE c##student FROM c##st_02;
```

删除角色 c##student,代码如下:

```
SQL > DROP ROLE c##student;
```

(10) 删除用户账号 c##st_01、c##st_02,代码如下:

```
SQL > DROP USER c##st_01;
SQL > DROP USER c##st_02;
```

2) 设计性实验

(1) 使用游标显示 grade 表中分数最高的前 3 名同学的学号、课程编号和分数。

(2) 创建存储过程 cal,使用游标计算指定课程编号成绩在 90 分以上(包括 90 分)的人数的比例。执行该存储课程,查看 0002 号课程的人数比。

(3) 创建用户账号 c##newAdmin,密码为 pw1。

(4) 授予用户账号 c##newAdmin 查询 grade 表及更新分数列的权限。

(5) 使用 c##newAdmin 用户账号连接数据库,查看 grade 表中的数据。

(6) 收回 c##newAdmin 账户查看 grade 表的权限。

(7) 删除 c##newAdmin 的账户信息。

3. 实验思考

(1) 使用游标对于数据检索的好处有哪些?

(2) 简述使用游标的步骤。

(3) 用户账号、角色和权限之间的关系是什么?没有角色能给用户授予权限吗?

(4) 简述授予权限和撤销权限的关系。

A.8 触发器、数据备份与恢复

1. 实验目的

(1) 理解触发器的概念与类型。

(2) 掌握创建、更改、删除触发器的方法。

(3) 掌握利用触发器维护数据完整性的方法。

(4) 掌握事务的定义、管理及利用事务进行数据处理的过程。

(5) 掌握常用的数据库备份和恢复技术。

2. 实验内容

1) 验证性实验

(1) 创建用户 c##test,密码为 123,授予其数据库连接、资源使用、无限制表空间、创建表和触发器的权利,并授予其对 grade 表和 curriculum 表的查询权限;然后使用 c##test 用户账号连接数据库,创建测试表 test。表 test 包含 id 和 date_time 两个字段,其中 id 字段类型为 int,为自动增长字段;date_time 字段类型为 varchar2(50),代码如下:

```
SQL > CREATE USER c##test IDENTIFIED BY 123;
SQL > GRANT CONNECT,RESOURCE,UNLIMITED TABLESPACE,
  2  CREATE TABLE,CREATE TRIGGER TO c##test;
```

```
SQL> GRANT SELECT ON grade TO c##test;
SQL> GRANT SELECT ON curriculum TO c##test;
SQL> CONN c##test/123@orcl;
SQL> CREATE TABLE test(
  2  id INT GENERATED BY DEFAULT AS IDENTITY NOT NULL PRIMARY KEY,
  3  date_time VARCHAR2(50));
```

(2) 创建与 sys.curriculum 表相同的表 course,代码如下:

```
SQL> CREATE TABLE course AS SELECT * FROM sys.curriculum;
```

(3) 创建触发器 test_trig,实现在 course 表中每插入一条学生记录,则自动在 test 表中追加一条插入成功时的日期时间,代码如下:

```
SQL> CREATE OR REPLACE TRIGGER test_trig
  2  AFTER INSERT ON course
  3  BEGIN
  4   INSERT INTO test(date_time) VALUES(SYSDATE);
  5  END;
  6  /
```

(4) 在 course 表中插入一条记录,激活 INSERT 触发器,查看 test 表的内容,代码如下:

```
SQL> INSERT INTO course VALUES('0007','操作系统',4);
SQL> SELECT * FROM test;
```

(5) 创建与 grade 表相同的表 sc,在 course 表上创建触发器 del_trig。当在 course 表中删除一门课程时,会级联删除 sc 表中该课程的记录,代码如下:

```
SQL> CREATE TABLE sc AS SELECT * FROM sys.grade;
SQL> CREATE OR REPLACE TRIGGER del_trig
  2  AFTER DELETE ON course
  3  FOR EACH ROW
  4  BEGIN
  5   DELETE FROM sc WHERE 课程编号 = :old.课程编号;
  6  END;
  7  /
```

(6) 删除 course 表中的一条记录,查看 sc 表中的相应记录是否被自动删除,代码如下:

```
SQL> DELETE FROM course WHERE 课程编号 = '0001';
SQL> SELECT * FROM sc;
```

(7) 在用户 c##test 下创建存储过程 auto_del,利用事务删除 course 表中课程编号为 0002 的记录,然后回滚,代码如下:

```
SQL> CONN sys/root@orcl AS SYSDBA;
SQL> GRANT CREATE PROCEDURE TO c##test;
SQL> CREATE OR REPLACE PROCEDURE auto_del AS
  2  BEGIN
  3   DELETE FROM course WHERE 课程编号 = '0002';
  4   ROLLBACK;
  5  END;
  6  /
SQL> EXEC auto_del;
SQL> SELECT * FROM course;
```

(8) 创建存储过程 tran_update；启动事务，将课程表 course 中课程编号为 0002 的课程名称改为“MySQL 数据库”，并提交事务，代码如下：

```
SQL> CREATE OR REPLACE PROCEDURE tran_update AS
  2  BEGIN
  3  UPDATE course SET 课程名称 = 'MySQL 数据库' WHERE 课程编号 = '0002';
  4    COMMIT;
  5  END;
  6  /
SQL> EXEC tran_update;
SQL> SELECT * FROM course;
```

(9) 将表 course 导出到文件 d:\orcl\course.dmp 中，并将数据库设置为归档模式。

查看当前归档模式，代码如下：

```
SQL> CONN sys/root@orcl AS SYSDBA;
SQL> archive log list;
```

强制为归档日志设置存储路径，代码如下：

```
SQL> alter system set log_archive_dest_10 = 'location = d:/orcl';
```

关闭数据库，代码如下：

```
SQL> shutdown immediate;
```

将数据库启动为 mount 状态，代码如下：

```
SQL> CONN / as SYSDBA;
SQL> startup mount;
```

修改数据库为归档模式，代码如下：

```
SQL> alter database archivelog;
```

修改数据库为打开状态，代码如下：

```
SQL> alter database open;
```

创建目录对象 mydir，指定导出的文件存放在 d:\orcl\目录下，代码如下：

```
SQL> CREATE OR REPLACE DIRECTORY mydir AS 'd:\orcl';
```

将目录对象 mydir 权限授予给用户 c##test，代码如下：

```
SQL> GRANT READ,WRITE ON DIRECTORY mydir TO c##test;
```

导出 c##test 用户下的数据表 grade。在 Windows 系统的命令提示符窗口中使用 EXPDP 命令完成，如下所示：

```
C:\> EXPDP c##test/123 DIRECTORY = mydir DUMPFILE = course.dmp TABLES = course
```

(10) 导入 d:\orcl\course.dmp 文件中的 course 表。

将 c##test 用户下的表 course 删除，代码如下：

```
SQL> CONN c##test/123@orcl;
SQL> DROP TABLE course;
```

从备份文件 d:\orcl\course.dmp 中导入 course 表。在 Windows 系统的“命令提示符”窗口中输入以下命令：

```
C:\> IMPDP c##test/123 DIRECTORY = mydir DUMPFILE = course.dmp TABLES = course
```

查看 c##test 下已恢复的 course 表的信息，代码如下：

```
SQL > SELECT * FROM course;
```

2）设计性实验

（1）创建触发器 cno_tri，当更改表 course 中某门课的课程编号时，同时将 score 表中的课程编号全部自动更改。

（2）验证触发器 cno_tri，将 course 表中课程编号 0002 的值改为 0008，查看 sc 表中相应的课程编号是否自动修改。

（3）在 course 表上定义一个触发器 course_tri，当删除一门课程时，将该课程的课程编号和课程名称添加到 del_course 表中。

（4）创建存储过程 tran_save，首先向 course 表中添加一条记录，设置保存点 sp01；然后再删除该记录，并回滚到事务保存点 sp01 处；执行存储过程 tran_save，验证 course 表中的记录是否插入成功。

（5）在表 course 上设置一个只读锁。

（6）在表 sc 上设置一个写锁。

3. 实验思考

（1）简述触发器中 INSERT、DELETE 和 UPDATE 操作与临时表 old 和 new 的关系。

（2）简述并发数据访问引发的问题及解决方案。

（3）简述回滚和检查点的作用。

（4）如何选择备份数据库的方法？

附录B　习题参考答案

习　题　一

一、选择题

1. D　　2. C　　3. C　　4. B　　5. D

6. B　　7. A　　8. B　　9. C　　10. A

11. B　　12. C　　13. ①A ②B ③C　　14. E B　　15. ①B ②C B

二、填空题

1. 文件系统　操作系统　2. 转换　3. 概念　逻辑

4. 外模式　内模式　模式

三、简答题

1. 这 4 种模型的特点和区别如下表所示。

	反映何种观点的何种结构	独　立　性	使　用　者	范　　例
概念模型	反映了用户观点的数据库整体逻辑结构	硬件独立 软件独立	企业管理人员 数据库设计者	E-R 模型
逻辑模型	反映了计算机实现观点的数据库整体逻辑结构	硬件独立 软件依赖	数据库设计者 DBA	层次、网状、关系模型
外部模型	反映了用户具体使用观点的数据库局部逻辑结构	硬件独立 软件依赖	用户	与用户有关
内部模型	反映了计算机实现观点的数据库物理结构	硬件依赖 软件依赖	数据库设计者 DBA	与硬件、DBMS 有关

2. DB 的三级模式结构描述了数据库的数据结构。数据结构分成 3 个级别。由于三级结构之间有差异,因此存在着两级映射。这 5 个概念描述了如下内容。

(1) 外模式：描述用户的局部逻辑结构。

(2) 外模式/模式映射：描述外模式和概念模式间数据结构的对应性。

(3) 概念模式：描述 DB 的整体逻辑结构。

(4) 模式/内模式映射：描述概念模式和内模式间数据结构的对应性。

(5) 内模式：描述 DB 的物理结构。

3. 在用户访问数据的过程中,DBMS 起着核心的作用,实现"数据三级结构转换"的工作。

4. 在数据库的三级模式结构中,数据按外模式的描述提供给用户,按内模式的描述存储在磁盘中,而概念模式提供了连接这两级的相对稳定的中间观点,而且两级中任何一级的改变都不受另一级的牵制。

5. 物理独立性是指用户的应用程序与存储在磁盘上的数据库中的数据是独立的。物理独立性通过模式/内模式映射来实现的。

逻辑独立性是指用户的应用程序与逻辑结构是相互独立的。逻辑独立性是通过外模式/模式映射来实现的。

习 题 二

一、选择题

1. C	2. C	3. C	4. B	5. D
6. D	7. D	8. C	9. C	10. B
11. C	12. A	13. C	14. B	15. B

二、设计题

1. 解答:

(1)
```
SELECT  E#,ENAME
FROM  EMP
WHERE  AGE>50  ANDGENDER='M';
```

(2)
```
SELECT  E#,COUNT(*)  NUM,SUM(SALARY) SUM_SALARY
FROM  WORKS
GROUP  BY  E#;
```

(3)
```
SELECT  A.E#,ENAME
FROM  EMP  A,WORKS  B,COMP  C
WHERE  A.E#=B.E#  AND B.C#=C.C#  AND  CNAME='联华公司'
AND  SALARY<(SELECT  AVG(SALARY)
              FROM  WORKS,COMP
              WHERE  WORKS.C#=COMP.C#  AND  CNAME='联华公司');
```

(4)
```
SELECT  C.C#,CNAME
FROM  WORKS  B,COMP  C
WHERE  B.C#=C.C#
GROUP  BY  C.C#,CNAME
HAVING  COUNT(*)>=ALL(SELECT  SUM(SALARY)
                       FROM  WORKS
                       GROUP  BY  C#);
```

(5)
```
SELECT  C.C#,CNAME
FROM  WORKS  B,COMP  C
WHERE  B.C#=C.C#
GROUP  BY  C.C#,CNAME
HAVING  AVG(SALARY)>(SELECT  AVG(SALARY)
                      FROM  WORKS  B,COMP  C
                      WHERE  B.C#=C.C#  AND CNAME='联华公司');
```

```
(6) UPDATE  WORKS
    SET  SALARY = SALARY * 1.05
    WHERE  C#  IN (SELECT  C#  FROM  COMP
                  WHERE  CNAME = '联华公司');
(7) DELETE  FROM  WORKS
    WHERE  E#  IN  (SELECT  E#  FROM  EMP  WHERE  AGE > 60);
(8) CREATE  VIEW  emp_woman
    AS  SELECT  A.E#,ENAME,C.C#,CNAME,SALARY
         FROM  EMP  A,WORKS  B,COMP  C
         WHERE  A.E# = B.E#  AND  B.C# = C.C#  ANDGENDER = 'F';
    SELECT  E#,SUM(SALARY)
    FROM  emp_woman
    GROUP  BY  E#;
```

2. 解答：

(1) 此问题考查的是查询效率的问题。在涉及相关查询的某些情形中，构造临时关系可以提高查询效率。

对于外层的职工关系 E 中的每一个元组，都要对内层的整个职工关系 M 进行检索，因此查询效率不高。

解答方法一(先把每个部门最高工资的数据存入临时表，再对临时表进行查询)：

```
CREATE  TABLE  temp
AS
SELECT  部门号,MAX(月工资)  最高工资  FROM  职工  GROUP  BY  部门号;
SELECT  职工号  FROM  职工,temp
WHERE  职工.部门号 = temp.部门号  AND 月工资 = 最高工资;
```

解答方法二(直接在 FROM 子句中使用临时表结构)

```
SELECT  职工号
FROM  职工,(SELECT  MAX(月工资) 最高工资,部门号
            FROM  职工
            GROUP  BY 部门号)  AS  depMax
WHERE  月工资 = 最高工资  AND  职工.部门号 = depMax.部门号
```

(2) 此问主要考察在查询中注意 WHERE 子句中使用索引的问题，既可以完成相同功能又可以提高查询效率的 SQL 语句如下：

```
(SELECT  姓名,年龄,月工资  FROM  职工  WHERE  年龄> 45)
UNION
(SELECT  姓名,年龄,月工资  FROM  职工  WHERE  年龄< 1000)
```

习 题 三

一、选择题

1. B　　2. C　　3. D　　4. C　　5. C　　6. A

二、填空题

1. 异常处理　　2. 打开游标　关闭游标　　3. NO_DATA_FOUND　　4. 5

习　题　四

一、选择题

1. A　2. C　3. C　4. D　5. C
6. B　7. A　8. ①C ②B　9. ①C ②A　10. A
11. D　12. D　13. A　14. ①B ②C ③D ④A ⑤D
15. ①C ②B　16. D　17. B　18. A　19. A

二、填空题

1. 数据查询　2. 表　记录　字段　3. 关系中主键值不允许重复
4. 主键　外键　5. $\cup$、$-$、$\times$、Π、ð

三、操作题

1.

(1) $\Pi_{S\#,SNAME}(ð_{age<17 \wedge gender='女'}(S))$

(2) $\Pi_{C\#,CNAME}(ð_{gender='男'}(S\infty SC\infty C))$

(3) $\Pi_{T\#,TNAME}(ð_{gender='男'}(S\infty SC\infty C\infty T))$

(4) $\Pi_{1}(ð_{1=4 \wedge 2\neq 5}(SC\times SC))$

(5) $\Pi_{2}(ð_{1='S2' \wedge 4='S4' \wedge 2=5}(SC\times SC))$

或$\Pi_{S\#,C\#}(SC)\div\{'S2','S4'\}$

(6) $\Pi_{C\#}(C)-\Pi_{C\#}(ð_{sname='WANG'}(S\infty SC))$

(7) $\Pi_{C\#,CNAME}(C\infty(\Pi_{S\#,C\#}(SC)\div\Pi_{S\#}(S)))$

(8) $\Pi_{S\#,C\#}(SC)\div\Pi_{C\#}(ð_{Tname='LIU'}(C\infty T))$

2.

(1) $\{t|(\exists u)(SC(u)\wedge u[2]='k5'\wedge t[1]=u[1]\wedge t[2]=u[2])\}$

(2) $\{t|(\exists u)(\exists v)(S(u)\wedge SC(v)\wedge v[2]='k8'\wedge u[1]=v[1]\wedge t[1]=u[1]\wedge t[2]=u[2])\}$

(3) $\{t|(\exists u)(\exists v)(\exists w)(S(u)\wedge SC(v)\wedge C(w)\wedge w[2]='C语言'\wedge u[1]=v[1]\wedge v[2]=w[1]\wedge t[1]=u[1]\wedge t[2]=u[2])\}$

(4) $\{t|(\exists u)(SC(u)\wedge(u[2]='k1'\vee u2='k5')\wedge t[1]=u[1])\}$

(5) $\{t|(\exists u)(\forall v)(\exists w)(S(u)\wedge C(v)\wedge SC(w)\wedge(u[1]=w[1]\wedge w[2]=v[1]\wedge t[1]=u[2])\}$

四、设计题

【问题一】

```
PRIMARY  KEY
FOREIGN  KEY(负责人代码)  REFERENCES  职工
PRIMARY  KEY
FOREIGN  KEY(部门号)  REFERENCES  部门
月工资  BETWEEN  500  AND  5000
COUNT( * ),SUM(月工资),AVG(月工资)
GROUP  BY  部门号
```

【问题二】

(1)和(2)都不能执行,因为使用分组和聚集函数定义的视图是不可更新的。

(3)、(4)、(5)可以执行,因为给出的SQL语句与定义D_S视图的SQL语句合并起来验证有效。

习 题 五

一、选择题

1. A　2. A　3. B　4. B　5. C　6. ①B ②D

二、填空题

1. 安全性　2. 用户标识与鉴别　存取控制　视图机制　数据加密　审计

3. 系统权限和对象权限　系统权限　对象权限

4. 角色　5. GRANT、REVOKE

三、操作题

1.

```
(1) CREATE  USER c##test_user IDENTIFIED BY oracle;
(2) GRANT  CREATE  SESSION  TO  c##test_user;
(3) GRANT  SELECT  ON  sys.dept  TO  c##test_user;
(4) GRANT  INSERT,DELETE,UPDATE(loc)
    ON  sys.dept  TO  c##test_user;
(5) GRANT  SELECT,INSERT,DELETE,UPDATE ON sys.dept
    TO  c##test_user WITH GRANT OPTION;
(6) REVOKE  SELECT,INSERT,DELETE,UPDATE
    ON sys.dept  FROM  c##test_user;
(7) CREATE  VIEW  sys.bm_10 AS
     SELECT *  FROM  sys.dept WHERE deptno = '10';
    GRANT  SELECT ON sys.bm_10 TO c##test_user;
(8) CREATE  ROLE c##role1;
    GRANT  CREATE  SESSION,CREATE TABLE  TO  c##role1;
(9) GRANT  c##role1  TO  c##test_user;
(10) DROP  ROLE  c##role1;
```

2.

```
(1) PRIMARY  KEY(仓库号)
    PRIMARY  KEY、CHAR(4)
    FOREIGN  KEY(仓库号) REFERENCES  仓库(仓库号)
(2) 原材料
    GROUP  BY 仓库号
    HAVING  SUM(数量)>= ANY(SELECT  SUM(数量)  FROM  原材料
                              GROUP  BY  仓库号)
(3) *
    INSERT,DELETE,UPDATE  raws_in_wh01
    SELECT  原材料
```

习　题　六

一、选择题

1. B　2. C　3. A　4. B　5. C　6. D

7. ①C ②B　8. B　9. D　10. B　11. D　12. A

二、填空题

1. 原子性　隔离性　2. ROLLBACK　COMMIT

3. RX　4. 丢失更新　读脏数据

5. 活锁　饿死　死锁

三、操作题

(1) 出现问题：有一个存款值会丢失，造成数据不一致。

(2) 代码程序：Xlock(b)，R(b)，b＝b＋x，W(b)，Unlock(b)。

(3) 不能实现：因为程序中的隔离级别设置为 READ UNCOMMITTED，未实现加锁控制，不能达到串行化调度。

修改方法：改为 SET TRANSACTION ISOLATION LEVEL SERIALIZABLE

习　题　七

一、选择题

1. D　2. A　3. A　4. D　5. A　6. C

7. D　8. A　9. B　10. B　11. D

二、填空题

1. 事务故障　系统故障　介质故障

2. 后备数据库　日志文件

3. EXPDP　IMPDP

习　题　八

一、选择题

1. D　2. C　3. B　4. B　5. C

二、填空题

1. 属性取值单位

2. 椭圆

3. 自顶向下　自底向上　逐步扩张　混合策略　自底向上

4. 实体　联系　属性

5. 分类　聚集

三、设计题

(1) 运动队局部 E-R 图

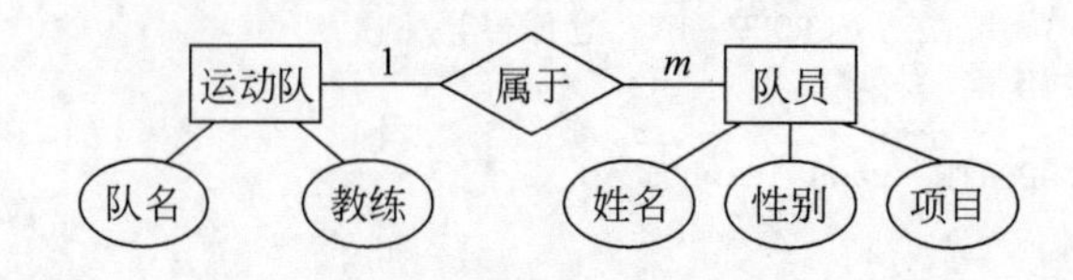

运动会局部 E-R 图

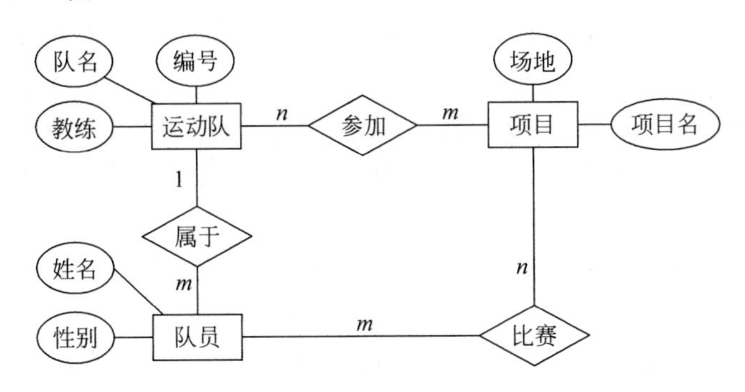

（2）

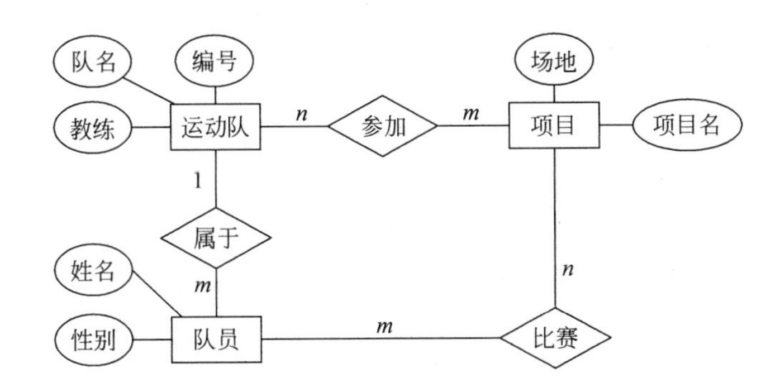

（3）命名冲突：运动队局部 E-R 图中的属性项目和运动会局部 E-R 图中的属性项目名异名同义，统一命名为项目名。

结构冲突：项目在两个局部 E-R 图中，一个作为属性，一个作为实体，合并统一为实体。

习 题 九

一、选择题

1. C　2. C　3. C　4. B　5. A
6. D　7. B　8. A　9. ①A ②D　10. B
11. B　12. B　13. D　14. B　15. ①D ②D

二、填空题

1. 函数　2. 插入异常　删除异常　更新异常
3. 全码　非主属性　4. 函数　多值
5. 一个　两个或两个以上　6. 范式
7. 2NF　8. 3NF
9. BCNF　10. 无损连接　保持 FD

三、简答题

1. (1) R 的候选键是 AB，R 属于 BCNF。
(2) R 的候选键是 AB，R 属于 BCNF。
(3) R 的候选键是 AB 和 BD，R 最高属于 3NF。

2.（1）CE为R的候选关键字。

（2）分解后的模式不具有无损连接性，也不能保持原来的函数依赖。

四、设计题

（1）部门　主键：(部门代码，办公室)　外键：无

F1＝{部门代码→(部门名，起始年月，终止年月)，办公室→办公电话}

等级　主键：(等级代码，年月)　外键：无

F2＝{等级代码→等级名，(等级代码，年月)→小时工资}

项目　主键：项目代码　外键：部门代码、项目主管

F3＝{项目代码→(项目名，部门代码，起始年月日，结束年月日，项目主管)}

工作计划　主键：(项目代码，职员代码，年月)　外键：项目代码、职员代码

F4＝{(项目代码，职工代码，年月)→工作时间}

（2）修改后的关系模式如下：

职务(职务代码，职务名，等级代码)

其主键为(职务代码，等级代码)　外键为等级代码

（3）设计的"工作业绩"关系模式如下：

工作业绩(项目代码，职员代码，年月日，工作时间)

其主键为(项目代码，职员代码，年月日)

（4）部门关系模式不属于2NF，只能是1NF。该关系模式存在冗余问题，因为某部门有多少个办公室，则部门代码、部门名、起始年月、终止年月就要重复多少次。

为了解决这个问题，可将模式分解，分解后的关系模式为：

部门_A(部门代码，部门名，起始年月，终止年月)

其主键为部门代码

部门_B(部门代码，办公室，办公电话)

其主键为(部门代码，办公室)　外键为(部门代码)

（5）SQL语句如下：

```
SELECT  职员代码,职员名,年月,工作时间 * 小时工资  AS  月工资
FROM  职员,职务,等级,月工作业绩
WHERE  职员.职务代码 = 职务.职务代码  AND  职务.等级代码 = 等级.等级代码
AND  等级.年月 = 月工作业绩.年月  AND  职员.职员代码 = 月工作业绩.职员代码
```

习 题 十

一、选择题

1. B　2. C　3. B　4. D　5. C

6. A　7. B　8. C　9. D　10. C

11. C　12. A　13. D　14. D　15. ①B ②A ③A

二、填空题

1. 自顶向下逐步细化　自底向上逐步综合

2. 把概念模式转换成DBMS能处理的模式

3. DBA

4. DB的转储和恢复　DB的重组织和重构造

三、设计题

1. 货物(货物代号,型号,名称,形态,最低库存量,最高库存量)

采购员(采购员号,姓名,性别,业绩)

供应商(供应商号,名称,地址)

销售员(销售员号,姓名,性别,业绩)

客户(客户号,名称,地址,账号,税号,联系人)

仓位(仓位号,名称,地址,负责人)

报损单(报损号,数量,日期,经手人,货物代码)

入库(入库单号,日期,数量,经手人,供应商号,货物代码,仓位号)

出库(出库单号,日期,数量,经手人, 客户号,货物代码,仓位号)

存储(货物代码,仓位号,存储量,日期)

订单(订单号,数量,价格,日期,客户号,货物代码,销售员号)

采购(采购单号,数量,价格,日期,供应商号,货物代码,采购员号)

2. (1) 转换成的关系模式有以下5个。

企业(企业编号,企业名称,联系人,联系电话,地址,企业网址,电子邮件,企业简介)

岗位(岗位名称)

人才(个人编号,姓名,性别,出生日期,身份证号,毕业院校,专业,学历,证书名称,证书编号,联系电话,电子邮件,个人简历及特长)

岗位需求(企业编号,岗位名称,专业,学历,薪水,备注,登记日期)

求职意向(个人编号,岗位名称,最低薪水,登记日期)

注意,在"求职意向"模式中未放入"人才"实体候选键中的"证书名称"属性。

(2) 由于一个人可能持有多个证书,对"人才"关系模式应进行优化,得到如下两个新的关系模式。

人才(个人编号,姓名,性别,出生日期,身份证号,毕业院校,专业,学历,联系电话,电子邮件,个人简历及特长)

证书(个人编号,证书名称,证书编号)

(3) 最终得到6个关系模式。

企业(企业编号,企业名称,联系人,联系电话,地址,企业网址,电子邮件,企业简介)

岗位(岗位名称)

人才(个人编号,姓名,性别,出生日期,身份证号,毕业院校,专业,学历,联系电话,电子邮件,个人简历及特长)

证书(个人编号,证书名称,证书编号)

岗位需求(企业编号,岗位名称,专业,学历,薪水,备注,登记日期)

求职意向(个人编号,岗位名称,最低薪水,登记日期)

注意:在"证书"模式中,是"证书名称→证书编号",即一个人可以有多张证书,每张证书只有一个编号,但不同证书可以有相同的编号,所以"证书编号→证书名称"是错误的。

(4) 此处的"需求"是"岗位"、"企业"和"人才"3个实体之间的联系,而事实上只有人才被聘用之后三者才产生联系。本系统解决的是人才的求职和企业的岗位需求,人才与企业之间没有直接的联系。

(5) 建立企业的登录信息表,包含用户名和密码,记录企业的用户名和密码,将对本企业的基本信息的修改权限赋予企业的用户名,企业工作人员通过输入用户名和密码,经过服务器将其与登录信息表中记录的该企业的用户名和密码进行验证后,合法用户才有权修改企业的信息。

附录C　Oracle 19c数据库的安装和卸载

一、安装 Oracle 19c 数据库

(1) 在 Oracle 官方网站下载相应的数据库软件。根据不同的系统，下载不同的 Oracle 版本，这里选择 Windows x64 系统的版本，如图 C-1 所示。Oracle 19c 下载官方网址为 https://www.oracle.com/database/technologies/oracle-database-software-downloads.html#19c。

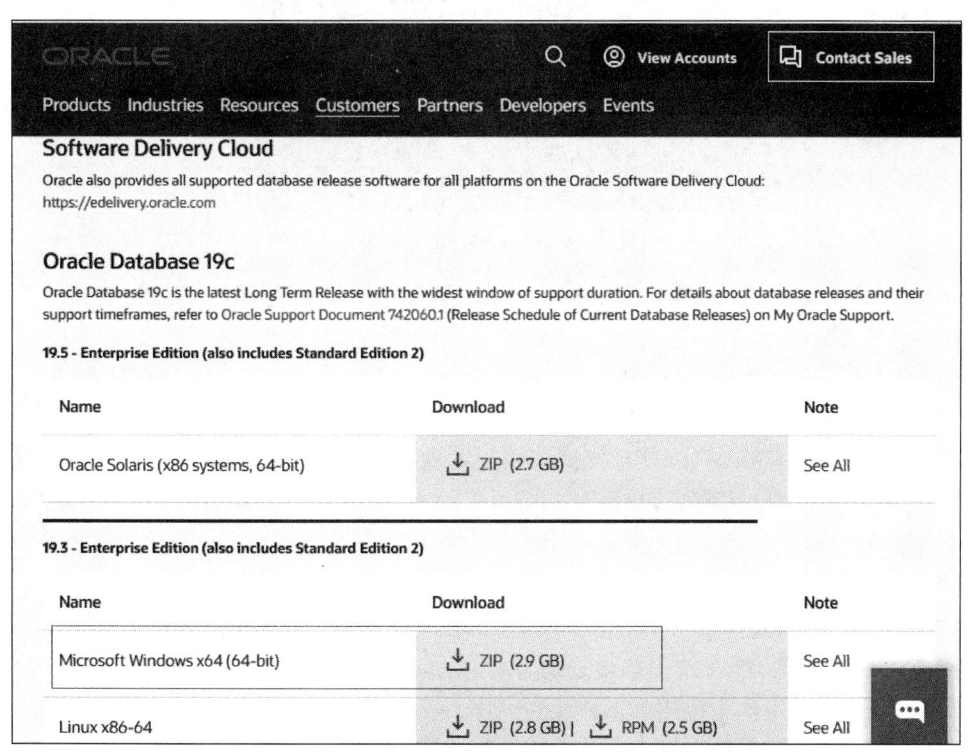

图 C-1　Oracle 19c 下载界面选择 Windows x64 版本

关于 Oracle 19c 的安装软件，读者也可以与编者联系索取，编者的邮箱为 liyuejun7777@sina.com。

(2) 下载完成后进行解压,解压后的目录如图 C-2 所示。

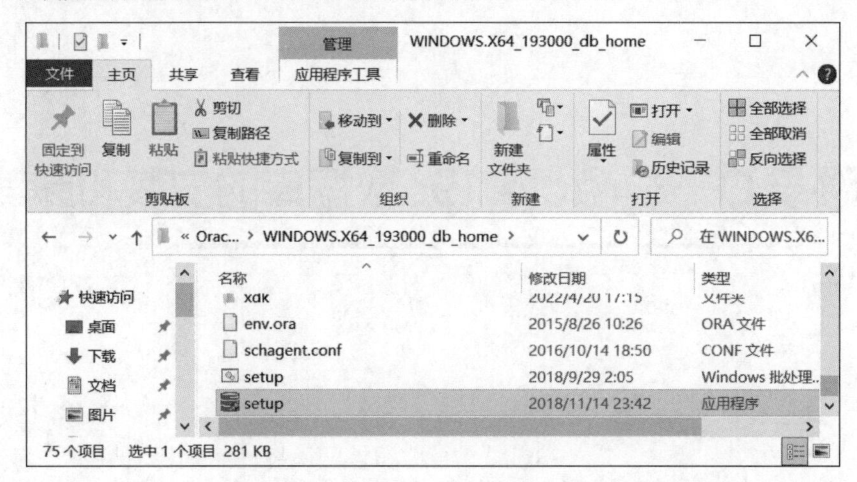

图 C-2　Oracle 19c 解压后的目录

(3) 双击 setup. exe 文件,软件会自动加载并初步校验系统是否可以达到数据库安装的最低配置,如图 C-3 所示。如果达到要求,就会直接加载程序并进行下一步的安装。

图 C-3　Oracle 19c 安装初始化

(4) 在“选择配置选项”窗口中选择“创建并配置单实例数据库”单选按键,单击“下一步”按钮,如图 C-4 所示。

(5) 在“选择系统类”窗口中选择“桌面类”单选按钮,单击“下一步”按钮,如图 C-5 所示。如果选择“服务器类”单选按钮,则可以进行高级配置。

(6) 在“指定 Oracle 主目录用户”窗口中改进安全性,以便更安全地管理 Oracle。此处选择“使用虚拟用户”单选按钮,这也是 Oracle 的官方建议之一。然后单击“下一步”按钮,如图 C-6 所示。

(7) 在“典型安装配置”窗口中,选择“Oracle 基目录”“数据库版本”和“字符集”,并在“口令”和“确认口令”文本框中输入统一的管理口令,单击“下一步”按钮,如图 C-7 所示。Oracle 为了安全起见,要求密码强度比较高,Oracle 官方建议的标准密码组合为大小写字母+数字组合,教材示例中使用的密码为“root”。

(8) 在“执行先决条件检查”窗口中检查目标环境是否满足最低安装和配置要求,如图 C-8 所示。

(9) 先决条件检查没有问题后,会生成安装设置概要信息。可以将这些设置信息保存到本地,方便以后查阅。确认后单击“安装”按钮,如图 C-9 所示。

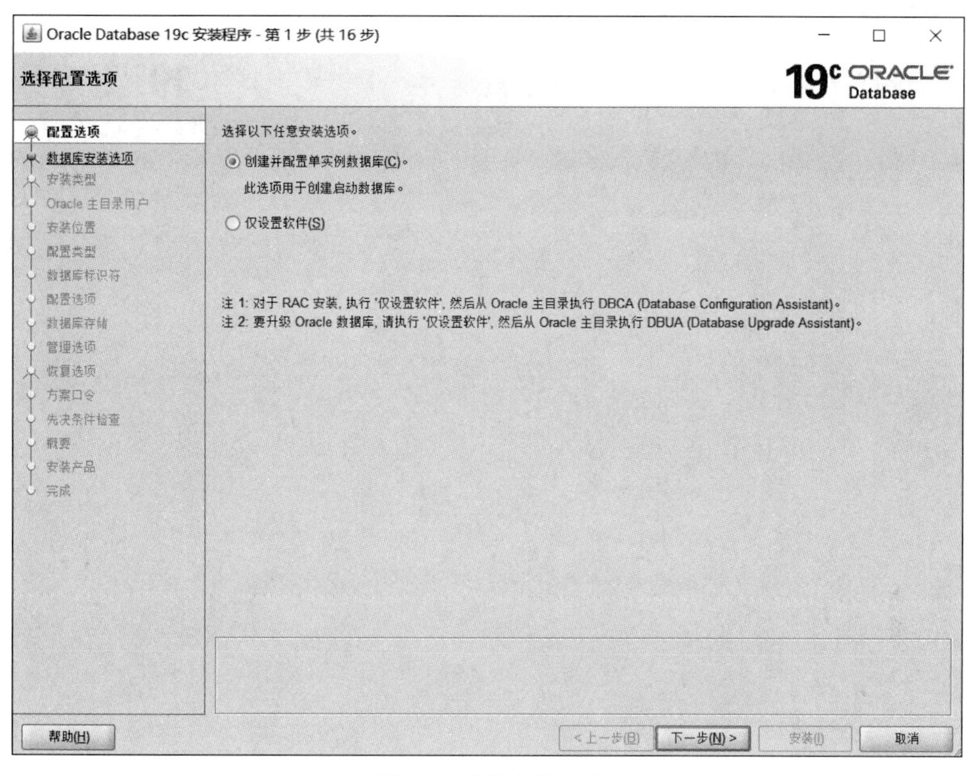

图 C-4　选择安装方式

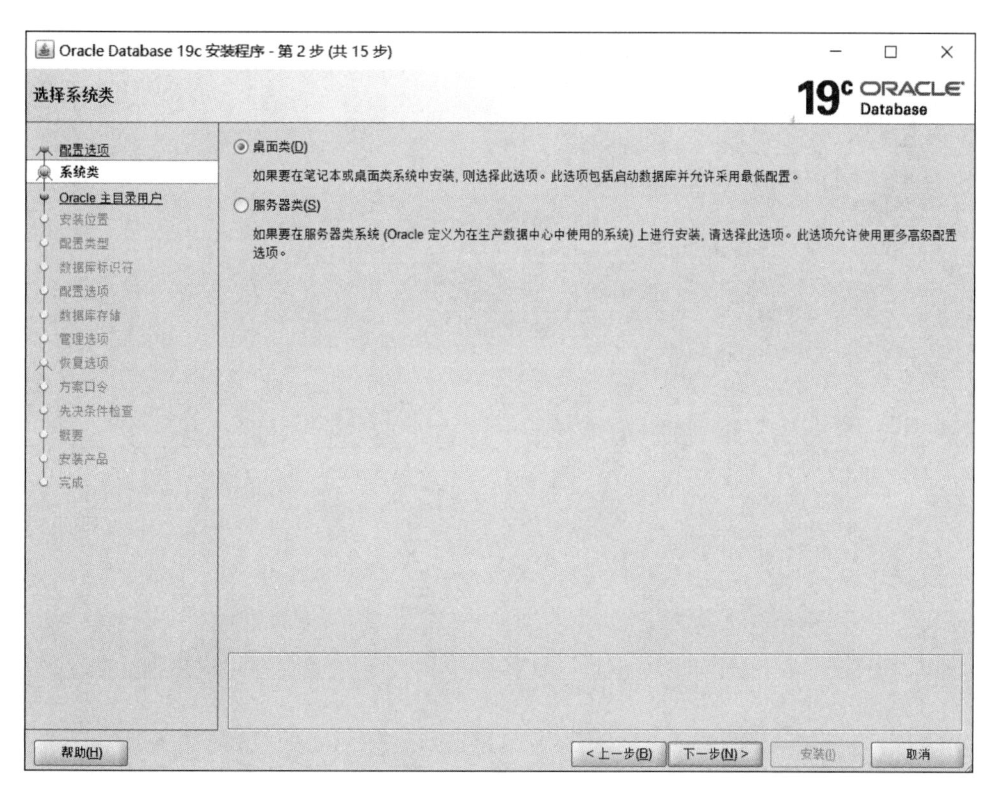

图 C-5　选择安装类型

图 C-6 配置主目录用户

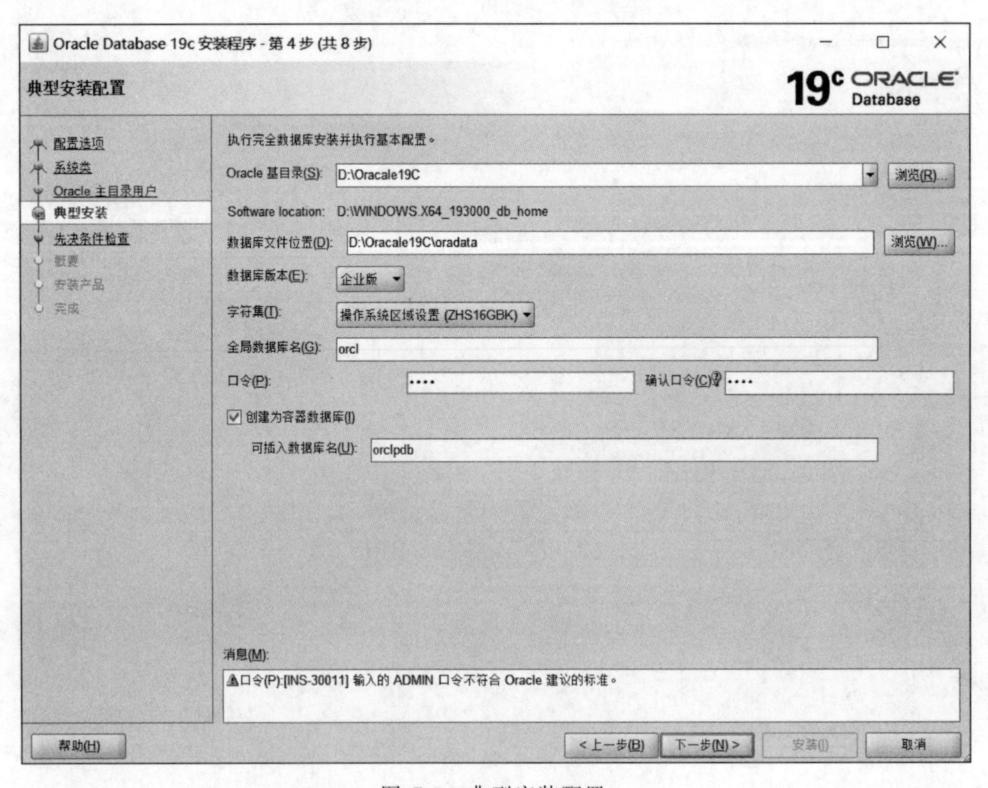

图 C-7 典型安装配置

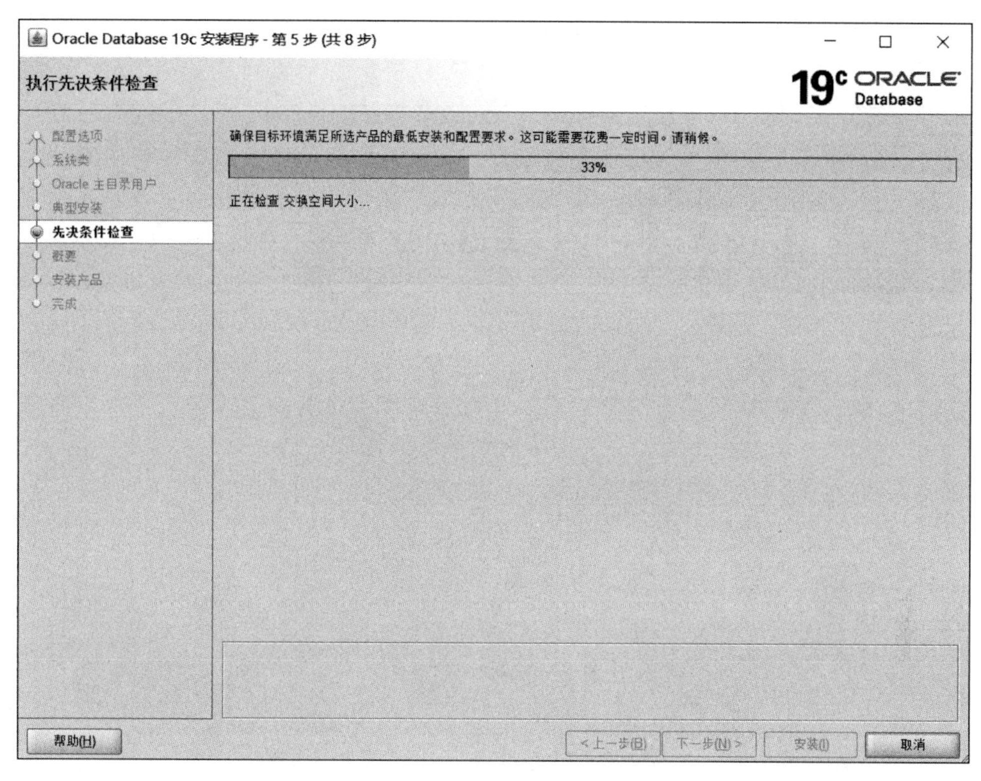

图 C-8　先决条件检查

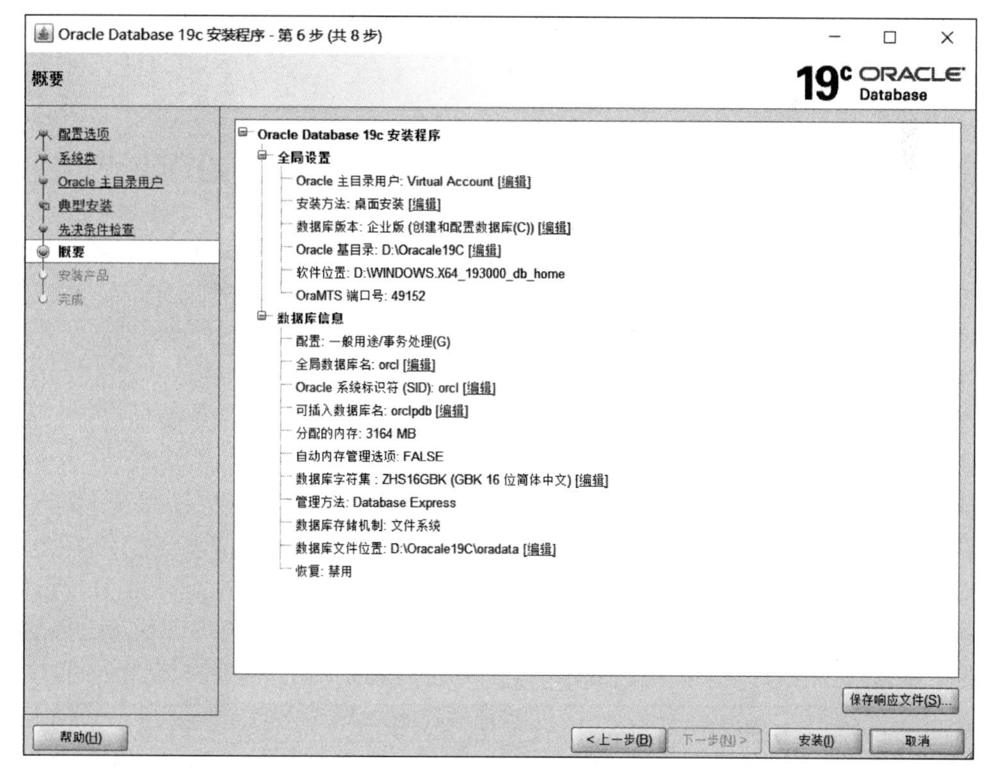

图 C-9　安装设置概要信息

(10) 进入“安装产品”窗口，开始安装 Oracle 文件，并显示具体内容和进度。安装时间较长，请耐心等待，如图 C-10 所示。

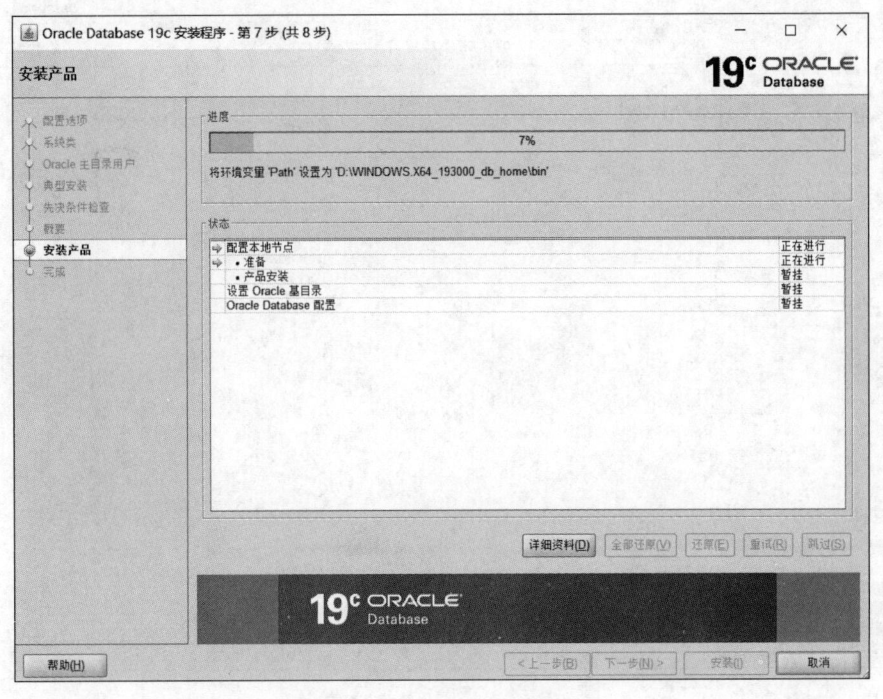

图 C-10 “安装产品”窗口

(11) Oracle 数据库安装完成后，会出现“Oracle Database 的配置已成功”的提醒，如图 C-11 所示。单击“关闭”按钮，结束安装过程。

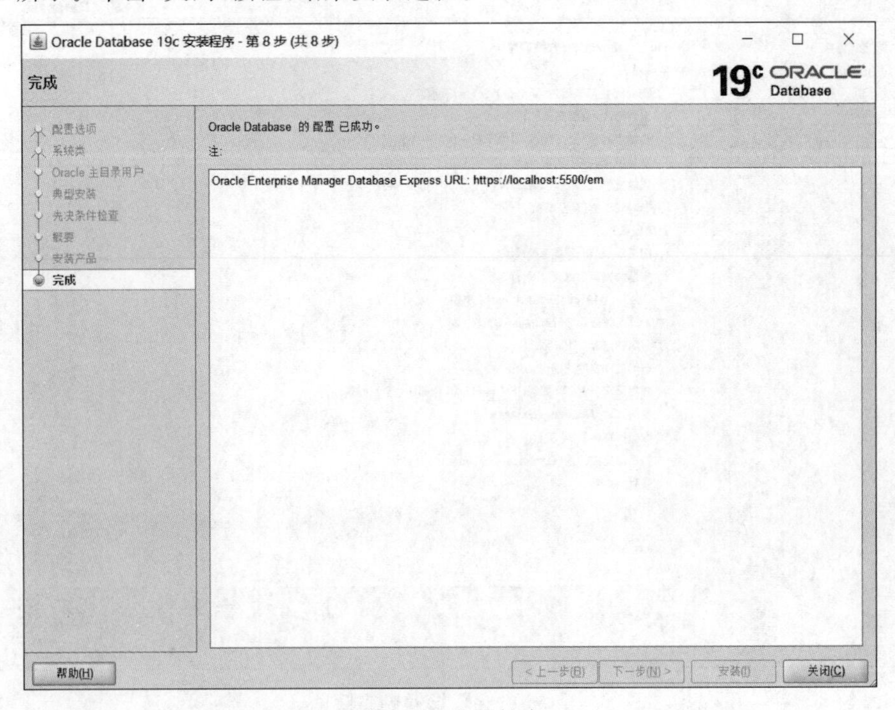

图 C-11 安装结束

二、查看安装情况

（1）Oracle 19c 安装后的目录结构如图 C-12 所示。在数据库实例 oradata\orcl 文件夹中存储物理文件，包括数据文件.dbf、控制文件.ctl、重做日志文件.log。

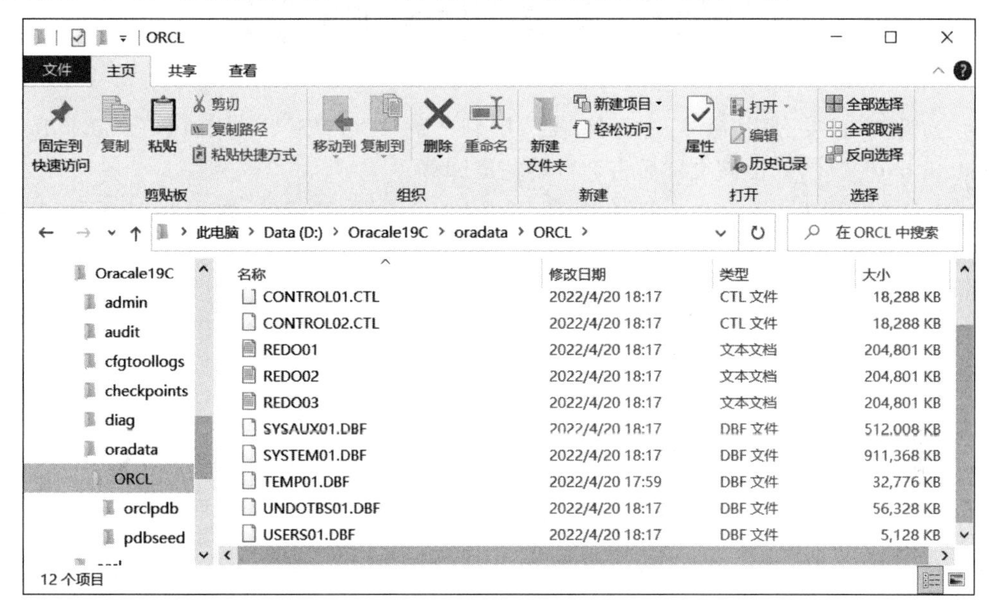

图 C-12　Oracle 19c 安装后的目录结构

（2）查看 Windows“服务”管理器中相关的 Oracle 服务。为了提高系统的性能，可以将 Oracle 服务设置为手动启动，根据需要启动相应服务，如图 C-13 所示。

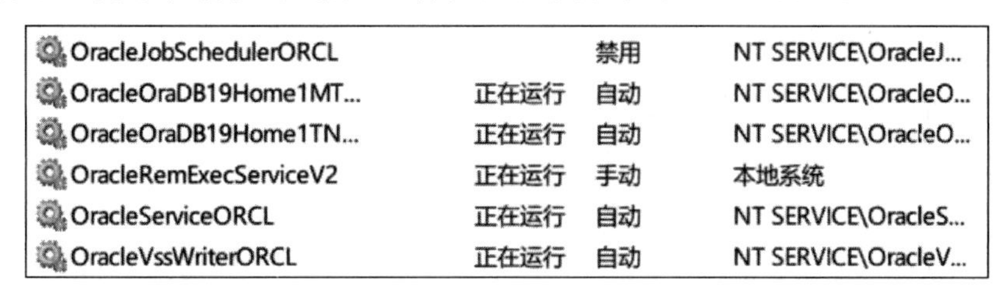

图 C-13　Oracle 服务

（3）查看注册表。在 Windows 下运行 regedit 命令，打开“注册表编辑器”窗口，展开 HKEY_LOCAL_MACHINE/SOFTWARE/ORACLE 目录，结构如图 C-14 所示。

（4）“开始”菜单中增加了 Oracle-OraDB19Home1 选项。

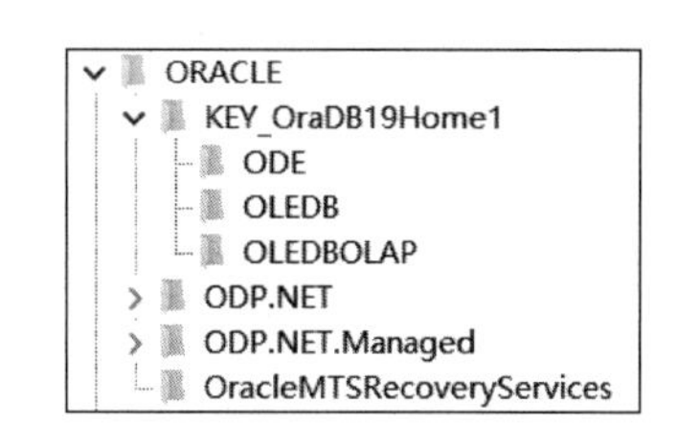

图 C-14　注册表

三、卸载 Oracle 19c 数据库

（1）在“服务”窗口停止所有以 Oracle 开头的服务。

（2）在“开始”菜单中执行 Oracle-OraDB19Home1-Universal Installer 命令，卸载过程中会出现如图 C-15 所示的警告提示信息窗口。

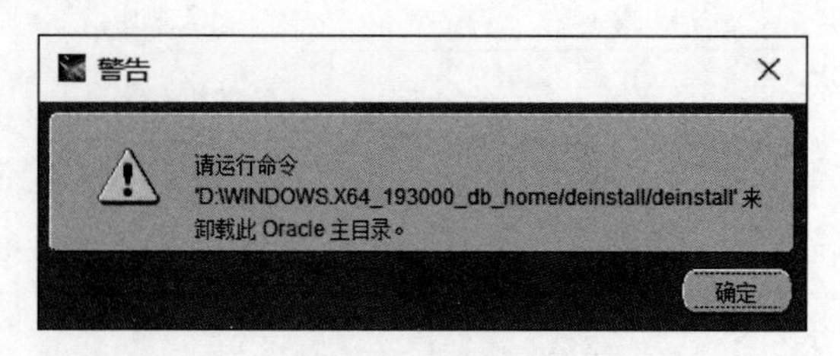

图 C-15　卸载过程中的警告提示信息

(3) 此时需要使用命令进行卸载。找到"WINDOWS. X64_193000_db_home\deinstall. bat"文件,双击该文件后将会自动完成卸载。

(4) 卸载完成后,运行 regedit 命令,打开"注册表编辑器"窗口,如图 C-16 所示,删除注册表中与 Oracle 相关的内容。

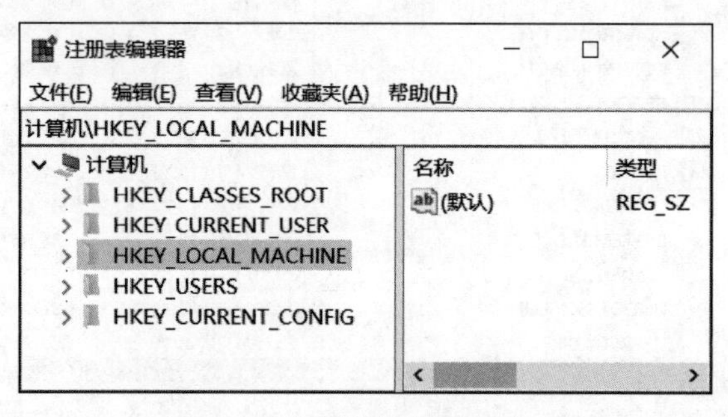

图 C-16　"注册表编辑器"窗口

① 删除 HKEY_LOCAL_MACHINE/SOFTWARE/ORACLE 目录。

② 删除 HEKY_LOCAL_MACHINE/SOFTWARE/ODBC/ODBCINST. INI 中含有 OraDB19Home 的键值。

③ 删除 HKEY_LOCAL_MACHINE/SYSTEM/CurrentControlSet/Services 中所有以 Oracle 开头的键值。

④ 删除 HKEY_LOCAL_MACHINE/SYSTEM/CurrentControlSet/Services/Eventlog/Application 中所有以 Oracle 开头的键值。

⑤ 删除 HEKY_CLASSES_ROOT 目录下所有以 Ora 为前缀的键值(说明:其中有些注册表项可能已经在卸载 Oracle 产品时被删除)。

(5) 删除环境变量中的 PATH 和 CLASSPATH 中包含的 Oracle 的值。

(6) 删除"开始"菜单所有有关 Oracle 的组和图标。

(7) 删除所有与 Oracle 相关的目录。只将安装路径和操作系统目录下的 Oracle 目录删除时并不能完全删除,需要重新启动计算机后,才能完全删除 Oracle 目录。

附录D　全国计算机技术与软件专业技术资格(水平)考试

2019 上半年数据库系统工程师试题

一、上午试题

1. 计算机执行程序时,CPU 中__(1)__的内容总是一条指令的地址。

A. 运算器　　B. 控制器　　C. 程序计数　　D. 通用寄存器

2. DMA 控制方式是在__(2)__之间直接建立数据通路,进行数据的交换处理。

A. CPU 与主存　　B. CPU 与外设　　C. 主存与外设　　D. 外设与外设

3. 在计算机存储系统中,__(3)__属于外存储器。

A. 硬盘　　B. 寄存器　　C. 高速缓存　　D. 内存

4. 某系统由 3 个部件构成,每个部件的千小时可靠度都为 R,该系统的千小时可靠度为$(1-(1-R)^2)R$,则该系统的构成方式是__(4)__。

A. 3 个部件串联

B. 3 个部件并联

C. 前两个部件并联后与第三个部件串联

D. 第一个部件与后两个部件并联构成的子系统串联

5. 令序列 X、Y、Z 的每个元素都按顺序进栈,且每个元素进栈和出栈仅一次,则不可能得到的出栈序列是__(5)__。

A. X Y Z　　B. X Z Y　　C. Z X Y　　D. Y Z X

6. 以下关于单链表存储结构特征的叙述中,不正确的是__(6)__。

A. 表中节点所占用存储空间的地址不必是连续的

B. 在表中任意位置进行插入和删除操作都不用移动元素

C. 所需空间与节点个数成正比

D. 可随机访问表中的任一节点

7. B 树是一种平衡的多路查找树。以下关于 B 树的叙述中,正确的是__(7)__。

A. 根节点保存树中所有关键字且有序排列

B. 从根节点到每个叶节点的路径长度相同

C. 所有节点中的子树指针个数都相同

D. 所有节点中的关键字个数都相同

8. 对于给定的关键字序列{47,34,13,15,52,38,33,27,5},若用链地址法(拉链法)解决冲突来构造哈希表,且哈希函数为 H(key)=key%11,则__(8)__。

A. 哈希地址为 1 的链表最长　　　　B. 哈希地址为 6 的链表最长

C. 34 和 12 在同一个链表中　　　　D. 13 和 33 在同一个链表中

9. 某有向图 G 的邻接表如图 1 所示,可以看出该图中存在弧<v_2,v_3>,而不存在从顶点 v_1 出发的弧。以下关于图 G 的叙述中,错误的是__(9)__。

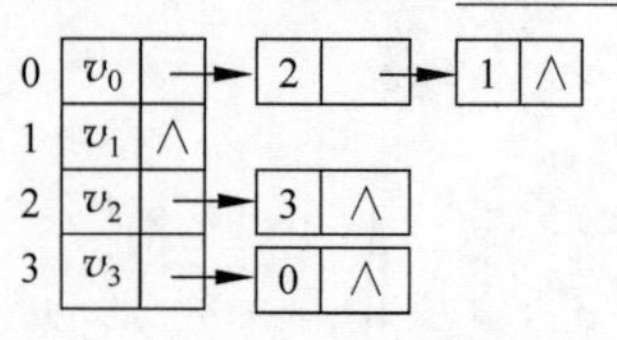

图 1　有向图 G 的邻接表

A. G 中存在回路　　　　B. G 中每个顶点的入度都为 1

C. G 的邻接矩阵是对称的　　　　D. 不存在弧<v_3,v_1>

10. 已知有序数组 a 的前 10 000 个元素是随机整数,现需查找某个整数是否在该数组中。以下方法中,__(10)__的查找效率最高。

A. 二分查找法　B. 顺序查找法　C. 逆序查找法　D. 哈希查找法

11. 下列攻击行为中,__(11)__属于被动攻击行为。

A. 伪造　B. 窃听　C. DDOS 攻击　D. 篡改消息

12. __(12)__防火墙是内部网和外部网的隔离点,它可对应用层的通信数据流进行监控和过滤。

A. 包过滤　B. 应用级网关　C. 数据库　D. Web

13. __(13)__并不能减少和防范计算机病毒。

A. 安装、升级杀毒软件　　　　B. 下载安装系统补丁

C. 定期备份数据文件　　　　D. 避免 U 盘交叉使用

14. 下述协议中与安全电子邮箱服务无关的是__(14)__。

A. SSL　B. HTTPS　C. MIME　D. PGP

15. 在__(15)__校验方法中,采用模 2 运算来构造校验位。

A. 水平奇偶　B. 垂直奇偶　C. 汉明码　D. 循环冗余

16~17. __(16)__是构成我国保护计算机软件著作权的两种基本法律文件。单个自然人的软件著作权保护期为__(17)__。

(16) A.《中华人民共和国软件法》和《计算机软件保护条例》

B.《中华人民共和国著作权法》和《中华人民共和国版权法》

C.《中华人民共和国著作权法》和《计算机软件保护条例》

D.《中华人民共和国软件法》和《中华人民共和国著作权法》

(17) A. 50 年　　　　B. 自然人终生及其死亡后 50 年

C. 永久限制　　　　D. 自然人终生

18. 在 Windows 系统中,磁盘碎片整理程序可以分析本地卷,并合并卷上的可用空间,

使其成为连续的空闲区域，从而使系统可以更有效地访问__(18)__。

A. 内存储器　　B. 高速缓存存储器

C. 文件或文件夹　　D. 磁盘空闲区

19. 某文件系统采用位示图(bitmap)记录磁盘的使用情况。若计算机系统的字长为 64 位，磁盘的容量为 1024 GB，物理块的大小为 4 MB，那么位示图的大小需要__(19)__个字。

A. 1200　　B. 2400　　C. 4096　　D. 9600

20. 某系统中有一个缓冲区，进行 P_1 不断地生产产品送入缓冲区，进行 P_2 不断地从缓冲区中取出产品消费，用 P、V 操作实现进行间的同步模型如图 2 所示。假设信号量 S_1 的初值为 1，信号量 S_2 的初值为 0，那么 a、b、c 处应分别填__(20)__。

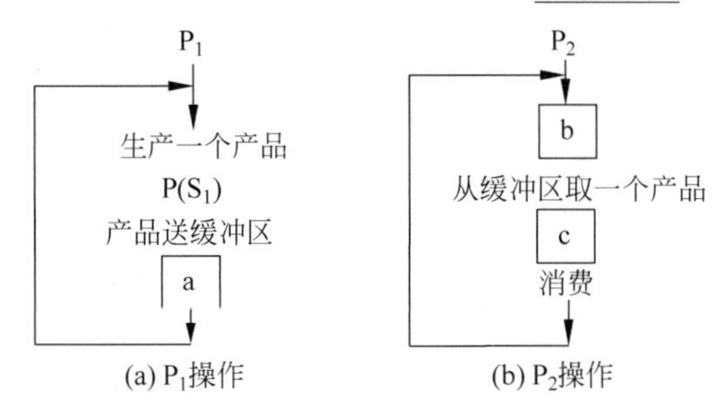

图 2　缓冲区

A. $V(S_2)$、$P(S_1)$、$V(S_1)$　　B. $V(S_2)$、$P(S_2)$、$V(S_1)$

C. $P(S_2)$、$V(S_1)$、$V(S_2)$　　D. $P(S_2)$、$V(S_2)$、$V(S_1)$

21. 设备驱动程序是直接与__(21)__打交道的软件模块。

A. 应用程序　　B. 数据库　　C. 编译程序　　D. 硬件

22. 以下关于编译和解释的叙述中，正确的为__(22)__。

① 编译是将高级语言源代码转换成目标代码的过程

② 解释是将高级语言源代码转换为目标代码的过程

③ 在编译方式下，用户程序运行的速度更快

④ 在解释方式下，用户程序运行的速度更快

A. ①③　　B. ①④　　C. ②③　　D. ②④

23. 函数调用和返回控制是用__(23)__实现的。

A. 哈希表　　B. 符号表　　C. 栈　　D. 优先队列

24. 通用的高级程序设计语言一般都会提供描述数据、运算、控制和数据传输的语言成分，其中，控制包括顺序、__(24)__和循环结构。

A. 选择　　B. 递归　　C. 递推　　D. 函数

25. 以下关于系统原型的叙述中，不正确的是__(25)__。

A. 可以帮助导出系统需求并验证需求的有效性

B. 可以用来探索特殊的软件解决方案

C. 可以用来指导代码优化

D. 可以用来支持用户界面设计

26. 已知模块 A 给模块 B 传递数据结构 X，则这两个模块的耦合类型为__(26)__。

A. 数据耦合　　B. 公共耦合　　C. 外部耦合　　D. 标记耦合

27. 以下关于软件测试的叙述中,正确的是＿(27)＿。

A. 软件测试是为了证明软件是正确的

B. 软件测试是为了发现软件中的错误

C. 软件测试在软件实现之后开始,在软件交付之前完成

D. 如果对软件进行了充分的测试,那么交付时软件就不存在问题了

28. 数据流图建模应遵循＿(28)＿的原则。

A. 自顶向下、从具体到抽象　　B. 自顶向下、从抽象到具体

C. 自底向上、从具体到抽象　　D. 自底向上、从抽象到具体

29. 浏览器开启了无痕浏览模式后,＿(29)＿依然会被保存下来。

A. 浏览历史　　B. 搜索历史　　C. 已下载文件　　D. 临时文件

30. 下列网络互联设备中,工作在物理层的是＿(30)＿。

A. 交换机　　B. 集线器　　C. 路由器　　D. 网桥

31. 当出现网络故障时,一般应首先检查＿(31)＿。

A. 系统病毒　　B. 路由配置　　C. 物理连通性　　D. 主机故障

32. TCP 和 UDP 协议均提供了＿(32)＿能力。

A. 连接管理　　B. 差错校验和重传

C. 流量控制　　D. 端口寻址

33. 数据模型的三要素中不包括＿(33)＿。

A. 数据结构　　B. 数据类型　　C. 数据操作　　D. 数据约束

34～35. 某本科高校新建教务管理系统,以支撑各学院正常的教学教务管理工作。经过初步分析,系统中包含的实体有学院、教师、学生、课程等。考虑需要将本科学生的考试成绩及时通报给学生家长,新增"家长"实体；考虑到夜大、网络教育学生管理方式的不同,需要额外的管理数据,新增"进修学生"实体。系统规定一个学生可以选修多门课程,每门课程可以被多名学生选修；一个教师可以教授多门课程,一门课程只能被一名教师讲授。＿(34)＿实体之间为多对多联系,＿(35)＿属于弱实体对强实体的依赖联系。

(34) A. 学生、学院　　B. 教师、学院　　C. 学生、课程　　D. 教师、课程

(35) A. 家长、学生　　B. 学生、教师　　C. 学生、学院　　D. 教师、学院

36～37. 给定关系模式如下：学生(学号,姓名,专业),课程(课程号,课程名称),选课(学号,课程号,成绩)。查询所有学生选课情况的操作是＿(36)＿,查询所有课程选修情况的操作是＿(37)＿。

(36) A. 学生 JOIN 选课　　B. 学生 LEFT JOIN 选课

C. 学生 RIGHT JOIN 选课　　D. 学生 FULL JOIN 选课

(37) A. 选课 JOIN 课程　　B. 选课 LEFT JOIN 课程

C. 选课 RIGHT JOIN 课程　　D. 选课 FULL JOIN 课程

38. 关系代数表达式的查询优化中,下列说法错误的是＿(38)＿。

A. 提早执行选择运算

B. 合并乘积与其后的选择运算为连接运算

C. 如投影运算前后存在其他的二目运算,应优先处理投影运算

D. 存储公共的子表达式，避免重新计算

39～40. 给定关系 R(A,B,C,D)与 S(C,D,E,F)，则 R×S 与 R∞S 操作结果的属性个数分别为____(39)____；与表达式 $\Pi_{2,3,4}(\sigma_{2<5}(R\infty S))$等价的 SQL 语句如下：

SELECT R.B,R.C,R.D FROM R,S WHERE____(40)____。

(39) A. 8,6　　B. 6,6　　C. 8,8　　D. 7,6

(40) A. R.C=S.C OR R.D=S.D OR R.B<S.C

B. R.C=S.C OR R.D=S.D OR R.B<S.E

C. R.C=S.C AND R.D=S.D AND R.B<S.C

D. R.C=S.C AND R.D=S.D AND R.B<S.E

41～42. 某企业人事管理系统中有如下关系模式：员工表 emp(eno,ename,age,sal,dname)，属性分别表示员工号、员工姓名、年龄、工资和部门名称；部门表 dept(dname,phone)，属性分别表示部门名称和联系电话。需要查询其他部门比销售部门(sales)所有员工年龄都要小的员工姓名及年龄，对应的 SQL 语句如下：

SELECT ename,age FROM emp WHERE age____(41)____

(SELECT age FROM emp WHERE dname='sales')　AND____(42)____；

(41) A. <ALL　　B. <ANY　　C. IN　　D. EXISTS

(42) A. dname='sales'　　B. dname<>'sales'

C. dname<'sales'　　D. dname>'sales'

43. 对分组查询结果进行筛选的是____(43)____，其条件表达式中可以使用聚集函数。

A. WHERE 子句　　B. GROUP BY 子句

C. HAVING 子句　　D. ORDER BY 子句

44. 授权语句 GRANT 中，以下关于 WITH GRANT OPTION 子句的叙述中，正确的是____(44)____。

A. 用于指明该授权语句将权限赋给全体用户

B. 用于指明授权语句中，该用户获得的具体权限类型

C. 用于指明授权语句中，获得授权的具体用户是谁

D. 用于指明获得权限的用户还可以将该权限赋给其他用户

45. 以下有关触发器的叙述中，不正确的是____(45)____。

A. 触发器可以执行约束、完整性检查

B. 触发器中不能包含事务控制语句

C. 触发器不能像存储过程一样，被直接调用执行

D. 触发器不能在临时表上创建，也不能引用临时表

46. 以下关于最小函数依赖集的说法中，不正确的是____(46)____。

A. 不含传递依赖　　B. 不含部分函数依赖

C. 每个函数依赖的右边都是单属性　　D. 每个函数依赖的左边都是单属性

47. 对于关系模式 R(X,Y,Z,W)，下面有关函数依赖的结论中错误的是____(47)____。

A. 若 X→Y,WY→Z，则 WX→Z　　B. 若 XY→Z，则 X→Z

C. 若 X→Y,Y→Z，则 X→Z　　D. 若 X→YZ，则 X→Z

48～49. 关系模式 R<{A,B,C},{AC→B,B→C}>的候选码之一是____(48)____；由于该

模式存在主属性对码的部分函数依赖，其规范化程度最高属于___(49)___。

(48) A. A　　B. AB　　C. ABC　　D. 以上都不是

(49) A. 1NF　　B. 2NF　　C. 3NF　　D. BCNF

50. 将一个关系 r 分解成两个关系 r_1 和 r_2，再将分解之后的两个关系 r_1 和 r_2 进行自然连接，得到的结果如果比原关系 r 记录多，则称这种分解为___(50)___。

A. 保持函数依赖的分解　　B. 不保持函数依赖的分解

C. 无损连接的分解　　D. 有损连接的分解

51. 用于提交和回滚事务的语句为___(53)___。

A. END TRANSACTON 和 ROLLBACK TRANSACTION

B. COMMIT TRANSACTION 和 ROLLBACK TRANSACTION

C. SAVE TRANSACTION 和 ROLLUP TRANSACTION

D. COMMIT TRANSACTION 和 ROLLUP TRANSACTION

52～53. 并发操作可能带来的数据不一致性有___(52)___，解决的办法是并发控制，主要技术是___(53)___。

(52) A. 丢失修改、不可重复读、读脏数据　B. 丢失修改、死锁、故障

C. 丢失修改、不可重复读、冗余　　D. 故障、死锁、冗余

(53) A. 加密　　B. 封锁　　C. 转储　　D. 审计

54. 如果事务 T 获得了数据项 R 上的共享锁，则 T 对 R___(54)___。

A. 只能读不能写　　B. 只能写不能读

C. 既可读又可以写　　D. 不能读不能写

55. 将具有特定功能的一段 SQL 语句(多于一条)在数据库服务器上进行预先定义并编译，以供应用程序调用。该段 SQL 程序可被定义为___(55)___。

A. 事务　　B. 触发器　　C. 视图　　D. 存储过程

56. 下面说法错误的是___(56)___。

A. 存储过程中可以包含流程控制

B. 存储过程被编译后保存在数据库中

C. 用户执行 SELECT 语句时可以激活触发器

D. 触发器由触发事件激活，并由数据库服务器自动执行

57. 数据库系统应该定期备份。如果备份过程中仍有更新事务在运行，则备份结果是不一致的，这种备份称为___(57)___。

A. 动态备份　　B. 静态备份　　C. 增量备份　　D. 日志备份

58. 关于日志文件，下列说法错误的是___(58)___。

A. 保存了更新前的数据

B. 保存了更新后的数据

C. 无须其他文件即可恢复事务故障

D. 无须其他文件即可恢复介质故障

59. 如果某一事务程序的运行导致服务器重新启动，这类故障属于系统故障，恢复过程中需要根据日志进行的操作为___(59)___。

A. UNDO　　B. UNDO 和 REDO

C. REDO　　　　　　　　　D. ROLLBACK

60. 下面说法中错误的是__(60)__。

A. 并发事务如果不加控制，可能会破坏事务的隔离性

B. 可串行化调度是正确的调度

C. 两段封锁协议能够保证可串行化调度

D. 两段封锁协议能够确保不会产生死锁

61. 在设计关系模式时，有时为了提高数据操作的性能，会故意增加冗余数据，使得关系模式不满足 3NF 或 BCNF，这种方法称之为反规范化。下列不属于反规范化手段的是__(61)__。

A. 合并模式　　B. 增加冗余属性　　C. 创建视图　　D. 增加派生属性

62～64. 在索引改进中，一般的调整原则是：当__(62)__是性能瓶颈时，则在关系上建立索引；当__(63)__是性能瓶颈时，则考虑删除某些索引；管理人员经常会将有利于大多数据查询的索引设为__(64)__。

(62) A. 查询　　B. 更新　　C. 排序　　D. 分组计算

(63) A. 查询　　B. 更新　　C. 排序　　D. 分组计算

(64) A. B 树索引　　B. 位图索引　　C. 散列索引　　D. 聚簇索引

65～66. 在数据库系统运行中，经常会找出频繁执行的 SQL 语句进行优化。常见的优化策略有：尽可能减少多表查询或建立__(65)__；用带__(66)__的条件子句等价替换 OR 子句；只检索需要的属性列等。

(65) A. 视图　　B. 物化视图　　C. 外键约束　　D. 临时表

(66) A. IN　　B. EXISTS　　C. UNION　　D. AND

67. 以下有关数据库审计的叙述中，错误的是__(67)__。

A. 审计记录数据库资源和权限的使用情况

B. 审计可以防止对数据库的非法修改

C. 审计操作会影响系统性能

D. 审计跟踪信息会扩大对存储空间的要求

68. 以下关于大数据的叙述中，错误的是__(68)__。

A. 大数据的数据量巨大　　　　B. 结构化数据不属于大数据

C. 大数据具有快变性　　　　　D. 大数据具有价值

69. __(69)__不是目前 NoSQL 数据库产品的数据模型。

A. 图模型　　　　　　B. 文档模型

C. 键值存储模型　　　D. 层次模型

70. 以下关于 NoSQL 数据库的说法中，正确的是__(70)__。

A. NoSQL 数据库保证 BASE 特性

B. NoSQL 数据库保证 ACID 特性

C. 各种 NoSQL 数据库具有统一的架构

D. NoSQL 数据库经常使用 JOIN 操作

71～75. The entity-relationship(E-R) data model is based on a perception of a real world that consists of a collection of basic objects, called __(71)__, and of relationships among these objects. An entity is a "thing" or "object" in the real world that is distinguishable from other objects. Entities are described in a database by a set of ___(72)___. A relationship is an association among several entities. The set of all entities of the same type and the set of all relationships of the same type are termed an entity set and relationship set, respectively. The overall logical structure(schema) of a database can be expressed graphically by an E-R diagram, which is built up from the following components: ___(73)___ represent entity set, ___(74)___ represent attributes, etc. In addition to entities and relations, the E-R model represents certain ___(75)___ to which the contents of a database must conform. The entity-relationship model is widely used in database design.

(71) A. data　　B. things　　C. entities　　D. objects

(72) A. keys　　B. attributes　　C. records　　D. rows

(73) A. rectangles　　B. ellipses　　C. diamonds　　D. lines

(74) A. rectangles　　B. ellipses　　C. diamonds　　D. lines

(75) A. things　　B. objects　　C. conditions　　D. constrains

答案：

1～5 CCACC　6～10 DBCCA　11～15 BBCCD　16～20 CBCCB　21～25 DACAC

26～30 DBBCB　31～35 CDBCA　36～40 BCCAD　41～45 ABCDD　46～50 DBBCD

51～55 BABAD　56～60 CADBD　61～65 CABDB　66～70 ABBDA　71～75 CBABD

二、下午试题

试题一（共 15 分）

阅读下列说明和图，回答问题 1～4，将解答填入答题纸的对应栏内。

【说明】

某学校欲开发一学生跟踪系统，以便更自动化、更全面地对学生在校情况进行管理和追踪，使家长能及时了解子女的到课情况和健康状态，并在有健康问题时及时与医护机构对接。该系统的主要功能是：

(1) 采集学生状态。通过学生卡传感器采集学生心率、体温（摄氏度）等健康指标及其所在位置等信息并记录。每张学生卡有唯一的标识(ID)与一个学生对应。

(2) 健康状态告警。在学生健康状态出问题时，系统向班主任、家长和医护机构健康服务系统发出健康状态警告，由医护机构健康服务系统通知相关医生进行处理。

(3) 到课检查。综合比对学生状态、课表以及所处校园场所之间的信息，对学生到课情况进行判定。对旷课学生，向其家长和班主任发送旷课警告。

(4) 汇总在校情况。定期汇总学生在校情况，并将报告发送给家长和班主任。

(5) 家长注册。家长注册使用系统，指定自己子女，存入家长信息，等待管理员审核。

(6) 基础信息管理。学校管理人员对学生及其所用学生卡、班主任、课表（班级、上课时间及场所等）、校园场所（名称和所在位置区域）等基础信息进行管理；对家长注册申请进行审核，更新家长状态，将家长 ID 加入学生信息记录中，把家长与其子女关联起来，向家长发送注册结果。一个学生至少有一个家长，可以有多个家长。课表信息包括班级、班主任、时间和位置等。

现采用结构化方法对学生跟踪系统进行分析与设计，获得如图 3 所示的上下文数据流图和图 4 所示的 0 层数据流图。

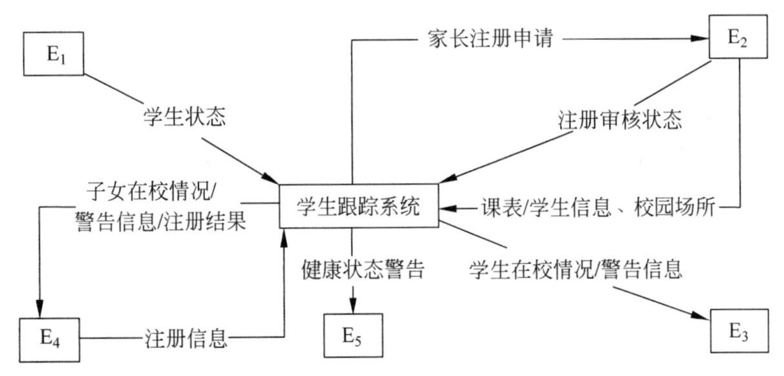

图 3　上下文数据流图

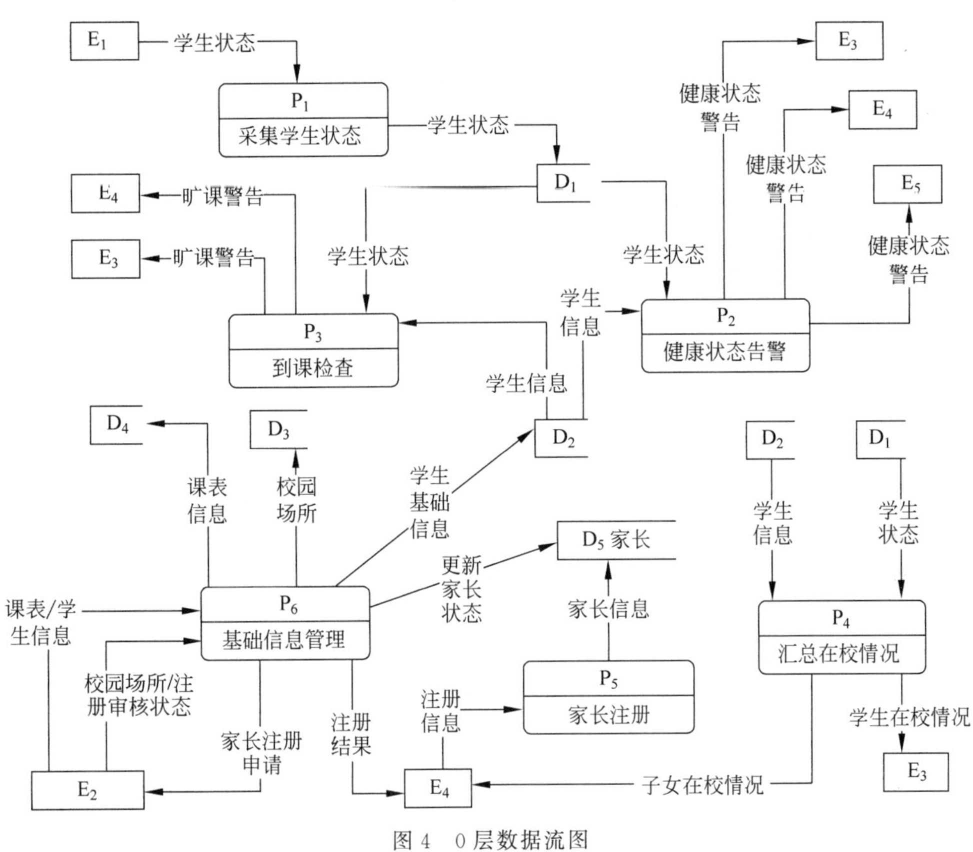

图 4　0 层数据流图

【问题 1】（5 分）

使用说明中词语，给出图 3 中实体 E_1～E_5 的名称。

【问题 2】（4 分）

使用说明中的词语，给出图 4 中数据存储 D_1～D_4 的名称。

【问题 3】（3 分）

根据说明和图 4 中的术语，补充图 4 中缺失的数据流及其起点和终点(3 条即可)。

【问题 4】（3 分）

根据说明中的术语，说明图 3 中数据流“学生状态”和“学生信息”的组成。

试题一参考答案

【问题 1】 E_1：学生卡　E_2：管理人员　E_3：班主任
E_4：家长　E_5：医护机构健康服务系统

【问题 2】 D_1：学生状态　D_2：学生　D_3：校园场所　D_4：课表

(注：名称后面可以带有“信息”以及“文件”或“表”)

【问题 3】

数　据　流	起　　点	终　　点
课表信息	D_4 或课表	P_3 或到课检查
场所信息	D_3 或校园场所	P_3 或到课检查
家长信息	D_5 或家长	P_3 或到课检查
课表信息	D_4 或课表	P_4 或汇总在校情况
场所信息	D_3 或校园场所	P_4 或汇总在校情况
家长信息	D_5 或家长	P_4 或汇总在校情况
家长 ID	P_6 或基础信息维护	D_2 或学生
家长注册申请	P_5 或家长注册	P_6 或基础信息管理

(注：数据流没有顺序要求，按题目要求写出其中 3 条)

【问题 4】 学生状态＝学生卡 ID＋心率＋体温＋位置＋时间
学生信息＝学生 ID＋学生卡 ID＋1{家长 ID}＊＋班主任 ID＋班级

试题二(共 15 分)

阅读下列说明，回答问题 1～3，将解答填入答题纸的对应栏内。

【说明】

某创业孵化基地管理若干孵化公司和创业公司，为规范管理创业项目投资业务，需要开发一个信息系统。请根据下述需求描述完成该系统的数据库设计。

【需求描述】

(1) 记录孵化公司和创业公司的信息。孵化公司的信息包括公司代码、公司名称、法人代表名称、注册地址和联系电话；创业公司的信息包括公司代码、公司名称和联系电话。孵化公司和创业公司的公司代码编码不同。

(2) 统一管理孵化公司和创业公司的员工信息。员工信息包括工号、身份证号、姓名、性别、所属公司代码和手机号，工号用于唯一标识每位员工。

(3) 记录投资方信息，投资方信息包括投资方编号、投资方名称和联系电话。

(4) 投资方和创业公司之间依靠孵化公司牵线建立创业项目合作关系，具体实施由孵化公司的一位员工负责协调投资方和创业公司的一个创业项目。一个创业项目只属于一个创业公司，但可以接受若干投资方的投资。创业项目信息包括项目编号、创业公司代码、投资方编号和孵化公司的员工工号。

【概念结构设计】

根据需求阶段收集的信息，设计的实体联系图(不完整)如图 5 所示。

【逻辑结构设计】

根据概念结构设计阶段完成的实体联系图，得出如下关系模型(不完整)：

孵化公司(<u>公司代码</u>，公司名称，法人代表名称，注册地址，电话)

创业公司(<u>公司代码</u>，公司名称，电话)

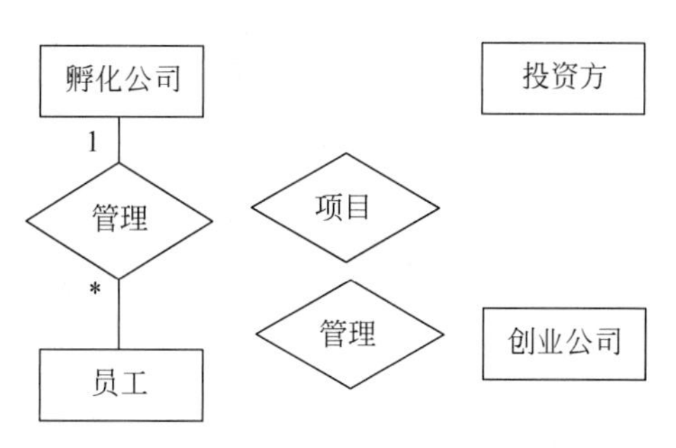

图 5 实体联系图

员工(工号,身份证号,姓名,性别,___(a)___,手机号)

投资方(投资方编号,投资方名称,电话)

项目(项目编号,创业公司代码,___(b)___,孵化公司员工工号)

【问题 1】(5 分)

根据问题描述,将图 5 所示的实体联系图补充完整。

【问题 2】(4 分)

补充逻辑结构设计结果中的(a)、(b)两处空缺及完整性约束关系。

【问题 3】(6 分)

若创业项目的信息还需要包括投资额和投资时间,那么:

(1) 是否需要增加新的实体来存储投资额和投资时间?

(2) 如果增加新的实体,请给出新实体的关系模式,并对图 5 进行补充。如果不需要增加新的实体,请将"投资额"和"投资时间"两个属性补充并连线到图 5 中合适的对象上,然后对变化的关系模式进行修改。

试题二参考答案

【问题 1】

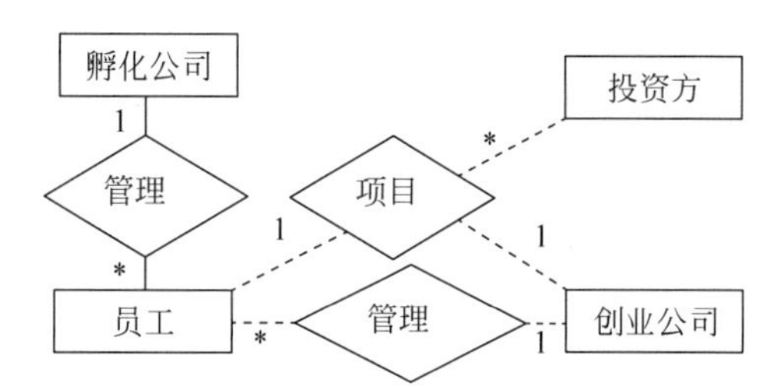

【问题 2】 (a) 公司代码　　(b) 投资方编号

【问题 3】 补充内容如图中虚线所示

(1) 不需要

(2)

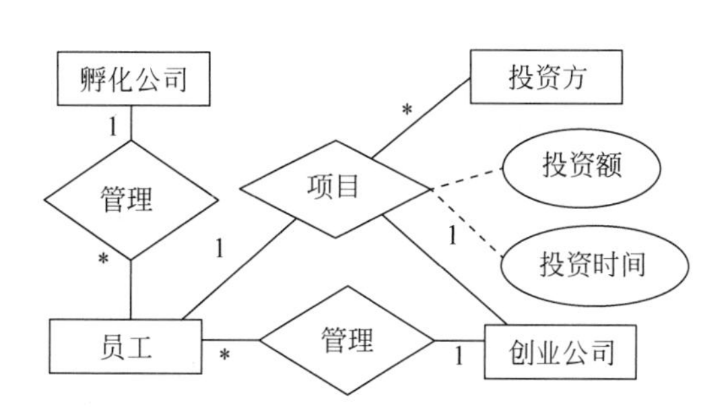

关系模式：项目(项目编号,创业公司代码,投资方编号,孵化公司员工工号,投资额,投资时间)

试题三(共 15 分)

阅读下列说明,回答问题 1～3,将解答填入答题纸的对应栏内。

【说明】

某快递公司需对每个发出的快递进行跟踪管理。为此需要建立一个快递跟踪管理系统,对该公司承接的快递业务进行有效管理。

【需求描述】

(1) 公司在每个城市的每个街道都设有快递站点,这些站点负责快递的接收和投递。站点信息包括站点地址、站点名称、责任人、联系电话、开始营业时间、结束营业时间。每一个站点每天的营业时间相同,每个站点只能有一个责任人。

(2) 系统内需记录快递员、发件人的基本信息,这些信息包括姓名、身份证号、联系地址、联系电话。快递站点的责任人由快递员兼任,且每个站点只有一个责任人。每个快递员只负责一个快递站点的揽件和快递派送业务。发件人和快递员需要实名认证。

(3) 快递需要提供翔实的信息,包括发件人姓名、身份证号、发件人电话号码、发件人地址、收件站点、收件人姓名、收件地址、收件人电话、投递时间、物品类别、物品名称及物品价值。每个发件人和收件人在系统里只登记一个电话和地址。

(4) 每个快递员接手一份快递后,需在系统中录入每个快递的当前状态信息,包括当前位置、收到时间、当前负责人和上一负责人。状态信息包括待揽件、投递中、已签收。如果快递已签收,应记录签收人姓名及联系电话。每个快递在一个站点只能对应一个负责的快递员。

注:试题不需要考虑快递退回的相关问题。

【逻辑结构设计】

根据上述需求,设计出如下关系模式:

快递(快递编号,收件人姓名,收件地址编号,收件人电话,投递时间,物品类别,物品名称,物品价值),其中收件地址编号是地址实体的地址编号。

快递员(姓名,身份证号,电话号码,联系地址编号,工作站点编号)。

快递站点(站点编号,站点名称,责任人编号,站点地址编号,开始营业时间,联系电话,结束营业时间)。责任人编号是负责该站点的快递员的身份证号。

地址(地址编号,所在省,所在市,所在街道,其他),其他信息是需补充的地址信息。

快递投递(快递编号,快递员编号,发件人姓名,发件人身份证号,发件人电话号码,发件人地址编号),其中发件人地址编号为发件人地址的地址编号。

快递跟踪(快递编号,当前负责人编号,上一负责人编号,当前状态,收到时间,当前站点编号)。

快递签收(快递编号,签收人姓名,签收人联系电话)。

根据以上描述,回答下列问题:

【问题 1】 (6 分)

对于关系“快递投递”,请回答以下问题:

(1) 列举出所有候选键。

(2) 它是否为 3NF? 用 100 字以内的文字简要叙述理由。

(3) 将其分解为BCNF,分解后的关系名依次为：快递投递1,快递投递2,…,并用下画线标示分解后各关系模式的主键。

【问题2】 (6分)

对于关系“快递跟踪”,请回答以下问题：

(1) 列举出所有候选键。

(2) 它是否为2NF? 用100字以内的文字简要叙述理由。

(3) 将其分解为BCNF,分解后的关系名依次为：快递跟踪1,快递跟踪2,…,并用下画线标示分解后各关系模式的主键。

【问题3】 (3分)

快递公司会根据快递物品和距离收取快递费,每件快递需由发件人或收件人支付快递费给公司。同一个发件人同时发起多个快递,必须分别支付。快递公司提供预支付和到付两种支付方式。为了统计快递费的支付情况(详细金额和时间),试增加“快递费支付”关系模式,用100字以内的文字简要叙述解决方案。

试题三参考答案

【问题一】 对关系“快递投递”：

(1) 候选键：快递编号。

(2) 不是3NF。存在非主属性“发件人姓名”对候选键“快递编号”的传递依赖：快递编号→发件人身份证号,发件人身份证号→发件人姓名。所以快递编号→发件人姓名,为传递依赖。所以“快递投递”关系模式不满足3NF。

(3) 分解后的关系模式：

快递投递1(<u>快递编号</u>,快递员编号,发件人身份证号)。

快递投递2(发件人姓名,<u>发件人身份证号</u>,发件人电话号码,发件人地址编号)。

【问题二】 对关系“快递跟踪”：

(1) 候选键：(快递编号,当前负责人编号)。

(2) 不是2NF。候选键(快递编号,当前负责人编号)部分决定非主属性“当前站点编号”。

(3) 分解后的关系模式：

快递跟踪1(<u>快递编号</u>,<u>当前负责人编号</u>,前一负责人编号,当前状态,收到时间)。

“当前站点编号”已在站点信息中出现,并可以通过当前负责人编号查询,无须再用关系模式处理。

【问题3】

因为需要针对每个快递,统计支付的金额、时间及支付方式,所以在增加的“快递收费”关系模式中需要体现快递编号、金额、支付时间和支付方式,即增加的关系模式为：

快递费支付(<u>快递编号</u>,金额,支付时间,支付方式)。

试题四(共15分)

阅读下列说明,回答问题1～4,将解答填入答题纸的对应栏内。

【说明】

某学生信息管理系统的部分数据库关系模式如下：

学生：student(<u>stuno</u>,stuname,stuage,stugender,schno),各属性分别表示学生的学号、姓名、年龄、性别以及学生所属学院的编号；

学院：school(<u>schno</u>,schname,schstunum)，各属性分别表示学院的编号、名称及学生人数；

俱乐部：club(<u>clubno</u>,clubname,clubyear,clubloc)，各属性分别表示俱乐部的编号、名称、成立年份和活动地点。

参加：joinclub(<u>stuno,clubno</u>,joinyear)，各属性分别表示学号、俱乐部编号以及学生加入俱乐部的年份。

有关关系模式的说明如下：

(1) 学生的性别取值为'F'和'M'(F表示女生,M表示男生)。

(2) 删除一个学院的记录时,通过外键约束级联删除该学院的所有学生记录。

(3) 学院表中的学生人数值与学生表中的实际人数要完全保持一致。也就是说,当学生表中增减记录时,就要自动修改相应学院的人数。

根据以上描述,回答下列问题,将SQL语句的空缺部分补充完整。

【问题1】 (4分)

请将下面的创建学生表的SQL语句补充完整,要求定义实体完整性约束、参照完整性约束以及其他完整性约束。

```
CREATE TABLE student(
stuno CHAR(11) ___(a)___,
stuname VARCHAR(20),
stuage SMALLINT,
stugender CHAR(1) ___(b)___,
schno CHAR(3) ___(c)___ ON DELETE ___(d)___;
```

【问题2】 (5分)

创建俱乐部人数视图,要求能统计每个俱乐部已加入学生的人数,属性有clubno、clubname和clubstunum；对于暂时没有学生参加的俱乐部,其人数为0。此视图的创建语句如下,请补全。

```
CREATE VIEW cs_number(clubno,clubname,clubstunum) AS
 SELECT joinclub.clubno, ___(e)___, ___(f)___
  FROM joinclub,club WHERE joinclub.clubno = club.clubno
  ___(g)___ By joinclub.clubno
  ___(h)___
 SELECT clubno,clubname,0
 FROM club WHERE clubno IN
  (SELECT DISTINCT clubno FROM ___(i)___);
```

【问题3】 (4分)

每当系统中新加或删除一个学生,就需要自动修改相应学院的人数,以便保持系统中学生人数的完整性与一致性。此功能由下面的触发器实现,请补全。

```
CREATE TRIGGER stu_num_trg
 AFTER INSERT OR DELETE ON ___(j)___
 REFERENCES new row AS nrow,old row AS orow
 FOR EACH ___(k)___
 BEGIN
  IF INSERTING THEN
     UPDATE school ___(l)___;
```

```
  END IF;
  IF DELETING THEN
     UPDATE school ___(m)___ ;
  END IF;
END;
```

【问题 4】（2 分）

查询年龄小于 19 岁的学生的学号、姓名及所属学院名，要求输出结果把同一个学院的学生排在一起。此功能由下面的 SQL 语句实现，请补全。

```
SELECT stuno, stuname, schname FROM student, school
WHERE student.schno = school.schno AND stuage < 19
___(n)___ BY ___(o)___ ;
```

试题四参考答案

【问题 1】（a）PRIMARY KEY　　（b）CHECK(stugender IN('F','M'))

（c）REFERENCES school(schno)　　（d）CASCADE

【问题 2】（e）clubname　　（f）COUNT(stuno)或者 COUNT(*)

（g）GROUP　　（h）UNION　　（i）joinclub

【问题 3】（j）student　　（k）ROW

（l）SET schstunum＝schstunum＋1 WHERE schno＝nrow.schno

（m）SET schstunum＝schstunum－1 WHERE schno＝orow.schno

【问题 4】（n）ORDER　　（o）schname 或者 schname ASC 或者 schname DESC

试题五(共 **15** 分)

阅读下列说明，回答问题 1～3，将解答填入答题纸的对应栏内。

【说明】

某商业银行账务系统的部分关系模式如下：

账户表：accounts(<u>anso</u>,aname,balance)，其中属性含义分别为账户号码、账户名称和账户余额。

交易明细表：trandetails(<u>tno</u>,ano,ttime,toptr,amount,ttype)，其中属性分别为交易编号、账户号码、交易时间、交易操作员、交易金额、交易类型(1——存款、2——取款、3——转账)。

余额汇总表：acctsums(adate,atime,allamt)，其中属性分别为汇总日期、汇总时间、总金额。

常见的交易规则如下：

(1) 存/取款交易：操作员核对用户相关信息，在系统上执行存/取款交易；账务系统增加/减少该账户余额，并在交易明细表中增加一条存/取款交易明细。

(2) 转账交易：操作员核对用户相关信息，核对转账交易的账户信息，在系统上执行转账交易；账务系统对转出账户减少其账户余额，对转入账户增加其账户余额，并在交易明细表中增加一条转账交易明细。

(3) 余额汇总交易：将账户表中所有账户余额累计汇总。

假定当前账户表中的数据记录如表 1 所示。

表 1　账户表中的数据

ano	aname	balance
101	张一	500
102	李二	350
103	王三	550
104	赵四	200

请根据上述描述,回答以下问题。

【问题 1】(3 分)

假设在正常交易时间,账户在进行相应的存取款或转账操作时,要执行余额汇总交易。下面是用 SQL 实现的余额汇总程序,请补全空缺处的代码。要求(不考虑并发性能)在保证余额汇总交易正确性的前提下,不能影响其他存取款或转账交易的正确性。

```
CREATE PROCEDURE acctsum(OUT: amts DOUBLE)
BEGIN
 SET TRANSACTION ISOLATION LEVEL ___(a)___;
 BEGIN TRANSACTION;
 SELECT sum(balance) INTO :amts FROM accounts;
 IF error  //error 是 DBMS 提供的上一句 SQL 的执行状态
 BEGIN
  ROLLBACK;
  return -2;
 END
 INSERT INTO acctsums VALUES(getdate(),gettime(), ___(b)___);
 IF error  //error 是 DBMS 提供的上一句 SQL 的执行状态
 BEGIN
  ROLLBACK;
  return -3;
 END
 ___(c)___;
END
```

【问题 2】(8 分)

引入排他锁指令 LX()和解锁指令 UX(),要求满足两段封锁协议和提交读隔离级别。假设在进行余额汇总交易的同时发生了一笔转账交易,从 101 账户转给 104 账户 400 元。这两笔事务的调度如表 2 所示。

表 2　转账汇总部分事务调度表(一)

时　　间	汇 总 事 务	转 账 事 务
T_1	读 101 账户余额	
T_2		LX(101),更新 101 账户余额
T_3	读 102 账户余额	
T_4	读 103 账户余额	
T_5		LX(104),更新 104 账户余额
T_6	读 104 账户余额,(a)	
T_7		(b)
T_8	读 104 账户余额	
T_9	提交返回	

(1) 请补全表 2 中的空缺处(a)(b)；

(2) 上述调度结束后，汇总得到的总余额是多少？

(3) 该数据是否正确？请说明原因。

【问题 3】 (4 分)

在问题 2 的基础上，引入共享锁指令 LS()和解锁指令 US()。对问题 2 中的调度进行重写，要求满足两段封锁协议。两个事务执行的某种调度顺序如表 3 所示，该调度顺序使得汇总事务和转账事务形成死锁。请补全表 3 中的空缺处(a)(b)。

表 3　转账汇总部分事务调度表(二)

时　　间	汇 总 事 务	转 账 事 务
T_1	LS(101)，读 101 账户余额	
T_2		(a)
T_3	LS(102)，读 102 账户余额	
T_4	LS(103)，读 103 账户余额	
T_5		(b)
T_6	LS(104)，读 104 账户余额	
T_7	阻塞	阻塞

试题五参考答案

【问题 1】 (a) SERIALIZABLE　　(b) :amts　　(c) COMMIT

【问题 2】

(1) (a) 阻塞　　(b) UX(101)，UX(104)，提交

(2) 汇总余额为 2000。

(3) 该数据不正确(错误)。原因：提交读隔离级别下，当释放锁并提交修改后，汇总交易读到的数据不是 104 账户原来的数据 200 元，而是修改后的数据 600 元，转账的 400 元被重复计算了两次。

【问题 3】 (a) LX(104)，更新 104 账户余额　　(b) LX(101)，更新 101 账户余额

参 考 文 献

[1] SILBERSCHATZ A,KORTH H F,SUDARSHAN S. 数据库系统概念[M]. 杨东青,译. 5 版. 北京：机械工业出版社,2007.

[2] 王亚平,刘伟. 数据库系统工程师教程[M]. 4 版. 北京：清华大学出版社,2022.

[3] 王珊,萨师煊. 数据库系统概论[M]. 5 版. 北京：高等教育出版社,2014.

[4] 陶宏才. 数据库原理及设计[M]. 2 版. 北京：清华大学出版社,2007.

[5] 刘云生. 数据库系统分析与实现[M]. 北京：清华大学出版社,2009.

[6] 钱雪忠. 数据库原理及应用[M]. 3 版. 北京：北京邮电大学出版社,2007.

[7] 马晓玉. Oracle 10g 数据库管理、应用与开发标准教程[M]. 北京：清华大学出版社,2007.

[8] 尹为民,李石君. 现代数据库系统及应用教程[M]. 武汉：武汉大学出版社,2005.

[9] GARCIA-MOLINA H, ULLMAN J D, WIDOM J. 数据库系统实现[M]. 北京：机械工业出版社,2002.

[10] 曾慧. 数据库原理应试指导[M]. 北京：清华大学出版社,2003.

[11] HAN J W,KAMBER M. 数据挖掘——概念和技术[M]. 北京：高等教育出版社,2001.

[12] 杨国强,路萍,张志军,等. ERwin 数据建模[M]. 北京：电子工业出版社,1990.

[13] 路游,于玉宗. 数据库系统课程设计[M]. 北京：清华大学出版社,2009.

[14] 卫春红. 信息系统分析与设计[M]. 北京：清华大学出版社,2009.

[15] 陈建荣. 分布式数据库设计导论[M]. 北京：清华大学出版社,1992.

[16] 周志逵,江涛. 数据库理论与新技术[M]. 北京：北京理工大学出版社,2001.

[17] 陈峰. 数据仓库技术综述[J]. 重庆工学院学报,2002(4)：59-63.

[18] 陈俊杰. 大型数据库 Oracle 实验指导教程[M]. 北京：科学出版社,2010.

[19] 全国计算机专业技术资格考试办公室. 数据库系统工程师 2014 至 2019 年试题分析与解答[M]. 北京：清华大学出版社,2020.

[20] 李月军. 数据库原理及应用：MySQL 版[M]. 北京：清华大学出版社,2019.

[21] 王英英. Oracle 19c 从入门到精通[M]. 北京：清华大学出版社,2021.

[22] 杨晨. 数据库原理与应用：Oracle 19c 版[M]. 北京：清华大学出版社,2021.

[23] 聚慕课教育研发中心. Oracle 从入门到项目实践[M]. 北京：清华大学出版社,2019.

[24] 孙风栋. Oracle 12c 数据库基础教程[M]. 北京：电子工业出版社,2019.